도시설계

City Design

모던 도시
전통 도시
녹색 도시
시스템 도시

Modernist,
Traditional,
Green and
Systems Perspectives

조너선 바넷 지음
한광야 · 여혜진 옮김

한울
아카데미

이 도서의 국립중앙도서관 출판예정도서목록(CIP)은 서지정보유통지원시스템 홈페이지(http://seoji.nl.go.kr)와 국가자료공동목록시스템(http://www.nl.go.kr/kolisnet)에서 이용하실 수 있습니다. (CIP제어번호: CIP2015025433)

City Design

Modernist, Traditional, Green and Systems Perspectives

Jonathan Barnett

Routledge
Taylor & Francis Group
LONDON AND NEW YORK

City Design: Modernist, Traditional, Green and Systems Perspectives
by Jonathan Barnett

CONTENTS

02 전통 도시설계와 모던 도시 Traditional city design and the modern city · 101

04 시스템 도시설계 Systems city design · 255

한국 독자들에게 보내는 글

이 책이 이야기하는 도시설계의 네 가지 관점은 그 기원과 발전의 지리적 배경을 유럽과 북아메리카에 두고 있습니다. 하지만 도시설계의 네 가지 관점은 거의 모든 국가에서 그 영향력을 찾아볼 수 있습니다. 한국의 도시설계를 생각해보면, 한국전쟁 이후 국토의 어느 곳에서나 아파트 주상복합의 주거 타워부터 상업 콤플렉스, 공공건물, 그리고 공원과 고속도로까지 모두 모던 도시설계에 따라 다시 조성되었습니다. 특히 송도와 인천, 그리고 인천 주변에서 도시계획에 근거해 조성되고 있는 도시개발들은 모두 모던 도시설계의 완벽한 사례입니다.

물론 전통적인 도시설계는 한국의 모더니즘 시기 전의 가로 계획안들과 일제강점기에 덧붙여진 직선의 긴 도로들에서도 찾아볼 수 있습니다. 또 왕궁과 종교 건물에서 볼 수 있는 한국의 전통건축은 현재까지도 도시에 강력한 영향을 주고 있습니다.

그런가 하면 한국은 지속 가능한 녹색 도시설계의 리더가 되어왔습니다. 서울 중심부에 위치한 청계천은 최근 복원된 후 도시환경과 자연환경이 어떻게 하나로 통합될 수 있는지를 보여주는 좋은 사례가 되었습니다.

시스템 도시설계는 여전히 발전하고 있는 개념입니다. 서울과 부산의 지하철, 그리고 전 국토를 연결하는 고속철도를 갖춘 교통 시스템은 한국의 도시설계와 지역계획에 큰 영향을 주고 있습니다.

이 책이 국제적인 맥락과 역사적인 도시설계의 흐름에서 한국의 도시설계를 이해하며, 모든 도시설계의 가능성을 구체화하고 통합하여 더 나은 미래의 도시를 준비하는 데 기여하기를 기대합니다.

조너선 바넷Jonathan Barnett

서론

도시설계의 세 가지 도전

Introduction: Three city-design challenges

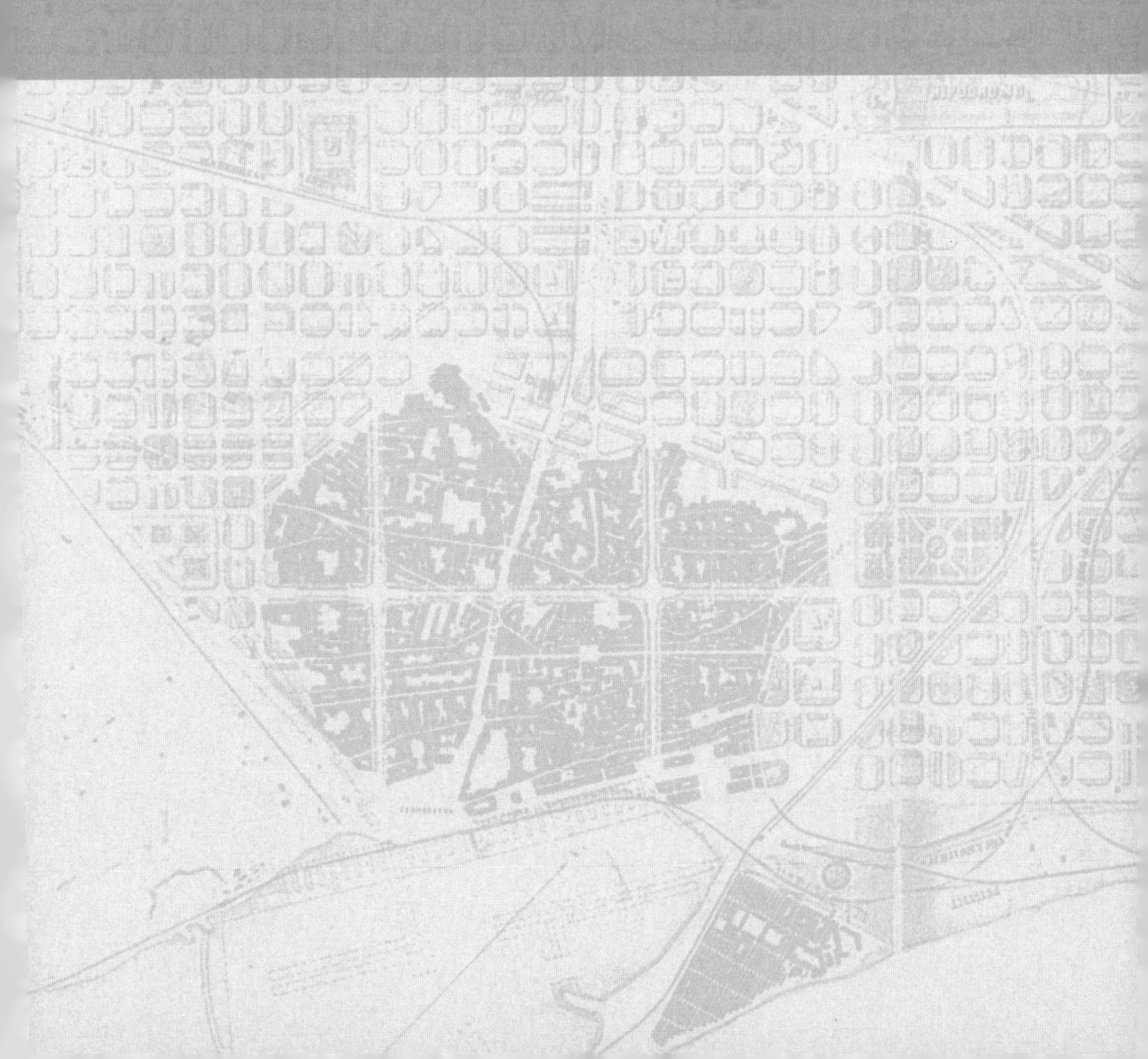

세계는 현재의 도시설계 실무가 따라갈 수 있는 것보다 더 빠르게 도시화되고 있다. 또한 기후변화는 한때 안정적인 환경처럼 보였던 지역들에 새로운 역동적 변화를 부여하고 있다. 이에 도시설계의 기본적 이론의 가치에 대한 논란과 불확실성이 대두되고 있다. 특히 2001년 9·11 테러 이후 세계무역센터 부지의 일괄적인 재건축 계획 과정의 실패는 이러한 한계를 단적으로 설명한다. 보다 효과적인 도시설계에 대한 가장 중요한 세 가지 도전이 우리 앞에 놓여 있다.

급속한 도시개발의 도전

20세기 초에는 전 세계 인구의 15%만이 도시에 살았다. 현재는 세계 인구의 절반 이상이 도시에 살고 있으며, 그 외에 일부는 전통적인 도시에 살고 있고, 일부는 기존 구도시로부터 벗어나서 무분별한 도시개발의 확산지로 소위 '어반 스프롤urban sprawl'이라 비판받는 신개발지에 거주하고 있으며, 또 일부는 도시계획적으로 조성되지 못한 곳에서 불법으로 거주하고 있다. 기하급수적인 인구성장은 급속한 도시화를 유발했으며, 현재 도시에 거주하는 인구는 1960년대 전 세계 인구보다 그 규모가 더 크다.[1] 새롭게 도시화되는 지역은 대부분 아시아, 아프리카, 남미, 중미 대륙의 지역이다. 미국의 경우 21세기 전반기 동안에 약 1억 명 이상의 인구가 도시로 유입될 것으로 예측된다. 이러한 도시의 성장은 대체로 플로리다, 서부 캘리포니아, 태평양 북서부에 위치한 10개의 멀티 시티 지역들multi-city regions에서 일어날 것이다. 반면 다른 농어촌 지역이나 구도시에서는 인구가 감소하거나 인구성장 속도가 느려지고 있다. 인구성장이 느린 곳에서도 도시화는 빠르게 진행되고 있다. 이는 노후한 도시

1 전 세계의 인구통계와 테크놀로지 변화 간의 복잡한 상호작용에 관한 심도 있는 논의를 살펴보려면, 데이비드 새터스웨이트David Satterthwaite의 「세계적 도시 변화의 규모The Scale of Urban Change Worldwide」(International Institute for Environment and Development, 2005)를 참고하라.

지역으로부터 새로운 개발지로 이주하는 가구 수의 증가와 소가구 증가에 따른 주거 수요의 증가 때문이다. 또한 도시화는 인구가 안정적이거나 감소하는 유럽 국가에서도 확산되고 있는 추세이다.

도시는 한때 수세기 동안 가시적으로 동일하게 유지된 모습이었다. 하지만 19세기 초에 철도, 공장, 그리고 급속한 인구 증가가 상호작용하면서 도시의 변화가 가속화되었다. 1910년경에는 전 세계적으로 도시계획운동city planning movement이 시작되어 르네상스 시대의 전통적인 가로와 공원 설계가 도입되었다. 이러한 도시계획의 전략들은 도시 중심부에 아름다움과 질서를 부여할 것으로 여겨졌다. 또한 도시 근교와 새롭게 조성된 공업도시는 당시 새로운 개념으로 탄생한 전원도시garden city의 진화에 따라 정비되고 관리될 것이라고 여겨졌다. 하지만 이와 같은 새로운 개념들은 당시 소수였던 모더니스트modernist의 도전의 대상이 되었다. 모더니스트들은 도시가 공공위생을 위해 채광 확보와 오픈 스페이스를 최대화하며, 고속도로나 철골조 타워와 같은 신기술의 결과물을 이용하여 기존의 도시 조직들이 완전히 없어져야 한다는 다소 급진적인 생각을 갖고 있었다. 이러한 모더니스트는 건물과 가로의 전통적인 상관관계를 부정하고, 격자형으로 분리된 교통도로와 이로 둘러싸인 커다란 블록들 안에 최선의 일조 조건을 위한 건물의 배치방식을 지지했다. 1930년대 경제대공황과 제2차 세계대전의 끔찍했던 혼란기가 지나간 후, 대부분의 도시설계가들은 자동차 중심의 교통체계, 고층 건물, 공원을 이용해 도시를 재건하고 확장하는 간소화된 모던 도시설계 이념으로 전환했다. 이에 대해 소수의 전통 도시설계 옹호론자들은 모던 도시설계 방식을 거부하기도 했고, 소수의 선견자들은 훨씬 더 급진적인 시스템 테크놀로지system technology를 주장했다.

도시설계가들이 도시의 상업 중심지, 부유층의 커뮤니티, 그리고 저소득층을 위한 대규모 공동주택 개발에 상당한 영향력을 끼쳐온 것은 사실이다. 하지만 그 영향력은 도시의 변화와 개발이라는 관점에서 소외된 그늘에 머물러 있었다. 이러한 결과는 대부분의 도시환경이 이미 이전 세대들에 의해 조성되었고, 지역성장의 흐름을 주도하는 대부분의 결정권들이 도시설계가의 권한 밖에 있었기 때문이다.

현재 도시화urbanization와 탈중심화decentralization 현상의 규모와 속도는 도시의 성장관리와 도시 변화를 새로운 사회문제로 부각시켰다. 중국의 도시화는 불과 1~2년 내에 도시구역들이 건설되고 새로운 도시가 조성될 정도로 매우 급속히 진행되고 있다. 1979년 어촌이었던 선전深圳, Shenzhen은 중앙정부의 법제도적 지원으로 지금은 900만 명 이상의 인구가 거주하는 대도시로 성장했다. 과거 선견자 세대들이 절대 불가능하다고 믿었던 엄청난 규모와 속도의 도시화로, 중국의 도시계획기관에서 근무하는 도시계획가들과 도시설계가들은 그들이 기획한 도면들과 계획안들이 일상적으로 현실화되는 것을 경험하고 있다. 두바이, 아부다비, 도하 같은 아랍권 도시들도 빠르게 성장하고 있다. 이 도시들의 화려한 스카이라인은 불과 10년 남짓한 기간에 만들어졌고, 방콕, 자카르타, 뭄바이 같은 도시들도 20세기 후반에 놀라울 정도로 변화했다. 어떤 곳에서는 도시의 일부분이나 도시 전체가 도시설계가 없는 상태에서 성장하고 있다. 이에 대해 로버트 뉴워스Robert Neuwirth는 전 세계 인구의 1/7, 또는 도시 거주자의 1/3인 10억 정도의 인구가 도시설계와 도시개발의 규제가 불가능한 곳에 불법으로 정착하여 거주하고 있다고 추정한다.[2] 규제를 반영해 건물을 신축하는 곳에서조차 여전히 도시설계와 도시계획 체계와는 무관하게 개발 활동이 이루어지고 있는지 모른다. 미국의 주택산업은 1년에 평균 150만 채의 주택과 아파트를 생산하고 있다. 주택경기가 좋을 때에는 1년에 200만 채, 주택경기가 나쁠 때에도 1년에 120만 채를 짓고 있다.[3] 이러한 주택 건설은 대부분 주택 수천 채를 수용하는 마스터플랜 커뮤니티를 조성하여 전적으로 지방정부의 동의하에 진행되고 있다. 그런데 이러한 주택개발은 커뮤니티 설계community design나 지역설계regional design에 기초하여 시행되는 경우가 거의 없으며, 그 대신 개발 가능한 토지가 있을 때 민간 개발자가 주도하여 추진된다. 미국과 경제수준이 비슷한 캐나다에서는 개별적인 개발들을 큰 그림으로 맞출 수 있는 매우 강력한 법안이 마련되어 있다. 스칸디나비아 국가들, 네덜란드, 싱가포르에서는 국가의 전 영역 또는 영토의 방대한 영역이 전체 도시설

---

2 로버트 뉴워스Robert Neuwirth, 『그림자 도시: 수십억의 난민들, 새로운 도시세계Shadow Cities: A Billion Squatters, A New Urban World』(Routledge, 2006).

3 미국주택건설협회The National Association of Home Builders, 1978~2008년 통계자료.

계의 방향을 따라 조성되도록 규제되고 있다. 한국과 영국, 그리고 대다수 서유럽 국가들은 강력한 지역설계 차원의 규제와 국가 차원의 도시계획 개념을 갖고 있으며, 최근에는 지역설계의 다른 이름으로 소위 공간계획spatial planning이 새로운 관심을 받고 있다. 세계 인구는 금세기 중반까지 90억을 향해 빠르게 증가하고 있으며, 그에 따른 도시환경은 그 재건과 확장의 속도가 매우 빨라 가이드라인이 절실한 실정이다. 반면 도시설계가의 영향력은 아직도 그늘진 자리에서 벗어나지 못하고 있으며 개발도상국들과 산업화를 이미 이룩한 국가들에서도 그 영향력이 미미한 실정이다.

도시설계를 넘어선 기후변화의 도전

전통적으로 도시설계가들은 자연환경을 도시설계의 안정적인 기초로 가정할 수 있었다. 자연환경의 힘을 이해하고 엔지니어링을 통해 제어할 수 있다고 생각했다. 그런데 최근 도시개발의 모든 경향은 자연환경의 관점에서 지속가능하지 않은 것으로 밝혀졌다. 이것은 단순히 도시개발의 확장과 탈중심화에 따른 자원의 낭비를 말하는 것이 아니다. 이것은 지구의 기후 자체가 예상보다 훨씬 역동적으로 변하고 있기 때문이다. 2005년 허리케인 카트리나로 인해 뉴올리언스의 대부분이 파괴된 재앙은 기후변화가 불러올 결과에 대한 중요한 지표가 되었다. 뉴올리언스는 미국 육군 공병군단이 건설한 홍수 방벽과 제방으로 보호되는 도시였기 때문에 이러한 재앙을 필연적인 결과라고 간주할 수는 없었다. 뉴올리언스의 방벽과 제방은 허리케인 카트리나와 같은 강도의 태풍으로부터 도시를 보호할 수 있도록 설계되었다. 그러나 건설공학과 시공에 결함이 있었던 것으로 판명되었다.[4] 또한 뉴올리언스를 재건하거나 보호하기 위한 재원 조달에 실패한 것은 연방정부기관의 명백한 잘못이었다. 주요 도시가 파괴되었음에도 불구하고 ─ 대다수 사람들이 교외 지역이나 농촌에 살고

4 미국 육군 공병군단에서는 이러한 실패를 시인하는 내용의 보고서를 2006년 6월 1일에 발표했다.

있는 — 미국에서는 전통적인 도시 중심지를 복원하기 위한 정치적 합의가 마련되지 못하고 있음을 보여주었다. 보스턴, 뉴욕, 마이애미와 같이 태풍에 취약한 해안 도시의 공무원들은 비슷한 재해로 도시가 피해를 입게 되었을 때 어떤 일이 발생할지 검토해보기 시작했다. 마이애미의 다수의 지역들과 해변 구역들은 해수면에서 단지 몇 피트 위에 자리하고 있다. 따라서 태풍이 급작스레 밀려오면 직접적인 피해를 입을 것은 명백하다. 뉴욕 시의 경우에는 만조 시 태풍의 직접적인 피해가 제방을 넘어 로워 맨해튼Lower Manhattan에 미치게 되고, 지하철과 차량 전용 터널에 물이 들이닥치게 될 것이다. 공항도 수면 밑으로 가라앉을 것이다. 보스턴도 이런 최악의 상황 속에서는 동일한 위험에 처할 것이다. 이 도시들도 과연 뉴올리언스처럼 도시 방어나 재건에 실패하게 될 것인가? 그리고 기후변화로 인해 전 세계 해안 도시들에 어떤 일들이 발생할 것인가?

인간 활동으로 유발된 기후변화가 현실에서 발생하고 있는 것이 심각한 문제이며, 특히 몇 년 전 예상했던 것보다 훨씬 빠르게 진행되고 있다는 것에 대한 사회적 합의를 가져야 한다. 해수면 평균기온이 섭씨 2도 이상 상승할 때의 시나리오들은 매우 심각하다.[5] 산업과 도시화에 따른 기후변화와 그 최악의 결과를 막기 위한 예방책의 우선순위는 도시설계여야 한다. 이것은 자동차에 대한 의존도를 줄이는 것, 자연환경 보존을 강화하는 것, 그리고 무엇보다도 건물의 에너지 효율성을 높이기 위해 건물의 위치와 향orientation을 고려해야 한다는 것이다.

또 하나는 기후변화의 결과에 도시를 적응시키는 것이다. 해수 온도는 이미 상승하고 있으며, 대부분의 경우 이미 피할 수 없는 수준이다. 해수 온도의 상승은 기후변화의 한 요소로 비교적 쉽게 예측할 수 있다. 해수면이 상승하는 것은 따뜻해진 물의 부피가 더 커지고 육지에 있는 빙하가 녹기 때문이다. 실제보다 수치를 낮게 잡은 엄격한 예측으로도 금세기 중반까지 전 세계의 해수면은 0.5미터 상승하며, 2100년에는 적어도 1미터 상승한다. 이것은 이미 태

5 마크 라이너스Mark Lynas, 『6도, 더워진 지구에서의 우리의 미래Six Degrees, Our Future on a Hotter Planet』(Fourth Estate, 2007)를 일례로 참고할 수 있다.

풍의 위험에 처해 있는 해안 도시들에 대한 위협을 증폭시키고 있다. 이런 예측에 근거하면 마이애미 해변의 대부분이 2100년에는 바다에 잠기게 된다.[6]

향후 발생할 해수면 상승에 대비해 도시를 계획한다면, 도시설계가들의 도시설계 방식은 변화되어야 한다. 상하이의 새로운 고층 건물구역인 푸동은 1990년까지만 해도 대부분 담수로 뒤덮인 습지였다. 이 구역은 돌이켜보면 그만큼 큰 투자를 위한 좋은 도시개발의 장소는 아니었다. 해안을 간척해서 만들어진 두바이의 저지대 섬들도 역시 적절한 투자 결정은 아니었던 것으로 보인다.

네덜란드는 국토의 55%가 이미 해수면 밑에 있다는 점에서 기후변화의 최전방에 있으며 해수면 상승과 하천 수량의 증가라는 위험에 처해 있다. 하천 수량의 증가는 무엇보다 알프스 산맥의 빙하가 녹고 있기 때문이며, 1953년의 끔찍한 태풍 이후 네덜란드인들은 동부 스켈트 삼각주와 로테르담 항구를 보호하기 위한 태풍·해일 방벽 시스템을 건설했다. 뉴올리언스와 다른 걸프만 일대 국가에서 홍수와 침수로 집을 잃은 사람들의 소식이 텔레비전 방송과 보도기사로 네덜란드 국민들에게 전해졌을 때, 이들은 수백 년 전 건설된 네덜란드의 제방 시스템에 대해 다시 한 번 생각하게 되었을 것이다. 또한 네덜란드는 하천의 수계를 공원이나 농지로 이동시켜 홍수로 범람한 물을 주기적으로 수용할 수 있는 방법을 활용하고 있다. 로테르담은 도시를 기후로부터 방어하는 계획으로 건설되어왔다. 이러한 노력은 전 국토를 1만 년에 한 번 일어날 수 있는 태풍과 같은 최악의 기후 조건으로부터 보호하려는 국가정책으로 진행되고 있다. 이러한 맥락에서 태풍으로부터 국가를 지키기 위해서는 어떠한 비용도 지불되어야 한다는 생각은 정치적 사안을 벗어나는 것이며, 그것은 마치 미국에서 군사예산을 다루는 것과 유사하게 다루어지고 있다. 비록 특정 프로그램의 중요도나 1년 치 예산에 대한 논쟁은 벌어질 수 있겠으나, 태풍 방어시설 자체가 쟁점이 되지는 않는다. 영국 정부는 1953년 네덜란드에도 큰 피해를 남긴 태풍이 지나간 후, 해일을 동반한 태풍으로부터 런던을 보호하기

---

6 해수면 상승에 대한 지역 규모의 영향은 해안선의 상승 및 하강 정도와 대륙별 지진대의 위치에 따라 상이하다.

위한 템스 강의 방어시설에 예산을 편성했다. 현재 템스 강의 방어시설은 해수면 상승에 대처하기 위해 그 설계 방향이 맞추어지고 있다. 베니스에서도 홍수로부터 도시를 지키기 위한 방어시설이 조성되고 있다. 그러나 해안 도시들을 태풍으로부터 지키기 위해 방어시설 건설에 재정을 투입하는 문제는 대부분 국가 차원의 합의를 이끌어내는 데 오랜 시간이 걸리고 있다. 걸프포트Gulfport와 빌록시Biloxi, 뉴올리언스 동부와 카트리나로 심각한 피해를 입은 지역에서의 복구사업들도 개인 재산상에 대한 처리를 제외하면 태풍의 방어시설에 대해서는 어떠한 투자도 없이 진행되고 있다.

기후변화는 가뭄의 기간이 길어지고 그 정도가 심해지는 것을 통해서도 예측할 수 있다. 구체적인 예측은 어렵다고 하더라도 호주와 미국 남서부처럼 현재 가뭄으로 인해 피해가 큰 곳에서는 앞으로 문제가 더욱 심각할 것으로 예상된다. 가뭄이 심각한 문제가 되고 있는 지역에서는 지속 가능한 도시를 만들기 위해 도시와 건물의 설계에 커다란 변화가 요구될 것이다. 언젠가 잔디밭과 수세식 화장실에 정화된 식수를 사용했던 시절이 매우 놀라웠던 일로 회상되는 날이 올 수 있다.

9·11 이후 도시설계의 실패

허리케인 카트리나 이후에 뉴올리언스를 재건하려는 시도와 세계의 기후변화와 같은 재앙이 앞으로 더 많이 발생할 개연성은 자연환경과 함께 이루어져야 하는 도시설계 실무와 자연환경을 이해하는 도시설계 실무 간에 큰 간극이 있음을 보여준다. 2001년 9월 11일 세계무역센터의 붕괴와 같은 또 다른 재앙은 지방 공공기관과 광범위한 분야에서 전문 설계가들이 도시설계의 심각한 문제들을 효과적으로 해결하지 못하고 있음을 보여주었다.

원래 로워 맨해튼 개발공사Lower Manhattan Development Corporation와 뉴욕-뉴저지 항만청Port Authority of New York and New Jersey 두 기관은 세계무역센터 재건축의 관리 업무를 담당하고 있었다. 말하자면 이 업무는 희생자의 가족들, 커뮤니티 지도자들, 전문 설계가들, 그리고 이 일에 관심을 가진 시민들 간의 다양한 의견을 잘 조율하여 재건축 과정의 합의를 이끌어내어 재건과 치유라는 상징적 장소에 영감을 주는 것이었다.

미국에서 공공기관은 오랫동안 도시설계와 도시개발에 참여하여 변화를 주도해왔다. 도시설계와 도시개발에 공공기관이 참여하는 과정은 미국에서 매우 안정적으로 구축되어 있다. 그 과정은 우선 기본적인 쟁점에서부터 시작되는데, 세계무역센터 부지를 모두 재건할 것인가, 어떤 부지를 포함할 것인가, 재건한다면 재정이 얼마나 드는가, 희생자를 추모하는 가장 좋은 방법은 무엇인가, 어떤 종류의 개발이 가장 적절한가와 같은 문제들의 논의이다. 그런데 이런 논의들은 체계 없이 분열될 수 있다. 이러한 과정이 성공적으로 마무리되려면, 논의에 참여한 참가자들이 선택 가능한 대안들을 잘 숙지하고 결정할 수 있어야 한다. 그런데 이러한 과정은 쉽게 한 해를 넘기곤 한다. 지원기관들은 이와 같은 공개적인 진행 과정이나 예상보다 늘어나는 기간을 고려하지 않았다. 공공기관들은 경험이 풍부한 도시설계·도시계획 사무소인 베이어 블라인더 벨Beyer Blinder Belle을 선정했다. 베이어 블라인더 벨에게는 2002년 7월로 계획된 공청회의 논의 자료로서 재건축 계획안들을 준비할 6주의 시간이 주어졌다. 이 공청회는 평소와 달리 대규모로 진행될 예정이었고, 공공 포럼 개최를 전문적으로 담당하는 비영리단체 아메리카 스픽스America Speaks에 의해 추진되었다. 공청회의 목적은 재건축 계획안을 신속하게 세 가지 정도로 좁혀서 12월까지 최종 계획안을 완성하는 것이었다. 참여기관들은 어떠한 계획안이더라도 부지 내 파괴된 구석구석을 모두 대체하는 내용을 포함하도록 요구했다. 이는 부지를 소유한 항만청과 파괴된 건물들의 임대권을 소유한 실버스타인 부동산 개발사Silverstein Properties가 그렇게 사업계약을 체결했기 때문이다. 이러한 결정은 많은 가능성을 가진 대안들을 탈락시켰다. 이 결정 자체는 분명히 공론 과정이 필요했으나, 그렇게 진행되지 못했다.

이러한 상황에서 2002년 7월 뉴욕 시의 컨벤션센터에서 공청회가 열렸는데 4,300여 명이나 참석했다. 존 베이어John H. Beyer는 희생자들을 추모하기 위한 공공공간에 초점을 맞춘 6개 계획안을 제시했다. 그 계획안들은 쿠퍼 로버트슨+파트너스Cooper Robertson + Partners 설계사무소가 설계한 메모리얼 스퀘어Memorial Square(기념 광장)라고 부른 부분을 갖고 있었다. 쿠퍼 로버트슨+파트너스는 부지 서측에 있는 세계무역센터 오피스 건물의 소유주와 계약 관계를 갖고 있었다. 그리고 메모리얼 플라자Memorial Plaza(기념 플라자), 메모리얼 트라이앵글Memorial Triangle, 메모리얼 가든Memorial Garden(기념 정원)은 실버스타인 부동산 개발사와 계약 관계에 있는 SOMSkidmore, Owings & Merrill이 설계했다. 끝으로 메모리얼 파크Memorial Park(기념 공원)와 메모리얼 프롬나드Memorial Promenade(기념 산책로)는 로워 맨해튼 개발공사와 컨설턴트 관계를 계속 유지해온 피터슨/리튼버그Peterson/Littenberg 설계사무소가 설계했다. 각각의 재건축 계획안들은 동일한 면적의 개발 프로그램을 포함했다. 이는 테러리스트 공격으로 파괴된 면적과 재건되는 면적이 동일해야 한다는 필수 항목 때문이었다. 계획안에서 잠재적으로 개발될 건물들은 모두 특징 없는 박스로만 표현되어 있었다. 이는 미래에 메모리얼을 둘러싸며 조성될 건물들이라고 할 수 있다.

사전준비도 없이 복잡한 오픈 스페이스의 개념을 갖고 있는 재건축 계획안들의 가치를 논의하기 위해 수천 명을 초대한 것은 그리 좋은 생각이 아니었다. 또한 재건축에 대한 긴장된 분위기는 후에 엄청난 비극이 되었으며 그야말로 재앙의 수준이었다. 사람들은 6개 계획안들의 오픈 스페이스 개념들을 독립적으로 평가할 수 없었다. 한편 그들이 볼 수 있었던 것은 그저 미래의 건물 설계를 위해 박스 형태로 남겨진 공간들placeholder인 데다, 각각의 계획안들은 같은 규모의 오피스 공간의 조건하에 계획되었기 때문에 서로 비슷한 형태였다. 그래서 어떤 계획안도 강력한 지지를 받지 못했으며 결국 모든 계획안들은 악평을 받았다. 특히 ≪뉴욕타임스New York Times≫는 계획안들을 두고 "따분하고 우중충한 제안들이며 뉴욕 시와 전 세계가 기대하는 그라운드 제로ground zero의 재탄생에 한참 미치지 못하는 것"이라고 지적했다.[7]

세계무역센터의 재건설계 절차에는 보통 20~30명의 이해관계자들로 구성되는 실무위원회가 포함되지 않았다. 이런 실무위원회는 보통 참여적 의사결정 과정에서 대규모 공청회와 함께 진행된다. 세계무역센터 부지를 위한 실무위원회에는 로워 맨해튼 개발공사, 항만청, 실버스타인 부동산 개발사의 대표자들(앞으로 어떤 일들이 이루어져야 할지를 결정하는 모든 토론에서 중요한 역할을

7 ≪뉴욕타임스≫, 사설, 2002년 7월 17일.

해야 하는 참가자)과 함께 희생자 가족들의 대표자들, 커뮤니티 조직의 리더들, 뉴욕의 전문 설계가들의 대표자들, 그리고 이 구역에서 실제로 살고 일하는 사람들의 대표자들이 포함되었다면 좋았을 것이다.

첫 번째 공청회는 참여적 의사결정 과정에서 보통 부정적인 방향으로 흘러가기 마련인데, 그 당시 대중 여론이 격한 감정을 표출할 때에는 특히 그러하다. 또 다른 상황을 생각해보면, 도시설계가들이 실무위원회에 참가해서 무엇이 잘못되었는가에 관해 논의하고, 다음번에는 더 건설적인 공청회가 되기 위한 여건을 만들었어야 했으나 결국 그렇게 진행되지 못했다. 세계무역센터 부지를 놓고 보면, 강력한 반대 앞에서 처음부터 약속된 공공의 참여를 유지하기 위해서는 큰 용기가 필요하다. 아쉽게도 두 공공기관은 그러한 용기를 갖고 있지 않았다. 이 두 기관은 설계안과 개발방법의 결정 과정에서 대중과 중요한 이해당사자들을 포함시킬 공식적인 방법을 포기했고, 그 대신 전 세계를 대상으로 한 현상설계 공모를 개최한다고 발표했다.

현상설계 공모에는 여러 건축가들과 관련 전문 설계자들이 포함된 500여 팀이 참여 자격을 제출했고, 2002년 9월 잘 알려진 건축가들로 구성된 7개 팀이 선택되어 설계의 밑그림을 발전시켰다. 그 팀들은 다음과 같다.

- 포스터 + 파트너스Foster + Partners
- 다니엘 리베스킨트 스튜디오Studio Daniel Libeskind, 게리 핵Gary Hack, 조지 하그리브스George Hargreaves
- SOMSkidmore, Owings & Merrill, SANAA, 필드 오퍼레이션스Field Operations
- 리처드 마이어Richard Meier, 피터 아이젠만Peter Eisenman, 찰스 과스메이Charles Gwathmey, 스티븐 홀Steven Holl
- 라파엘 비뇰리Rafael Vignoly, 프레더릭 슈와츠Frederic Schwartz, 반 시게루坂茂, 켄 스미스Ken Smith가 이끄는 싱크THINK
- FOAForeign Office Architects, 그렉 린 폼Greg Lynn FORM, RUR 아키텍처RUR Architecture, 케빈 케넌Kevin Kennon, 유엔 스튜디오UN Studio로 이루어진 유나이티드 아키텍츠United Architects
- 피터슨/리튼버그Peterson/Littenberg

이 설계 공모전의 수립 과정은 굉장히 흥미로웠다. 건축가, 도시계획가, 그리고 도시설계가들은 세계무역센터 현상설계를 놓고 그들이 중요하게 생각하고 논의했던 이슈들이 TV 뉴스, 신문 1면, 잡지의 표지기사로 부각되는 것에 고무되었다. 당시의 이러한 상황을 명확하게 설명해주는 책이 두 권 있다. 하나는 폴 골드버거Paul Goldberger의 『0으로부터Up From Zero』이고, 다른 하나는 수잔 스티븐스Suzanne Stephens, 이언 루나Ian Luna, 론 브로드허스트Ron Broadhurst의 『그라운드 제로를 상상하며Imagining Ground Zero』이다. 『0으로부터』는 모든 계획 과정을 생생하게 기록하고 있으며, 『그라운드 제로를 상상하며』는 세계무역센터 부지에 관한 공식적 도시설계 제안들을 설명한 그래픽 프레젠테이션뿐만 아니라 다수의 비공식적 도시설계 제안들도 함께 보여준다.[8]

이 도시설계 공모전을 통해 건축가들이 도시설계가들보다 언론 및 대중과 소통하는 능력이 더 뛰어나다는 것이 입증되었다. 2002년 12월 최종 선발된 두 팀 중 한 팀의 책임자인 다니엘 리베스킨트Daniel Libeskind는 여러 크기의 독특한 각기둥 모양의 건물군을 제안했다. 이 중 리베스킨트가 프리덤 타워Freedom Tower라고 이름 붙인 건물은 꼭대기 부분이 1,776피트(541m) 높이로 계획안에서 제시한 건물들 중 가장 높다. 리베스킨트는 세계무역센터 부지의 지하 깊은 곳에 테러리스트들의 폭격으로부터 잔존한 옹벽을 추모벽으로 제안했다. 그는 이 옹벽이 9·11 공격 이후에도 서쪽에서 허드슨 강물을 막고 있었다고 주장하며 이 벽의 영웅적인 역할을 시각적으로 남겨야 한다고 주장했다. 또한 그는 테러리스트들이 첫 번째 건물에 비행기를 충돌시켰던 바로 그날 그 시간에 비추어졌을 빛줄기가 그가 제안한 새 건물들 사이를 관통하여 이 추모벽과 그 앞에 있는 공간에 비친다고 설명했다.

또 다른 결선 진출 팀인 싱크THINK는 높이와 모습이 예전의 세계무역센터와 비슷하며 2개의 골격만으로 이루어진 철골 구조의 건물을 제안했다. 이 철골 구조 타워의 35층 안쪽에는 박물관이 자리 잡고 있다. 필수 프로그램으로

---

8 폴 골드버거Paul Goldberger, 『0으로부터Up From Zero』(Random House, 2004); 수잔 스티븐스Suzanne Stephens · 이언 루나Ian Luna · 론 브로드허스트Ron Broadhurst, 『그라운드 제로를 상상하며: 세계무역센터 부지에 대한 공식적 · 비공식적 제안서Imagining Ground Zero: Official and Unofficial Proposals for the World Trade Center Site』, Architectural Record(Rizzoli, 2004).

서 요구된 오피스 공간은 평범한 형태의 오피스 건물들이 고리 모양으로 둘러싸고 배치되었다. 이 오피스 건물들은 다양한 구조로 시공되어 있지만 모두 철골 구조 타워의 절반 높이를 갖고 있었다. 이 설계안은 부동산 시장의 수요로부터 기념비적인 강력한 상징성을 분리시키고 있으며, 오피스 건물들의 동일한 높이도 도시설계에서 흔히 사용될 수 있는 개념이었다.

리베스킨트의 프리덤 타워는 이미 파괴되고 없는 세계무역센터 건물보다 높은 1,776피트(541m)로 설계되어 미국독립혁명의 정신을 상징한다고 볼 수도 있다. 프리덤 타워의 상징성과는 대조적으로 철골 구조 타워는 저항과 슬픔의 혼합된 의미를 전달해준다. 하지만 더 중요한 문제는 철골 구조 타워가 다른 임대소득 없이 최소 5억 달러의 투자비용이 전제되어야 했으며, 이후 건물을 유지하고 박물관을 운영하는 장기적인 헌신이 필요했다는 것이다.

결국 리베스킨트의 설계안이 세계무역센터의 재건안으로 채택되었지만, 그것은 최종적으로 의미 없는 결정이 되어버렸다. 리베스킨트 설계안의 문제점은 어떠한 원칙이 내재되지 않은 채 개별 건물마다 독특하고 기하학적인 모양을 갖는다는 것이었다. 이 제안을 실현시킬 가장 좋은 방법은, 리베스킨트가 모든 건물의 건축가가 되어야 하며 모든 건물은 동시에 건설되어야 한다는 것이었다. 하지만 실제로 이러한 대규모 프로젝트에서 이러한 개발은 불가능하다. 당시 개발 프로그램은 개발을 위한 장기적 권리를 유지한다는 내용뿐이었으며, 1,100만 제곱피트(1.02km^2)의 오피스 공간이 즉시 건설되어야 한다고 가정하는 것은 심각한 오산이었다. 탈락한 현상설계안 중 대부분은 한 번에 건설하려는 계획을 갖고 있어 실행의 관점에서 리베스킨트의 계획안보다 더욱 심각한 문제를 갖고 있었다. 하지만 이와 달리 싱크의 설계는 제한된 건물의 높이와 통일된 평평한 건물 입면을 제시하고 있어서, 실제 다양한 오피스 건물들의 설계를 위한 다수의 건축가들과 개발업자들이 건설에 참여할 수 있도록 되어 있었다. 피터슨/리튼버그의 설계안은 다른 팀들의 설계안과는 달리 전통적인 축과 대칭적인 건물 관계를 담고 있었으며 다년간의 개발에 필요한 디자인 가이드라인으로 이해될 수 있었다.

세계무역센터 건물 임대권을 가진 개발자이자 세계무역센터 부지의 재개발 권리를 가지고 있던 래리 실버스타인Larry Silverstein은 리베스킨트의 안을 선택

I.1 이 모델 사진은 시민 참여 과정과 국제 현상설계 실패 이후 세계무역센터 부지에 조성 중인 건물들을 보여준다. 이 모델은 당대 저명한 설계사무소들의 개별 작업들의 종합물일 뿐, 도시설계의 일관된 작업의 결과물로 완성되지 않고 있다. 왼쪽부터 SOM의 One World Trade Center 건물과 그 뒤의 Seven World Trade Center 건물, 포스터 + 파트너스의 200 Greenwich Street 건물, 로저스 스터크 하버 + 파트너스의 175 Greenwich Street 건물, 마키 앤 어소시에이츠의 150 Greenwich Street 건물이 있다. 전면에는 '9·11 국경일'이라는 이름의 푹 꺼진 코트야드(sunken courtyard)가 두 개 있다. 이는 마이클 아라드와 피터 워커가 기존 세계무역센터 고층 건물들을 회상하도록 설계한 것이다. 그 사이의 파빌리온(pavilion)은 데이비스 브로디 본드 아에다스가 설계한 기념박물관의 일부이다. 포스터와 로저스의 건물들 사이에는 산티아고 칼라트라바가 설계한 교통 터미널이 있다.

I.2 이 모델 사진은 2002년 7월 시민 공청회에서 탈락된 세계무역센터 부지 계획안들 중 하나이다. ≪뉴욕타임스≫는 당시 계획안들에 대해 "따분하고 우중충한 제안들이며 뉴욕 시와 전 세계가 기대하는 그라운드 제로의 재탄생에 한참 미치지 못하는" 제안서라고 지적했다.

하지 않았다. 그는 SOM과 설계 계약을 했으며 SOM에 명확한 설계지침을 전달했다. 그런데 실버스타인이 전달한 지침은 SOM과 SANAA가 현상설계에 제출한 설계안과 전혀 다른 것이었다. 리베스킨트와 SOM은 짧은 기간 동안 같이 협업했으나, 리베스킨트의 설계안 중에 남겨진 것은 프리덤 타워라는 이름과 1,776피트(541m)라는 높이뿐이었다. 이후 프리덤 타워라는 이름도 결국 폐기되었다. 한편 실버스타인 부동산 개발사가 개발하기로 예정된 부지의 다른 건물들은 여러 명의 유명 건축가들에게 맡겨졌다. 그들은 전체적인 도시설계 제안서를 수립할 때 리베스킨트의 개념에는 전혀 관심을 기울이지 않았다. 항만청도 햇빛에 노출되는 추모벽을 위해서 버려져야만 하는 수백만 제곱피트의 부지를 희생할 생각이 없었다. 이러한 상황에서 2004년 1월에 메모리얼 오픈 스페이스를 위한 두 번째 현상설계가 열렸다.

〈그림 I.1〉은 시민 참여 과정과 현상설계 실패 이후에 완성된 공식적 도면을 보여준다. 왼쪽부터 SOM의 One World Trade Center 건물, 그 뒤편에 역시 SOM의 Seven World Trade Center 건물, 포스터 + 파트너스의 200 Greenwich Street 건물, 로저스 스터크 하버 + 파트너스Rogers Stirk Harbour + Partners의 175 Greenwich Street 건물, 마키 앤 어소시에이츠Maki and Associates의 150 Greenwich Street 건물이 있다. 전면에는 마이클 아라드Michael Arad와 피터 워커Peter Walker가 설계한 9·11 기념장소National September 11 Memorial와 데이비스 브로디 본드 아에다스Davis Brody Bond Aedas가 설계한 기념박물관이 있다. 포스터와 로저스의 건물들 사이에는 산티아고 칼라트라바Santiago Calatrava가 설계한 교통 터미널이 있다. SOM이 설계한 건물과 포스터가 설계한 건물 사이에 있는 공간은 미래의 공연예술센터를 위해 마련된 부지이다. 이 건물들은 모두 최고의 설계사무소들에 의해 설계되었지만, 재건 활동이 시작되었을 때 시민들의 높은 기대를 충족시키지 못했다. 이 계획안은 2002년 7월 시민 공청회에서 탈락되었고 ≪뉴욕타임스≫에 의해 "따분하고 우중충한 제안들"이라고 지적받은 초기의 6개 계획안들 중 하나였던 메모리얼 플라자 계획안과 유사했다(그림 I.2).

모던 도시설계와 전통 도시설계에 관한 논쟁

세계무역센터를 재건하는 과정에서 논란의 중심에는 세계무역센터가 중요한 의미를 상징하는 형태로 재건되어야 한다는 가정이 암묵적으로 깔려 있었다. 즉, 이러한 아이콘적 건물은 모더니즘의 중요성을 강조한 것이다. 다음 장에서 설명할 개념들은 제2차 세계대전 이후 도시설계를 이끌어온 모더니즘의 생각이다. 이에 대한 비판은 모더니즘의 도시설계 방식이 전 세계에 퍼져나가면서 점점 더 강해졌다. 모더니즘에 대한 비판의 내용들을 요약하면 다음과 같다. 먼저 도시설계에서 모더니즘은 도시 안에서 역사 건물의 가치와 기존 네이버후드neighborhood들을 보존하는 것에 실패했고, 저소득층을 포함한 사회의 기피 계층을 도시의 일부 구역에 집중시키며 사회적 불평들을 증진시켰다. 또한 모더니즘의 중요한 개념으로 자동차가 고속으로 주행하는 도로를 도시 중심부로 관통시키며 도시 중심부를 분열시킨 것, 그리고 점점 더 넓은 지역으로 도시화를 진행시키며 자연환경을 파괴한 것 등이다. 한편 모더니스트들 스스로가 반대해왔던 전통 도시설계 방식이 최근 세계무역센터에 인접한 배터리 파크 시티Battery Park City의 계획에서 활용되었다. 배터리 파크 시티 계획[9]에는 전통적인 공원, 가로, 블록들이 강조되어 사용되었다. 2002년 7월 공청회에서 제시된 세계무역센터 재건을 위한 6개의 초기 계획안들은 이로부터 큰 영향을 받은 것처럼 보인다. 상징적인 기념의 장소가 도시설계를 결정하는 중요한 요소가 되고 건물들은 이 공간에 따라 설계된다는 가정은 공청회에서 지지를 얻지 못했으며, 회의 이후의 비판적 평가 과정에서도 마찬가지였다. 또한 서로 다른 모습을 띠면서도 일관성 있는 개별 건물들의 군을 설계하기 위해서는 여러 명의 건축가들이 장기간 작업해야 함에도, 이런 과정을 위한 가정들은 불행히도 공유되지 못했다.

전통 도시설계traditional city design는 미래의 건물들에 대한 공통된 기대를 바탕으로 유럽의 역사 도시들에서 다시 이용되고 있다. 예를 들어 모던 건물들

---

9 배터리 파크 시티 계획의 도시설계가들은 알렉산더 쿠퍼Alexander Cooper와 스탠턴 엑스터트Stanton Eckstut이다. 이 계획의 내용은 3장에서 설명된다.

이 모여 있는 베를린 중심부에서 이 전통 도시설계 가이드라인은 재건축을 제한하고 있다. 제2차 세계대전 종료 전후 모더니스트들의 계획에 의해 만들어진 런던의 세인트 폴 성당 주변 지역도 이제는 전통 도시설계의 방식을 따라 가로에 연속된 건물의 전면부를 유지하는 방식으로 새로운 건물들을 조성하고 있다. 네덜란드의 헤이그에서도 저층 건물이 새로운 중심부를 만들고 있다. 미국에서는 1980년대부터 교외 주택지로 계획된 커뮤니티를 전통 도시설계 방식으로 되살리려는 운동이 시작되어 지금에 이르고 있다. 이 운동을 지지하는 자들 중 일부가 1993년 뉴어바니즘 협회Congress for the New Urbanism를 결성하고 전통적인 고전 건축으로 회귀할 것을 지지했다. 뉴어바니즘new urbanism이 새롭게 제시한 아이디어는 바로 모던 도시설계 개념이 사회의 지배적인 사조로 자리 잡으면서 도시가 잘못된 방향으로 우회했다는 것이다. 실제로 뉴어바니즘은 과거의 도시설계가 더 나으며 이에 과거로의 회귀를 구호로 내걸고 있었다. 뉴어바니즘은 고전적인 건축양식을 필수적인 원칙으로 하고 있지는 않지만, 실제로 전통적인 고전 건축양식을 이용하는 것이 뉴어바니즘의 원칙들을 따라가는 가장 쉬운 방법이었다. 하지만 전통적인 고전 건축은 대다수의 건축학교와 건축 비평가들에게 엄청난 비판을 받는 대상이기도 하다. 이렇듯 소수만이 지향했던 전통적 건축에 관한 논의와 격렬한 비판이 신문 등의 출간 비평물에 등재되고 세계무역센터 재건에 대한 논의로까지 번지게 되었다. 결국 세계무역센터 계획안의 의사결정 자체가 무효화되었다.

전통 도시설계의 또 다른 특성은 자동차가 등장하기 이전 일상적으로 걸어다닐 수 있는 밀도 높은 공간의 집약compactness이다. 도시개발에 의한 무분별한 도시 확산 현상은 보행자 중심의 밀도 높은 업무구역과 네이버후드 형성에 대한 새로운 관심을 이끌어냈다. 이러한 보행 중심의 업무구역과 네이버후드는 무분별한 도시 성장에 대응할 수 있게 해준 새로운 대중교통과 초고속 철도 계획에 의해 가능해지고 있다. 공간 밀도의 치밀함과 보행자 중심의 도시 형태에 대한 연구는 도시설계자들에게 고전적 건축설계 원칙들을 사용하지 않고도 전통 도시설계의 원칙들을 되돌아볼 수 있게 했다. 이러한 접근방법은 2장에서 논의될 것이다.

모던 도시설계에 대한 녹색 논쟁

채광과 통풍의 최적화된 상태를 위해 만들어진 건물들은 모더니즘 건축 원칙의 필수적인 요소였다. 그럼에도 모더니스트들이 자연환경을 다루는 방식은 현재까지도 엔지니어링 방법을 통한 자연의 규제였다. 즉, 부지는 평평하게 조성하기 위해 밀어버릴 수 있으며, 습지는 메울 수 있고, 개발에 방해가 되는 하천은 지하 배수로로 그 물길이 개조되었다. 이러한 방법들은 이언 맥하그Ian McHarg가 발표한 선언문인 『자연을 따르는 설계Design with Nature』를 통해서 도전을 받았다.[10] 『자연을 따르는 설계』의 초판은 1969년에 발행되었다. 이 책에서 맥하그는 산사태, 홍수, 건물 침강 등의 재해는 인간이 자연 시스템의 허용 범위를 넘어서 작업하며 발생한 결과라고 지적했다. 맥하그는 그린벨트로 자연환경을 보호하고 자연 지형을 살리는 부지설계를 통해 전원도시와 전원교외에 대한 초창기의 생각을 뒷받침해주었다. 최근 자연환경은 맥하그가 상상했던 것보다도 훨씬 더 역동적인 시스템이란 것이 증명되었다. 따라서 자연 시스템의 허용 범위 안에서 설계하는 것은 지속 가능성을 높여줄 뿐만 아니라 기후변화의 속도를 늦추거나 기후변화가 만들어낸 새로운 상황에 적응하기 위해 필수적인 것으로 이해되고 있다. 미국 그린 빌딩 위원회United States Green Building Council는 1994년에 세워진 민간 조직이다. 미국 그린 빌딩 위원회는 전문가와 특정 프로젝트에 자격증을 부여하는 리드LEED: Leadership in Energy and Environmental Design 프로그램을 도입하여 빠르게 그 영향력을 행사하고 있다. 리드 프로그램이 초창기에 강조한 것은 민간 건물의 에너지 효율성을 증가시키는 것이었다. 현재 리드 프로그램은 네이버후드의 설계 기준들을 발표하며 더 큰 규모의 개발에도 관심을 갖기 시작했다. 이러한 움직임은 3장에서 논의될 녹색 도시를 구현하는 설계 원칙들로 이어졌다.

---

10 맥하그의 『자연을 따르는 설계』는 원래 1969년에 Museum of Natural History에서 출판되었다.

보다 체계적인 어바니즘을 찾아서

모든 도시가 조성될 때 가장 큰 문제는 초기의 도시설계가, 그리고 초기 개념이 결정된 후 오랜 시간이 지난 뒤에 그 초기 설계의 세부 요소들을 실제로 구현해야 하는 사람들 사이의 관계에 있다. 오랜 시간이 지난 후에 설계를 현실화시켜야 하는 사람들은 다른 설계 철학을 따르거나 변화된 경제상황에서 일하게 될 수 있다. 따라서 도시설계는 규제체계가 필요하다. 이 규제체계는 초기 개념을 강력하게 보전해야 하며, 동시에 주어지는 상황 변화에 적응할 수 있도록 충분히 유연해야 한다. 이런 체계들의 초창기 사례는 18세기 이후 지금까지 계속되고 있는 파리 시의 가로 폭과 건물 높이 간의 법적 관계이다. 1850년대에 시작된 파리의 재건 기간 동안 이 체계는 건물 전면부의 규제를 포함하기 위해 더욱 정교화되었다. 건물 전면부의 규제는 오늘날 여전히 사랑받는 파리의 블러바드boulevard들을 따라 줄지어 있는 건물들을 더욱 조화롭게 만들었다. 파리의 이러한 규제체계는 이후 보스턴의 백 베이Back Bay 개발을 주도하는 데 사용되었다. 또한 건물 높이와 가로 폭 사이의 관계는 1916년에 적용된 뉴욕 시의 첫 번째 조닝 코드zoning code로 이어졌고, 이후 여러 가지 다양한 조닝 코드에도 영향을 주었다. 조닝 코드는 다양한 사회 상황하에서 일반적이면서도 통일된 방향으로 도시의 형태를 완성해간다. 이에 조닝 시스템 자체는 도시설계의 초기 유형으로 생각될 수 있다. 1960년대에 전 세계는 거대한 기계체계를 만들고 이를 도시와 지역들로 성장시키는 데 큰 관심이 있었다. 이러한 체계들은 실용성이 없는 것으로 증명되었으나, 현재에는 공항 터미널, 쇼핑센터, 그리고 다양한 방식으로 사용될 수 있는 도시 중심지의 도시설계에 지속적으로 영향을 끼쳤다. 더욱 최근에는 도시의 형태를 설계하는 과정 이전에 컴퓨터를 이용하여 건물과 도시를 설계하는 시스템 설계에 대한 연구가 장래성이 있는 영역으로 나타나고 있다. 이 분야는 아직 현실에 도입될 때까지 많은 시간이 소요될 것이라 생각된다. 이러한 시스템 도시설계system city design는 4장에서 설명한다.

이 책의 마지막 장인 결론은 도시설계가 모던 도시화의 도전을 어떻게 받아들여야 하며, 지속 가능한 도시를 만들기 위해 어떠한 도움을 줄 수 있는지에 대해 설명한다. 또한 광범위한 도시설계 이론들 사이에서 앞으로 도시설계를 어떻게 정의하고 추구해야 하는가에 관해 기술한다.

1920년대 소규모의 건축가 그룹 안에서만 정의되었던 모던 도시설계는 이제 전 세계에서 통용되는 막강한 위치에 올라섰다. 중국의 선전, 아랍에미리트의 두바이와 아부다비, 카타르 등의 대도시들은 대부분 모던 도시설계의 원리들을 따라 설계되었다. 모더니즘은 미래의 도시 형태를 고려할 때 하나의 중요한 기준점이 되고 있기 때문에, 바로 이곳으로부터 이 책의 이야기를 시작한다.

01

모던 도시설계

Modernist city design

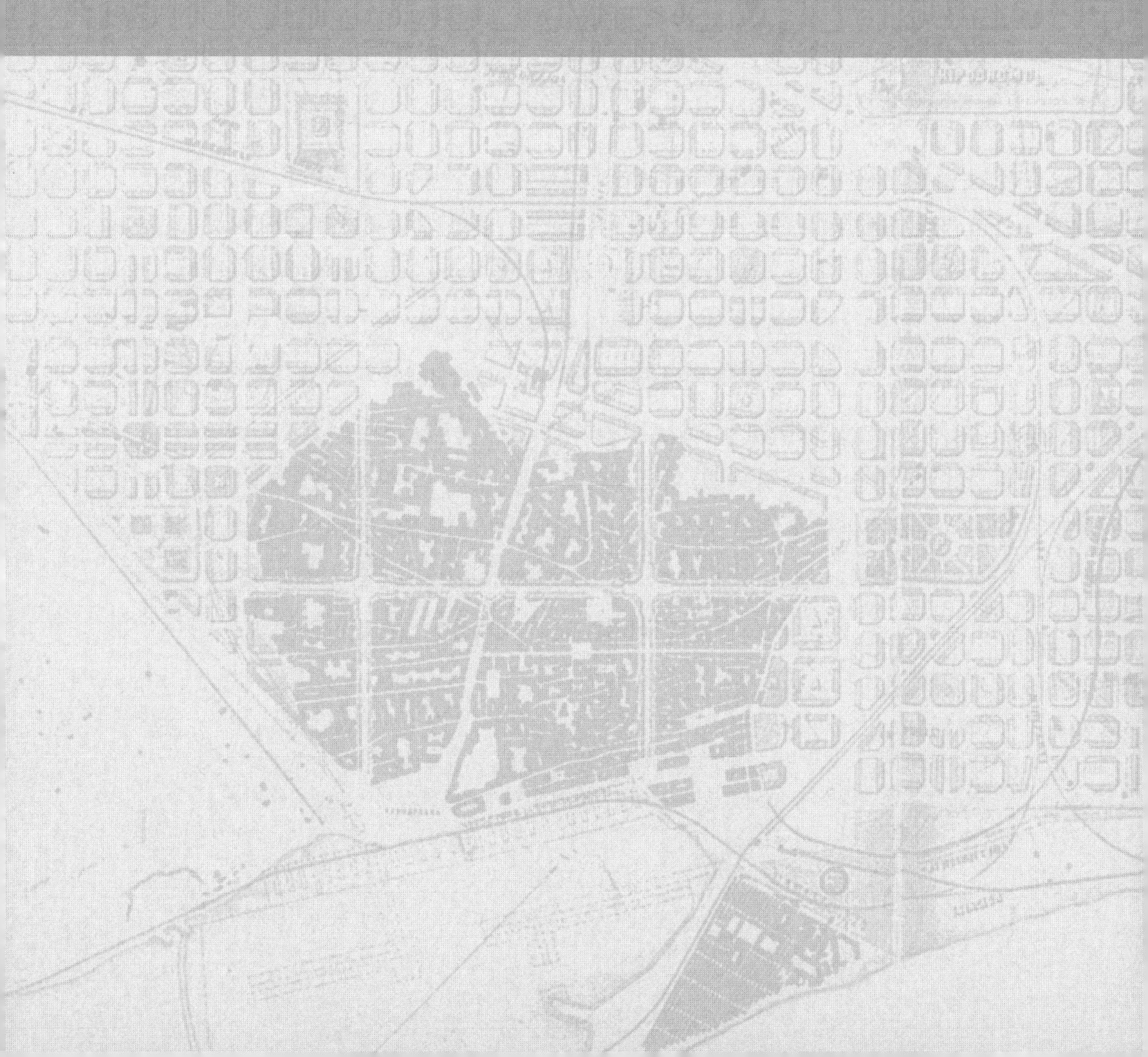

지금으로부터 80여 년 전에 모던 도시설계를 주창한 건축가들은 다른 예술가들처럼 근대화를 위해 과거에 대항하는 혁명이 필요하다고 믿었다.[1] 그들은 자신들의 혁명을 통해 모든 사람들이 위생, 채광, 통풍의 최소 기준을 충족하는 주거환경을 갖춘 공동체 사회를 꿈꾸었다. 저소득 계층은 북적대는 지하실, 다락방, 하늘이 보이지 않는 코트야드를 벗어나 녹지로 둘러싸인 아파트 단지에 거주하면서 또 다른 사회계층에 편입될 수 있다고 생각했다. 이들은 새로운 테크놀로지(적어도 1920년대에 신기술로 여겨졌던 것들)로 인해 도시 전체가 필연적으로 바뀔 수 있다고 믿었다. 이를 위해 대부분의 오래된 도시구역들이 빈민가의 해체를 위해 철거되어야 하고, 자동차 중심의 넓은 도로와 고속도로, 녹지·녹색 공간의 조성사업들이 진행되어야 했다. 또한 공장들은 특별산업구역으로 이전되고, 사무직 근로자들은 도시 중심부의 고층 건물 안으로 클러스터를 형성해야 했다. 새로운 건축물들은 철골과 넓은 유리로 그 형태가 결정되어야 했다. 마르크스의 이론에서처럼 이들은 도시설계에서 모더니즘은 결정론주의적인 것이며, 필연적으로 과거의 역사가 쓰레기라는 것이 미래의 역사를 통해 증명될 것이라고 전제했다.

이러한 모더니즘 혁명은 대부분 이루어졌다. 우리가 어디에서나 볼 수 있는 녹지 공간, 그리고 주차장에 둘러싸인 아파트 타워들의 대열이 바로 모던 도시설계인 것이다. 주요 이동수단이 된 고속도로, 차량의 신속한 이동을 위해 넓게 분리된 도로들, 그리고 도로 상부의 플랫폼에 밀집되어 있는 고층 오피스 건물군들의 풍경이 바로 모더니즘 원리에 의한 도시설계이다. 모더니즘은 제2차 세계대전 이후 유럽, 구소련, 그리고 일본의 재건에 중요한 영향을 미쳤다. 영어권 국가에서 흔히 볼 수 있는 모던 도시설계는 저소득 계층을 위한 계획적인 주거지 개발과 도시 중심부 재개발, 대도시 경계부에 새롭게 조성된 거점 도시들뿐만 아니라 도로 계획에도 그 영향을 끼쳤다. 현재 중국의 모든 도시에서 볼 수 있는 공공계획들은 이러한 모던 도시설계 아이디어를 구체화

---

1 피터 게이Peter Gay, 『모더니즘, 이단의 유혹Modernism, The Lure of Heresy』(Norton, 2007). 예술 분야 전반에서 논의되는 모더니즘의 내용들은 문화적 맥락에서 모더니즘 건축을 이해하는 데 넓은 관점을 제공한다.

하고 있다. 이 아이디어는 한국의 신도시를 비롯하여 태국, 싱가포르, 베트남에도 도입되었다. 최근까지 이러한 모던 도시설계는 구소련과 소련의 영향력에 있었던 동유럽 국가들에서도 표준이었다. 그리고 이 도시설계는 스칸디나비아, 중앙아메리카와 남아메리카, 아프리카, 인도차이나, 인도, 중동 국가들에서도 볼 수 있다.

과거 빈민가의 문제 해결을 위해 힘쓰던 혁명가들은 모던 테크놀로지가 수많은 노동자 계층을 중산층으로 변화시킬 것이라 예상하지 못했다. 하지만 넓은 도로와 큰 공원의 오픈 스페이스를 중심으로 한 모던 도시는 여전히 공장이나 사무실에서 일주일에 6일이라는 긴 시간을 일하고, 나머지 하루를 푸짐한 식사와 녹지 공간에서 가족과 산책을 즐길 수 있도록 마련된 도시이다. 이러한 도시 거주자들은 쇼핑이나 여가를 위한 여유 시간이나 수입이 거의 없는 것으로 추정된다. 이들은 기초적인 교육을 받고 문화적 관심은 없으며 스포츠 활동을 위한 에너지도 거의 고갈된 사람들이다. 또한 모던 도시설계에는 종교를 위한 고려가 없다. 하지만 이러한 모던 도시설계를 고안한 건축가와 도시계획가는 자신의 개인주택 또는 넓은 아파트에서 저녁 파티를 즐기고, 레스토랑, 소매점, 백화점을 애용하며, 저녁에는 영화, 연극, 콘서트를 즐길 것이다. 또 이들은 휴일에 여행을 떠나고 전원주택에서 주말을 보낼 것이다. 아쉽게도 이들은 이러한 삶이 자신들 외의 다른 사람들에게도 영위될 수 있도록 계획하지 못했다.

모던 도시설계는 주로 1928년에 스위스에서 시작된 국제모던건축회의CIAM: Congrès Internationaux d'Architecture Moderne에서 그 이론이 체계화되었다. 줄여서 CIAM이라 불린 이 건축 회의는 유럽의 모더니즘 건축가들로 구성된 작은 단체가 운영한 일련의 컨퍼런스였다. CIAM은 건축역사가, 언론가, 교육자 등으로 구성된 작은 그룹으로 처음 대중에게 알려졌다. 두 명의 핵심 CIAM 창립자는 스위스 출신의 프랑스 건축가 르코르뷔지에Le Corbusier(본명은 Charles-Edouard Jeanneret-Gris)와 취리히에서 활동한 예술사학 교수인 지그프리트 기디온Sigfried Giedion이다. 르코르뷔지에는 이 그룹에서 모더니즘 설계를 가장 강력하게 지지한 사람이었다. 기디온은 사무총장으로서 회의를 조직하고, 회의록 출판에 일관성을 부여하며, CIAM 동료들을 새로운 역사적 방향을 이끄는 참여자로서 영향력 있는 저서를 썼다. 이 저서에서 그는 모던 도시설계와 맞지 않는 다른 개발 사례들은 배제했다.

CIAM은 전 세계의 공식적인 건축물과 도시설계에 대한 기대를 재정의하고자 했다. 전통적 도시계획 전문가들은 CIAM에 초대받지 못했으며, 지나치게 표현주의적이고 개인주의적인 작업을 하는 것으로 여겨진 모더니스트들 역시 배제되었다.[2] CIAM에 대한 기록에 따르면, 이 회의에는 구성원들 간의 개성의 충돌과 지리학파와 언어학파의 계보로 나뉘어 분쟁이 있었고, CIAM의 향후 위치와 방향에 대한 의견 불일치와 갈등을 비롯하여 정부와 개인의 투자 결정이 이루어지는 방식에 대한 일반적이고 순진한 이해의 한계가 있었다. 하지만 결과적으로 CIAM은 놀라운 성공을 이루었다고 평가된다.

모던 도시설계의 확산은 소수의 CIAM 건축가들과 도시계획가들의 영향력보다 더 강력한 기술적·사회적·경제적 힘의 결과였다. 하지만 CIAM의 건축가들과 도시계획가들은 사명감을 갖고 있었다. 이들은 모던 도시설계의 경향을 일찍 인식하고 쉽게 복제될 수 있는 방법으로 트렌드를 만들어갔다. 모던 건축가들과 도시계획가들은 그들이 필요로 하는 정부 공무원이나 영향력 있는 저널리스트, 교수, 그리고 실무자 그룹이 상대적으로 부족하다는 것을 인식하고 그들과 접촉하는 방법들을 찾아냈다. 이들은 순환 전시회를 기획해 열었으며, 회의 보고서, 리포트, 연구물 등을 출판했다. 오늘날의 도시개발은 놀라울 정도로 르코르뷔지에와 기디온, 그리고 이들을 계승한 하버드대학교 교수 호세 루이스 세르트Jose Luis Sert가 CIAM 출판물에서 주장하던 것과 그 노선을 같이한다. 그렇지만 CIAM은 제2차 세계대전 이후 그 확신을 잃고 1960년에 이르러 활동이 중단되었다. 거의 혁명적이라 할 정도의 대단위 주택단지에 대한 이들의 생각들과 CIAM 컨퍼런스에서 촉발된 사회주의적 도시계획은 이제 우리의 기억에서만 존재할 뿐 전 세계 많은 지역에서 더 이상 적절해 보이지 않을뿐더러, 오늘날 보다 향상된 양질의 주거환경을 요구하는 사회에서는

---

2 에릭 멈퍼드Eric Mumford, 『어바니즘에 관한 CIAM 담론들, 1928~1960년The CIAM Discourse on Urbanism, 1928-1960』(MIT Press, 2002). 이 책은 CIAM, 의결안, 그리고 정책 대안에 관한 역사적 흐름을 완성도 높게 수록하고 있다.

최선의 대답이 아닐 것이다. 그럼에도 정부 공무원들, 부동산 개발업자들, 실무자들, 그리고 많은 건축 및 도시계획 교수들은 여전히 모던 도시설계가 확실한 선택인 것처럼 인식하고 있다.

CIAM의 기원과 성장

CIAM은 1920년대 모던 건축운동의 실질적인 한 부분을 차지하고 있지만, 그 기원은 이전 시대로 거슬러 올라간다. 건축역사가들은 18세기 중반 산업혁명이 시작되며 전통적인 건축 아이디어들이 새롭고 합리적인 과학적 원리들로부터 도전을 받게 됨으로써 모던 건축의 태동이 처음으로 자극되었다고 보았다. 또 다른 부류의 건축역사가들은 강철 프레임과 널찍한 유리의 사용을 포함하여 19세기에 걸쳐 발생한 건물 계보와 구조 혁신을 추적하기도 했다. 몇몇 건축역사가들은 미국 건축가인 프랭크 로이드 라이트Frank Lloyd Wright가 제1차 세계대전 이전에 설계한 건물들을 1920년대 모던 건축의 토대로 보았고, 일부는 유럽에서의 혁신이 변화의 주도권을 쥐었다고 생각한다.[3] 모더니즘 도시를 향한 초기의 시도는 프랑스인 토니 가르니에Tony Garnier의 시테 앵뒤스트리엘Cité Industrielle에서 볼 수 있다. 가르니에는 1899년 로마 그랑프리Grand Prix de Rome에서 대상을 수상했고, 로마 유적을 공부하는 대신 메디치 빌라Villa Medici에서 공장 콤플렉스factory complex와 공장 노동자들의 주거를 구상하는 이론적 프로젝트를 진행하기 위해 대부분의 시간을 사용했다. 그의 도면들은 1901년에 최초로 전시되었고, 가르니에는 1917년에 그 프로젝트가 출판되기 전까지 계속해서 도면들을 추가했다(그림 1.1). 가르니에는 강화 콘크리트로 시공될 건물들을 설계했고 과거로부터 계승된 역사적 형태의 전통적인 장식들을 거의 배제했다. 특히 이러한 설계는 공장 근로자들의 주거 공간에 적용되었

---

3 18세기 이전의 모던 건축 이론의 기원과 진행 과정에 대해서는, 해리 프랜시스 말그레이브Harry Francis Mallgrave의 『모던 건축 이론: 역사적 개관, 1673~1968년Modern Architectural Theory: A Historical Survey, 1673-1968』(Cambridge University Press, 2005)을 참고하라.

1.1 토니 가르니에의 공업도시 조감도. 로마 그랑프리 수상자인 가르니에는 메디치 빌라에 거주하면서 기념비적인 전통건축을 공부하는 대신 현대생활의 영위가 가능한 도시를 설계하는 데 일생을 보냈다.

다. 가르니에의 프로젝트는 3장에서 논의될 전원도시 개발의 한 부분인 컴퍼니 타운company town의 모델과도 연관성이 있다. 가르니에는 1920년대 리옹에서 활동한 건축가로서 첫 번째 CIAM 회의에 초대되었으나 참석하지 않았다.[4]

1927년의 제네바 국제연맹청사 설계 공모전의 결과는 CIAM을 탄생시킨 자극제 중 하나가 되었다. 최종 당선안은 석조 표면으로 된 전통적이고 웅장한 설계안이었지만, 몇몇 심사위원들은 르코르뷔지에와 그의 사촌 피에르 장느레Pierre Jeanneret의 출품작에 더 많은 관심을 보였다. 이 작품은 강철, 콘크리트, 유리로 구성된 비대칭형의 복합건물로, 만약 당선되었다면 건축사에서 가장 크고 저명한 사례가 되었을 시도였다. 제네바 국제연맹청사 설계 공모전에는 리처드 뉴트라Richard Neutra, 한스 마이어Hannes Meyer와 같은 다른 모더니스트들의 작품도 출품되었다. CIAM의 설립자들 사이에는 잠시 국제연맹청사 설계 공모전의 결과가 뒤집어져 이곳의 결정이 미래에 다른 결과를 불러오길 희망하는 이들도 있었다.

고속차량의 도로와 독립된 건축물로서의 고층 타워들은 모던 도시설계의

4 에릭 멈퍼드, 『어바니즘에 관한 CIAM 담론들, 1928~1960년』, 18쪽.

1.2 르코르뷔지에의 1922년 도면에서는 고가도로와 인접한 고층(60층) 오피스 건물들을 볼 수 있다. 당시에 존재하지 않았던 형태를 예언한 그의 시각이 돋보인다.

1.3 르코르뷔지에의 유명한 1925년 도면에서는 파리 중심부를 관통하는 고속도로와 도로를 따라 밀집한 고층 건물들을 볼 수 있다. 루브르 박물관, 노트르담 성당 등 역사적인 건물들은 그대로 남겨두었다.

중심 요소이다. 이것들은 과거 대지 경계선 전면부와 평행하게 배치된 낮은 높이의 건물들과 잦은 교차로를 가진 복도형 도로rue corridor라고 조롱받았던 장방형의 건물과 길의 전통적인 관계를 대신했다. 교차로에서 차량들이 정차하는 수를 최소한으로 제한하기 위해 블록의 크기가 증가했고 교차로는 최소화되었다. 또 건물들은 가능한 넓은 오픈 스페이스를 남겨야 했고 도로의 기하학적 구조를 따를 필요가 없었다. 1922년 르코르뷔지에는 고가 고속도로를 따라 늘어선 높은 고층 건물들을 그렸는데(그림 1.2), 이 스케치는 그의 논란이 되었던 전시물인 라 빌르 콩템포렌느La Ville Contemporaine의 일부였다. 당시 고층 건물들은 이미 존재하는 주변 블록의 한 부분이었다. 1922년에는 접근이 제한된 고속도로 역시 존재하지 않았다. 르코르뷔지에는 이들을 철도선에서 유추해내어 상상했다. 르코르뷔지에는 고층 건물형 도시들을 설계하면서 놀라울 정도로 동일한 높이와 동일한 형태의 타워들을 설계했다. 이것은 르코르뷔지에로부터 영감을 받은 도시들이 실제로 건설되었을 때에는 건물들을 구별할 수 없을 정도의 일관성을 가졌다. 르코르뷔지에가 존경했던 미국의 고층 건물 개발자들과 건축가들은 경쟁적으로 가장 높고 독특한 건물을 짓고 있었다. 현재 고속도로를 따라 늘어선 건물들은 디자인 측면에선 굉장히 상호 경쟁적이지만, 르코르뷔지에도 예견했듯이 인도와 보행자는 여전히 부족하다.

르코르뷔지에는 1925년에 또 다른 도시설계 작업물을 전시했는데(그림 1.3), 이 설계안에서는 파리 중심부 대부분이 철거되고 이곳이 고속도로를 따라 획일적인 타워들로 대체된 모습을 띠었다. 르코르뷔지에는 단지 감상적인 이유로 노트르담 성당, 루브르 박물관과 같은 몇몇 건물들을 보존되어야 할 것으로 분류했다. 이는 모던 도시설계가들이 당시 도시 중심부는 비위생적이고 정돈되어 있지 않으며 극단적으로 혼잡한 상태이기 때문에 철거되거나 교체되어야 할 것들로 간주했다는 것을 분명히 보여준다. 파리 중심부는 1925년과 비교해 현재에도 그리 변하지 않은 반면, 르코르뷔지에의 도시설계안은 모더니즘이 심도 있게 발전하면서 도시 중심부에 고속도로 인터체인지가 들어서는 등의 변화들이 많은 도시에서 일어날 것이라고 예측했다. 르코르뷔지에는 그가 생각하는 도시설계 개론을 집필하여 1925년에 『어바니즘Urbanisme』이라는 제목으로 출간했다. 이 책은 1927년 프레더릭 에첼스Frederick Etchells가 번역해 『내일의 도시와 도시계획The City of Tomorrow and Its Planning』이라는 이름으로 런던에서 출판되기도 했다.[5] 『어바니즘』은 1929년에 독일에서도 출간되었다.

르코르뷔지에가 구상한 미래 도시 도면 속의 건물들은 그가 기여했던 모더니즘 건축의 원리를 따르고 있다. 모더니즘 특성을 규정하는 가장 큰 특징은 건물이 이전 시대에 지어진 역사적 건물인 것처럼 보이지 않아야 한다는 점이었다. 르코르뷔지에는 1923년에 출간한 『건축을 향하여Vers une Architecture』에서 전통적 설계를 초월하는 건축 원리들을 설명하고자 했다. 이 책 역시 에첼스에 의해 번역되어 『새로운 건축을 향하여Towards a New Architecture』로 1927년에 영국에서 출판되었고, 독일어 번역본은 이미 1926년에 출판되었다. 르코르뷔지에는 건축가들에게 건물의 부피mass와 외피surface, 그리고 입면plane에 관해 생각할 것을 촉구했고, 어떻게 부피나 외피, 입면 같은 추상적인 특징들이 기관차, 차량, 원양 정기선뿐만 아니라 작은 엘리베이터나 공장 같은 모던 건물들의 설계에 영향을 미칠 수 있는지를 설명했다. 그는 건물의 창문들이 공장 건물의 것과 비슷해야 하고 계단이나 발코니가 증기선의 것과 유사해야 한다고 일일이 언급하지는 않았다. 하지만 그의 이미지 전시는 이러한 메시지를 다른 건축가들에게 전달했다. 르코르뷔지에 자신도 이러한 영향력으로부터 예외는 아니었다. 또한 그는 몇몇 유명한 역사적 건축물들의 설계에 영향을 주었던 비례 체계를 분석하여, 이 건축물들이 아니더라도 그 비율은 모방할 수 있다고 언급했다.

5 프레더릭 에첼스는 영국의 디자이너이며 화가로서 제1차 세계대전 이전 모더니즘 회화의 실험 시기에 파리에서 거주했다. 블룸즈버리Bloomsbury와 연계된 오메가 워크숍Omega Workshop에서 로저 프라이Roger Fry, 바네사 벨Vanessa Bell, 덩컨 그랜트Duncan Grant와 활동했고, 윈덤 루이스Wyndham Lewis, 에즈라 파운드Ezra Pound, 소용돌이파vorticism 지지자들과 작업했으며, 이후에 건축가가 되었다.

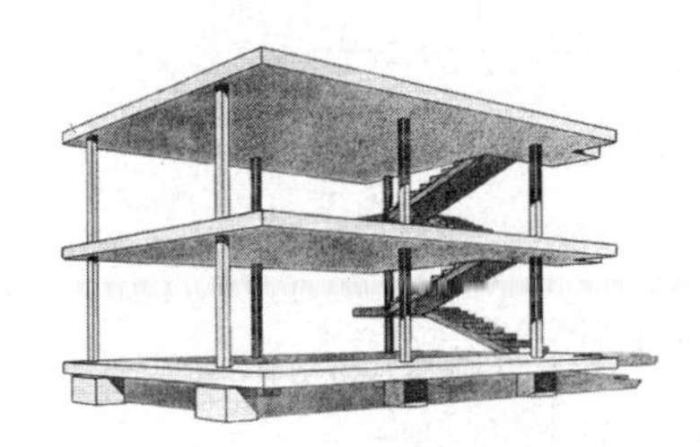

1.4 모던 양식의 기둥 형태와 슬래브 구조를 보여준다. 건물 외피와 구조체를 분리한 르코르뷔지에의 건축 다이어그램으로, 외피는 건물의 하중을 지지할 필요가 없으므로 통유리와 같은 가벼운 재료로 일종의 '커튼'을 만들 수 있다.

그러나 모던 건축의 가장 중요한 설계 원리는 건물 구조와 외피 간의 상호 분리이다. 특히 뉴욕과 시카고처럼 19세기에 혼잡했던 도시에서는 더 크고 더 높은 건물들의 수요가 발생했으며, 이는 전통적인 건물 구조의 한계를 초월하는 강철과 강철 강화 콘크리트의 발전을 이끌었다. 강철 골조skeleton는 기존의 가장 높은 높이의 석조 성당과 교회의 탑보다 더 높은 높이를 가능하게 했다. 그리고 기둥들로만 조성된 내부의 오픈 스페이스를 만들어, 칸막이벽이 구조적인 하중의 지지를 위한 필수 요소로서가 아니라 필요에 의해 만들어질 수 있게 되었다. 건물 외피는 비바람에 잘 견디는 재질로 만들어 이 외피가 건물을 지지하는 구조 프레임에 의해 지탱될 수 있게 했는데, 이는 곧 제한적이던 창문의 확장을 의미한다. 이는 건물 구조의 지지대 기능을 하던 벽체에서 창문의 위치가 제한적일 수밖에 없었던 것과 대조적이다. 1920년대 이전의 고층 건물 건축가들은 실제 건물 구조가 프레임이라는 테크놀로지에 의해 지탱되고 있음에도 석조의 벽 뒤에 구조들을 숨겨 마치 전통 건물처럼 보이도록 설계했다. 강철이 불에 취약했기 때문에 모던 건축가들도 여전히 강철 구조를 석조로 감싸야 했지만, 그들은 새로운 구조적 자유를 표현해야 했다.

『건축을 향하여』의 여백에는 르코르뷔지에가 '도미노 하우스domino house'라고 불렀던 스케치가 있다. 이 스케치는 단독주택 또는 집합주택이 대량생산의 한 유닛(구성단위)이 될 수 있다는 것을 보여준다(그림 1.4). 구조와 외피의 분리는 조립식 작업을 가능케 했다. 건물의 구성요소인 강철 기둥들과 보들은 공장에서 만들어져 건물 부지로 옮겨졌다. 80년 이상의 시간이 흘렀지만 조립식은 주로 전통적 건물을 대체하기보다는 보충하는 기능을 하고 있다. 그럼에도 다른 주요한 건물 요소들 역시 공장에서 만들어져 부지로 배달될 수 있다는 주장은 타당한 것이었다. 구조와 외피의 분리가 모던 건축가들의 설계 원리가 되었을 때 그 설계 아이디어들은 전통적 구조가 가장 실용적인 대안이었던 개인주택이나 소규모 건물에 적용되었다. 논리적으로 외피와 구조의 분리는 평평한 지붕을 수반하는데, 이것은 프레임 구조가 중간층의 슬래브와 유사한 지붕을 필요로 하기 때문이다. 오직 경기장이나 강당 같은 긴 폭의 구조들만 이 다른 종류의 지붕을 요구한다. 하지만 평평하거나 기울기가 거의 수평에 가까운 지붕들은 비와 눈을 흘려 내려주는 뾰족 지붕에 비해 누수에 취약하다.

르코르뷔지에는 도시설계와 관련하여 그의 아이디어에서 유래한 두 가지 요소를 그의 모던 건축 개념에 추가했다. 하나는 1층의 외피를 생략해서 오픈 스페이스가 건물 내부에 조성되어 구조적 지지 부분과 건물의 입구만 남기는 것이며, 다른 하나는 건물이 차지하지는 부지의 공간을 지붕의 공간으로 대체하는 것이다.

모던 도시설계 원칙의 다른 기원들

초기 모던 건물들은 대부분 부유층 고객을 위한 주택이거나 정부 지원을 받는 저소득층 주택이었다. 제1차 세계대전 이후 많은 유럽 국가들이 공공이 지원하는 주택을 건설했다. 특히 독일 정부는 1920년대에 저소득층 거주자들을 위해 정부가 보조금을 지원하는 주택을 짓는 데 크게 헌신했다. 보조금 지원 주택의 대부분은 평범한 오두막집 형태의 주택들이었다. 이들 중 몇몇에는 큰 창문과 평평한 지붕을 적용하고 장식들을 제거하는 등의 실험적 시도를 했다. 슈투트가르트의 언덕에 조성된 유명한 바이센호프Weissenhof 주거 프로젝트는 1927년에 완성되었다. 이 프로젝트는 경사 지붕과 소규모 주택의 진일보된 사례로서 모던 건축을 입증하는 저소득 주거자를 위한 원형이라 볼 수 있다. 모던 건축의 공식에서 주요 인물들 중 한 명인 루트비히 미스 반 데어 로에Ludwig Mies van der Rohe는 이 프로젝트의 책임 건축가로 주로 참여 건축가들을 선별하는 일을 담당했다. 바이센호프 주거 프로젝트의 구성원들 중 대부분은 독일인이었지만, 미스는 스위스인으로 파리에 거주하는 르코르뷔지에나 네덜란드의 J. J. P. 오우트J. J. P. Oud 같은 다른 국가 출신의 주요 모더니스트들도 포함시킬 수 있었다. 또한 유명하더라도 그의 관점에서 모더니스트로 충분치 않은 독일의 건축가들은 배제되었다. 독일의 저명한 모더니스트였던 에릭 멘델손Eric Mendelsohn, 당시 노동자를 위한 주택을 실제로 짓고 있던 프랑크푸르트 시

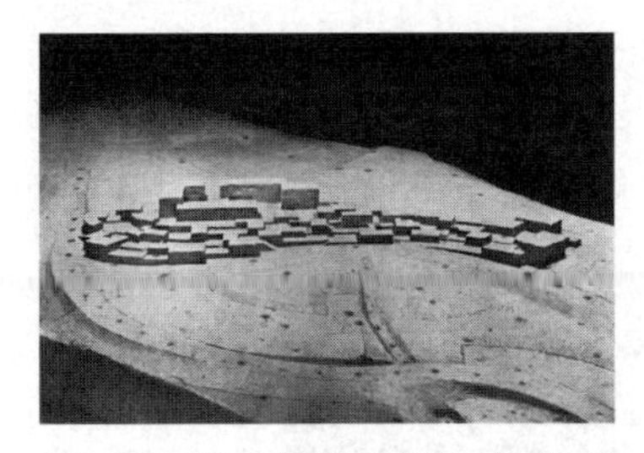

1.5 기존 연구에 의하면 바이센호프 주택 프로젝트는 지중해 연안 구릉지에 있는 주거지와 구성 개념이 유사하다.

립 건축가 에른스트 마이Ernst May와 같은 정부의 건축가들이 그 예이다. 그리고 미스는 참여 건축가들에게 부지와 프로그램을 할당했다.[6] 그는 스스로 가장 잘 드러나는 입지에 가장 큰 건물을 맡아 여러 방법으로 분할이 가능한 열린 평면의 집합주택을 설계하여 외피와 구조의 분리를 입증했다.

건물에 대한 미스의 관심은 도시설계에 대한 그것보다 더 강력했다. 바이센호프는 평평한 지붕, 꾸미지 않은 벽면, 그리고 넓은 면적의 유리를 비롯해 객관적인 형태의 유사한 공간 구성들을 이용하여 다수의 건축가들이 함께 일할 수 있다는 것을 증명했지만, 동시에 조직적 도시설계 원리가 부족하다는 것을 드러내기도 했다. 미스는 아마도 당시에 사무실을 함께 사용한 중립적이며 표현주의적인 형태에 관심을 갖고 있던 휴고 하링Hugo Haring과 함께 초기 연구 모델(그림 1.5)을 개발했을 것이다. 이 모델은 이탈리아 또는 프로방스 지역의 언덕 위의 타운들과 약간의 유사성을 보인다. 하지만 조성된 후 바이센호프는 직각의 연결 도로들을 따라 나뉜 건물 부지 위의 개인 건축물들의 집합체일 뿐이었다(그림 1.6). 하링은 원래 바이센호프 프로젝트의 건축가로 포함되었지만, 전체 계획에 관한 규제에

---

6 리처드 포머Richard Pommer와 크리스천 오토Christian F. Otto의 『바이센호프 1927과 건축의 근대운동Weissenhof 1927 and the Modern Movement in Architecture』(The University of Chicago Press, 1991)은 영어로 작성된 양질의 자료 중 하나이다. 미스와 함께한 건축가는, 제1차 세계대전 이전에 미스와 르코르뷔지에의 고용주였던 페터 베렌스Peter Behrens, 인접 부지에 기술적으로 건축물을 세운 벨기에 건축가 빅토르 부르주아Victor Bourgeois, 전체 프로젝트의 상임 건축가였던 슈투트가르트 출신의 리처드 도커Richard Docker, 비엔나 출신의 요제프 프랑크Josef Frank, 데사우의 바우하우스 교장 발터 그로피우스Walter Gropius, 미스의 가까운 친구였던 루트비히 힐버자이머Ludwig Hilberseimer, 르코르뷔지에Le Corbusier, 주도적인 모더니즘 선봉자인 네덜란드 건축가 J. J. P. 오우트J. J. P. Oud, 베렌스와 함께 이전 세대의 유망주였던 건축가 한스 포엘지그Hans Poelzig, 정치적 관계로 참여하게 된 아돌프 라딩Adolf Rading, 표현주의적인 건축가로서 이 그룹에 포함된 것이 다소 의아한 한스 샤룬Hans Scharoun, 가구 디자이너로 유명한 슈투트가르트 출신의 건축가 아돌프 슈넥Adolf Schneck, 젊은 네덜란드 건축가 마트 스탐Mart Stam, 모던 건축의 역사에서 종종 부당하게 배제되는 브루노 타우트Bruno Taut, 그리고 막스 타우트Max Taut였다.

1.6 바이센호프의 건축 언어는 평평한 지붕과 평면적인 벽체의 연속성으로 표현할 수 있으나, 도시설계 측면에서는 그다지 성공적인 형태는 아닌 것으로 드러났다.

대해 미스와 논쟁을 벌인 후 제외되었다. 지그프리트 기디온은 본래의 부지설계안은 "불행히도 상업적 이유 때문에 실현되지 못했다"[7]라고 설명하면서 바이센호프 프로젝트의 결과를 해명했다.

또한 1920년대에 준비된 미스의 건축 프로젝트들은 모던 테크놀로지가 가진 설계 잠재력을 표현하는 데 유명한 선례가 되었다. 하지만 미스 역시 기존 도시 조직은 무시될 수도 있다는 당시 모더니스트들의 가설(이 가설은 오래지 않아 대체되었다)을 보여주었다. 1927년 미스의 슈투트가르트 은행 건물 프로젝트의 몽타주 사진은 실제 시공을 위해서 진일보한 테크놀로지를 요구하는 심플한 유리벽을 보여준다(그림 1.7). 건축 콘셉트는 보는 이에게 감동은 주지

---

7 지그프리트 기디온은 『아키텍처 비반테Architecture Vivante』(Paris, 1928)에 수록된 자신의 「1927년 슈투트가르트 공작연맹의 전시L'Expositon du Werkbund a Stuttgart 1927」와 「바이센호프의 도시La Cité du Weiseenhof」를 스스로 번역하여 『공간, 시간, 그리고 건축Space, Time and Architecture』, 개정·확대 3판(Harvard University Press, 1954), 549쪽 이하에 인용했다. 550쪽에는 실제 도면이 보여주는 지루함을 감추기 위해 곡선의 자유 형태로 흐리게 처리된 바이센호프 주택의 항공사진이 있다.

1.7 루트비히 미스 반 데어 로에가 1927년 슈투트가르트에 제안한 은행 건물의 포토몽타주는, 기존 건물의 맥락을 고려하지 않고 상이한 형태의 건물이 조성되었을 때 나타나는 문제점을 보여준다.

1.8 미스의 1928년 프로젝트는 당시의 건축 테크놀로지에 비해 상당히 진보된 것이었으나 주변 도시와의 연계성이 전혀 없었다.

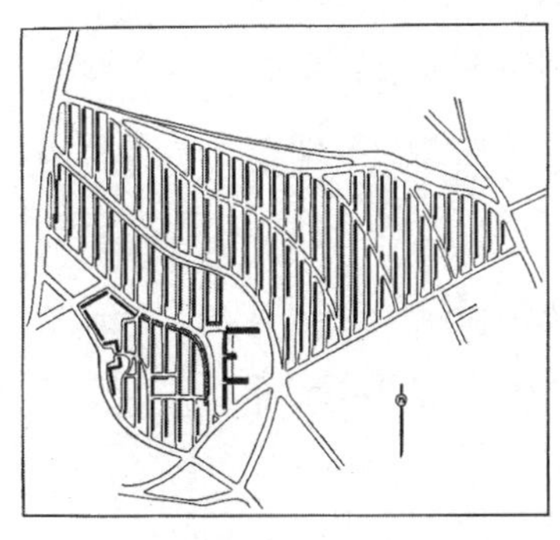

1.9 카셀-로텐베르크에 위치한 오토 헤슬러의 주택개발 부지계획은 1930년부터 1932년까지 2년간 준비되었으며, 모더니즘의 영향으로 평면의 대상지에 추상적인 건물을 배치했다.

만, 몽타주 사진의 건물은 당시 도시 맥락과는 전혀 어울리지 않는다. 파울 보나츠Paul Bonatz가 설계한 철도역 앞 건물의 석조 벽들은 몽타주 사진이 만들어졌을 때 완공되었다. 보나츠는 미스보다 아홉 살 위였지만, 그는 분명히 철도역을 간과되어야 할 과거의 일부로 그려내고 있었다. 1928년 미스가 계획한 베를린의 라이프치거스트라세Leipzigerstrasse에 있는 아담 빌딩Adam Building의 투명한 설계(그림 1.8) 역시 당시 실제 시공 기술보다 한참 앞서 있었고, 전체적으로는 주변과 단절되어 있었다.

1920년대에 좀 더 실험적인 독일의 주거 프로젝트로부터 가장 발전된 구성 원리는 넓고 평행한 열을 따라 배치된 건물들의 일정한 향orientation이었다. 건물들의 일정한 배치 방향을 중시하는 설계 전략은 독일 도시에서 가장 가난한 주거환경의 중정 주거를 개선하기 위함이었다. 평행하게 배치된 아파트 건물은 최적의 향을 제공했지만 종종 주위 도로들의 지형에 영향을 받기도 했다. 차량으로부터 보행자를 분리시키고 넓은 도로를 만들어내는 모더니스트들의 생각은 도시설계에서 건물 배치를 지배적인 특성으로 남겨놓았다. 1930년부터 1932년까지 오토 헤슬러Otto Haesler의 카셀-로텐베르크Kassel-Rothenberg 주거 개발은 조직화 관점에서 최적의 향과 같은 객관적 기준을 이용했다(그림 1.9). 엘리베이터 없이 계단으로 오르내리는 주택 건물들은 대부분 같은 방향을 향한다. 차량으로부터 사람을 분리시키려는 모더니스트들의 개념을 준수하기 위해서 모든 건물들은 인도로 연결되어야 한다. 물론 1930년대의 저소득 주거자들이 이후 자신들의 차량을 소유하리라 예상하지 못했다.

에릭 멘델손 밑에서 잠시 일했었던 오스트리아 출신의 건축가 리처드 뉴트라Richard Neutra는 1923년에 미국으로 건너가 실제 고층 건물을 짓는 시카고 사무실 홀라버드 앤 로시Holabird and Roche에서 일했으며, 그 후 프랭크 로이드 라이트Frank Lloyd Wright 밑에서 역시 잠시 일을 했다. 이후 뉴트라는 로스앤젤레스로 이주하여 1929년에는 필립 로벨 박사Dr. Philip Lovell를 위해 강철 프레임과 넓은 유리가 사용된 초기 모더니스트 주거를 설계했다. 또한 뉴트라는 '급격히 재형성되는 도시Rush City Reformed'라고 불렀던 도시들에 대한 일련의 이론적 계획들을 작업했다. 뉴트라의 저서인 『어떻게 미국을 건설하는가?Wie Baut Amerika?』는 슬래브를 닮은 건물들이 평행선을 이루며 빠른 차량 이동을 위한 고가도로의 도시에 대한 뉴트라의 도시설계를 담고 있다(그림 1.10). 이 책은 주로 미국의 시공 방법들을 다루고 있는데, 홀라버드 앤 로시가 작업했던 시카고의 팔머 하우스 호텔Parlmer House Hotel의 건설 사진을 많이 소개하고 있다. 『어떻게 미국을 건설하는가?』는 건축 관련 책으로는 상대적으로 많은 규모의 4,400부가 1927년에 독일에서 출간되었고, 건축가들 사이에서 상당한 관심을 받았다.[8] 도시에 대한 생각들과 평행하게 배치된 건물들의 주거 프로젝트에 대한 생각들이 누가 누구에게 영향을 주었는지는 분명하지 않지만, 이 생각들은 당시 CIAM에 함께했던 건축가들 사이에서 일반적인 경향이었다. 뉴트라는 CIAM의 첫 번째와 두 번째 회의에 초대되었으나 자신의 '러시 시티Rush City' 도면들이 세 번째 회의에서 전시되기 전까지는 참석하지 않았다.

1.10 리처드 뉴트라의 『어떻게 미국을 건설하는가?』는 1927년 독일에서 출판되었다.

독일 건축가 루트비히 힐버자이머Ludwig Hilberseimer는 1920년대에 놀라울 정도로 축소주의적인reductionist 건축 프로젝트를 만들어냈다. 그의 프로젝트는 마

8 토머스 하인스Thomas S. Hines의 『리처드 뉴트라와 모던 건축의 탐색Richard Neutra and the Search for Modern Architecture』(Rizzoli, 2005)은 뉴트라의 건물과 이력에 대한 상세한 연구와 도면들로 구성되어 있다. 초판은 1982년에 출판되었으며, 『어떻게 미국을 건설하는가?』의 부수에 대한 정보는 2005년판의 83쪽에 있다.

1.11 루트비히 힐버자이머의 1927년 단행본에 실린 '동서 간 중심 도로 제안서'. 비인간적이고 추상적인 도시 형태를 모던 도시의 전형으로 묘사하고 있다.

치 시공 중인 건물의 콘크리트 프레임 도면처럼 보였다. 그는 이와 유사하게 도시를 그 본질적 요소로만 단순화시키려는 생각들을 적용해 1927년 『대규모 도시 건축Gross Stadt Architektur』을 출간했다. 또한 힐버자이머는 도시설계의 기초로서 평행하게 배치된 건물들에 대해 관심을 갖고 있었다. 이러한 특성은 개인적인 인간의 선택이나 개인 사업체의 특성이 전혀 표현되지 않은 매우 추상적인 도시환경을 표현한 1927년 도면에서 볼 수 있다(그림 1.11).[9]

1929년 10월 프랑크푸르트에서 열린 CIAM의 두 번째 회의는 도시건축가 에른스트 마이를 초대하여 가장 작으면서 살기 좋은 주거 유닛들에 관한 설계를 다루었다. 도시건축가인 에른스트 마이는 프랑크푸르트의 거대한 저소득층 교외지를 설계하고 건설 중이었다. 당시 프랑크푸르트에는 3장에서 자세하게 설명할 전원도시 이론에 근거하여 간단한 2~3층의 모던 건물들이 주로 조성되었다. CIAM 회의는 뉴욕 주식시장이 붕괴된 바로 당일에 열렸는데, 전 세계적인 경제 침체의 시작은 독일의 바이마르 정부를 몰락시키고 아돌프 히틀러Adolf Hitler의 독재정치의 서막을 알렸다. 회의 첫날에는 고층 건물을 저소득층을 포함한 모든 계층들을 위한 주거 유형으로 옹호했던 독일 건축가 발터 그로피우스Walter Gropius의 연설이 있었다.

> 거대한 고층 아파트 건물은 자연 태양과 빛에서 중요한 이점을 지니며, 인접 건물 사이에 더 넓은 거리를 확보하고, 블록 사이에 넓은 공원과 놀이터가 연결될 수 있다. …… (그것은) 대규모 주거 인구에 적합한 미래의 건물 유형이라고 할 수 있다.[10]

---

9 힐버자이머 프로젝트에 대한 심도 있는 논의에 관해서는 마이클 헤이스K. Michael Hays의 『모더니즘과 후기 인본주의자의 주제Modernism and the Posthumanist Subject』(MIT Press, 1992)를 참고하라.

10 발터 그로피우스Walter Gropius, 『광범위한 건축의 영역Scope of Total Architecture』(Allen & Unwin, 1956), 10장, 114~115쪽.

1.12 발터 그로피우스의 주도로 1926년에 완공된 데사우의 바우하우스 건물 모습.

그 당시의 고층 아파트 타워는 잉여 소득이 있어 고층 아파트 관리를 위한 인력과 비용을 감당할 수 있는 사람들만을 위한 전유물이었다. 논쟁을 일으켰던 르코르뷔지에의 타워 설계는 미국의 고층 건물들처럼 오피스 공간으로 만들어졌다. 그의 설계 중 주거 건물들은 전문가 계층을 위한 중층 높이의 아파트식 호텔과 노동자를 위한 저층 주거였다. 제1차 세계대전 이후 개발된 독일의 저소득층 주거 프로젝트에서는 엘리베이터를 찾아볼 수 없다. 회의에서 에른스트 마이와 많은 건축가들은 저소득층을 위해서 고층의 주거 건물을 짓는 것을 강력히 반대했지만, 저소득층을 겨냥한 고층 주거 건물은 궁극적으로 CIAM이 남긴 유산의 일부로서 많은 도시 문제들의 원인이 되었다.

그로피우스는 모던 건축의 발전에서 매우 중요한 경영인이었다. 그는 제1차 세계대전 직전에 아돌프 마이어Adolph Meyer와 함께 건물 구조체에 연결된 유리벽을 사용하여 공장의 관리 건물과 전시장 건물을 설계한 것으로 알려져 있다. 그로피우스는 1919년 바이마르에 위치한 예술공예학교의 교장이 되었고, 이 학교를 바우하우스Bauhaus로 개명하여 모던 예술과 산업 디자인의 주요 거점으로 전환시켰다. 바우하우스는 그로피우스가 1927년 스위스 건축가인 한스 마이어를 데사우Dessau로 데려와 건축 프로그램 교육을 시작하기 전까지 건축 교육을 실시하지 않았다. 그로피우스는 1925년에 이 학교를 데사우로 이전했으며, 그가 설계한 학교 건물들은 모던 건축의 아이디어를 전시할 수 있는 기회로 이용되었다(그림 1.12). 그로피우스는 CIAM 2차 회의에 참석했을 당시 데사우의 시청 직원과 논쟁을 벌인 후 바우하우스의 교장직을 사임하고 바우하우스의 행정을 마이어에게 인계한 뒤 베를린으로 떠났다. 그로피우스는 1937년에 하버드대학교의 건축과 교수로 임명되었고, 1938년에 학과장직을 맡은 후 CIAM 활동에 크게 지원하고자 했다. 그로피우스는 1938년에 하버드대학교로 지그프리트 기디온을 데려왔고, 기디온은 1941년 하버드대학교 출판부에서 처음 발행된 『공간, 시간, 그리고 건축Space, Time and Architecture』의 기초가 된 강연을 했다. 기디온은 CIAM의 관점에서 본 모더니즘 건축과 도시계획을 예술 및 테크놀로지 분야의 진보적 운동의 정점으로 생각했다. 그의 저서는 표준으로 수년간 읽히게 되었다. 이후 수년이 지나서야 다른 학자들은 이 책의 당파적인 면과 선전propaganda들을 건축 테크놀로지와 도시계획 분야에서의 상당한 기여로부터 구분하게 되었다. 기디온은 그로피우스의 많은 파트너들과 조력자들의 중요성을 의도적으로 낮춤으로써 건축가로서의 그로피우스의 위상을 높이는 데 기여했다. 그로피우스는 또한 그가 독일 나치 정권으로부터의 피난민이라는 것이 알려지도록 했다. 하지만 실제로 그로피우스는 나치 체제 아래에서 건축 활동을 유지하려고 열심히 일했고, 비록 히틀러가 모더니즘을 산업건물 건축에만 받아들였지만, 그는 이탈리아의 파시스트들처럼 모더니즘이 국가적인 건축으로 받아들여지기를 기대했다. 심지어 그로피우스는 1934년 영국으로 건너간 이후 독일을 수차례 방문했고, 하버드대학교에서 일을 시작할 때에도 요제프 괴벨스Joseph Goebbels의 선전 부서에서 "하버드에서 나의 임무는 독일의 문화를 알리는 것이다"라고 명시했다.[11]

한스 마이어는 그로피우스가 떠난 이후부터 1930년까지 바우하우스를 이끌었으며, 그는 바우하우스의 노선을 예술과 산업 디자인에서 건축과 도시계획으로 전환했다. 한스 마이어는 1929년에 루트비히 힐버자이머를 고용하여 도시계획을 가르치게 했다. 마이어는 아마도 극좌익적 정치관을 가진 사회주의당의 일원이었을 것으로 추측되며, 1930년 데사우의 시청 공무원에 의해 바우하우스에서 물러나게 된 후, 스탈린이 모더니즘에 계속적으로 관대할 것이라는 잘못된 생각으로 소비에트 사회주의 연방으로 건너갔다. 에른스트 마이를 비롯한 좌익의 모던 건축가들 역시 이 시기에 소비에트 사회주의 연방으로 건너갔다. 루트비히 미스 반 데어 로에는 나치가 데사우의 시의회를 장악하게 되는 1932년까지 바우하우스의 교장직을 맡았다. 미스는 베를린에서 바우하우스를 사립 건축학교로 유지하려고 노력했지만 나치 체제에 의해 폐교할 수밖에 없었다.[12]

---

11 바우하우스 건축가들이 나치 정권을 어떻게 대했는지 알고 싶다면, 캐슬린 제임스-차크라보티Kathleen James-Chakraborty가 엮은 『바이마르부터 냉전까지의 바우하우스 문화Bauhaus Culture from Weimar to the Cold War』(University of Minnesota Press, 2006), 139~152쪽에 실린 빈프리트 노르딩거Winfried Nordinger의 「제3제국의 바우하우스 건축Bauhaus Architecture in the Third Reich」을 보라.

모던 도시설계의 전반에 대한 합리화 작업은 1930년 브뤼셀에서 열렸던 세 번째 CIAM 회의의 주제였다. CIAM 3차 회의는 브뤼셀의 라 시테 모데른La Cité Moderne을 디자인한 빅토르 부르주아Victor Bourgeois의 초대로 열렸다. 1922년에 완공된 라 시테 모데른은 꾸미지 않은 건물들과 평평한 지붕들로 인해 당시 최초로 명백한 모던 주거구역으로 인식되었다.

르코르뷔지에는 이 회의에서 그의 '라 빌르 라디우스La Ville Radieuse' 설계를 발표하고 전시했다. 르코르뷔지에는 1929년에 남아메리카로 강연 투어를 떠나면서 리우데자네이루, 상파울루, 몬테비데오, 부에노스아이레스의 변화를 위한 도시계획들을 스케치했다. 르코르뷔지에는 1930년이 되기 전에 모스크바로도 여행을 다녀왔으며, 그곳에서 그는 전원도시 공모전에 제출된 도시계획안들을 보았고, 공모전 위원회의 요청으로 제출된 계획안들에 대한 평가를 맡게 되었다. 도시에 대한 르코르뷔지에의 생각은 높은 오피스 건물들이 중앙에 위치하고 주거구역과 그린벨트가 그 주위를 둘러싸는 대칭형 도시로, 노동자들과 산업활동을 위한 건물들이 그린벨트 외곽에까지 배치되었다. 이러한 도시계획은 그의 1922년 초기 안인 빌르 콩템포렌느Ville Contemporaine로부터 진화된 결과였다. 라 빌르 라디우스에서 십자 형태의 오피스 타워들은 도면의 윗부분에 마치 인간의 머리 형태를 연상시키며 무리 지어 있다. 척추와 같은 중앙 공원은 공공건물들로 채워져 있고 모든 사회계층을 위한 주거구역들이 양편에 자리 잡고 있다. 산업용 건물들은 다리와 발을 형성하고 있다. 현재 노동자들은 그린벨트 외곽이 아닌 도시 중심부에 살고 있으며, 공원은 이제 도시를 이루는 각각의 요소들을 나눠주는 목적으로 사용되고 있다. 인간의 모습에 관한 유추는 르코르뷔지에가 라 빌르 라디우스를 위해 1935년에 출판한 설계안에 명확

---

12 미스는 1937년 미국으로 이주할 때까지 나치 정권의 독일에서 주로 전시 디자인을 하며 건축 실무에 종사했다. 바우하우스의 마지막 날들과 1938년 뉴욕 현대미술관에 전시된 그로피우스의 바우하우스 역사에 관해서는 리처드 에틀린Richard A. Etlin이 엮은 『제3제국 아래서의 예술, 문화, 미디어Art, Culture and Media Under the Third Reich』(University of Chicago Press, 2002)에 수록된 카렌 쾰러Karen Koehler의 「바우하우스, 1919~1928, 그로피우스의 망명과 현대미술관, 1938The Bauhaus, 1919-1928, Gropius in Exile and the Museum of Modern Art, 1938」을 보라.

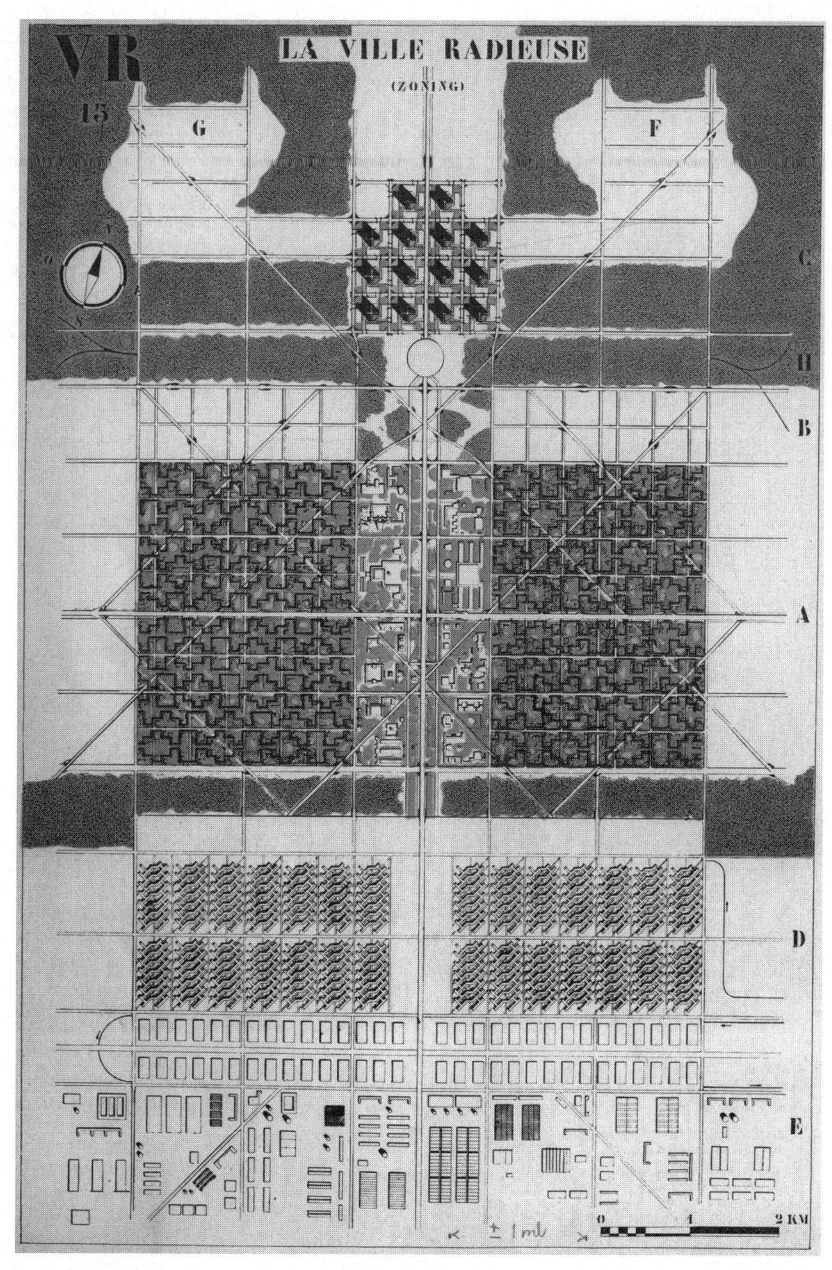

1.13 르코르뷔지에는 1935년에 출간한 『라 빌르 라디우스(La Ville Radieuse)』에서 자신의 이상 도시에 대한 구상을 기술했다. 이 다이어그램에서 오피스 건물은 머리, 주거구역은 몸, 공업구역은 발과 다리 등 인간의 신체에 비유하여 설명했다.

하게 표현되어 있다(그림 1.13).

주거용 건물로 고층 건물을 옹호하는 발터 그로피우스의 또 다른 발표는 개인주택을 선호하는 당시 독일 주거의 표준에 반대되는 안으로서, 대부분의 아파트들은 3층으로 제한되었고 큰 도시들에서도 4층을 넘지 않았다. 발터 그로피우스는 자신의 논문에서 개인주택들에 의존하는 것의 결과를 관찰했다. 논문에서 소개된 다이어그램들(그림 1.14)은 채광과 환기가 용이한 고층 건물들이 도시를 '해체dis-solving'시키지 않고 '분산deconcentrate'시킬 수 있다는 내용을 표현하며, 엘리베이터가 없는 아파트walk-up apartment는 "주택의 이점과 고층 아파트의 이점을 모두 제공하지 못한다"고 설명했다. 현재 많은 도시들, 특히 아시아의 채광 관련 건물 법규들에서 볼 수 있듯이, 독일의 바이마르 공화국 시기에 성공했던 독일의 3~4층짜리 사회주의형 주택에 대한 직접적인 도전으로서 고층 건물형 주거에 대한 논의는 결국 널리 받아들여졌다. 고층 건물에 대한 그로피우스의 옹호는 고층 건물에 거주하면서 발생하는 사회적·운영적 측면의 요구에 대한 분석 없이, 타워형 건물이 주는 물리적인 거주환경의 이점들에 근거하고 있다.[13] 그로피우스가 글을 쓸 당시는 상위 사회계층의 사람들이 하인들에게 장을 보게 하던 시대였다. 그는 아마도 이러한 이유 때문에 건물 밖으로 걸어 나갈 때 필요한 쾌적한 보행로나 도로의 진입부에 단순한 오픈 스페이스 이상의 공간이 필요하다는 것을 깨닫지 못했다. 흥미롭게도 그로피우스는 이 발표 내용이 다시 출판되는 1956년에도 내용을 수정해야 할 필요를 느끼지 못했다.

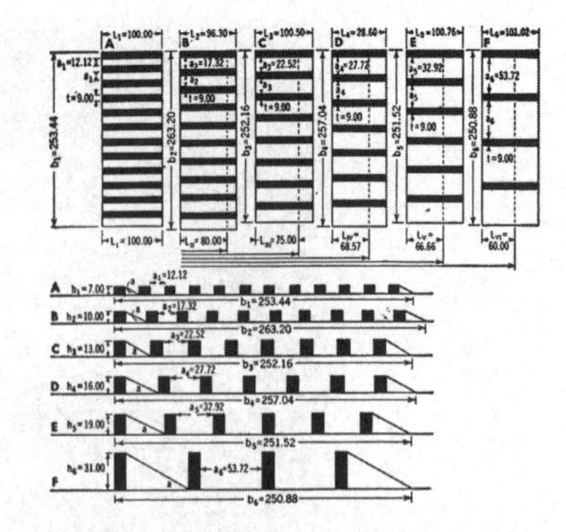

1.14 주거형 고층 건물의 장점을 보여주는 발터 그로피우스의 다이어그램. 채광과 환기가 도시설계의 주요한 기준이 되었으며, 특히 중국, 한국, 일본에서 지속적으로 그 영향력을 발휘하고 있다.

도시설계를 넘어간 미국의 모던 건축

미국에서 모던 건축은 개관한 지 얼마 안 된 뉴욕 현대미술관MoMA: Museum of Modern Art의 1932년 '모던 건축 국제 전시회Modern Architecture International Exhibition'

13 그로피우스의 인용문은 그의 『광범위한 건축의 영역』 11장의 내용에 기초한다.

를 통해 처음 소개되었다. 당시 29세의 헨리 러셀 히치콕Henry-Russell Hitchcock과 25세의 필립 존슨Philip Johnson은 제1 감독자였던 30세의 알프레드 바Alfred Barr 밑에서 큐레이터로 일했다. 히치콕은 이미 『모던 건축: 로맨티시즘과 재통합Modern Architecture: Romanticism and Reintegration』이란 책을 한 권 출판했었다. 이 책에서 히치콕은 르코르뷔지에, 미스, J. J. P. 오우트에 의한 모던 건물들이 과거의 역사적 시기들로부터 유래된 건축 장식물로 특징되는 낭만주의의 혼란을 종결시키고, 설계와 시공 사이의 일관된 관계로 건축적 재통합을 나타낸다고 주장했다. 필립 존슨은 그의 여동생 졸업식에서 웰즐리칼리지Wellesley College에서 강의하던 알프레드 바를 만났다. 바는 1929년 여름, 존슨이 하버드대학교에서 학위를 마치기 전에 바이센호프 주거를 포함해 모던 유럽 건축을 둘러보기 위해 여행할 것을 권유했다. 다음 해 겨울에 바는 존슨을 히치콕에게 소개해주었고, 1930년 여름에 그 둘은 『국제주의 양식The International Style』이라는 책의 출판 계기가 된 새로운 유럽 건축 투어를 떠났다. 다음 해 겨울, 모던 건축 전시회에 관한 아이디어들이 만들어졌고, 히치콕과 존슨은 더 많은 정보를 얻고 건축가들을 만나기 위해 1931년 여름에 다시 유럽을 방문했다.[14]

어떻게 된 일인지 이 젊고 열렬한 지지자들은 모던 도시설계의 기원들을 놓치고 있었으며, 그들의 전시회와 책에서 이 기원들은 누락되었다.

CIAM 1차 회의는 1928년 주로 조직에 관한 내용으로 시작되었고, 2차와 3차 회의는 1929년과 1930년 가을에 열렸다. 히치콕은 건축역사가로서 그가 분류할 수 있는 실제 지어진 사례들에 더 관심을 가졌고, 건축양식 이론의 신봉자로서 건축의 일관성 그 자체가 도시설계의 문제들을 해결할 수 있다고 생각했

---

14 이 내용은 테런스 라일리Terence Riley의 『국제주의 양식: 전시 15와 현대미술관The International Style: Exhibition 15 and the Museum of Modern Art』(Rizzoli, 1992)에서 인용되었다. 이 책은 마치 라일리가 현대미술관 아카이브에 직접 방문한 듯한 느낌이 들 정도로 그 전시를 매우 상세하게 기술하고 있다. 라일리의 책에는 당시 86세였던 필립 존슨의 서문이 포함되었으며, 서술 내용은 필립 존슨의 회상과 약간의 차이는 있으나 대부분 정확하다고 생각된다. 휴이 롱Huey Long, 코글린 신부Father Coughlin, 나치 정권에 대한 젊은이 특유의 견해, 미국 건축의 대표 담론가로서의 역할 등 필립 존슨의 흥미로운 삶에 대해 좀 더 알고 싶다면, 프란츠 슐츠Franz Schulze의 『필립 존슨, 생애와 작품Philip Johnson, Life and Work』(Knopf, 1994)을 보라.

다. 존슨은 필시 이러한 것들에 지루했을 것이고, 건물의 최적 공간과 교통을 위한 최적의 블록 규모에 관한 논의는 그의 흥미를 거의 끌지 못했을 것이다.

히치콕과 존슨은 모던 도시들을 만들어내는 수단으로서 모던 건축을 소개하는 대신에 히치콕의 논문에 집중했다. 이 논문은 이러한 새로운 건축물들을 건축에서 오랜 기간 지속된 양식의 혼잡함으로부터의 구원이라고 표현했다. 전시회에 맞추기 위해 MoMA가 출판한 히치콕과 존슨의 책 『국제주의 양식』의 도입부에서, 알프레드 바는 저자들이 "오늘날 모던 건축양식이 과거의 어떤 양식이 그러했던 것처럼 독창적이고, 일관적이며, 논리적이고, 널리 퍼져 있다는 사실을 합리적 의심을 넘어 증명했다"라고 적고 있다.[15] 히치콕과 존슨은 이 책의 첫 장에서 "부흥이 바로크의 영역들을 파괴했으며, 퇴보된 양식에 관한 생각들이 다시 현실에서 왕성해졌다. 이제 새로운 하나의 양식이 탄생했다"라고 말했다.[16]

만약 CIAM의 구성원들에게 물어보았다면, 그들은 그로피우스가 자신의 저서 제목으로 이미 사용한 『국제 건축International Architecture』이나 브루노 타우트Bruno Taut가 1929년 영국에서 출간한 저서에 사용한 『모던 건축Modern Architecture』과 같은 제목을 선호했을 것이다. 히치콕과 존슨은 독일에서 주요 건물들을 시공한 모던 건축가 브루노 타우트의 건물들을 포함하지 않았다. 이는 아마도 브루노 타우트가 히치콕과 존슨의 주제와 관련된 포괄적인 내용의 책을 3년 먼저 발표했기 때문일 것이다. 타우트는 모던 건축의 역사에서 매우 잘 알려진 건물들을 이용해 새로운 건축 사조를 설명하는 책을 저술했다. 하지만 타우트에게 모던 건축의 기준 원리는 효율성, 효용성, 그리고 설계와 건축의 통합이었다. 타우트는 양식을 본질적으로 피상적인 것으로 간주하여 무시했다.

당시 '양식style'이라는 단어의 사용을 정당화하는 특이성singularity과 보편성universality에 대한 예측이 쉽게 만들어지지는 않았을 것이다. 심지어 1932년 전

---

15 헨리 러셀 히치콕Henry-Russell Hitchcock · 필립 존슨Philip Johnson, 『국제주의 양식The International Style』(Norton, 1966), 11쪽. 이 책은 1932년 출간된 원본의 재판이며, 히치콕에 의해 새로운 서문과 부록이 수록되어 있다.

16 같은 책, 19쪽.

시회에서는 이와 같은 예측을 만들어내기 위해 러시아에서 건설 중인 거의 모든 모더니즘 작업들이 전시회에서 제외되었다. 실제로 저명한 독일 모더니스트였던 한스 샤룬Hans Scharoun과 에릭 멘델손의 작업들, 그리고 휴고 하링의 반기하학적anti-geometric 이론이 제외되었다. 프랭크 로이드 라이트에게 전시에서 중요한 역할이 주어졌지만, 라이트는 이를 달갑게 여기지 않았다. 당시 그는 새로운 유형의 디자인을 추구하는 실무자라기보다는 새로운 모던 양식modern style의 정신적인 선조로서 여겨졌다.

새로운 건축양식의 선두 주자로서 전시와 책에서 접할 수 있었던 건축가들은 1932년에 이르러 이미 다른 노선을 향해 가고 있었다. 전시회에서 볼 수 있었던 파리 유스호스텔의 곡면 자연석 벽은, 르코르뷔지에는 풍부한 표현을 담은 롱샹 성당으로 이어졌으며, J. J. P. 오우트는 현재 아르 데코Art Deco라 불리는 양식으로 건물을 설계했고, 미스는 시그램 빌딩Seagram Building(나중에 밝혀졌듯이 필립 존슨과 공동으로 설계했다)에서처럼 전통적이고 기념비적인 건축들의 구성원리로부터 크게 영향을 받고 있었다는 실마리였다. 발터 그로피우스가 대표로 있던 설계사무소는 1950년대에 바그다드대학교University of Baghdad 계획안에 신이슬람주의의 건축적 형태와 장식을 사용했다.

전시회와 그 카탈로그는 책보다 더 포괄적이다. 프랭크 로이드 라이트는 카탈로그의 첫 부분을 맡게 되었고, 그에게 할당된 카탈로그 분량은 그로피우스, 르코르뷔지에, 오우트, 미스와 동일했다. 그 밖에 4개의 미국 설계사무소들(레이먼드 후드Raydmond Hood, 하우 앤 레스카즈Howe & Lescaze, 리처드 뉴트라Richard Neutra, 전시회에 미국 건축가들을 좀 더 추가하고자 존슨이 발탁한 시카고의 젊은 설계사무소인 바우먼 브라더스Bowman Brothers)은 비록 그들의 작품들이 실제로 시공되지는 않았지만 이들 역시 앞의 건축가들과 비교될 만한 전시를 보여주었다. 반면 책에는 저자의 양식적 기준에 적합한 유럽 건축물들이 사례로 포함되어 있었는데, 라이트가 설계한 것은 포함되지 않았고 오직 미국 건축가들의 몇몇 작품이 예시로 들어 있다. 도시설계는 전시회 중 루이스 멈퍼드Lewis Mumford의 수필과 함께 카탈로그에 소개된 주거 부분을 통해 알려지게 되었다. 전시회에서 이 부분은 1934년 『모던 주택Modern Housing』이라는 중요한 저서를 출간한 멈퍼드의 후배 캐서린 바우어Catherine Bauer에 의해 조직되었다. 래드번Radburn

커뮤니티를 계획한 클래런스 스타인Clarence Stein과 헨리 라이트Henry Wright 역시 주거 분야에 기여했다. 전원교외지garden suburb의 발전에 기여한 스타인과 라이트의 작업에 관해서는 3장에서 다시 논의할 것이다. 존슨은 획일적인 건물들이 직선의 평행한 열을 이루고 있는 오토 헤슬러Otto Haesler의 카셀-로텐베르크 주거 도면과 모델을 주거 분야에서 가장 두드러진 특징으로 전시했다. 그리고 래드번의 전통적인 건축은 포함되지 않았으나 부지 계획안은 전시되었다. 르코르뷔지에의 『어바니즘Urbanisme』은 도면이 게재와 전시가 되지 않았음에도 카탈로그 내의 문헌 목록에 포함되었으며, 뉴트라의 '러시 시티' 도면들 중 한 작품은 카탈로그에 포함되었으나 전시되지는 않았다.

모던 건축을 만든 사람들은 도시설계라는 더 큰 이슈에는 거의 관심이 없었던 것으로 보인다. 이 전시회는 13개의 박물관들을 순회하면서, 사회에 대변혁을 일으키고자 했던 작업을 건축 혁신을 보여주는 매력적인 발표로 바꿔놓았다. 유행을 주도하는 박물관들에 개별 건물들이 전시되면서 미국에서 모던 건축이 발전하는 방식에 지속적으로 영향을 주었다. 이는 전 세계적으로 건축의 모더니즘이 독특한 예술적 작업의 창조물로 재정의되도록 매우 중요한 반향을 일으켰다.

CIAM 헌장: 모던 도시설계를 위한 매니페스토

'기능적 도시The Functional City'라는 제목의 CIAM 4차 회의는 유럽 내의 정치적 혼란으로 1933년까지 연기되었다. 암스테르담에서 공공토목사업부의 장으로 있던 코르넬리스 반 에스테렌Cornelis van Eesteren은 1930년에 CIAM의 수장이 되어 도시를 이해하고 계획하는 방법으로서 기능주의를 매우 강조했다. 에스테렌의 설계사무소는 H. P. 베르라게H. P. Berlage의 전통적 도시설계를 따랐던 1902년 도시계획안을 이어받아 암스테르담을 남쪽과 서쪽으로 확장하려는 새로운 도시계획을 1934년에 완성했다. 베르라게의 코리더corridor형 도로, 광장, 그리고 축의 관계 등은 1920~1930년대 실험적인 건축의 작은 무대가 되었다. 반 에스테렌은 도면 내에 이미 조성된 것들과 코리더형 도로, 직사각형의

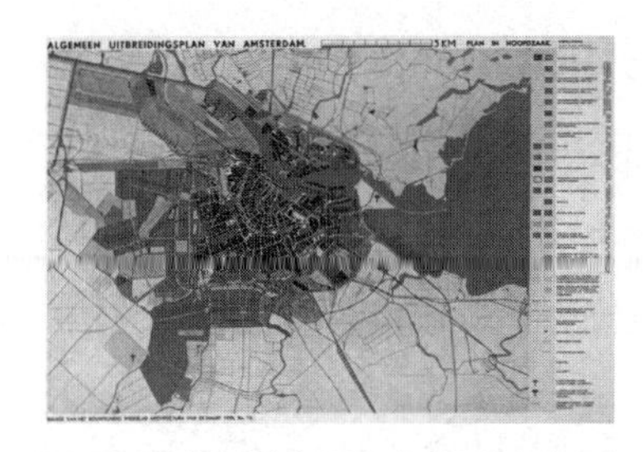

1.15 반 에스테렌의 1934년 남부 암스테르담 계획은 베르라게의 전통 도시설계를 슈퍼블록(대단위 구역)과 단일 용도 중심의 조닝 코드로 대체했다.

슈퍼블록, 평행하게 배치된 건물, 산업시설, 주거지를 결합해냈다(그림 1.15).[17]

원래 모스크바에서 열리기로 예정되었던 4차 회의는 결국 마르세유와 아테네를 왕복하는 유람선에서 열렸다. 4차 회의의 참가자들은 모던 도시설계에 관한 선언문을 작성하기 위해 모였으며, 이 선언문은 르코르뷔지에가 이름 붙인 아테네 헌장Athens Charter으로 알려져 있다. 아테네 헌장은 도시와 지역은 하나의 유닛이 될 것이라는 선견지명이 있는 진술로 시작한다. 이 헌장은 주거, 일, 여가, 교통 등의 네 가지를 도시계획의 주요 영역들로 정의했으며, 역사 보전은 "과거 문화의 유산인 건물들 또는 건물들의 군"이란 다소 내키지 않는 문구로 정의되어 다섯 번째 영역으로 포함되었다. 대다수 사람들은 아파트에서 살기를 기대한다. 그리고 고층 건물들은 밀도가 높은 곳에 지어져 지상부에 여가를 위한 공간을 마련하고 아파트에 직접적인 채광이 비칠 수 있도록 한다. 아파트 건물들은 하나의 주택구역으로 그룹이 지어지고, 주택구역의 규모는 1929년 클래런스 페리Clarence Perry의 뉴욕 시 지역계획Regional Plan for New York City에서 제안된 아이디어가 반영되어 하나의 초등학교를 운영할 수 있는 범위로 결정된다. 오피스 공간은 교통 이동이 최소화된 곳이자 네이버후드에 악영향을 미치지 않는 곳에 위치한다. 도로는 그 기능에 따라 규모가 결정되어, 고속 교통을 위한 고속도로들은 도로의 위계상 가장 높은 중심부에 위치한다. 공원은 그 규모가 지역 차원에서 결정되고 다른 용도들 사이에 배치된다. CIAM 헌장은 제조업 도시manufacturing city를 르코르뷔지에의 '라 빌르 라디우스'에서와 같이 넓은 공원지가 노동자들의 주택들과 공장 구역을 분리하고 자동차가 다니는 가로 및 고속도로가 주요 교통수단으로 형성된 도시로 묘사하고 있다. 아테네 헌장에서는 도시의 정치적·교육적·문화적 기능에 대해서는 언급하지 않고 있다. 상업 역시 기능적 요소로서 고려되고 있지 않다. 소매 구역에 대한 정의

17 기디온은 이 도면을 『공간, 시간, 그리고 건축』에 포함하고 도면에 대한 만족감을 기술하고 있으나, 반 에스테렌에 대해서는 언급하지 않았다.

도 없고, 오피스 건물들은 단순한 작업 공간이 아니라 상품, 금융, 아이디어의 교환이 일어나는 곳이라는 이해가 어느 곳에도 표현되어 있지 않다. 후에 CIAM의 논의가 진행된 뒤 오피스 건물, 콘서트홀, 박물관을 포함하는 기능적 요소로서 도시의 중심부civic center가 추가되었다. 이러한 건물들은 주변보다 높은 기단에 비대칭적으로 배치된 개별적 객체로 보였다.

아테네 헌장은 『우리의 도시들은 살아남을 수 있는가?: CIAM의 공식 제안서에 근거한 도시문제와 그 분석 및 해법의 기초Can Our Cities Survive?: an ABC of urban problems, their analysis, their solutions, based on the proposals formulated by the CIAM』[18]가 출간된 1942년 후반까지는 널리 알려지지 못했다. 이 책은 CIAM의 멤버로 당시 뉴욕에서 살던 스페인 출신의 호세 세르트가 출간했다. CIAM이 세르트와 공동 저자로 이름이 올라가 있으며, 저작권은 CIAM에 있었다. 지그프리트 기디온은 이 책의 서문에서 1928년 첫 번째 회의에 CIAM 초기 멤버들을 초대한 사람이 자신이라는 것을 독자들에게 확실히 밝혔다. 이 책에는 당시 하버드대학교의 건축학과장이던 조셉 허드넛Joseph Hudnut의 서문도 있는데, 허드넛은 책의 내용에 대한 강한 믿음을 표출했지만, 한편으로는 "새로운 건축을 위한 토대를 …… 시정 개선을 위한 프로그램 안에서 찾아야 한다는 것은 이상하게 여겨질 수도 있다"라고 언급했다. 이 방어적 언급은 미국에서의 모던 건축에 대한 이해가 유럽 도시설계의 맥락으로부터 얼마나 철저하게 분리되어 있는지를 보여준다. 세르트는 헌장charter이 아닌 도표The Chart라 부르곤 했던 헌장 문구들을 풍부하고 자세하게 묘사하는 것에 주력하며 책을 편저했다. 세르트는 헌장의 역사 보존 부분을 맡지 않았는데, 이 부분이 "역사 보존과 관련된 문제들을 자주 접해야 하는 이탈리아 대표자들에 의해 소개되었기" 때문이라고 설명한다. 헌장과 도표의 글은 부록에 첨부되어 있다.

헌장의 또 다른 버전은 르코르뷔지에에 의해 1943년 당시 나치 지배하의 프랑스에서 출판되었다. 르코르뷔지에는 헌장의 첫 번째 초판본에서 자신의

18 이 책은 Harvard University Press와 영국 Oxford Press에서 출간되었다. 종말론적인 책의 제목에도 불구하고 이 책은 제2차 세계대전과 아무런 관계가 없다. 유럽에서는 1939년에 전쟁이 발발했으나, 이 책은 아마도 일본의 진주만 폭격 이전에 출판된 것 같다.

이름을 빼고 CIAM 프랑스로 저자명을 기술했다. 책의 서문은 전쟁 이전에 프랑스 정부에서 외교관과 공보장관을 지냈고 여전히 외무부에 있었던 소설가이자 극작가 장 기라두Jean Giradoux의 수필로 되어 있다. 헌장의 출판은 아마도 비시Vichy 정권에 의해 도시개발을 이끌 누군가로 인식되기를 바라는 르코르뷔지에의 캠페인 중 한 부분이었을 것이다(르코르뷔지에는 당시 공모자로 낙인찍히는 것을 피했으며 정부기관은 그의 노력에 관심을 두지 않았다). 앤서니 이어들리Anthony Eardley는 1973년에 르코르뷔지에의 아테네 헌장의 영어 번역본을 출판했다. 세르트의 책 출판에 기디온이 관여한 것은 세르트의 책이 공식 버전이라는 것을 나타낸다. 한편 르코르뷔지에는 자신의 출판본을 준비할 때 기디온과 교류를 했으나, 세르트의 문서에는 발견할 수 없는 여러 미사여구가 포함되었다.[19]

CIAM 헌장에 뒤이은 제2차 세계대전 이전의 프로젝트들

르코르뷔지에는 1935년에 뉴욕을 방문해 기자들에게 뉴욕의 초고층 건물에 대한 관심을 표하면서, 뉴욕에는 초고층 건물들이 너무 많으나 너무 작다고 언급했다. 르코르뷔지에는 도시를 방문할 때마다 스케치를 하는 습관이 있었다. 뉴욕에서도 그는 자신만의 스케치로 맨해튼 계획을 준비했다. 르코르뷔지에의 제안은 오픈 스페이스로 둘러싸인 더 적은 수의 더 높은 타워들이 기존의 건물들보다 가치 있다는 가정하에, 센트럴 파크(스케치에 P라는 문자로 표시되어 있음)와 월 스트리트 구역(W)의 일부분만 남기고 맨해튼의 대부분의 초고층 건물들을 헐어버렸다(도면 가운데에 있는 R은 당시 건설 중이던 록펠러 센터를 언급하는 듯하며, 록펠러 센터는 도면에 나타나 있는 것보다 실제로는 북쪽으로 20블록

19 에릭 멈퍼드의 『어바니즘에 관한 CIAM 담론들, 1928~1960년』 154~155쪽에는 CIAM 헌장의 기원에 대한 르코르뷔지에의 견해가 수록되어 있으며, 로버트 피시먼Robert Fishman은 『20세기 도시 이상향Urban Utopias of the Twentieth Century』(MIT Press, 1977) 243~253쪽에서 비시 정권을 위해 일한 르코르뷔지에의 의도를 기술했다.

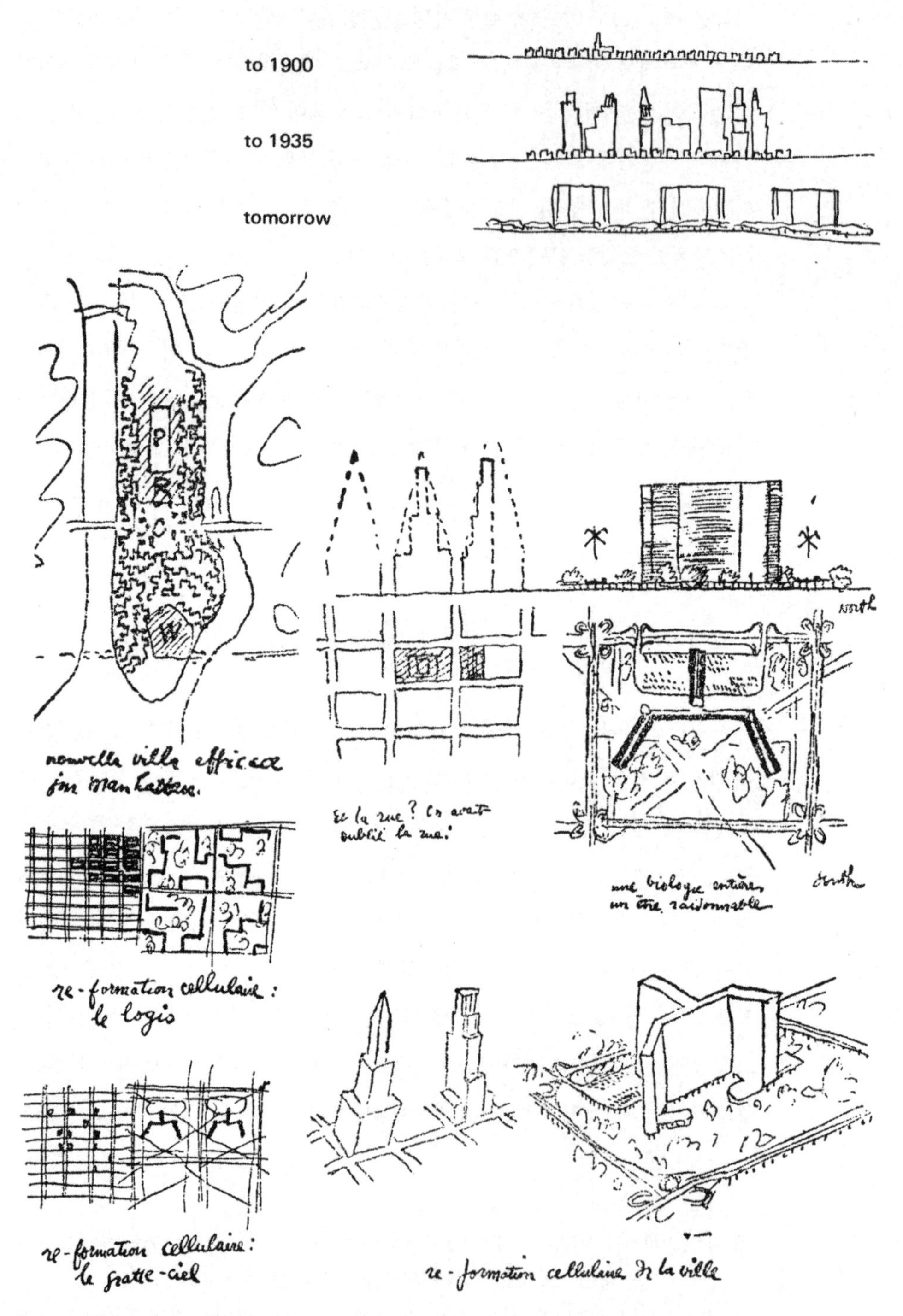

1.16 슈퍼블록, 녹색 공간으로 둘러싸인 고층 건물, 고속화 도로로 재계획안 르코르뷔지에의 1935년도 맨해튼 제안안. 이 프로젝트를 위해 뉴욕을 방문했던 르코르뷔지에는 로버트 모제스와 면담하려 했으나 성사되지는 않았을 것이다.

이나 멀리 위치하고 있었다). 록펠러 센터는 높은 건물들로 구성된 반면에 록펠러 센터의 도로들과 블록 계획, 그리고 전통적인 축의 구성은 르코르뷔지에의 관점으로 보았을 때 모던함을 충분히 나타내고 있지 않았다(전통 도시설계로서의 록펠러 센터에 대한 논의는 152~153쪽 참조). 르코르뷔지에의 스케치를 보면 맨해튼의 도로들과 애비뉴avenue들이 거대한 주차공간을 갖춘 'Y 자 형태'의 높은 건물들의 더 큰 슈퍼블록들로 대체되어 있다. "보행자들은 부지 전체에 걸쳐 있는 공원을 자유로이 이용할 수 있고 자동차들은 초고층 건물과 초고층 건물 사이를 멀리 떨어져 있는 편도의 고가도로를 이용해 시속 100마일(160km)로 이동할 것이다"(그림 1.16).

이 도시계획안에서는 초고층 건물의 밀집을 가능케 하는 뉴욕의 기차 또는 지하철 시스템을 찾아볼 수 없다. 그리고 오픈 스페이스를 만들어내기 위해 기존의 건물들 대부분을 철거하는 것은 납득되기 어려우며 경제적 혼란을 야기할 수도 있다. 르코르뷔지에는 자신의 아이디어가 얼마나 파괴주의적인지 알고 있었다. 르코르뷔지에는 그의 1930년 알제Alger의 도시계획안 스케치를 가리켜 도시에 관한 현재 개념들을 산산이 조각낼 포탄이라 불렀다. 그는 도시 전체 규모로 도시설계를 제안하는 대담성을 가졌다. 당시 르코르뷔지에와 경쟁할 수 있는 사람은 거의 없었다. 그러한 제안은 책임이 막중한 공무원에게는 불가능했다. 르코르뷔지에의 몇몇 스케치들과 짧은 글들은 실제로 많은 도시들이 성장해온 방법을 예견한다. 오래된 건물들은 교체되어야 한다고 간주된다면, 대형 오픈 스페이스 안에서 고층 건물들을 서로 분리시키고 고속도로와 대형 주차공간 주변으로 도시 공간을 설계한다는 아이디어는 널리 동의를 얻을 수 있다.

르코르뷔지에는 1937년 부에노스아이레스의 도시계획안에서 서로 멀리 떨어져 있는 고속도로들의 새로운 네트워크망 아래 기존 도시를 배치하고, 이에 따라 기존 도시를 구역들로 나누었다. 되돌아보면 르코르뷔지에가 과거의 개발들을 모두 없애야만 한다고 결론 내리지는 않았을 것이다. 새로운 비즈니스 센터는 항구 안에 건설되고, 부두에 들어선 경기장을 포함하여 수변 공간 전체가 재개발되며, 일부 구역들은 더 큰 규모의 새로운 건물들로 재개발된 것을 볼 수 있다. 후에 도시 중심부 재개발urban renewal로 불리는 모든 요소들이

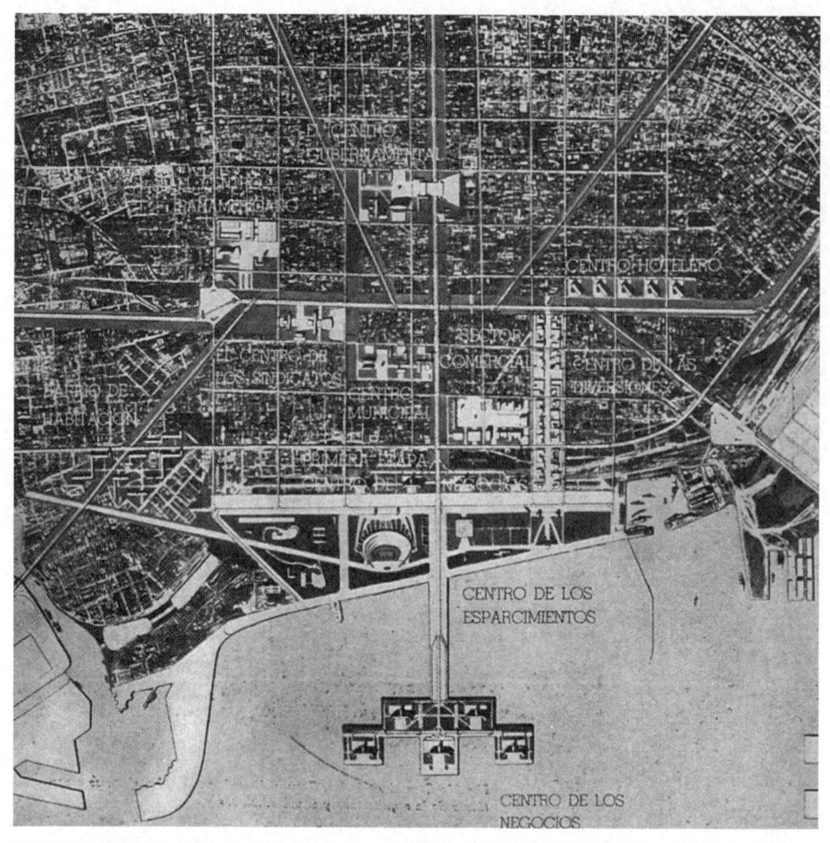

1.17 르코르뷔지에의 1937년도 부에노스아이레스 도시계획안. 제2차 세계대전 이후의 도시 재건 관련 사항들이 이 포토몽타주에서 확인된다.

이미 르코르뷔지에의 계획안에서 나타난 것이다(그림 1.17).

르코르뷔지에가 뉴욕을 방문하던 동안, 그는 고속도로 건설자로서 이미 화려한 경력을 쌓았고 후에 르코르뷔지에와 같은 규모로 도시 중심부 재개발을 시행했던 로버트 모제스Robert Moses를 만났을 수도 있다. 모제스는 1935년부터 계획된 1939~1940년 뉴욕세계박람회의 설계와 시공에서 중요한 인물이었다. 만약 모제스와 르코르뷔지에가 만났었다면, 이 둘은 엠파이어스테이트빌딩 위에 있는 세계박람회 사무실 창문에서 뉴욕을 함께 내려다보았을 수도 있지만, 실제로 이 둘이 만났다는 기록은 없다.

뉴욕세계박람회의 제너럴 모터스 전시 건물에서는 노먼 벨 게디스Norman Bel Geddes가 설계한 가상 도시 모델 '1960년의 세계'가 전시되었다. 벨 게디스는 원래 무대 및 조명 디자이너로 당시 산업디자인 분야에서 잘 알려져 있었고, MoMA의 국제주의 양식 전시회에서는 미국인 모더니스트 중 한 명으로 포함되도록 고려되었다. 벨 게디스의 모델은 뉴욕 시나 르코르뷔지에의 1923년 빌르 콩템포렌느처럼 대형 중앙 공원 내부에 공공 오픈 스페이스가 배치되어 있었으나, 후기 CIAM이나 르코르뷔지에의 구성과는 달랐다. 벨 게디스의 고층 건물들은 저층 건물들을 배경으로 설계되어 르코르뷔지에의 빌르 콩템포렌느보다 다소 느슨하게 배치되어 있었으며, 오히려 민간 부동산 시장에서 시공할 듯한 건물들이었다. 벨 게디스 역시 코르넬리스 반 에스테렌 같은 CIAM 구성원들과 르코르뷔지에의 작품들과 유사하게, 도시구역이 주요 고속도로들에 의해 여러 부분으로 나뉜 모습을 보여주었다. 이 아이디어는 제너럴 모터스가 중점적으로 홍보했던 미래상에서 가장 중요한 내용이었다(그림 1.18).

메트로폴리탄 생명보험사Metropolitan Life Insurance Company는 1938년부터 1942년까지 뉴욕 브롱크스 자치구에 있는 대부분 비어 있는 129에이커(0.5km^2)의 부지 위에 1만 2,000개 이상의 아파트를 수용한 51개의 건물들을 조성한 파크체스터Parkchester를 개발했다. 200개의 상점들이 들어선 쇼핑 구역도 포함되어 있었다. 파크체스터의 건축가들은 엠파이어스테이트빌딩의 설계사무소 대표인 리치먼드 슈리브Richmond Shreve, 로버트 모제스가 총애했던 조경설계가 길모어 클라크Gilmore Clarke를 비롯해 뉴욕 시의 저명한 실무자들로 구성된 설계위원회였다. 파크체스터는 쇼핑 구역을 제외하고 모두 7층에서 13층 높이의 타워들로 이루어져 있었다. 당시까지만 해도 공원 부지에 서 있는 고층 타워로서는 미국에서 타의 추종을 불허하는 가장 큰 주거 프로젝트였다. 이 아파트 건물들은 가운데 원형 교차로를 둘러싸고 사분면으로 배치되었다. 파크체스터의 도면은 그 건물 배치가 바이마르 주거지에서 볼 수 있는 저층 건물들의 평행한 배치보다 더 그림처럼 보였으며, CIAM의 회장이었던 코르넬리스 반 에스테렌에 의해 선호되었다. 파크체스터의 도면은 르코르뷔지에의 오피스 타워들보다 덜 기하학적인 모양이었지만, 분명히 주거 타워를 공원 안에 조성하는 것이었으며, 이는 그로피우스가 제안했으나 유럽에서는 아직 지어지지 않은 상태였다. 파크체스터는 중산층을 위한 임대주택이었다. 당시에는 자가용을 소유한 가구가 많지 않았음에도 4,000대를 수용할 수 있는 주차 건

1.18 1939년 뉴욕세계박람회에서 제너럴 모터스의 파빌리온에 전시된 노먼 벨 게디스의 '1960년의 세계' 모델. 고층 건물을 일률적으로 분리해 배치한 것을 제외하면 자동차로 인한 도시 기능의 분산화를 놀랍도록 정확히 예측하고 있다.

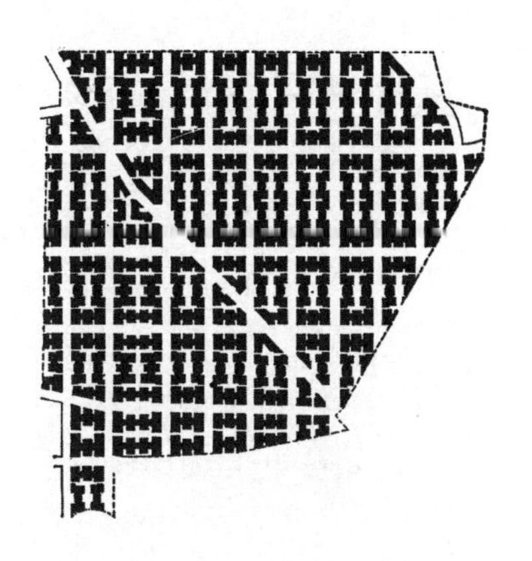

1.19 a & b 뉴욕 시 브롱크스에 위치한 파크체스터의 개발계획안은 채광과 환기를 고려하고 오픈 스페이스로 둘러싸여 있으며, 당시 조닝 규제에 의한 전형적인 개발 방식과 비교된다. 가로와 블록 내에 공원과 오픈 스페이스를 구성할 수 있으므로 상호 간 비교는 다소 적합하지 않다.

물과 지상층에 1,300대가 주차될 수 있는 공간이 계획되었다. 메트로폴리탄 생명보험사는 파크체스터와 그들의 또 다른 프로젝트에서 흑인들에게 아파트를 임대하지 않았다.

파크체스터의 설계는 뉴욕 시 조닝 코드가 일반적으로 요구하던 가로와 블록 패턴의 부정을 요구했다. 실제 설계안과 개발 허가를 받은 최종 설계안을 비교하는 것은 다소 불공평하지만, 당시 조닝 코드의 제한 내에서 조금 더 개선된 전통적인 부지계획안의 수립이 가능했을 것이다. 하지만 공원 안의 타워가 호소력 있는 대안이었던 것은 명백하다(그림 1.19).[20] 파크체스터는 당시 미국에서 미래의 한 모델로서 기관투자가들이 개발한 대규모 임대 콤플렉스라는 측면에서 설득력을 가졌다. 그 이후 수년간 메트로폴리탄 생명보험사는 로스앤젤레스의 파크 라 브레아Park La Brea, 샌프란시스코의 파크 머세드Park Merced와 같이 공원 안에 타워 형식의 건물 프로젝트를 많이 조성했으며, 제2차 세계대전 이후에는 뉴욕에 최초의 도시 중심부 재개발 프로젝트인 스타이브샌트 타운Stuyvesant Town과 피터 쿠퍼 빌리지Peter Cooper Village를 개발했다. 당시 뉴욕 시에서는 로버트 모제스가 필지들을 합필하는 데 공공자금을 사용하면서 메트로폴리탄 기업의 인종에 따른 커뮤니티 차별 정책이 처음으로 이슈화되었다. 3장에서 다시 언급할 다수의 전원 아파트garden apartment 프로젝트도 메트로폴리탄 기업과 같은 기관투자가들에 의해 조성되었다. 하지만 미국 연방주택관리부Federal Housing Administration와 재향군인관리부Veterans Administration에 의해 발생한 중산층 주거 소유의 증가는 미국에서 중산층을 위

---

20 뉴욕 시의 현재 조닝 규제와 파크체스터의 비교에 관해서는 사이먼 아이스너Simon Eisner와 아서 갤리언Arthur Gallion이 저술한 『도시 패턴The Urban Pattern』 제3판을 참고하라.

한 파크체스터와 같은 프로젝트들의 종말을 의미했다. 그 대신에 파크체스터와 같은 프로젝트는 보조금이 지급되는 저소득층 주거의 한 모델이 되었고, 공원 안의 타워는 공공주택기관들의 예산으로는 운영이 불가능했기 때문에 공공정책의 심각한 실수가 되었다.

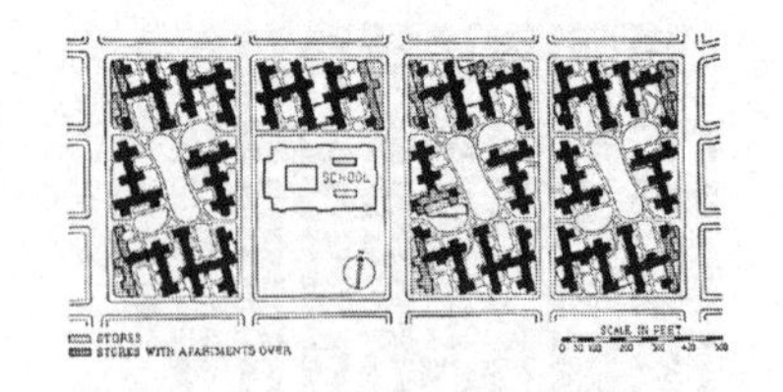

1.20 리치먼드 슈리브를 선두로 아서 홀든, 윌리엄 레스카제가 참여한 설계팀의 설계안으로, 1935년 공공사업국이 추진한 빈민가 철거 프로젝트인 뉴욕 시 윌리엄스버그 하우스이다. 건물들이 최상의 채광을 위해 도로에 대해 비틀어진 배치를 하고 있다.

제2차 세계대전 이전에 미국에서 지어진 저소득층을 위한 최초의 보조금 지원 주택subsidized housing의 주거 유닛들은 미국의 사회적 주택으로 유럽의 사회적 주택처럼 대부분 엘리베이터가 없는 아파트였다. 뉴욕 시에 있는 윌리엄스버그 하우스Williamsburg Houses가 그 선례이다. 뉴욕 시 공공사업국Public Works Administration의 빈민가 철거 프로젝트는 1935년에 아서 홀든Arthur Holden과 미국 모던 건축의 개척자 윌리엄 레스카제William Lescaze를 비롯해 리치먼드 슈리브Richmond Shreve가 이끄는 설계팀에 의해 설계되었다(그림 1.20). 건물들은 CIAM에서 선호했던 것처럼 건물의 향을 최적화하기 위해 도로로부터 15도 회전해 있다. 그 결과는 주변 환경으로부터 건물들을 분리시키는 것이었다. 오픈 스페이스에 의해 둘러싸이고 도로 시스템으로부터 분리된 주거 타워들의 조합은 제2차 세계대전 이후의 설계 공식이 되었다.

CIAM 5차 회의는 주거와 휴양에 관한 주제로 1937년 파리에서 열렸으나, 당시 CIAM은 응집력을 잃어가고 있었다. 독일의 초기 구성원들 대다수는 나치를 피해 구소련으로 넘어가지만 스탈린 역시 모더니즘에 호의적이지 않다는 것을 알게 되고 다른 국가들로 흩어지게 되었다. 그중 일부는 독일로 돌아가 건축설계 작업을 찾아내기 위해 나치 아래에서 타협을 하기도 했다.[21] 그로피우스는 1934년에 영국으로 건너갔다가 미국에 머물렀고, 미스는 1937년에 시카고로 건너가서 후에 일리노이 공과대학의 전신인 기술학교의 건축학 과장을 맡았다.

영국의 CIAM 구성원들은 'MARS'라는 그들만의 조직을 만들었다. 표면상으로 그 이름은 모던 건축 연구 그룹Modern Architecture Research Group의 단어 첫 자

21 각주 11에서 언급한 빈프리트 노르딩거의 글을 참고하라.

를 따서 지어졌으나 S는 한 번도 설명된 적이 없다. 전쟁의 신은 아마도 세계대전의 신이 아니라 CIAM 내의 파벌 논쟁의 신으로 창설자들의 마음속 어딘가에 있었던 듯했다. MARS 그룹의 가장 잘 알려진 작품은 역사 중심지의 바로 북쪽까지 도시를 관통하는 고속도로를 제안하는 런던 대도시권의 지역계획이었다. 상업구역은 역사 중심지의 양편으로 동서 방향의 코리더corridor를 따라 확장될 예정이었다. 선형의 주거구역들은 각각 60만 명의 사람들을 수용하며 지역 규모의 그린벨트로 상호 분리되었다. 이들은 도시 중심부의 개발을 유도하는 코리더에 직각으로 배치되었고 런던 대도시권의 주변부를 감싸는 원형의 고속도로로 연결되었다. 이러한 배치 도면은 전원도시의 네이버후드로부터 거대하게 팽창한 쿨데삭cul-de-sac처럼 보였다. 이 계획은 1940년대 초반, 현존하는 도시의 대부분을 파괴하려 했던 런던 폭격의 진행 중에 만들어졌다. 이 당시 루트비히 힐버자이머는 이와 비슷한 생각들을 추구했다. 루트비히 힐버자이머는 미스 반 데어 로에를 따라 시카고로 건너가 일리노이 공과대학에서 교육을 시작했다.[22] 힐버자이머는 1944년 정확히 '대도시의 전원화'라고 제목을 붙인 일련의 도면들을 발표했다. 이 작품들은 공원 부지로 이루어진 코리더가 줄지어 배치된 네이버후드들을 분리하고 있는 모습을 표현했다.[23] 이렇게 기존의 개발 패턴들을 부정했던 CIAM의 이론들은 결국 지역계획에서 어떠한 영향도 갖지 못했다는 것을 말해준다.

모던 도시설계의 첫 번째 프로젝트

제2차 세계대전은 유럽 국가들에 전례 없는 엄청난 규모의 재건축 수요를 가져왔다. 전쟁 이전의 도시들은 붐비고 혼잡했으며, 도시의 재건이야말로 생

---

22 미스는 원래 1937년 아모르 기술학교Armour Institute of Technology에 고용되었는데, 이곳은 루이스 학교Lewis Institute와 합병되어 1940년에 일리노이 공과대학Illinois Institute of Technology이 되었다.

23 루트비히 힐버자이머Ludwig Hilberseimer, 『새로운 도시: 도시계획의 원칙The New City: Principles of Planning』(Chicago: Paul Theobald, 1944).

활환경을 개선시킬 수 있는 기회였다. 이전 시대의 수공예품이 사용된 옛날 건물들을 복구하는 일에는 비용과 시간이 너무 많이 드는 것처럼 보였다. 하지만 모던 테크놀로지는 이러한 복구를 큰 규모의 고층 건물들로 가능하게 만들었다. CIAM의 담론에서 재건축은 건축가들과 도시계획가들에게 하나의 기회였다. 이들은 지상층에 좀 더 많은 오픈 스페이스를 확보하고, 도시 중심부로 접근할 수 있는 도로들을 정비하고, 오피스와 주거 기능을 위한 고층 건물들로 완성된 모던 도시를 재건해야 한다는 결론을 내렸다. 실제로 이렇게 조성된 사례는 거의 없었음에도 이와 같은 모던 도시의 이미지에 대한 믿음은 강력했다. 이는 곧 르코르뷔지에가 만든 강력한 이미지, CIAM이 진행한 회의, 전시, 출판물, 그리고 스웨덴식 모더니즘에 대한 반응이기도 했다.

제2차 세계대전 동안 중립국인 스웨덴은 전쟁 중에도 건설이 진행되었던 몇 안 되는 국가 중 하나였다. 전쟁 이후 많은 유럽 국가들이 재건축을 가까스로 시작할 무렵, 스웨덴은 스톡홀름에 새로운 업무 중심지를 건설하고 새로운 교외 지역을 개발했다. 이 모델은 후에 많은 도시들에서 모방되었다. CIAM의 첫 회의에 초대되었던 건축가 중 한 명인 스벤 마르켈리우스Sven Markelius는 1944년부터 1954년까지 스톡홀름의 책임 도시계획가였다. 그는 1940년대에 스톡홀름 다운타운의 호토리에트Hotorget 구역의 도시계획을 주도했다. 그 구역의 주요 도로인 세르겔가탄Sergelgatan은 2층 규모의 쇼핑 광장을 가로지르는 보행자 전용구역이 되었다. 쇼핑 광장을 따라 한쪽에는 평행하게 5개의 오피스 타워들이 조성되었고, 보행교들은 쇼핑센터의 옥상 테라스를 연결했다. 쇼핑 구역, 보행교들, 그리고 일자로 정렬된 오피스 타워들의 조합은 이후 영향력 있는 도시설계 이미지가 되었다(그림 1.21).

호토리에트와 같이 1940년에 스톡홀름 도시계획국Stockholm Planning Office에 의해 계획된 발링뷔Vallingby 역시 스톡홀름의 교외 계획에 근거해 조성된 커뮤니티이며, 주변에 조성된 계획 커뮤니티들이 완성하는 클러스터에서 타운센터의 역할을 한다. 발링뷔는 원래 자급자족형 전원도시의 중심부로 계획되었으나, 후에 스톡홀름의 위성도시들처럼 고밀도의 전원교외로 발전했다. 아파트 타워들은 평균 12층 높이의 건물들이 마치 작은 건물들의 클러스터처럼 자유롭게 배치되어 있다. 발링뷔의 쇼핑과 업무 구역들에는 원형 분수대와 나무

1.21 스톡홀름 호토리에트 구역에는 5개의 고층 타워들이 평행으로 배치되어 있으며, 이는 제2차 세계대전 이후 도시 재건 모델이 되었다. 뉴트라의 러시 시티와 유사점이 있다(그림 1.10).

1.22 스톡홀름 주변의 철도역 중심의 계획도시인 발링뷔의 중심부는 모던 도시의 사례로서, 영국에서는 '신경험주의'로 불렸으며 매력적인 장소가 되고자 하는 불필요한 특성들은 띠고 있지 않다.

형태의 조명 설비가 보행자 구역의 중앙에 위치한다. 시간이 지나면서 건물들이 군을 지어 함께 자란 듯한 마을 모습을 조성하기 위해 건축물은 시설물들처럼 자유롭게 배치되었고, 상이한 마감재를 사용하여 조합되었으며, 건물의 높이도 다양하게 차별화되었다. 건물에는 어떤 장식도 사용되지 않았고 건축설계는 모던 요소들을 표현하고 있다는 점에서 모던 건축의 사례이다. 건축은 과장적이지 않으나 미래적이지도 않으며, '합리적sensible'이란 형용사가 적합하다. 영국의 저널 ≪아키텍처럴 리뷰Architectural Review≫와 같은 출판물들은 일반인을 위한 스웨덴 디자인을 강조하며 스웨덴의 모더니즘을 경험주의empiricism의 중요한 범주로 분류했다(그림 1.22).

영국에서 재건축에 관한 공식적 결정들은 폭탄이 떨어지는 와중에 시작되었다. 이 결정들은 1943년 패트릭 애버크롬비Patrick Abercrombie와 J. H. 포쇼J. H. Forshaw의 런던 카운티 계획안County of London Plan과 1944년 애버크롬비의 런던 광역 계획안Greater London Plan을 포함했다. 이 두 계획안은 MARS 그룹의 작업과는 유사성을 찾을 수가 없다. 런던 카운티 계획안은 철도 시스템, 새로운 동심원의 원형 도로들의 연속, 그리고 런던의 전통적 커뮤니티의 구조 인식, 공공의 오픈 스페이스와 도시의 소구역들을 분리하고 정의하는 데 사용되었던 도로계획을 합리화하는 개념들을 포함했다. 런던 광역 계획안은 런던 카운티 주위에 그린벨트를 설정하고 일련의 위성도시들을 그린벨트 너머에 건설하는 제안을 포함했다. 이 제안은 에벤에저 하워드Ebenezer Howard에 의해 확립된 모델에서 유래되었다(하워드와 그의 영향에 관한 논의는 200~210쪽에 있다). 런던의 두 제안은 동시대의 스웨덴 계획에서처럼 1·2차 세계대전 사이에 발전된 유럽 주거구역들의 도시설계 아이디어들과 전원도시 계획들에서 관찰되는 자유로운 공간 배치를 통합한 상세한 도시설계 특성들을 보여준다(그림 1.23a, 1.23b).

전후 시대에 나타난 모던 도시의 이미지는 코번트리Coventry 중심부의 재건, 런던 이스트엔드East End의 재건, 그리고 영국에 최초로 건설된 신도시 중심부의 쇼핑과 업무 구역들을 보면 쉽게 정의할 수 있다. 스웨덴에서의 예처럼 이들은 기념비적이거나 매력적이라기보다는 합리적이다.

로테르담의 재건설은 또 다른 중요한 도시 이미지를 보여주고 있는데, 레인반Lijnbaan 쇼핑 구역과 연관 건물들이 바로 그것이다. J. H. 반 덴 브룩J. H. van den Broek과 야코프 바케마Jacob Bakema가 설계한 건물들은 좀 더 기하학적인 형태로 절제되고 있고, 세르겔가탄보다 CIAM에 의해 제창된 개념들과 좀 더 가까운 연관성을 보인다. 이 연관성은 보행자 구역의 규모와 성격, 그리고 근처의 고층 건물들이 가로에 직각으로 후퇴되어 있는 방식에서 보이는 유사성이다(그림 1.24).

르코르뷔지에가 이와 유사한 작업들을 어떻게 처리했는지는 생디에Saint-Die 재건을 위한 그의 1945년 제안에서 유추할 수 있다. 생디에 재건안은 실제로 지어질 가능성과 관련된 현실 상황에 대해 너무 무심했지만, 다른 건축가들에게는 상당한 영향을 미쳤다. 도시 중심부를 직선으로 관통하는 고속도로는 척추와 같이 도시의 모든 요소를 연결한다. 큰 아파트 블록들은 주 고속도로에 직각으로 배치되어 있고 비정형적 형태의 정원으로 둘러싸여 있다. 도시 중심부는 오픈 스페이스로 둘러싸여 분리된 각각의 고층 오피스 건물, 박물관, 강당, 그리고 그 외의 도시 건물들이 위치한, 지면이 상승된 직사각형의 광장square이다. 자세히 살펴보면 이 건물들은 광장이라는 판 위에 추상적인 조각물 또는 추상화에서 볼 수 있는 형태로 배치되어 있다. 도시 중심부는 오랫동안

1.23 a & b 패트릭 애버크롬비의 1944년 런던 재건계획은 중립국으로서 평화 시의 경제활동을 유지했던 스웨덴에서 발전된 경험적 모더니즘의 설계 특성들을 포함하고 있다.

1.24 전쟁 시 폭격으로 인해 심하게 파손된 로테르담 중심부의 레인반 쇼핑 구역과 연관된 건축물 재건은 J. H. 반 덴 브룩과 야코프 바케마에 의해 설계되었다.

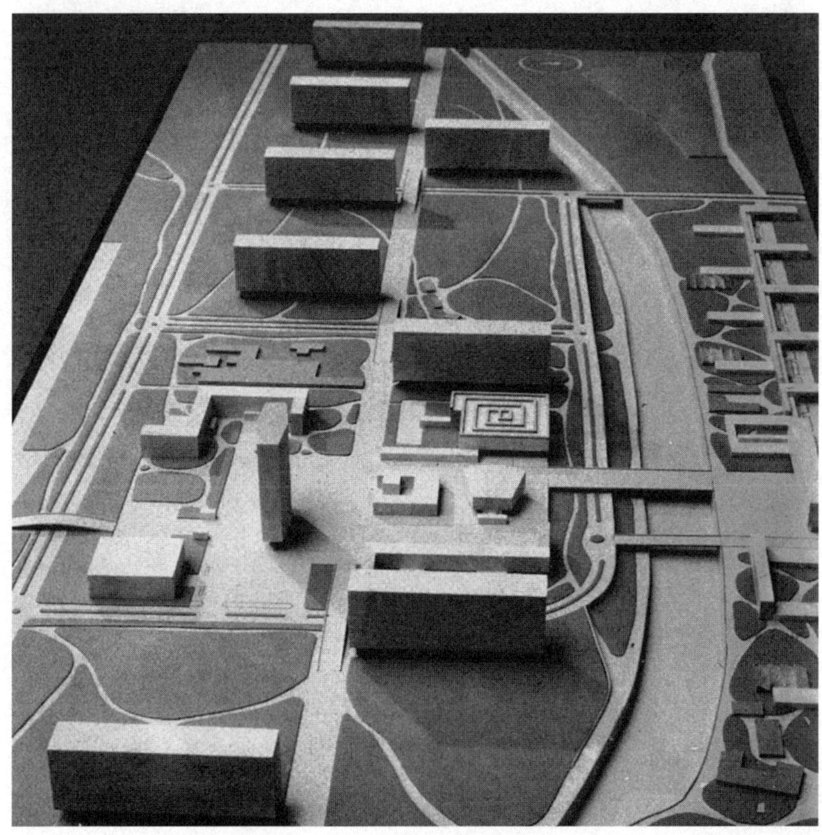

1.25 생디에 재건을 위한 르코르뷔지에의 1945년도 설계안. 이것은 실제로 건설되지는 않았지만 건축가들에게 많은 영향을 주었다. 중심부의 플랫폼을 공공건물 구역으로 분리한 것은 또 하나의 모던 도시설계의 요소가 되었다.

전통적 도시계획에서 중심적인 요소로 인식되어왔으나 CIAM의 네 가지 기능적 범주에는 적합하지 않은 부속물이다. 지면으로부터 솟아 있는 광장 위에 독립적이고 의미심장한 형태를 따라 군을 이룬 개별 건물들의 배치는 제2차 세계대전 이후 모던 설계의 가장 전형적인 특징이 되었다(그림 1.25).

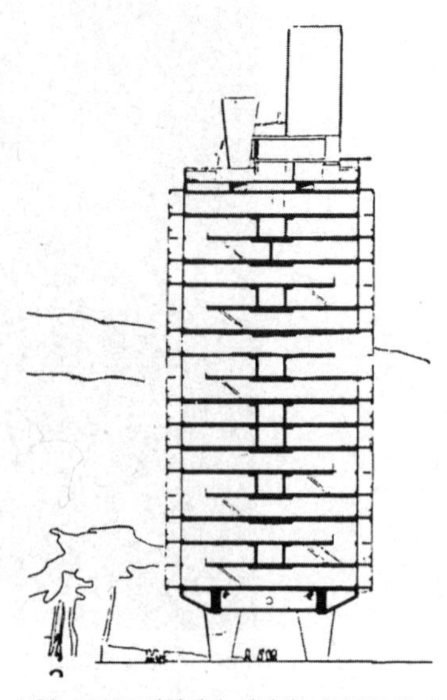

1.26 르코르뷔지에가 설계한 마르세유의 아파트(유니테 다비타시옹) 단면도. 상부층에 호텔과 쇼핑 아케이드가 있고, 지붕에 간호학교가 있다. 아파트의 폭은 좁지만 거실 공간은 두 층의 높이를 갖고 있다. 상점들은 상부층에 배치되어 오픈 스페이스가 건물 지상층까지 연결되어 있다. 그러나 건물이 상점을 운영하기에는 규모가 크지 않고 고립되어 있어 외부 고객을 끌어들이기에 충분하지 않다.

모던 도시에 대한 논객이었던 르코르뷔지에는 제2차 세계대전 이후 도시 재건설 현장에서 그 역할과 입지가 매우 제한되었다. 전후 복구 건설과 관련된 르코르뷔지에의 주요 임무로는 그가 유니테 다비타시옹Unite d'Habitation이라고 불렀던 마르세유의 아파트 주거가 있다. 유니테 다비타시옹은 실질적으로 구성 자체가 소규모 도시라는 의미를 가지고 있다(그림 1.26). 유니테 다비타시옹에는 중앙부에 실내 쇼핑 '가로'가 있고, 극장, 체육관, 그리고 지붕에 놀이터를 갖춘 간호학교가 있다. 전체 건축물은 육중한 기둥에 의해 지상에서 몇 개 층 높이로 띄워져 있다. 이것은 외부 공간이 건물의 지상부로 연속되면서도 건물을 건물 주변과 분리하려는 르코르뷔지에의 개념을 반영하고 있다. 르코르뷔지에는 이후 자신이 비슷한 방식으로 설계했던 6개의 건물들에서 상점들을 제외하고 수정했다. 만약 상점들을 좀 더 관행적으로 1층에 위치시켰다면 주변으로부터 손님들을 더 끌어올 수 있었겠지만, 단일 건물은 상가의 물물교환을 지원하기에 충분히 크지 못했다.

유니테 다비타시옹은 건축설계의 표준으로서 영국의 주거 설계, 특히 런던 시의회London County Council 건축부서의 작업에 큰 영향을 끼쳤으나, 보편적인 정부 정책으로 사용되기에는 너무 값비싸고 특이했다. 그럼에도 영국의 많은 집합주택과 계획안에 근거해 조성된 커뮤니티의 특성은 변화되었다. 이들은 르코르뷔지에 양식의 노출 콘크리트를 많이 사용하면서 설계 면에서 좀 더 기하학적으로 추상적이고 강건해졌다.

세계대전 이후 유럽 재건에서는 당시 남아 있던 기존의 건물들과 잠재적인 모던 도시의 이미지가 쉽게 조화를 이루지 못한 채 병존했다. 가로상의 빈 공간들은 단순한 건물 파사드façade나 커다란 창문, 또는 의도적으로 비대칭형으로 만들어진 구조물로 채워졌지만, 가로 패턴과 건물 덩어리들은 그대로 유지되고 있다. 특히 좀 더 최근에 조성된 동유럽 사회주의 국가 지역에서는 CIAM이 옹호한 아이디어들이 판에 박힌 도시설계 공식으로 퇴보했다. 여기에는 엘리베이터 없이 오르내리는 4~5층짜리 건물과 엘리베이터가 있는 11~13층짜리 건물 두 가지 주거 타입이 있었다. 이 건물들은 보통 가로와 직각으로 배치되며, 건물의 높이와 거의 동일한 거리를 두고 서로 떨어져 있다. 주거단지 1개당 아파트의 개수는 초등학교 1개를 충분히 유지시킬 만큼의 가족들이 살 수 있는 정도이다. 이것은 CIAM이 클래런스 페리와 미국의 전원도시 운동으로부터 빌려온 아이디어이다. 이러한 공식의 재료들은 매우 합리적이지만, 도시설계를 이러한 방식으로 제한하는 것은 변화 없이 지루한 환경을 만들어내며, 자신들이 어디에 살 것인지에 대한 선택권이 있는 사람들은 이를 거부하게 되었다.

제2차 세계대전 이후 미국의 모던 도시설계

제2차 세계대전에서 벗어난 미국은 교통 혼잡과 경제 불황기에 축적된 도시 노후화의 문제를 해결하기 위해 도시 근대화에 관심을 가졌다. 미국은 폭탄의 피해로부터 많이 벗어나 있었음에도 불구하고, 1950년대에 다수의 미국 도시들이 추진한 건물 철거 정책으로 인해 그와 비슷한 결과를 낳았다. 1949년의 주택법Housing Act of 1949은 공공 지원 주택을 크게 증가시켰고, '빈민촌slum'을 매입하고 철거하기 위한 연방정부의 기금을 조달했다. 몇 가지 판례들에 뒤이어, 연방정부의 기금으로 필지들을 합필하거나 심지어 보조금을 지급하는 것이 가능해졌다. 또한 슬럼가로 평가된 구역에서 이주된 빈민들을 그곳에 다시 수용하는 것이 아니라 시장 시세의 주택과 사무실 및 소매 건물을 조성하는 소위 도시 재개발이 가능해졌다. 연방정부의 기금을 사용하는 모든 공공주택과 도시 재개발 프로젝트들은 워싱턴에서 승인을 받아야 했다. 따라서 이 프로젝트들은 모두 정부기관과 학회 및 전문가 자문단에 의해 설정된 기준을 충족했다. 공공주택의 건물 간격 및 향에 대한 필수지침은 주거 유닛당 최고 토지 가격을 위한 가이드라인과 맞물려 활용되었다. 이에 따라 도시에는 넓은 토지 위에 녹지로 둘러싸인 더 높은 타워들이 조성되었다.

도시 재개발의 검토 과정은 좀 더 현장의 개발 조건들을 고려했지만, 대체로 직사각형의 타워들이 광장에 배치되어 추상적이고 비대칭적인 패턴이 선호되었다. 발터 그로피우스가 수장을 맡고, 피에트로 벨루스키Pietro Belluschi, 카를 코흐Carl Koch, 휴 스터빈스Hugh Stubbins, 발터 보그너Walter Bogner 등의 건축가들로 구성된 팀은 1953년 보스턴의 백 베이Back Bay에 있는 철도 기지를 위한 제안을 했다. 이는 당시 사회에서 바람직한 도시 재개발의 이미지를 정의하는 데 도움을 주는 계획안이었다. 이 계획안은 르코르뷔지에의 생디에 계획안과 많이 유사하지만 미국의 상황이 많이 반영되었다. 생디에 계획안에서처럼 건물군은 높여진 기단 위에 배치되었고, 가늘고 높은 육각형 타워로 설계된 오피스 건물 1개에 의해 그 특징이 지어졌으며, 독특한 외관을 가진 오디토리움auditorium을 마주했다. 또한 생디에 계획안에서처럼 외부 공간은 수평을 이룬 대형 건물 덩어리들에 의해 결정되었다. 중요한 차이점은 기단 내부에 5,000대의 차를 수용할 수 있는 주차장이 있고, 내부에 큰 쇼핑센터가 있으며, 외부 공간 규모는 레인반에서처럼 작고 낮은 건물들에 의해 모듈화되었다는 것이다(그림 1.27). 그 부지는 결국 찰스 러크먼Charles Luckman이 설계한 프루덴셜 센터Prudential Center가 되었고, 외관은 레인반과 무척 다르지만 유사한 구성요소들을 가지고 있다. 또 다른 초기의 도시 재개발 계획안이었던 필라델피아의 펜 센터Penn Center는 도시 중심부의 서쪽 부분을 분할하는 '만리장성'과 같은 철도길의 부지에 조성되었다. 이것은 에드먼드 베이컨Edmund Bacon이 1952년에 제안한 초기 설계안을 따른 것이 아니었다. 당시 필라델피아 도시계획국의 국장이었던 베이컨은 호토리에트나 레인반의 고층 건물과 유사한 배열로 고층 오피스 건물 3개동을 평행하게 제시했다. 베이컨은 서쪽과 동쪽의 시장거리를 중앙 광장을 통해 연결시키기 위해 오직 타워만 남기고 시청사를 철거할 것을 요구했는데, 여기에서 모더니스트들이 역사적 건물을 무시하고 도로의 연결을 우선시하는 태도를 볼 수 있다. 개발 과정에서 비록 눈에 띄게 혼란

1.27 발터 그로피우스가 주도하고 피에트로 벨루스키, 카를 코흐, 휴 스터빈스, 발터 보그너가 협업한 1953년 보스턴의 철도 기지 설계안의 모형 사진. 이것은 프로그레시브 아키텍처 디자인 시상식의 제1회 우승작이다. 이 디자인은 르코르뷔지에의 '생디에 프로젝트'를 연상시킨다.

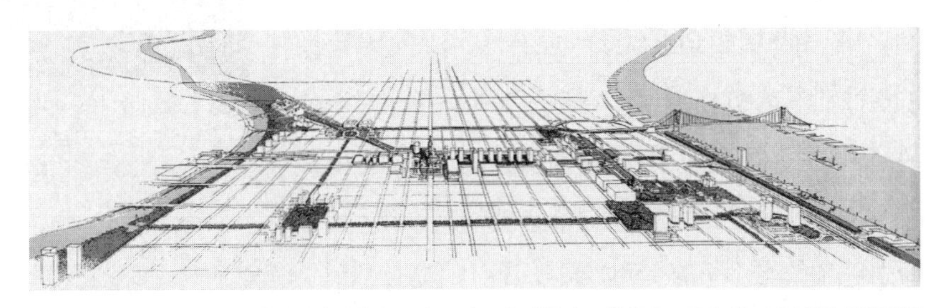

1.28 1963년 필라델피아 센터 시티 계획안 도면. 모던 고층 건물이 조성되었고, 우측에는 역사 건물 주변의 공원 조성을 위해 건물이 철거되었다.

스러운 점은 없었지만, 개발이 완료되었을 당시 시청사 건물은 온전히 남겨졌다. 펜 센터의 강점은 도시의 블록 시스템을 회복시켰으며 기단을 사용하지 않았다는 점이다. 펜 센터의 보행로는 록펠러 센터를 모델로 하여 지하에서 연결되었다. 이는 모더니스트들이 기단 위에 보행자를 올린 것보다 더 효과적인 해결책이었다. 지하에 대중교통 체계가 있었기 때문에 보행자들은 이미 지하로 내려가야 할 이유가 있었다(그림 1.28).

하트포드Hartford에 있는 입헌광장Constitution Plaza은 상업적 도시 중심부 재개발을 위해 연방헌법 제1조Federal Title 1가 규정한 공적 자금이 처음으로 사용된 사례이다. 입헌광장의 부지는 기존의 프런트 스트리트Front Street의 도시 네이버후드를 철거하면서 생겼다. 이 프로젝트는 실질적인 완공까지 10년이 더 걸렸으나, 1954년에 법정 소송에서 승소했다. 이 프로젝트는 올려진 기단과 보행 광장 위에 격리되어 배열된 고층 건물들로 이루어진 좀 더 친숙한 형태의 모더니즘 공식을 따랐다(그림 1.29).

1.29 코네티컷 하트포드에 위치한 입헌광장은 노후화된 도시 커뮤니티 부지에 기단형 플라자와 고층 타워들로 조성되었다. 토지 수용 비용은 연방 재정으로 충당되었다.

도시에서 접근 제한 고속도로limited access highway의 설계는 뉴욕 시와 뉴욕 주에서 일한 로버트 모제스의 다양한 역할들 속에서 개척되었는데, 1929년 뉴욕 시 지역계획New York Regional Plan of 1929에서 제안된 고속도로 개념이 종종 시행되었다. 시스템상으로 중요한 연결점들은 제2차 세계대전 전에 완성되었고, 더 많은 부분들은 1950년대에 진행되었다.

1.30 빅터 그루언의 텍사스 포트워스 계획안. 도심 주변부에 고가도로로 둘러싸인 도시 중심부가 보행자 전용구역으로 제안되었다.

1956년 '주간고속도로법Interstate Highway Act'이 통과된 이후 고속도로 네트워크는 모든 도시 중심부들을 연결하기 시작했다. 때때로 새로운 고속도로는 보스턴과 시애틀에서처럼 도시의 중심부를 가로질렀고, 이 밖에 캔자스시티, 신시내티와 같은 곳에서는 고속도로가 도심의 업무 중심부를 둘러싸도록 계획되었다. 빅터 그루언Victor Gruen은 포트워스Fort Worth의 도시 중심부 계획안의 보완을 위임받았다. 이 계획은 그루언이 기존 도시 중심부의 활성화를 위한 지역 쇼핑센터 설계의 적용에 관한 ≪하버드 비즈니스 리뷰Havard Business Review≫ 기사에 대한 결과로서 1957년에 출간되었다. 그루언은 이미 쇼핑센터의 두 가지 유형으로 꼽히는 디트로이트 교외지인 노스랜드Northland와 미니애폴리스 교외지인 사우스데일Southdale을 설계한 건축가였다. 포트워스 계획안은 업무 중심지를 관통하기보다는 업무 중심지 주위로 원을 형성하는 고속도로 시스템을 제안했다. 원형의 도로 안에서 주차장은 차량 흐름을 가로막았고, 도시 중심부 안의 모든 길들은 보행구역이 되었지만 주차장에서 걸어서 6분 이내에 도달할 수는 없었다. 도시 중심부 내에서는 기존의 건물과 새로운 건물이 뒤섞이게 되었고, 새로운 건물의 그룹 중 몇몇은 보스턴의 백 베이 계획과 유사했다. 건물들 사이에 위치한 보행교

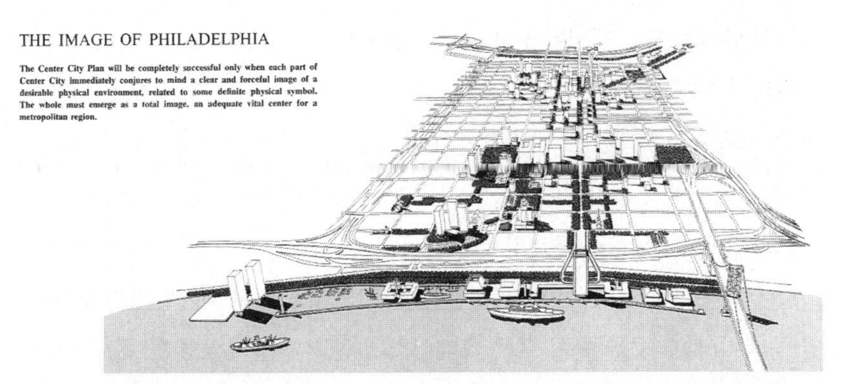

1.31 빅터 그루언의 포트워스 계획안에서 제안된 링 형태의 고속도로 계획은 1963년 에드먼드 베이컨의 필라델피아 센터 시티 계획안에 반영되었다. 센터 시티는 포트워스의 도시 중심부 면적보다 넓어 보행구역으로 조성하는 데 무리가 있었다. 이 도면에서 표현된 고속도로 계획과는 달리 실제로 이 물리적 구조물은 바람직한 환경을 조성하지 못했다. 좌측 남부의 고속도로 건설은 시민들의 격렬한 항의로 중단되었다.

시스템은 추가적인 보행 네트워크를 형성했다(그림 1.30). 고속도로가 건설되면서 도시 중심부의 남동쪽에 당연히 인터체인지가 형성되었고, 이로 인해 그루언의 계획안은 실현되지 못했다. 하지만 내부의 원형 도로와 보행화된 도시 중심부는 영향력 있는 다이어그램이었고, 도시 상업구역urban retail district이 교외의 쇼핑센터들과 경쟁할 수 있게 만든 도시 중심부 내의 쇼핑몰의 콘셉트는 명백하게 모던 도시설계의 일부분이 되었다.

에드먼드 베이컨은 1960년대 초반 포트워스 계획안의 개념을 필라델피아의 도시 중심부에 적용했다. 그는 세로 2마일(3.2km), 가로 1마일(1.6km)인 필라델피아의 중심부가 보행구역으로 되기에는 너무 컸음을 명백하게 파악하지 못했다(그림 1.31). 내부 원형 도로는 다른 도시들에서처럼 결국 건설 완공을 막는 많은 반대를 불러일으켰으며, 다행스럽게도 대중의 반대로 내부 원형 도로의 남쪽 연결로는 좌절되었다.

케빈 린치Kevin Lynch의 도시설계안에 근거하고 I. M. 페이 앤 파트너스I. M. Pei and Partners에 의해 발전된 보스턴의 시청 센터Boston Government Center는 재개발 프로젝트 초기의 몇 가지 설계 특징들을 그대로 유지하며 진행된 재개발 프로젝트이다. 종탑의 역할을 하는 주립 청사가 위치한 대규모의 기념비적인 광장은 개별 건물들의 설계 개념과 실제의 차이점을 극복하기에 충분히 강력한 특징을 갖고 있었다. 샌프란시스코의 엠바카데로 센터Embarcadero Center 역시 다수의 블록들에 걸쳐서 다리들에 의해 연결되어 있는 기단형의 광장을 포함하여 설계 초기의 개념들을 유지하고 있다.

따라서 제2차 세계대전 이후 몇 년 동안 미국의 주택과 상업 용도 중심의 재개발, 고속도로 설계는 도시의 모던 이미지들을 실제로 구현하는 데 동원되었고, 개발 규제들에 의해 다듬어진 혁신들은 모든 건물들에 적용되었다.

1961년에 완성된 뉴욕 시의 조닝법은 다수의 대도시 조닝 코드의 원형이 되었다. 이 조닝 코드를 바탕으로 한 설계 콘셉트는 도시 재개발과 보조금 지원 주택에서 볼 수 있듯이 오픈 스페이스에 둘러싸인 타워였다. 독립적으로 배치된 타워는 1층에 조성되는 공공 오픈 스페이스를 확보하여 바닥 면적의 20%를 보너스로 부여받았다. 오피스 건물에 대한 규제를 바탕으로 한 건축 이미지는 미스 반 데어 로에와 필립 존슨에 의해 1948년에 완성된 시그램 빌딩과 SOMSkidmore, Owings & Merrill에 의해 1960년에 완성된 맨해튼 뱅크Manhattan Bank 타워에서 유래했다. 이 두 가지 사례에서 타워는 포장된 공공 광장에 의해 인접한 주변 도로로부터 자유롭게 서 있는 단순한 직각-직선형의 매스mass이다. 파크체스터와 스타이브샌트 타운 모델에서 볼 수 있는 공원 안의 타워들은 1961년 조닝 코드의 고밀도 주택을 위한 공간 배치 규정과 오픈 스페이스 비율을 근거로 조성되었다.

CIAM의 종말과 도시설계의 태동

제2차 세계대전 이후 대부분의 건축학 교육은 모더니스트 교육과정으로 바뀌었다. 이는 하버드대학교에서 그로피우스에 의해 만들어진 모델과 거의 유사했다. 건축 잡지들은 건축 장식을 배제하고, 구조적 프레임을 노출하며, 큰 면적의 유리를 가진 모던 건물을 강조했다. 건축 전문가들은 이러한 예를 따르지 않는 건물은 시대에 뒤떨어진 것으로 간주된다는 것을 알게 되었다. 주거와 직장을 구분하고, 이동을 차량 교통에 의존하며, 오픈 스페이스를 여가를 위한 주요 공간으로 할당하는 건축 규제에 기반을 둔 '기능적 도시functional city'는 도시계획가들에 의해 널리 수용되었다. 오픈 스페이스에 의해 분리된 타워 안의 주거는 건축적 아이디어의 주류가 되었다. 개척자로서 소그룹이었을 때의 CIAM이 정의하고 옹호했던 이러한 개념들은 현재 건축의 주류로 널리 수용되었다. 하지만 기본적인 가설을 세우는 데에는 견해의 차이가 발생했다. 예를 들어 영국 건축가들의 경우에는 스위스의 모던 건축인 '경험주의empiricism'와 후에 '브루탈리즘brutalism'으로 불린 세계대전 전후 르코르뷔지에의 다소 거칠어진 건축(철재와 콘크리트 블록을 건축 재료로 사용)으로 나뉘게 되었다.[24]

세계대전 이후 첫 번째 CIAM 회의는 모더니즘의 수용에 관한 것이었으며, 혼란으로 시작하여 논쟁으로 발전했다. CIAM 구성원들은 그들이 이전 회의에서 언급했던 발언들이 종종 회의를 기록하는 기디온의 리포트에는 거의 기록되지 않은 것으로 드러났다며 이의를 제기했다. 또한 많은 구성원들은 헌장이 지나치게 단순화되어 있으며 결코 합의 문서가 아니라는 것을 명백히 알게 되었다. 르코르뷔지에는 비판을 예상하면서 CIAM이 새로운 주거 헌장Charter of Habitation을 발표할 것을 제안했다. 이 헌장은 기존의 헌장보다 그 내용의 범위가 광범위했으나 구성원들은 새로운 헌장에 어떠한 내용이 포함되어야 하는지, 혹은 어떻게 헌장을 만들어낼지에 관해 합의할 수 없었다.

제2차 세계대전 이후 호세 세르트[25]는 반 에스테렌의 뒤를 이어서 CIAM의 회장이 되었는데, 세르트는 적어도 기디온에 의해 보고된 바에 의하면 예전처럼 CIAM 회의에서 강한 리더십을 제시하지 않았고, 또 제시할 수도 없었다. CIAM의 회원들 대부분이 영국과 서유럽에 있었던 반면, 세르트는 1953년 발터 그로피우스의 뒤를 이어 하버드 디자인 대학원의 학장직을 맡게 되었고, 대부분의 시간을 매사추세츠 주 케임브리지에서 보냈다. 미국에서 건축 실무

---

24 '브루탈리즘'이라는 용어는 '마감되지 않은 콘크리트'를 지칭하는 프랑스어 'beton brut'로부터 유래되었으며, 콘크리트의 거푸집 공사 단계의 흔적이 남아 있는 상태를 말한다. 이는 르코르뷔지에가 후반기 작품에서 애용한 재료였으며, 특히 1960년대에 다른 건축가들에게 영향을 주었다. 피터 스미스슨Peter Smithson, 레이너 밴햄Reyner Banham 등의 건축가들은 브루탈리즘과 신브루탈리즘을 건축철학의 표준으로서 일반화시키려고 했다. 그들은 왜 건축과 철학이 폭넓은 공감대를 가져야 하는가에 관해 고민했는지는 밝히지 않았다.

25 호세 세르트의 이름은 카탈루냐어 철자로 'Josep Lluis Sert'이다. 세르트는 미국에 거주하는 동안 그의 저서 『우리의 도시들은 살아남을 수 있는가?』의 표지에 적힌 것처럼 자신의 이름을 영어식 철자로 쓰는 경향이 있었다.

로 바빴던 그로피우스와 스스로 만족할 만큼은 아니지만 역시 바빴던 르코르뷔지에는 일선에서 한 걸음 물러나 젊은 세대에게 설계 작업들을 인계하려 했다. 기디온은 그리 내키지 않았지만 이러한 변화를 받아들였다. 인계를 준비한 두 명의 젊은 건축가는 영국의 피터 스미스슨Peter Smithson과 네덜란드의 알도 반 에이크Aldo Van Eyck였다. 이들은 둘 다 자신들의 주장을 제안할 때 직접적인 인신공격이나 독설을 하는 데 주저하지 않았다. 1959년에 피터 스미스슨, 알도 반 에이크, 그리고 이들과 마음이 맞는 비교적 젊은 건축가들은 CIAM에서 탈퇴하여, 1956년에 두브로브니크Dubrovnik에서 열린 10번째 CIAM 회의라는 뜻의 팀텐Team Ten을 결성했다. 이전 세대는 CIAM이라는 이름을 더 이상 사용하지 말 것을 요청했고, 젊은 세대는 이를 기꺼이 받아들였다. 팀텐은 1977년까지 만남을 지속했지만, 팀텐 구성원들의 작업물을 제외하고는 도시설계에 거의 영향을 미치지 못했다.[26]

이미 CIAM은 실패했다고 생각한 호세 세르트는 1956년 하버드대학교에서 도시설계에 관한 연례 회의를 처음으로 조직했다. 그는 미국 주변국들을 대상으로 미래 도시에 대한 아이디어를 보유한 다양한 사람들을 초대했다. 여기에는 건축가, 조경설계가, 도시계획가뿐만 아니라 루이스 멈퍼드Lewis Mumford와 제인 제이콥스Jane Jacobs와 같은 비평가와 역사가, 그리고 당시에 필라델피아의 도시계획 책임자였던 에드먼드 베이컨Edmund Bacon과 같은 공무원들도 포함되었다. '기능적 도시The Functional City'에서처럼 '도시설계Urban Design'를 마지막 결과물로 보기보다는 과정으로서 규정하기로 결정한 것도 세르트였다. 세르트는 당시 널리 받아들여졌던 용어 '시빅 디자인Civic Design'의 사용을 자제하며 전통적 어바니즘traditional urbanism을 좀 더 지지했다.[27] 이 회의는 공식적인 토론의 장이었지만 성명서를 발표하지는 않았다. 하버드대학교는 1960년 세르트의 주도하에 건축, 도시계획, 조경설계의 학위 프로그램들에 도시설계 대

---

26 CIAM의 역사 전반에 대한 확실한 서술은 앞서 언급된 에릭 멈퍼드의 저서 내용에 기인한다.

27 컨퍼런스에 대한 기록은 ≪프로그레시브 아키텍처Progressive Architecture≫ 1956년 8월호에 대부분 수록되었다. ≪하버드 디자인 매거진Harvard Design Magazine≫은 50년 후인 2006년 봄/여름호에 이 컨퍼런스의 의미를 회고하는 에세이를 게재했다.

학원 과정을 추가했다. 다른 학교도 곧 이를 뒤따랐다. 세르트는 하버드대학교를 기존의 학문 영역들과 함께 4개의 전공 중심으로 전환시키며 도시설계를 명확하게 정의하기보다는, 모더니즘의 기본 요소들을 받아들이는 다른 전문 분야들의 맥락 안에 도시설계의 학문 영역을 자리 잡게 했다.

의미 있는 형태: 이에로 사리넨과 자몽의 영감

이에로 사리넨Eero Saarinen의 부인 앨린 사리넨Aline Saarinen의 말에 따르면,[28] 어느 날 아침 식사를 할 때 이에로가 자몽 반쪽을 집더니 그것을 거꾸로 접시에 올려놓고 삼각형 모양으로 잘랐다고 한다. 이에로 사리넨은 그 자몽을 가지고 설계사무실로 갔다. 결국 자몽 반쪽은 구리로 덮이고 3개의 포인트로 지지된 얇은 콘크리트 돔인 MIT의 크레스지 오디토리엄Kresge Auditorium(1955년 완공)이 되었다(그림 1.32). 크레스지 돔은 모더니스트들의 건축 담론에서 무엇이 '의미 있는 형태significant form'로 간주되는가를 보여주는 하나의 사례이다. '의미 있는 형태'라는 용어는 블룸즈버리Bloomsbury의 미술 비평가인 클라이브 벨Clive Bell[29]이 그림을 예술작품으로 완성시키는 것은 그림 속의 이야기나 장면이 아닌 그림 자체의 추상적인 구성이라고 설명하며 언급한 단어이다. 건물에 상징적인 중요성을 부여하기 위해 고전적인 기둥이나 고딕 아치를 사용했던 건축가들은 모더니즘의 반대에 직면하자, 형태와 의미의 근원으로서 테크놀로지와 기하학으로 관심을 돌렸다. 사리넨의 그림과 철학적인 언급을 담은 기념비적인 책은 그의 부인 앨린 사리넨이 완성했다. 이 책에는 크레스지 오디토리엄과 함께 모던 양식의 광장을 정의하는 MIT 성당의 스케치가 있다. 사리넨은 그림에 주석을 달았는데, 성당의 원통형 모양과 그 위에 있는 조각물의 종루가 "너무 과거를 회상하게 하는 것"은 아닌가 하는 질문을 스스로 던지

28 예일대학교에서 1962년에 열린 앨린 사리넨의 토론회에 필자가 참석했다.

29 클라이브 벨Clive Bell, 『예술Art』(1913). 벨은 버지니아 울프Virginia Woolf의 누이인 바네사 스티븐Vanessa Stephen과 결혼했다.

1.32 이에로 사리넨이 설계한 MIT의 크레스지 오디토리엄은 1955년에 완공되었다. 이 의미심장한 건물의 모습은 엔지니어의 아이디어로 알려져 있지만, 앨린 사리넨의 말에 따르면 이는 반으로 자른 자몽의 모습으로부터 영감을 받은 것이라고 한다.

고 있다.[30]

모던 건축설계의 이론으로서 의미 있는 형태에 관한 명쾌한 논의는 피터 콜린스Peter Collins의 1965년 책인 『모던 건축의 변화하는 이상Changing Ideals in Modern Architecture』에서 찾아볼 수 있다.[31] 이 책에서 피터 콜린스는 의미 있는 형태를 바우하우스의 기본적인 디자인 교육방법의 논리적 결과라고 기술한다. 이 교육방법은 대부분의 건축학교에서 1년차 교육과정의 일부분으로 채택되어온 것으로서, 추상적 개념을 모더니즘과 밀접하게 연관 짓는 것이다. 또한 콜린스는 르코르뷔지에의 롱샹 성당을 의미 있는 형태의 예로 들었다. 특히 롱샹 성당이 모더니즘을 대표하는 구조 재질을 사용하여 만들어졌기 때문이다. 하지만 원래의 추상적인 구성요소로서 회화, 조각, 건축을 조화시키는 르코르뷔지에의 능력에 필적할 수 있었던 건축가들은 거의 없었으며, 의미 있는 형태

30 이에로 사리넨Eero Saarinen, 『이에로 사리넨의 작업: 1947~1964년 기간의 건축물 모음집Eero Saarinen On His Work: A Selection of Buildings Dating 1947-1964』(Yale University Press, 1962).

31 피터 콜린스Peter Collins, 『모던 건축의 변화하는 이상, 1750~1950년Changing Ideals in Modern Architecture 1750-1950』(McGill University Press, 1965), 272쪽 이하.

1.33 요른 웃손이 설계한 시드니 오페라 하우스는 과감한 건축설계의 대표적인 사례로 1957년 현상설계 공모전에서 우승했다. 이 현상설계의 위원이었던 이에로 사리넨은 다른 위원들이 이 설계안을 채택하도록 설득했다.

의 대부분의 사례들은 거의 기하학과 엔지니어링에서 완성되었다. 요른 웃손 Jorn Utzon이 설계한 시드니 오페라 하우스Sydney Opera House는 1957년에 현상설계 공모전에서 당선되었으나, 1973년까지 시공되지 않았다(그림 1.33). 이에로 사리넨은 시드니 오페라 하우스 현상설계 공모전의 심사위원 중 한 명이었다. 그는 다른 심사위원들이 현실적인 이유를 들어 공연예술 기능을 내부에 감추고 있는 조개껍데기 모습의 연속된 캐노피를 반대한 것에 맞섰다고 한다. 웃손의 초기 타원형 모양의 형체들은 현상설계 공모전의 모델에서 발사 나무를 이용해 이해하기 쉬우면서도 합리적인 형태로 만들어졌다. 이 타원 형체들은 이후 런던에 근거지를 둔 오브 아럽Ove Arup이라는 엔지니어에 의해 시공이 가능하게 되었다. 오브 아럽은 이 의미 있는 형태의 시공을 가능하게 했으며, 시드니 오페라 하우스 건설 경력으로 자신의 회사를 설립할 수 있었다.

건축에서 '의미 있는 형태'에 관한 이론적 논의는, 기호학의 용어 및 기타 이슈들과 관련된 기호sign와 기표signifier의 건축으로의 적용에 관한 논의로 증폭되었다. 몇몇 이론가들은 기념비성monumentality 또는 '신기념비성new monumentality'이라는 용어를 사용하여 의미 있는 형태가 표현하는 것들을 논의해왔지만, 기념비성은 전통적인 건축과 어바니즘을 함축하고 있다.

좀 더 최근에는 '상징적 건물iconic building'이라는 표현이 사용되어왔다. 이 용어가 어떻게 설명되든지 간에, 상징적 건물이라는 표현은 눈에 잘 띄는 건물을 시공할 때 사용되는 강력한 건축설계 전략이다. 상징적 건물은 특히 고층 건물의 발전에 영향력을 끼쳐왔다.

1.34 루트비히 미스 반 데어 로에가 설계한 맨해튼의 도시설계안. 모더니스트들은 평평한 부지 위에 놓인 고층 건물을 주변 환경에 관계없이 적절한 선택이라 생각한다. 이것은 시카고 역사박물관에 소장되어 있다.

CIAM 회의는 표준화된 결과물로서의 고층 건물들을 선보였다. 즉, 전시된 디자인들은 모두 같은 형태와 높이의 직선 구조물이었고, 이는 정부 보조로 만들어지는 주거 프로젝트에 대표적으로 적용되는 디자인 전략이 되었다. 르코르뷔지에는 햇빛 차양을 추가함으로써 직사각형의 건물 블록에 변화를 주었고, 루트비히 미스 반 데어 로에는 건물의 재료와 블록의 크기와 형태를 선택하면서 변화를 주었다. 미스가 1950년대 후반에 설계한 도시설계안은 로워 맨해튼의 해안가에 위치하며 로버트 모제스가 마련한 부지를 위한 것으로, 들어 올려진 광장들 위에 배치된 직사각형의 타워들을 보여준다. 이러한 콘셉트는 모든 상황들에 적합한 모던 도시설계 원리들을 따르고 있다(그림 1.34).[32]

그러나 고층 오피스 건물을 개발하는 민간 투자가들은 그들의 건물로서 식별이 가능한 이미지를 추구했으며, 더 작은 규모의 호텔과 아파트 개발자들 역시 마찬가지였다. 제2차 세계대전 전까지는 이러한 이미지를 만드는 방법으로 고딕Gothic, 르네상스Renaissance, 또는 종종 유선 형태의 아르 데코Art Deco를 사용했다. 처음에는 모던 타워 건물의 직사각형 형태가 유용하고 참신했으나, 이 참신함은 1970년대가 되자 사라지게 되었다. 이에 대한 첫 번째 반동은

32 시카고 역사박물관에 소장된 도면은 1934~1968년의 뉴욕 시 건설사업 카탈로그에 수록되어 있던 것이다. 또 힐러리 발론Hilary Ballon과 케네스 잭슨Kenneth T. Jackson이 2007년에 엮은 『로버트 모제스와 모던 도시Robert Moses and the Modern City』(Norton, 2007)에도 이 도면이 수록되어 있다. 미스는 사업 개발자인 허버트 그린월드Herbert Greenwald가 1959년 비행기 추락 사고로 사망하면서 사업 참여를 그만두었다. 허버트 그린월드는 미스가 참여한 다른 사업들의 개발자였다.

역사적 형태의 추상적인 해석으로 돌아가는 것으로, 타워 상부의 부서진 페디먼트pediment, 다수의 팔라디오풍Palladian 창들, 또는 플레미시풍Flemish 길드홀에서 빌려온 볼륨감이 그 사례이다. 이러한 전략들은 필립 존슨Philip Johnson에 의해 사용되었는데, 그의 후기 건축 실무는 민간 투자가들을 위한 독특한 고층 오피스 건물의 선도적인 중심이 되었다. 모더니즘 원리로부터 벗어난 이러한 시도들은 건축 기자와 비평가들에게 포스트모더니즘으로 언급되었다. 포스트모더니즘은 현재의 확실성으로부터의 새로운 출발을 의미하는 철학 및 문학 비평 용어에서 빌려온 것이다. 불행하게도 대부분의 모던 타워(또는 근대 고층 건물)들의 크기는 산업혁명 이전의 역사적 디자인들에 비해서 너무 거대했고, 심지어 추상적으로 축소되었을 때도 그러했다. 이들의 부조화는 곧 명백해졌다.

고층 건물을 위한 개념 구성 작업은 엔지니어링으로부터 유래한 형태들을 표현하는 것으로, 뉴욕 세계무역센터 건물의 외관에 사용된 구조적인 골격이나, 풍압의 영향을 줄이기 위해 초고층 건물 상부에 여러 층의 열린 부분을 만드는 것 등이 그 사례이다.

테크놀로지의 발전은 빌바오Bilbao에 있는 구겐하임 미술관Guggenheim Museum으로부터 시작하여 프랭크 게리Frank Gehry가 최근에 설계한 많은 건물들과 같이 과거 르코르뷔지에나 심지어는 이에로 사리넨이 상상할 수 없었던 건축물을 '의미 있는 형태'로 짓는 가능성을 열어주었다. 이들의 건물 디자인은 추상적이고 그 형태가 구조와 재질 면에서 본질적이었다는 점에서 여전히 모더니스트의 이론과 어울리고 있다.

건축물을 통한 의미 있는 형태에 관한 연구는 형태form가 엔지니어링을 몰아붙이게 된 현재에 이르기까지 점차 대담해져 왔다. 렘 쿨하스Rem Koolhaas와 그의 설계사무소인 오피스 오브 메트로폴리탄 아키텍처OMA: Office of Metropolitan Architecture에 의해 설계된 중국 베이징의 CCTVChina Central Television 본사 건물은 이러한 결과물이다. 원고를 쓰는 당시에는 충격적인 화재 이후 미완공 상태로 남아 있었다. CCTV 타워의 건축가들 중 한 명인 올레 쉬렌Ole Scheeren은 CCTV 건물의 설계를 그가 현재 구식이라고 여기는 일반적인 고층 건물의 따분함에 대한 반발이라고 설명했다.[33] CCTV 타워는 몇 년 전만 하더라도 불가능했던 컴퓨터 시뮬레이션에 기초한 엔지니어링을 토대로 마치 중력을 거스르는 듯이 서 있다(그림 1.35). 아럽이 발표한 기사에 따르면, CCTV 본사의 엔지니어는 다음과 같이 언급했다.

1.35 오피스 오브 메트로폴리탄 아키텍처 설계사무소(OMA)가 설계하고 2008년에 완공한 베이징의 CCTV 타워. 르코르뷔지에가 1922년에 발표한 비전처럼 이 건물은 고가 고속도로와 인접하며, 의미 있는 형태의 대표적인 타워 건물로서 현대건축의 상징이 되었다.

> 건물이 2개의 기울어진 타워들로 형성되어 있는데, 위아래가 만나는 부분에서 90도로 구부러져 있고, 연속적인 '튜브tube'를 형성하고 있다. 중력과 인장력을 견디기 위한 튜브 구조인 겉으로 노출된 다이어그리드diagrid 시스템이 건물 외관에 적용되었다. 사선의 패턴이 튜브 외관으로 힘의 분산을 표현하고 있다.

건물의 아이콘적iconic 이미지를 찾고 있는 연구의 최근 경향은 컴퓨터에서 다양한 알고리즘algorithm들로 생성되는 형태들을 관찰하는 것이다. 4장의 시스템 도시설계에서 논의하겠지만, 알고리즘을 이용한 건축의 다양한 목적은 단순히 유기적인 복합체organized complexity의 문제들을 해결하기 위한 수단으로서 알고리즘의 사용을 넘어 오히려 형태들의 체계적 범위를 생산하고 이 중에서 하나를 구성 개념organizing concept으로 선택하는 것이다.[34]

모던 도시설계의 명백한 한계

건물을 도로보다는 오픈 스페이스에 연결시키려는 목적으로 조닝 규제가

---

33 필자는 올레 쉬렌이 2005년에 상하이의 퉁지대학교同濟大學校에서 발표할 때 참석했다.

34 건축에서 알고리즘을 사용하고 이해하는 방법에 대한 흥미로운 논의는 코스타스 터지디스Kostas Terzidis의 『알고리즘의 건축Algorithmic Architecture』(Architectural Press, 2006)을 참고하라.

개정되면서 '공원 내의 고층 건물'이 많은 장소에서 시공되었다. 르코르뷔지에의 빌르 콩템포렌느Ville Contemporaine 도면의 60층 오피스 건물이나 유니테 다비타시옹Unite d'Habitation과 같은 '공원 내의 고층 주거 건물'은 기존의 도시에서 점진적인 도시 확장 개발에 적합한 도시설계 개념이 아니다. 이것들은 결과적으로 종종 의도하지 않은 공유 벽들을 조성했고 불연속적인 오픈 스페이스로 둘러싸인 서로 연계되지 않는 건물들을 만들어내곤 했다.

도시 중심부에서 도시 재개발은 매우 느리게 진행될 수밖에 없다는 것이 입증되었다. 이 과정에서 원래의 설계 콘셉트는 개별적인 재개발 필지들이 상호 연계되지 않고 독립된 일련의 개발물들로 바뀌면서 원래 설계의 전체적인 의도를 알아보기 어려울 정도로 변했다.

빌르 콩템포렌느 이후 대다수의 모던 도시설계들은 하나의 믿음을 함축적으로 내포했다. 그 믿음은 기존의 도시 전체가 과거에 비해 개별 건물들이 좀 더 많이 분리되는 환경으로 변화되어야 한다는 것이었다. 따라서 모던 도시설계 개념의 가장 일반적인 영향이 개발을 상호 분리시키고 새 건물과 기존 환경 간의 충돌을 일으키는 것이라는 점은 당연하다. 보조금이 지원되는 주택군은 공원 내부에 고층 건물의 배치 원칙에 따라 배열되는 경향이 있다. 이는 주변 도시 맥락으로부터 보조금 지원 주택 건물들을 분리하도록 계획된 결과이다. 대부분의 도시 중심부 재개발 계획은 상대적으로 건물 설계들 간의 상호 연관성을 거의 찾을 수 없으며, 각 건물들의 위치는 오로지 공중에서 보거나 주로 먼 거리에서 이해할 수 있는 추상적이고 기하학적인 배열로 결정된다. 조닝 규제는 지상에 오픈 스페이스를 제공하고 도로와 주변 건물 간의 관계보다 건축물의 건축선 후퇴setback에 우선권을 부여하여 각각의 건물들을 강제적으로 분리시킨다.

완벽한 모더니스트 기법으로 조성된 도시를 배우려면, 르코르뷔지에의 강력한 영향력 아래 새로운 커뮤니티로 조성된 찬디가르Chandigarh와 브라질리아Brasilia를 살펴보아야 한다. 찬디가르는 원래 앨버트 마이어Albert Meyer와 매슈 노위키Matthew Nowicki에 의해 설계될 예정이었지만, 노위키는 도시설계가 시작되기 전인 1950년에 비행기 사고로 사망했다. 펀자브Punjab 정부는 맥스웰 프라이Maxwell Fry와 제인 드루Jane Drew에게 새로운 수도의 건축가로서 노위키의 역할을 대신 맡아주기를 요청했다. 프라이와 드루는 펀자브 정부에 르코르뷔지에를 함께 데려오기를 요청했고, 르코르뷔지에는 다음으로 그의 사촌 피에르 장느레Pierre Jeanneret를 데려왔다. 앨버트 마이어가 도착하기 전, 프라이, 드루, 장느레와 르코르뷔지에는 인도에서 만나게 되었다. 르코르뷔지에는 상대적으로 전원도시 개념을 느슨하게 반영한 마이어의 도시계획을 채택하여 자신의 1935년 라 빌르 라디우스la Ville Radieuse 도시계획안과 좀 더 유사하게 수정했다.

맥스웰 프라이에 따르면, 마이어가 프랑스어에 유창하지 않아서 르코르뷔지에는 마이어가 작업 회의에 도착했을 때 마이어를 완전히 무시했다고 한다. 마이어는 부지의 북동쪽 구석에 있는 공원에 국회의사당을 배치했으나, 르코르뷔지에는 국회의사당을 기념비적인 축상에 위치하도록 도시의 북쪽 중심부로 옮겨놓았다. 마이어의 도시계획에서는 남과 북을 관통하며 업무 중심지를 감싸는 2개의 공원 도로parkway들과 완만한 곡선 도로들이 많이 사용되었지만, 르코르뷔지에는 커다란 직사각형 그리드를 포함하여 공간을 분할하며 도시계획을 완성했다. 프라이에 따르면, 르코르뷔지에는 국회의사당을 머리로, 업무 중심지를 복부로 부르는 등 인체를 분석하는 것과 유사한 새로운 설계안을 스케치했으며, 머리, 어깨, 몸통, 다리가 존재하는 것처럼 보이는 라 빌르 라디우스 도시계획에서와 유사한 사고의 진행 과정을 제안했다.[35]

찬디가르는 전원도시garden city 고유의 콘셉트가 충분히 담겨 있다. 이에 찬디가르를 방문하는 사람들은 일반적으로 평범한 건물보다 주요 도로들의 조경에 더 관심을 갖는다. 르코르뷔지에는 국회의사당 콤플렉스capitol complex의 건축가로 알려져 있다. 여기에는 사무국, 입법부, 법원 건물들이 완성되었으나, 부분적으로는 중앙의 총독부governor's palace 건물이 지어지지 않았기 때문에 건축물군은 하나의 집합체로 해석하기에 멀리 분리되어 있다(그림 1.36). 기존 도시들에서 모더니스트의 간섭으로 특징지어진 분절fragmentation이 찬디가르에서도 보인다.

35 찬디가르 도시설계에 관한 맥스웰 프라이의 회고는 『열린 손: 르코르뷔지에에 관한 에세이The Open Hand: Essays on Le Corbusier』(MIT Press, 1977)에서 볼 수 있다.

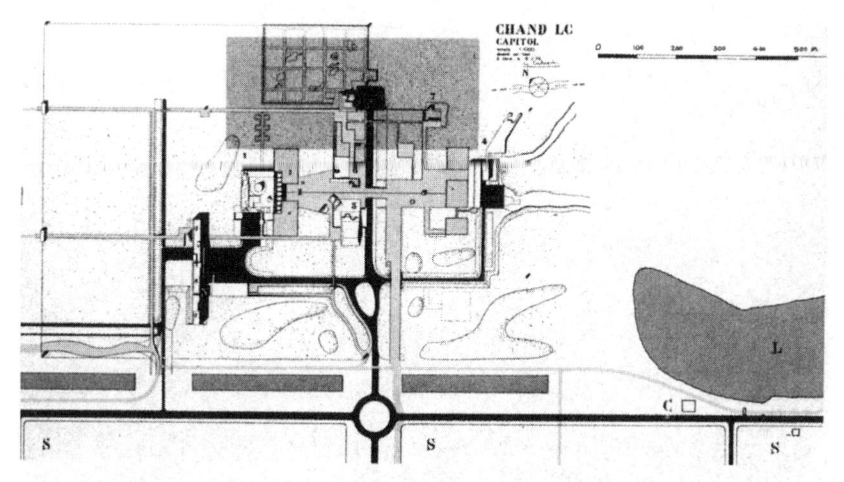

1.36 르코르뷔지에가 설계한 찬디가르의 정부청사 콤플렉스. 평평한 부지와 그 위에 비대칭구조의 추상적인 형태로 표현되는 모던 도시계획이다. 도면에서와 달리 중앙의 총독부 건물은 완공되지 않았다.

브라질리아의 도시설계 콘셉트는 근본적으로 르코르뷔지에에게 강력한 영향을 받았던 두 명의 건축가들의 작업이다. 이들은 1957년에 초기 마스터플랜을 완성했던 루시오 코스타Lucio Costa와 대부분의 주요 건물들을 설계하고 건물들의 디자인 규제design control를 준비했던 오스카 니마이어Oscar Niemeyer이다. 브라질리아 도시설계의 핵심 요소는 대칭으로 형성된 중앙 고속도로이다. 이는 넓은 평지를 활 모양의 곡선으로 가로지르며 연속된 토지 구역들을 연결하는 척추 역할을 한다. 국회의사당 구역은 곡선형 고속도로의 중심점에 입지한다. 이 도시계획에서 국회의사당 구역은 비행기 날개의 후퇴익swept-back wings과 비슷하다. 도시는 서로 다른 토지 이용의 유형들을 분리하기 위해 엄격하게 나뉜다. 주거구역들은 양쪽으로 펼쳐진 날개들을 따라 아파트 블록의 패턴을 반복하며 배치되었다. 중앙의 고층 건물들은 열을 구성하며 넓게 분리되고 입법기관이나 성당과 같은 상징적인 건물들이 간간이 중간에 배치되어 있다. 구불구불한 도로들은 언덕에 둘러싸여 있는 고층 아파트로 연결된다. 그린벨트 너머에는 원래 건설 근로자들이 거주하기 시작했으나, 불행히도 현재는 많은 인구를 수용하는 빈민가와 슬럼가가 있다. 빈민가는 전기와 하수도가 보급되면서 주거환경이 점차 개선되고 있다. 브라질리아 도시계획안은 1922년 르코르뷔지에의 빌르 콩템포렌느의 삽화들과 강한 유사성을 띠고 있는데, 이 삽화 속에서 노동자들은 도시계획안에서 거의 보이지도 않는 도면의 제일 가장

1.37 브라질리아는 정부청사 중심지에 대칭으로 건축물이 배치되어 모던 도시의 모습이 완전하게 구현된 사례이다.

자리의 외곽 지역에 거주하도록 되어 있어, 분명 이 도시계획안에서 노동자들의 주거환경은 고려되지 않았다.

브라질리아 역시 르코르뷔지에의 비전을 담은 도면들 중 하나와 약간의 유사점을 갖고 있다. 비슷한 규모와 형태의 고층 건물들이 규칙적인 패턴으로 광활한 오픈 스페이스에 위치하고 있으며, 주요 교통수단은 자동차이다. 조성된 지 얼마 되지 않은 커뮤니티에 대해 단정적 판단을 내리기에는 아직 시기적으로 이른 듯하지만, 브라질리아는 모더니스트 도시 공식이 도시에 활력을 불어넣는 몇 가지 핵심 요소들을 배제하고 있다는 것을 보여주는 중요한 증거가 될 만하다(그림 1.37).

모던 도시설계의 지속적인 저력

현재로부터 30년 전에는 도시설계에 미치는 모더니즘의 영향력이 감소하고 있다고 생각할 수 있었다. 모더니즘에 대한 강력한 비평가인 제인 제이콥스, 그리고 이후에 얀 겔Jan Gehl과 윌리엄 화이트William H. Whyte는 보행자 중심의 가로와 광장이 있는 전통적 도시설계를 지지했다. 당시 점점 거세지는 역사 보존 운동과 주민 참여형 도시계획의 지지자들은 옛 건물들을 제거하려는 모더니스트들을 비평했다. 모더니즘 이론 내에서도 지역과 문화에 관련된 정책들을 지지하면서 무작정 적용을 강요했던 모더니즘의 원리에 대한 반대가 있었다. 일부 건축 비평가들에 의해 포스트모더니즘이라고 불린 것 역시 축을 이용한 배치, 비스타vista, 그리고 아치나 기둥으로 완성된 건물을 사용하는 전통적인 건물의 조합으로 돌아가고자 했다. 저소득층을 위한 주거 타워는 사회적 관점에서 제 기능을 하지 못했다. 1972년 세인트루이스의 프루이트 이고에Pruitt-Igoe 주거 프로젝트의 붕괴, 그리고 프랑스의 고층 건물로 채워진 신도시와 영국의 고층 공영 주택지council estate에서 발생한 사회적 문제들이 이를 잘 입증한다. 전원교외지의 확산spread은, 비록 교외지의 무분별한 개발 확산sprawl이라고 적절하게 비판되긴 하지만, 건물과 조경 사이의 좀 더 허접하고 비체계적인 관계를 나타냈다. 환경운동은 엔지니어링 테크놀로지가 자연과 건축환경 사이의 모든 관계들을 해결할 수 있다는 모더니스트들의 가설에 의문을 던졌다. 또한 거대구조물megastructure의 옹호자들은 개별 건물들보다는 도시 인프라에 근거한 체계적인 도시설계의 방법을 주장했다. 이 중요한 이슈들은 다음 장에서 논의될 것이다. 하지만 모더니즘을 대신할 대안들의 영향력이 유럽과 영어권 국가들에서 커지는 동안, CIAM에 의해 대부분이 정의된 모더니즘적 도시설계는 계속해서 도시구역의 나머지 부분들을 변형화시켰으며, 모든 도시 중심부들을 재구성했다.

특히 아시아, 남아메리카, 중앙아메리카, 중동의 석유 자원이 풍부한 국가들에서 강력한 중앙정부의 통제 아래 빠른 도시화를 겪은 나라들은 모던 도시설계를 따랐다. 이는 아마도 모던 도시설계가 하나의 확고한 모델로 사용되었기 때문일 것이다. 좀 더 산업화가 이루어진 개발도상국들은 전통적인 도시의 다운타운과 '경계 도시edge city'에서 새로운 혼합 용도의 도시 거점으로 모더니즘을 재차 주장하고 있다.

서울, 싱가포르, 자카르타, 방콕, 타이베이에는 1970년대까지도 마을과 중심 구역을 정의하는 공간 구조들을 쉽게 찾아볼 수 있었다. 하지만 현재 이들은 혼잡한 고속도로들이 십자형으로 가로지르며 모던 타워들의 도시가 되었다. 고층의 주거 건물로 이루어진 블록들이 만연하고 있다. 이러한 결과는 빠르게 증가하는 도시인구로 인해 고밀도의 토지 이용이 요구되었기 때문이고, 또 일부는 모더니즘 이론의 후원을 받아 고층 주거 건물이 도시의 대표적인 건물의 한 유형으로 이미 확고하게 자리 잡았기 때문이다. 밀도 높은 주거지의 첫 번째 세대는 엘리베이터가 없는 5층 아파트와 11층 고층 타워의 모던 건축양식을 따랐다. 규칙적인 열로 배치된 이 건물들은 보통 유사한 설계와 균일한 높이로 군을 구성하고 있었다. 또 다른 일반적인 건물 사례는 전통적인 상가주택 또는 연립주택이다. 이 건물들의 1층은 간판과 조명으로 개인 소매업들의 독자성을 표현하고 있지만, 콘크리트의 공유 벽과 양 끝에 달린 대형 모던 창문이 있는 CIAM 양식의 근로자 주택들로 변형되었다. 몇몇 도시 거주자들이 좀 더 부유해지면서, 그들은 더 높고 더 넓은 아파트, 그리고 좀 더 개성 있는 설계로 완성된 새로운 세대의 타워들로 옮기게 되었다.

1.38 카타르 도하의 스카이라인. 모더니즘의 영향으로 각 부지 내의 상징적이고 독특한 건물들은 서로 조화롭지 않은 결과를 초래한다.

모던 도시설계의 영향은 특히 아랍에미리트연방 도시들에서 볼 수 있다. 이 도시들은 원래 소규모의 인구와 상대적으로 소규모의 기존 건물들, 그리고 자국 내 낮은 에너지 가격으로 중앙정부의 도시계획기관들이 추구한 모더니즘 원리에 따라 빠른 성장이 가능했다. 대규모의 블록들은 사막 위에 배치되었고, 자동차를 위한 다수의 차선들을 수용하기 위해서 넓은 길이 조성되었다. 첫 세대의 건물은 그리드 내부에 주요 도로들을 따라 오피스와 호텔을 갖춘 상대적으로 소규모의 아파트와 주택구역들로 형성되었다. 카타르 도하의 스카이라인이 보여주는 것처럼 급속히 상승한 원유 가격의 덕택으로 개발되었으며, 고층 주거와 오피스로 이루어진 고밀도 구역이 들어섰고, 의미 있는 형태를 추구하는 고층 건물들이 도시에서 좀 더 높은 비율을 차지하게 되었다(그림 1.38). 돛대의 모습을 형상화한 두바이의 부르즈 알 아랍Burj Al Arab과 세계에서 가장 높은 건물로 계획된 부르즈 두바이Burj Dubai는 아랍에미리트연방에서 의미 있는 형태의 또 다른 사례들이다. 향후 150만 명의 인구에 대비해

1.39 오피스 오브 메트로폴리탄 건축 설계사무소(OMA)의 아랍에미리트연방 두바이 워터프런트 계획안.

1.40 장 누벨이 설계한 바르셀로나 아그바르 타워는 의미심장한 형태를 가지는데, 이는 바르셀로나의 '경계 도시'의 맥락에 어울리나 바르셀로나의 역사적인 스카이라인을 변형시키고 있다.

계획된 두바이의 워터프런트 개발은 모더니즘 공식들이 지속적으로 반영되고 있음을 모델 사진을 통해 볼 수 있다(그림 1.39). 이곳에서는 격자 모양의 넓은 도로가 서로 떨어져 있는 고층 건물들의 슈퍼블록들을 담고 있다. 하지만 워터프런트 개발은 보행자 중심의 가로들과 인접해 건물들이 배치된, 렘 쿨하스와 OMA가 설계한 섬 형태의 광장도 포함하고 있다. 이 구역에서는 의미 있는 형태의 개념을 카를 융Carl G. Jung의 초기 아이코노그래피iconography로 되돌리려는, 눈을 뜬 안구 모양의 구조물이 가장 두드러진다.

현재 세계적으로 가장 독특한 형태의 가장 높은 고층 건물을 지으려는 도시 간 경쟁이 일어나고 있다. 이러한 경향으로 심지어 가장 전통적인 도시들에서도 모더니즘의 건축과 도시 형태들이 생겨나게 되었다.

장 누벨Jean Nouvel에 의해 설계된 바르셀로나의 아그바르Agbar 타워는 대형 교차로에 인접하고 있으며 아마도 저층 도시low-rise city에서 가장 두드러진 건물일 것이다. 이 새로운 타워는 안토니오 가우디Antonio Gaudi가 설계한 사그라다 파밀리아Sagrada Familia 성당 건물보다도 더 크고 육중하다. 바르셀로나는 초기에 모더니즘 건축을 도입하는 것이 도시의 전통적 어바니즘의 규모를 유지하는 목적으로 조심스러워했다. 고층 건물에 인접한 환경은 어떤 위치에서도 근대적이었고, 현재는 이러한 환경이 도시의 모더니즘적 스카이라인을 부여하고 있다. 아그바르 타워가 보여주는 의미 있는 형태는 아마도 건물이 받는 풍력을 최소화하려는 엔지니어링 분석에 근거하고 있지만, 타워는 분명히 힘과 자신감에 대한 또 다른 상징적 메시지를 전달하고 있다(그림 1.40).

아그바르 타워와 설계 개념이 비슷하고 노먼 포스터Norman Foster가 설계한 런던의 스위스 재보험 회사Swiss Reinsurance Co 타워는 런던 시의 밀도 높게 발전된 전통적 어바니즘에 강력한 모더니즘의 물체를 소개한다(그림 1.41). 이는 파리의 라데팡스La Défense처럼 고층 건물을 격리된 구역에 배치시킨 런던의 동쪽 끝에 있는 카나리 와프Canary Wharf와는 차별화된다.

1.41 노먼 포스터의 런던 스위스 재보험 타워. 주변 맥락을 고려하지 않은 의미 있는 형태를 갖고 있다.

뉴욕이나 시카고의 초고층 건물들과는 정도의 차이가 있으나, 미국의 수도인 워싱턴 디시Washington, D. C.를 제외하고는 고층 오피스 건물의 스카이라인은 모든 미국 도시의 특징이 되었다. 하지만 미국 대부분의 교외 지역에서는 1980년대까지 고층 건물들을 거의 찾아볼 수 없었다. 조엘 가로Joel Garreau는 이전의 교외 지역이나 개발이 되지 않은 입지에 조성된 오피스와 상가 거점들을 설명하기 위해서 '경계 도시edge city'라는 용어를 만들었다.[36] 당시 조엘 가로는 자신의 관찰에 근거하여 미국에서만 130개 이상의 그러한 장소들을 찾아냈으며, 그가 가보지 않은 대도시 지역들의 유사 사례들은 배제되었다. 가로는 도시설계적 측면이 아닌 사회적 현상으로서 경계 도시를 논의했다. 하지만 경계 도시들은 CIAM의 헌장 속에서 CIAM의 참가자들에 의해 만들어진 모던 도시설계가 사회의 투자, 엔지니어링, 그리고 조닝과 관계된 실무를 통해 도시 중심부를 형성하는 표준이 되었음을 증명한다. 경계 도시는 대부분 주요 고속도로에 근접해 있고 종종 고속도로의 교차로에 입지한다. 따라서 고속도로는 르코르뷔지에가 예언했듯이 모던 도시설계를 정의하는 요소가 되었다. 도로설계는 르코르뷔지에와 CIAM 헌장에서 옹호되었듯이 교통 흐름에 가장 주안점을 두었다. 동네의 도로들은 폭이 넓고 서로 간 멀리 떨어져 있으며 교차로의 수를 최소화하기 위해 대규모의 슈퍼블록들을 형성하며 배치되었다. 토지 이용은 서로 분리되어서, 한곳에 오피스가 있으며, 다른 곳에 소매 상점가가, 그리고 또 다른 곳에 아파트들이 배치되었다. 오피스 건물들과 호텔들은 도로를 따라

---

36 조엘 가로Joel Garreau, 『경계 도시: 신개척지의 삶Edge City: Life on the New Frontier』(Doubleday, 1991).

위치하지 않고 주차장으로 둘러싸인 고층 건물로서 상호 분리되었다. 르코르뷔지에는 1920년대에 설계한 고층 건물의 아랫부분에 주차공간을 보여주었으나, 현재 우리가 필요한 정도의 넓은 주차장과는 비교될 수 없다. 제2차 세계대전 이후에 빅터 그루언Victor Gruen과 그의 동료들이 설계한 쇼핑몰은 CIAM의 공식으로 조성되지는 않았으나, 슈퍼블록 안에 주차구역으로 둘러싸여 서로 분리되어 있어 모던 도시설계의 원리들을 따르고 있다. 경계 도시가 무질서하게 성장함에 따라 조닝 규제만이 유일한 규제 수단으로 준수되었고, 개별 개발자들의 독립된 프로젝트들은 결과적으로 모던 도시설계에서 거주지와 다른 용도들을 분리하는 녹지 공간의 부족을 초래했다. 하지만 미국과 전 세계 유수의 대도시 지역들에서는 현재 모던 고층 타워들이 군을 이루며 도시 전체에 위치하고 있다.

덩샤오핑鄧小平이 권력을 잡을 때까지, 기존의 중국 도시들에서 보간법inter-polation은 중국의 러시아 자문단에 의해 도입된 CIAM의 원리들을 따랐다. 엘리베이터가 없는 길고 얇은 형태의 건물들과 종종 복합층의 엘리베이터를 갖춘 블록들은 모두 평행하게 배치되었다. 현재 더욱 신속하고 종합적인 개발을 규제하기 위한 토지이용계획은 도시마다 서로 비슷하다. 또한 마스터플랜은 국가 내에서 일관되게 정의된 조건들에 따라 작성되고 중앙정부의 인가를 통해 법의 효력을 갖는다. 이와 같은 도시계획 자료들을 통해 모던 도시설계는 지속적으로 제도화되었다. 이 자료들에는 토지 이용의 명확한 분리, 대규모 블록을 정의하는 넓은 도로 간 간격, 고속도로를 기반으로 한 교통 시스템, 그리고 대규모 지역공원으로 제공되는 오픈 스페이스가 포함되어 있다. 이러한 도시계획들은 모더니즘 원리를 따르면서 동시에 몇몇 뛰어난 역사적인 기념비들을 제외하고는 기존의 건축환경 보전에 우선권을 두고 있지 않다. 중국의 도시는 특히 일조권과 관련되는 건물 간의 간격과 배치 규정에 엄격하다. 또한 규제를 효과적으로 따르기 위해서는 규칙적으로 배치되고 분리되는 고층 건물이 요구된다. 이러한 규제에서 모더니즘적 경향들은 남향 아파트를 구매하고자 하는 널리 퍼진 욕구에 의해 강화되었다. 이는 전통적인 풍수지리 사상에 따라 모든 고층 건물들이 같은 방향을 향하게 했다. 이러한 남향 선호는 오피스 건물과 공공건물의 설계에는 크게 영향을 미치지 못했으며, 이 경우들에서 설계가들은 좀 더 자유롭게 의미 있는 형태를 찾을 수 있었다.

중국 정부는 2008년 베이징올림픽이 열릴 때까지 베이징을 전통적인 저층의 낮은 도시로부터 근대적 메트로폴리스로 재건설하는 작업을 대부분 완료했다. 이는 베이징의 모던 구역이 파리의 라데팡스처럼 분리되어 조성되어야 한다고 권유한 칭화대학의 우량융吳良鏞 교수와 주변 사람들의 의견을 중국 정부가 무시한 결과였다. 베이징은 현재 타워들의 군집들로 가득 차 있다. 1~2층 높이의 전통적인 후통胡同 지역은 철거되어 모던 주거지와 오피스 건물로 대체되어, 약 200만 명의 사람들이 이주하게 되었다. 중국의 톈탄天壇, Temple of Heaven은 중요한 역사적 건축물이다. 톈탄은 보존되었지만, 그 전통적인 도시 맥락은 철거되어 공원으로 대체되었으며, 신전과 의식이 행해지던 공간은 현재 모더니즘의 지역공원이 되었다. 현재 베이징은 넓은 대로들과 방사형의 고속도로들로 나뉘어 있고, 휴스턴보다도 더 많은 슈퍼 환상형 도로들에 의해 둘러싸여 있다. 신축된 주요 건물들에는 의미 있는 형태를 만들어내기 위해서 모던 시공법이 사용되었다. 프랑스 건축가인 폴 앙드뢰Paul Andreu가 설계하여 천안문 광장에 조성된 새로운 국가대극원國家大劇院, National Centre for the Performing Arts은 얇게 펴진 티타늄으로 뒤덮인 돔 아래에 4개의 대규모 공연 홀을 갖추고 있다. 앙드뢰는 모더니즘의 전형적인 모습을 가진 상징적 건축물을 분리시키기 위해 해자를 이용하기도 했다. 베이징에는 상징적이며 기념비적인 건축물들로 앞에서 언급된 CCTV 건물뿐 아니라 올림픽 경기를 위한 여러 스포츠 시설들이 있다. 올림픽 주경기장은 대표적인 건축물이다. 헤르조그Herzog와 드 뫼롱de Meuron의 스위스 설계사무소가 설계하고 오브 아럽이 구조 엔지니어로 참여한 올림픽 주경기장은 새의 둥지로 친숙하게 알려져 있으며, 특이하게 에워싸는 구조물로서 현재 컴퓨터로 가능해진 새로운 엔지니어링 테크놀로지가 적용되었다. 호주의 회사인 PTW가 설계하고 아럽이 구조 엔지니어로 참여한 올림픽 수상경기 센터는 물로 만들어진 것 같은 반투명 패널들로 채워진 입체뼈대space-frame로 둘러싸여 있다. 이 수상경기 센터 역시 엔지니어링과 테크놀로지의 새로운 활용을 통해 의미 있는 형태를 만들어낸 모더니즘 원칙의 한 예이다. 사실 올림픽이 열리는 장소는 천안문 광장의 축에서 네 번째 환상형 도로까지 이어지고 있다. 하지만 이러한 규모의 축은 브라질리아의 중심축과 같은 것으로 더 이상 전통적인 어바니즘을 만들어낼 수는 없다.

브라질리아와 찬디가르는 CIAM의 목표를 가장 근접하게 성취한 초기의 도시 사례였으며, 현재에는 베이징, 두바이, 그리고 그 외 다른 도시들이 여기에 포함되고 있다.

02

전통 도시설계와 모던 도시

Traditional city design and the modern city

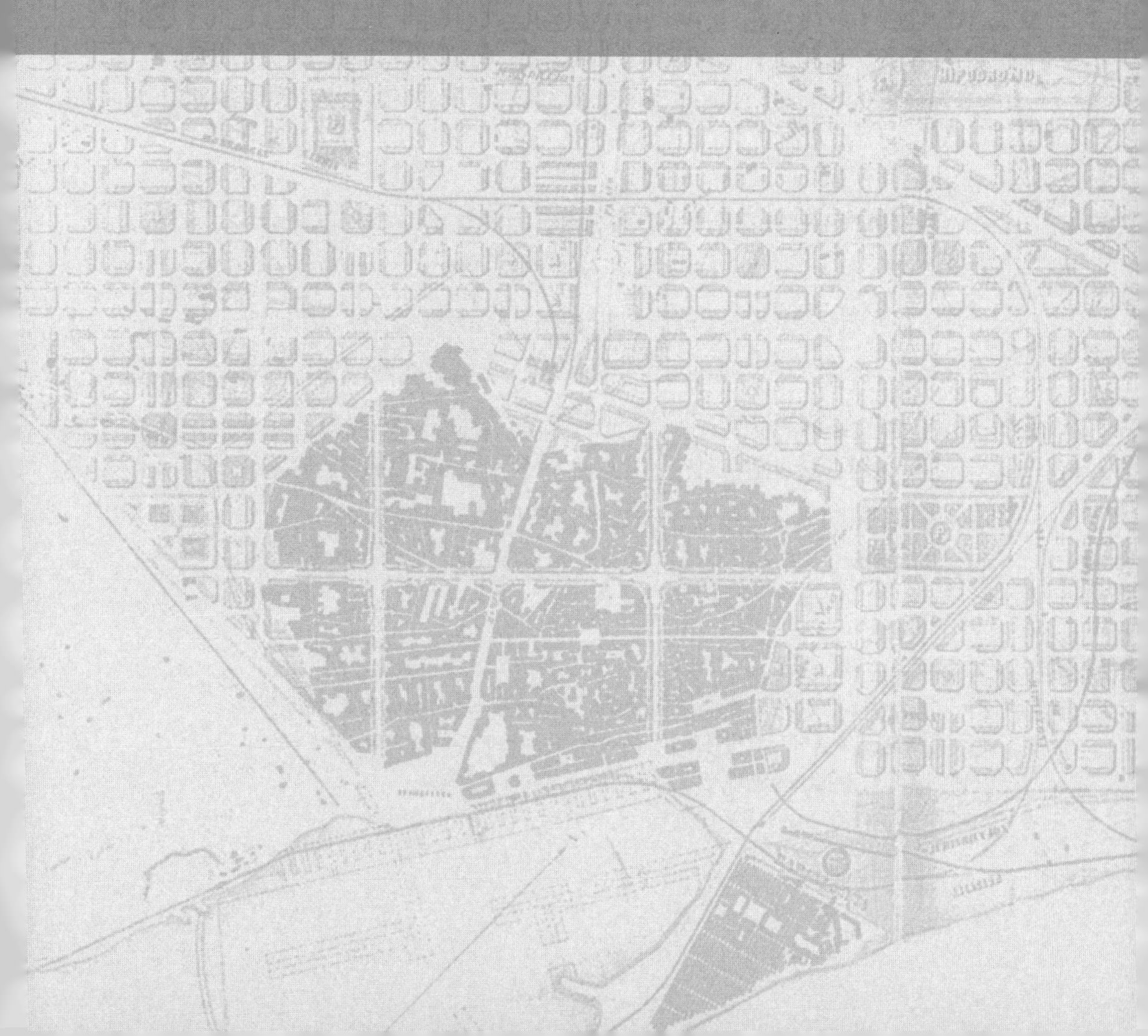

2009년 6월 카타르 정부의 투자기관은 런던의 첼시 배럭스Chelsea Barracks 부지에 호화 주택지를 개발하려던 계획을 철회했다. 언론은 이러한 투자기관의 움직임을 영국 왕위의 후계자이며 전통적 건축과 도시설계의 지지자인 찰스 왕세자Prince Charles의 승리라고 보도했다. 5만 2,000제곱미터의 부지를 위한 개발 제안은 로저스 스터크 하버 + 파트너스Rogers Stirk Harbour + Partners 설계사무소가 준비한 모더니즘 양식의 도시설계였다. 로저스 스터크 하버 + 파트너스는 건축가에게 수여되는 모든 상을 받아왔던 리처드 로저스Richard Rogers가 설립한 설계사무소이다.[1] 당시 이 개발 제안은 논란 속에서 2년 이상 동안 시민 공청회를 거쳤으며, 런던의 부촌 첼시 배럭스의 부동산 소유주들로부터 거센 반대를 받았음에도 불구하고, 몇 주 후에 최종 승인을 받을 것으로 보였다. 당시 신문의 헤드라인은 다음과 같다.

> **첼시 배럭스의 전투에서 찰스 왕세자가 리처드 로저스에 승리하다**
>
> 카타르 왕실은 찰스 왕세자로부터 편지를 받고 10억 파운드 가치를 가진 모더니즘 양식의 도시 재개발 계획을 중단했다.[2]

찰스 왕세자는 제안된 건물들이 인접한 첼시 병원Chelsea Hospital에 "매정하고 부적절한" 이웃이 될 것이라고 편지에 썼다. 첼시 병원은 늙고 장애가 있는 군인들을 위한 거주지로서 안뜰을 둘러싸고 있는 대칭적인 사각형 형태의 쿼드랭글quadrangle이었으며, 17세기 왕립 건축가였던 크리스토퍼 렌Christopher Wren의 설계물이었다. 찰스 왕세자가 선호하는 좀 더 '친근한' 이웃은 퀸런 테리Quinlan Terry가 병원을 위해 설계한 진료소이다. 이 진료소는 크리스토퍼 렌의 건물들에 인접해 있고 2008년에 완공되었다. 퀸런 테리의 건물은 확실히 크리스토퍼 렌의 건물과는 다르지만, 역시 대칭적 형태이고, 표면이 벽돌로 되어

1 리처드 로저스는 영국 왕립건축사협회의 금메달, 스털링상, 프리츠커상, 영국 정부로부터의 기사 작위, 귀족 작위 등의 명예를 얻었다. 이후 훗날 로저스에게는 리버사이드 남작 및 명예 훈작이라는 칭호가 붙었다.

2 ≪가디언Guardian≫, 2009년 6월 12일.

그림 2.1 런던 첼시 배럭스 부지에 대한 로저스 스터크 하버의 설계안은 엄격한 모더니즘 양식에 따라 일련의 평행한 건물 배치를 제안했고, 리처드 로저스 양식을 표현한 건물들이 조밀하게 배치되었다는 점을 제외하면 1920년대 독일의 공공주택과 유사했다.

있으며, 고전적인 건축 언어와 전통적인 창문 형태를 가지고 있다. 당시 퀸런 테리는 리처드 로저스의 설계안에 반대하며 첼시 배럭스 부지의 대안 설계를 자청하여 완성했다.

리처드 로저스의 설계안에서는 평행한 건물들이 연속하여 배치되어 있었는데, 건물들이 서로 더 인접하여 배치된 점을 제외하면, 엄격한 모더니즘 배치를 보여준 1920년대 독일 공동주택social housing과 유사했다(그림 2.1). 사실 고급 아파트 부지 개발에 잘 쓰이지 않는 이러한 건물동의 배치는 13에이커(52,600m^2)의 부지에 500개가 넘는 주거 세대를 배치하라는 요구를 받아들인 결과였다. 물론 부지설계를 위한 더 보편적인 모더니즘 양식의 해결책은 고층 타워였을 것이다. 하지만 인접한 첼시 병원 캠퍼스와의 거리와 정부의 높이 제한으로 타워형 건물은 배제되었다. 부지설계안은 인근 주민들의 민원과 요구가 수용되어 평행한 건물들의 끝과 인접한 건물들 사이에 있는 공원이 더 넓게 수정되었다. 또한 이 공원과 마주하는 건물의 전면부에도 설계적인 변화들이 추가되었다(그림 2.2). 하지만 본질적으로 획일적이며 반복되

그림 2.2 런던 첼시 배럭스 부지설계안은 인근의 토지 소유자들의 강한 반대에 부딪혔으며, 결국 평행한 건물들의 끝부분과 인접한 부지들 사이 공간에 넓은 공원이 제안되었고 건물의 파사드도 수정되었다.

는 모습을 담은 부지설계안의 특성은 그대로 남겨져 있었다. 한편 퀸런 테리가 제안한 부지설계안(그림 2.3)은 19세기의 옥스퍼드나 케임브리지 대학교의 쿼드랭글과 닮아 있었다. 물론 퀸런 테리의 부지설계안은 크리스토퍼 렌이 설계했던 어떤 설계안보다도 덜 엄격하게 보였다. 당시 퀸런 테리의 설계안은 단지 스케치였기 때문에 리처드 로저스의 부지설계안과 비교하여 정확한 규모의 주거 세대를 판단할 수도 없었다. 흥미롭게도 영국의 건축 잡지에서 실시한 인터넷 투표에서 퀸런 테리의 부지설계 스케치가 리처드 로저스의 것을 제치고 더 많은 인기를 얻었다. 물론 인근 부동산 소유주들이 투표의 결과를 불균형적으로 하는 데 기여했을 가능성이 있었다.

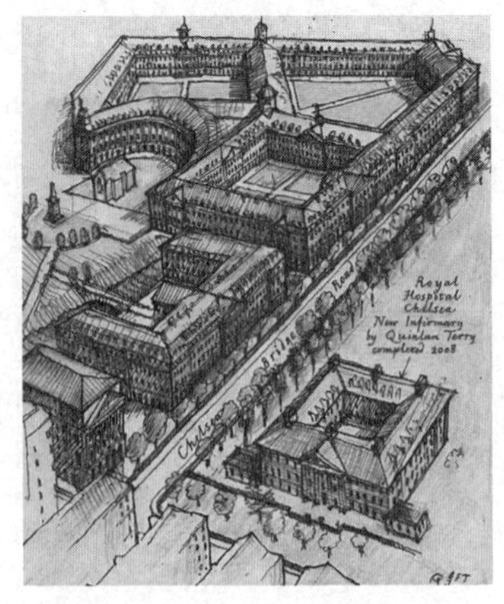

그림 2.3 전통 건축가 퀸런 테리가 자원하여 제안한 런던 첼시 배럭스 부지설계안 스케치.

한편 카타르의 정부 투자자들은 런던 주택시장의 불경기로 더 이상 개발 수익성이 없어진 개발계획을 수정하려는 의도로 찰스 왕세자의 편지를 이용했을 것이다. 이후 그들은 새로운 개발 콘셉트를 준비하는 데 리처드 로저스나 퀸런 테리보다 덜 알려진 모던 건축가들[3]을 고용해 주민위원회와 함께 일을 진행했다. 찰스 왕세자 재단은 새롭게 조성된 설계팀의 선정 과정에 참여했는데, 이는 왕세자가 최종 결정을 반대하기 더욱 어렵게 만들었다. 물론 전문 투자자인 카타르 디아르 개발사Qatari Diar Development Company는 왕세자가 개발 과정에서 공식적인 힘을 쓸 수 없으며, 또한 그가 독특한 건축적 열정을 가졌다는 평판도 이미 잘 알고 있었을 것이다.

찰스 왕세자는 첼시 배럭스의 논란 과정에서 한쪽을 지지하면서 또한 회색 다람쥐의 박멸을 요구했다.

찰스 왕세자는 토지 소유주들에게 붉은 다람쥐와 주변 삼림자원을 보호하기 위해 시골 지역의 회색 다람쥐 박멸을 요구했다. 찰스 왕세자는 지방토지사업협회

3 건축가 딕슨 존스Dixon Jones, 마이클 스콰이어Michael Squire, 그리고 조경설계가 킴 윌키Kim Wilkie.

Country Land and Business Association에 '회색 다람쥐의 박멸이 매우 중요하다'고 언급하기도 했다.[4]

결국 모던 도시설계는 크리스토퍼 렌이 사용했고, 퀸런 테리가 스케치했으며, 찰스 왕세자가 홍보했던 전통적인 도시 요소들로 바뀌었다. 하지만 첼시 배럭스 도시설계의 논쟁은 모던 도시의 문제점들을 해결해주는 수단으로서 전통 도시설계의 원칙에 대한 사회의 높은 관심을 보여준다. 모던 도시환경의 문제점은 특히 주변의 기존 환경을 압도하는 거대한 모던 건물과 사람들에게 편안한 보행환경을 제공하지 못하는 건물군이다. 크리스토퍼 렌은 전통 도시설계의 가능성과 문제점을 고려하는 데 좋은 시작점이다.

크리스토퍼 렌의 런던 도시계획안

크리스토퍼 렌Christopher Wren은 영국 왕립학회Royal Society의 설립자 중 한 명이다. 그는 고대 그리스의 지식을 통해 실험과 수학적 증명으로 가설을 검증하는 당시의 학문적 변화를 주도한 선도자였다. 한편 1666년 9월 2일 일요일 런던 시City of London(런던 시는 성으로 둘러싸인 런던 중앙의 일부 구역으로 런던과 구별된다 – 옮긴이)에 화재가 발생해 화요일 저녁 늦게야 불길이 잡혔다. 이로 인해 런던 시의 거의 대부분인 433에이커(1.75km^2)가 파괴되었다. 당시 크리스토퍼 렌은 34세로서 옥스퍼드대학교의 천문학과 교수였다.

크리스토퍼 렌은 건축가로서도 알려져 있었다. 당시 그는 영국 왕립건설국Royal Office of Works 책임자의 후보로 거론되었다. 또한 그는 런던 대화재가 나기 바로 6일 전에 런던의 세인트 폴 대성당St. Paul's Cathedral의 재건축을 위한 설계안을 제출했다. 크리스토퍼 렌은 당시 가장 최근의 도시설계 원칙들을 따라 런던을 다시 조성할 큰 기회라고 생각했다. 그는 여전히 뜨겁고 위험한 화재 잔해들과 잿더미의 구멍들로 가득한 화재 현장에서 런던의 재건계획을 위한

---

4 ≪타임스The Times≫, 2009년 6월 4일.

예비조사를 완료했다. 화재가 진압된 지 겨우 일주일이 지난 1666년 9월 11일, 크리스토퍼 렌은 왕 찰스 2세King Charles II와 의회에 그의 런던 재건계획안을 발표할 수 있었다.[5]

크리스토퍼 렌의 계획은 화재가 나기 전 런던 시에 조성되었던 튜더Tudor 양식과 중세의 건물들로 구성된 영국 도시 모습으로부터 르네상스 건축의 비례와 대칭을 추구하려는 철저하고 급진적인 변화의 시도였다. 크리스토퍼 렌은 화재로 피해를 입지 않은 건물들을 조심스럽게 새롭게 제안하는 도로로 연결시켰으나, 과거의 구불구불한 도로 대신 곧은 2개의 애비뉴를 제안했다. 2개의 애비뉴는 세인트 폴 대성당 앞의 삼각형 광장에서 시작해 런던성 내부를 가로지르며, 하나는 알드게이트Aldgate로, 다른 하나는 런던 타워로 이어진다. 그리고 세 번째 도로는 런던 시의 서쪽에 있는 뉴게이트Newgate에서 시작되어, 새롭게 제안되는 런던 증권거래소의 타원형 광장에서 알드게이트를 향하는 애비뉴와 만나게 된다. 이 광장의 주변에는 조폐국, 세무국, 골드스미스사Goldsmith's Company의 전당 등을 포함한 관련 금융기관들이 들어선다.

화재를 입은 런던 템스 강의 북쪽 부분은 새로운 도시체계를 따라 재구성되기 시작했다. 크리스토퍼 렌은 런던 브리지London Bridge의 입구에 반원 광장을 두고 애비뉴가 뻗어 나오도록 했다. 이들 중 2개는 세인트 폴 대성당에서 런던 타워를 연결하는 애비뉴를 따라 작은 원형 플라자로 연결되며, 그 외의 직선 도로들이 이들로부터 뻗어 나온다. 사방으로 뻗어 나오는 도로를 가진 세 번째 원형 플라자는 런던 성곽 서쪽 부분의 화재 구역에 계획되었다. 2개의 방사형 가로들 사이에 있는 세인트 폴 대성당은 사각형 블록들로 계획되어 전체 계획에 적합하도록 조정되었다(그림 2.4).

---

5 존 서머슨John Summerson의 『크리스토퍼 렌 경Sir Christopher Wren』(Archon Books, 1965)은 예술사에 대한 심오한 지식을 알려주는 유익한 책이다. 조금 더 최근에는 광범위한 기록이 보완·설명되어 에이드리언 티니스우드Adrian Tinniswood의 『그의 풍성한 발명, 크리스토퍼 렌의 삶His Invention So Fertile, A Life of Christopher Wren』(Oxford, 2001)이 출판되었다. 레오 홀리스Leo Hollis의 『부상하는 런던, 모던 런던을 만든 사람들London Rising, The Men Who Made Modern London』(Walker, 2008)은 렌의 삶에 주된 초점을 맞추어 대화재 이후 런던의 재건에 대한 설명을 담고 있다.

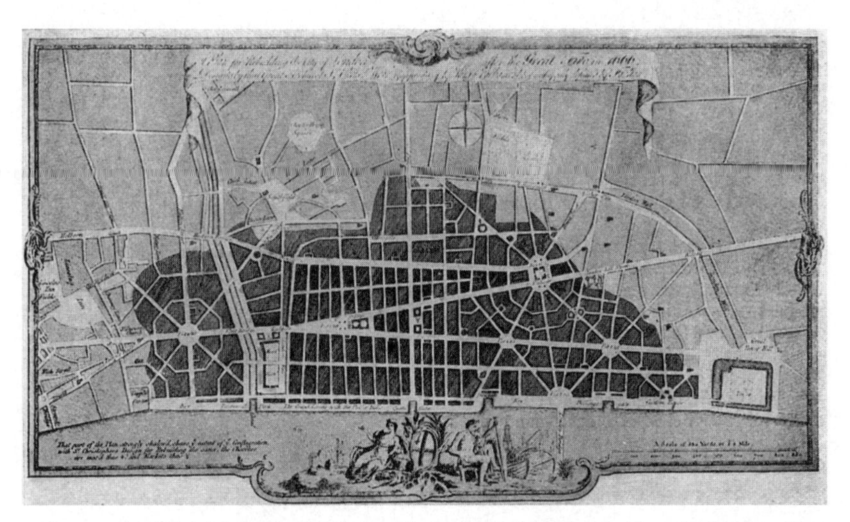

그림 2.4 1666년 런던 대화재 이후 도시 재건을 위한 크리스토퍼 렌의 계획안은 당시 도시설계 원칙에 따른 것이다. 지도에서 어둡게 표시된 부분은 화재로 소멸된 도시구역들을 가리킨다.

찰스 2세는 크리스토퍼 렌의 재건계획안과 존 에벌린John Evelyn과 로버트 훅Robert Hooke이 약간 늦게 준비한 2개의 계획안들로부터 큰 감명을 받았다. 이에 그는 전체적인 도시 재건계획이 완성되고 승인되기 전까지는 도시 내 어떤 재건축의 경우도 불허를 명했다.

찰스 2세는 여섯 명으로 구성된 재건위원회를 구성하여 런던 재건의 기준들을 마련했다. 그는 크리스토퍼 렌을 포함하여 세 명의 위원들을 임명했으며, 런던 상인들도 독립적으로 다른 위원들을 임명했다. 크리스토퍼 렌의 왕립학회 동료인 로버트 훅도 도시 상인들에 의해서 위원으로 추천되었다. 재건위원회는 새로운 도로 체계를 조성하기 위해, 먼저 런던 화재지의 모든 부동산 소유주들에게 부동산 보상에 필요한 전제조건으로 필지들의 정확한 측량치를 제출하도록 설득했다. 그러나 토지 소유주들의 10%만이 이를 시행했으며, 결국 남은 토지측량조사를 위해 왕이 측량 비용을 지불하지는 않을 것이라는 것이 분명해졌다. 당시 찰스 2세는, 그의 아버지 찰스 1세가 처형당하고 영연방 시대Commonwealth period가 시작된 지 6년이 지난 시점이었기 때문에, 권위를 사용하는 데 조심스러웠다. 한편 런던의 상인들은 도시 재건계획이 요구하는 부동산들의 복잡한 재조정에 강하게 반대했다. 만약 모든 사람이 과거의 토대 위에 간단히 재건할 수 있었다면 도시 재건은 더 빨랐을 것이다. 게다가 당시 영국은 네덜란드와 전쟁 중이었고, 이에 재정이 바닥났다. 영국은 이 전쟁으로 1666년 뉴암스테르담을 점령했고, 이후 이를 뉴욕으로 개명했다. 크리스토퍼 렌의 계획안은 교구 성당의 수를 줄이고 새 성당을 다른 부지에 건설하는 것을 제안했다. 이러한 제안은 당시 도시환경을 교구로 이해하는 사람들에게 상당한 혼란을 야기하는 접근방식이었다. 결국 재건위원회는 런던 재건을 기존의 가로 체계 위에 계획해야 했다. 한편 가로 폭은 넓혀졌으며, 방화 건물을 위한 새로운 규제와 네 등급으로 구분된 주택을 위한 통일된 건축 기준이 채택되었다. 로버트 훅은 이러한 보수적이나 여전히 힘겨운 도시 재건 과정을 통해 직접적인 지휘력을 얻게 되었다.

크리스토퍼 렌의 도시설계 아이디어의 시작점

과학자인 크리스토퍼 렌은 건축을 책으로 독학한 후 건축가로도 활동한 독특한 인물이다. 당시 건축 아이디어는 점차 중세 시대의 전파방식을 넘어서, 인쇄된 책과 판화 도면, 그리고 지도를 통해 전해지기 시작했다. 중세 시대에 건축 아이디어는 시공의 장인인 마스터master로부터 견습자apprentice로 직접 전달되었으며, 건축가와 장인의 이동에 따라 하나의 시공 현장에서 다음 시공 현장으로 전파되었다. 인쇄의 발명으로 건축설계자들은 완전히 새로운 건축적 표현방식을 사용하게 되었으며, 이를 통해 당시 건축은 큰 변화를 겪게 되었다. 17세기 영국의 건축은 건축가인 이니고 존스Inigo Jones와 크리스토퍼 렌의 영향하에서 후기 중세 시대의 전통, 그리고 수세기에 걸쳐 이탈리아와 프랑스에서 부활되어 발전된 그리스·로마 건축양식으로 진화되었다. 특히 이니고 존스와 크리스토퍼 렌은 초기 르네상스 양식의 소박함으로부터 당시 바로크 건축양식의 복잡함까지 그들이 선호했던 건축요소들을 선택적으로 발전시켰다.

크리스토퍼 렌은 도시를 애비뉴 중심의 가로 경관들이 서로 연결되어 완성되는 공간으로 생각했다. 당시 그의 생각은 15세기 초 이탈리아 예술가들이 재발견한 투시도perspective와 관련되어 있다. 이상적인 도시의 모습은 풍경화

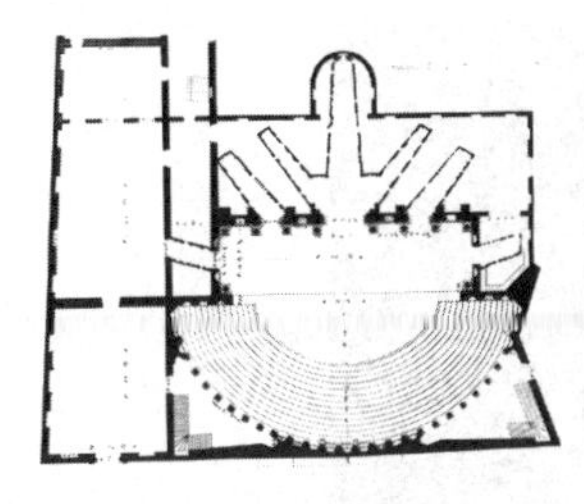

그림 2.5 a & b 빈첸초 스카모치가 설계한, 비첸차에 있는 올림피코 극장의 영구적인 무대 세트의 평면과 사진. 출입구를 통해 통일된 코니스 선을 가진 일련의 건물들이 가로들을 따라 일렬로 배치되어 과장된 투시 공간을 조성한다.

의 배경이 되었는데, 처음에는 무대 배경, 다음에는 정원설계, 그리고 도시의 광장과 가로로 사용되었다. 도시 공간에 대한 정의는 이런 진화 단계를 거치면서, 결국 건물들로 둘러싸인 하나의 광장에서 애비뉴로 연결된 연속성을 가지는 공간으로 진화되었다. 이러한 새로운 회화 원칙에 근거해 진행된 첫 번째의 포괄적인 도시 개조는 1585년부터 1590년까지 로마에서 교황 식스투스 5세Pope Sixtus V와 그의 건축가인 도메니코 폰타나Domenico Fontana에 의해 진행되었다. 물론 로마의 도시설계를 변화시킨 것은 교황 식스투스 5세가 처음은 아니었다. 식스투스 5세는 과거에 진행되었던 개별적인 도시설계 작업들을 하나의 도시계획에 조화롭게 조합하려 했다. 예를 들어 대표적인 기존의 도시설계물은 로마 구도시와 카스텔 산탄젤로Castel Sant'Angelo 성채를 연결하는 다리 끝에 조성된 광장이었다. 교황 바오로 3세Pope Paul III의 통치기(1534~1549)에 이 광장에서 뻗어 나오는 도로는 방사형의 정형화된 패턴이었다. 이 광장의 설계는 르네상스 양식의 특성을 보여주는 무대 풍경과 연관성을 가지고 있다. 특히 팔라디오Andrea Palladio의 학생이던 빈첸초 스카모치Vincenzo Scamozzi가 설계한, 비첸차Vicenza에 있는 팔라디오의 올림피코 극장Teatro Olimpico이 가장 잘 알려진 사례이다. 이 극장은 투시효과를 과장하기 위해 코니스 선을 통일시킨 건물들이 늘어서 있는 7개의 가로들의 윤곽을 중앙의 아치와 4개의 옆문들을 통해서 보여준다. 이 올림피코 극장은 1585년에 완공되었으며, 교황 식스투스 5세가 주도한 로마의 개조는 같은 해에 시작되었다(그림 2.5).

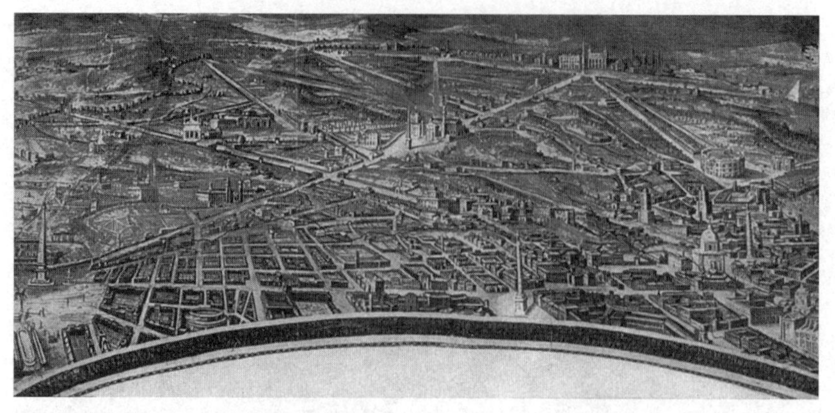

그림 2.6 교황 식스투스 5세의 로마 계획안은 길고 곧은 일련의 가로들과 이들의 방향을 바꿔주는 광장들을 보여주는데, 광장들의 중앙에는 오벨리스크가 위치한다.

교황 식스투스 5세의 로마 계획안에서 가장 중요한 요소는 길고 곧은 가로들의 연속된 연결과 오벨리스크를 가진 광장들을 이용한 가로 방향의 변화였다. 가로들은 수세기 동안 사람이 살지 않았던 로마의 구역들을 관통하며 주요한 성지순례 행선지를 연결했다(그림 2.6). 또한 교황 식스투스 5세와 도메니코 폰타나는 새로운 가로들과 연결된 거주구역들에 새로운 수로를 계획하고 건설했다. 교황 식스투스 5세가 로마의 입구에 조성한 포폴로 광장Piazza del Popolo은 광장이 무대로서 인지되고, 광장에서 뻗어 나온 가로들을 따라 경관을 즐길 수 있도록 조성된 사례이다. 포폴로 광장은 올림피코 극장에서와 유

그림 2.7 a & b 로마의 입구인 포폴로 광장은 광장에서 퍼져 나가는 가로 경관들을 이용해 올림피코 극장과 유사한 가로 경관 경험을 줄 수 있도록 계획되었으나, 19세기까지 완전히 실현되지는 못했다. 이후 포폴로 광장은 최근의 사진에서 보이는 것처럼 조성되었다.

사한 도시의 가로 경관을 연상하게 하는데, 19세기에 비로소 실제로 조성되며 이러한 광장의 설계 의도가 현실로 이루어졌다(그림 2.7).

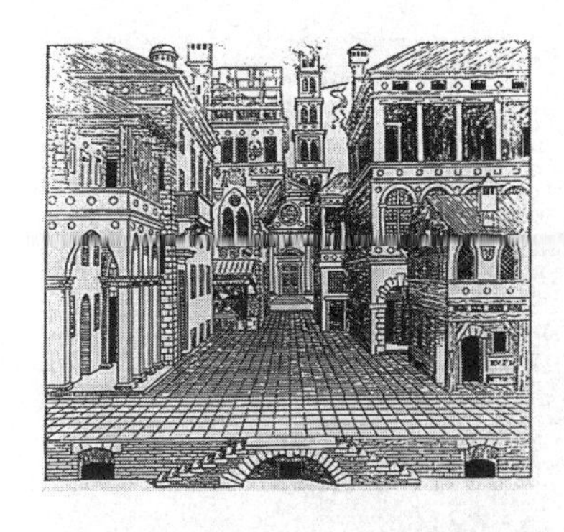

그림 2.8, 2.9, 2.10 세바스티아노 세를리오가 완성한 무대그림으로, 희극 세트를 위한 중세 건물들과 르네상스 건물들을 섞어 배치한 가로 경관, 비극에 적절한 무대 배경으로서 르네상스 건물들로 조성된 가로 경관, 그리고 풍자적 요소를 가진 조경 경관이다.

또한 교황 식스투스 5세의 길고 곧은 로마 가로들은 올림피코 극장을 연상시키는 통일된 가로 경관을 암시했다. 물론 이러한 로마의 가로들은 도시 주거인구가 부족했고 당시 버려진 구역들에 조성되었기에, 수년간 가로들을 따라 건물들이 건설되지 않았다.

이러한 통일된 가로 건축은 초기 르네상스 양식의 핵심 요소가 아니었다. 세바스티아노 세를리오Sebastiano Serlio는 자신의 건축 교과서인 『건축L'Architettura』[6]에서 자주 소개되는 일련의 무대장치들을, 즉 비극의 배경으로는 르네상스 건축물들로 조성된 이상적인 가로 환경, 희극의 무대 세트로는 중세 구조물과 르네상스 구조물의 사실적인 혼합, 그리고 풍자적인 장면으로는 자연경관을 이용하여 완성했다. 심지어 비극적인 가로 장면일지라도 건물들은 결코 획일적이지 않았다. 이는 르네상스의 '전성기'에 그려진 대부분의 이상적 도시에서 보이는 개별 건물들의 특성들을 말해준다(그림 2.8 ~ 2.10).

세바스티아노 세를리오의 논문이 처음 발행되었던 1536년에 시작된 미켈란젤로Michelangelo의 로마 캐피톨Capitol 언덕 광장의 설계는 외부의 도시 공간에 건축적인 통일성을 부여한 중요한 시작점이었다. 극도로 과장된 투시효과를 의도적으로 만들기 위해 양쪽의 두 건물들을 대칭적으로 배치했고, 콜로네이드colonnade와 거대한 기둥들에 건축적 오더order를 표현했으며, 광장 중심부의 조각상 주변에 투시도 효과를 높이

---

6 1537년에 최초로 출판되었다.

그림 2.11 미켈란젤로가 1536년에 시작한 로마 캐피톨의 설계안으로, 과장된 투시효과를 위해 건물들이 배치되었다.

는 바닥 패턴을 장식했다. 이 모든 것이 통일되어 커다란 변화를 만들어냈다(그림 2.11). 조르조 바사리Giorgio Vasari가 말년에 설계한 피렌체의 우피치 궁Uffizi Palace의 코트야드는 과장된 투시효과를 만들기 위해 비스듬히 놓인 건물들의 파사드에 통일된 코니스와 몰딩을 갖고 있다. 이러한 기법과 특성은 이후 올림피코 극장의 세트 설계에 직접적인 영향을 주었을 것이다.

루이스 멈퍼드Lewis Mumford는 길고 곧은 가로와 건물들의 통일된 파사드에 대한 개념을 당시 도시에 나타난 마차에 대한 반응으로 이해한다. 보행자나 마부는 움직이는 마차의 창문을 통해 도시를 인지하는 승객보다 좀 더 복잡한 가로 패턴을 좀 더 여유 있게 이해하며 도시의 특성을 인지할 수 있다.[7]

---

7 루이스 멈퍼드Lewis Mumford, 『역사 속의 도시: 도시의 기원, 변화, 그리고 예상The City in History: Its Origins, Its Transformations, and Its Prospects』(Harcourt, 1961), 370쪽. "부자들은 마차를 타고, 가난한 사람들은 걷는다. …… 거만함은 노예근성에 빌붙어 살찐다."

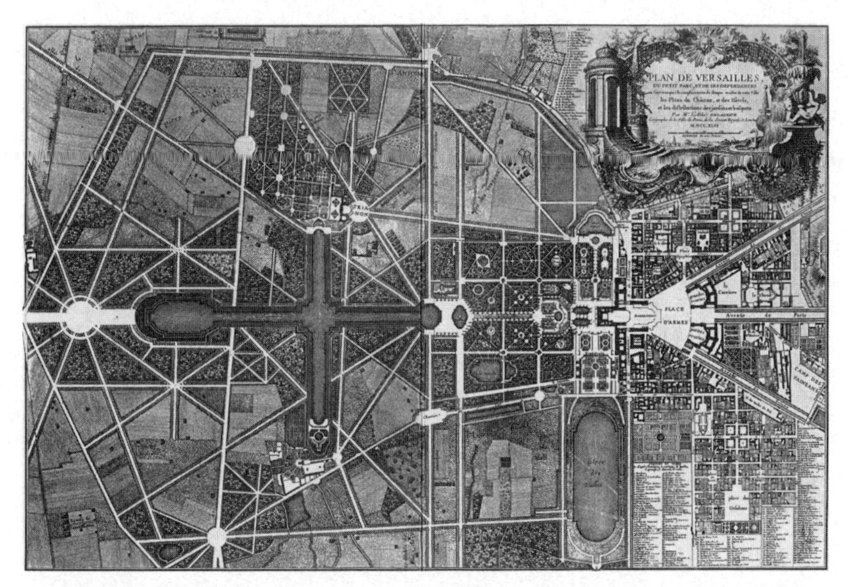

그림 2.12 앙드레 르 노트르의 1660년대 베르사유 왕궁 계획안. 이 도면은 아베 델라그리브(Abbé Delagrive)의 1746년 작품이다.

건물을 이용해 공간을 정의하고 여기에 통일성을 부여하는 것은 어렵지만, 조경에서는 이러한 작업이 더욱 쉽게 구현될 수 있다. 대저택의 건축적 시스템을 더 확장시킬 수 있는 길게 뻗은 경관은 수목지와 나무 벽으로 정의될 수 있으며, 풀, 분수, 폭포로 생동감이 부여될 수 있다. 론드-포인트rond-point로 불리는 론델rondel은 원래 왕궁의 사냥 행사를 위해 숲에 있는 나무들을 의도적으로 제거한 장소였다. 베르사유 궁전 정원의 긴 축 끝에 위치한 숲을 위해 앙드레 르 노트르Andre Le Notre가 설계한 원형 입구로부터 애비뉴가 뻗어 나오며, 결국 이 원형의 론델이 긴 경관 축들의 교차점을 해결하는 장식적 요소로 사용되었다. 베르사유 궁전의 정원 쪽에는 수목지로 둘러싸인 길고 곧은 정원 가로뿐만 아니라, 도시와 마주하는 궁전 쪽에 부채꼴 모양의 3개의 애비뉴가 만나 정원을 형성한다. 이는 포폴로 광장에서 시작되는 가로들과 유사한 형태를 갖고 있다(그림 2.12).

베르사유 궁전의 정원은 중앙집권화된 권력을 보여주는 통제된 환경을 상징한다. 따라서 이러한 정원의 설계를 일종의 도시계획의 예로 볼 수도 있다. 베르사유 궁전과 기타 프랑스 정원의 원형 교차로rond-point와 방사형의 가로가 로마의 광장과 비스타(경관의 조망)에 추가되었으며, 이는 결국 크리스토퍼 렌의 런던 도시설계 언어가 되었다.

로마의 방사형 가로를 가진 광장은 크리스토퍼 렌의 런던 재건계획에서 런던으로 진입하는 가장 중요한 두 곳에서 나타난다. 이 두 곳은 런던 브리지의 하부, 그리고 새롭게 입지를 갖게 된 세인트 폴 성당의 전면에 있는 루드게이트 힐Ludgate Hill의 상부로서, 역시 도시 내부로의 진입부 기능을 가지며, 따라서 로마 포폴로 광장의 진입부와 동일한 성격을 가진다. 세인트 폴 성당이 2개의 중심 애비뉴가 시작되는 곳에 입지한 방식은 크리스토퍼 렌이 교황 식스투스 5세의 로마 계획뿐 아니라, 1662년에 시공을 시작한 카를로 라이날디Carlo Rainaldi의 쌍둥이 성당들이 포폴로 광장에 입지하며 조성하는 가로 체계 방식에도 익숙했음을 알려준다.

크리스토퍼 렌이 로마를 여행했다는 증거는 없으나, 그는 1665년에 프랑스로 긴 여행을 갔다. 이 시점은 크리스토퍼 렌이 런던 계획을 수립한 이후이며, 그가 프랑스를 방문한 2년 후쯤에 베르사유 궁전 정원의 개발이 시작되었다. 그러나 당시 크리스토퍼 렌은 아마도 한창 준비 중인 앙드레 르 노트르의 계획안을 이미 보았을 것이다. 또한 크리스토퍼 렌은 이와 유사한 모티브가 사용된 앙드레 르 노트르의 튈르리 가든Tuileries gardens의 재조성안과 보 르 비콩트Vaux-le-Vicomte 성의 정원설계안도 인지했을 것이다.

저명한 왕정주의 가문의 옹호자였던 크리스토퍼 렌은 당시 전제군주가 이용한 설계 아이디어에 끌렸다. 하지만 교황령의 절대군주인 식스투스 5세는 그의 로마 계획의 대부분을 사람이 살지 않는 구역으로 제한했다. 루이 14세Louis XIV는 교외에 입지한 베르사유 궁전 정원의 경관을 통해 프랑스에서 그의 상징적인 대주교의 권력을 확고히 했으나 파리 자체는 비교적 개조하지 못하고 그대로 남겨두었다. 만약 크리스토퍼 렌의 런던 계획이 채택되었다면, 루이 14세와 식스투스 5세의 작업들보다 도시에 더욱 강력한 효과를 주었을 것이다. 하지만 런던의 상인들은 그들의 비즈니스 활동과 상인 협회들에 전념했다. 당시 그들은 런던에 장엄함을 부여할 수 있는 도시설계안의 실현이 재건축 과정을 연장시키며, 경기회복을 위험하게 할 수도 있다고 판단했기에 호의적일 이유가 없었다. 크리스토퍼 렌은 고전적인 고대 도시설계의 도구이지만 당시 영국에서는 혁신적이었던 사각형의 블록을 많이 제안했다. 이러한 사각형 블록들은 지속적이며 점진적인 개발을 유도할 수 있는 장점을 갖고 있었다. 그러나 크리스토퍼 렌은 당시 런던 상인 사회에 이미 확립된 또 다른 르네상스 도시계획의 장치로서, 통일된 파사드를 가진 연립주택으로 둘러싸인 도시 광장을 그다지 중요하게 여기지 않았다.

도시의 광장

로버트 훅Robert Hooke은 도시 광장과 격자형의 가로 체계를 바탕으로 크리스토퍼 렌의 런던 계획안에 대한 대안을 만들려고 했다. 그의 도시계획안 역시 필지를 새롭게 배치해야 하는 동일한 문제로 성공하지 못했다. 하지만 그가 제안한 도시 광장은 주택들이 모여 하나의 커다란 왕궁을 조성했으며, 이는 당시 부르주아 사회를 표현한 주거환경으로서 받아들여졌다.

왕 찰스 1세의 통치 시기였던 1631년, 왕립건설국의 책임자였던 이니고 존스는 베드포드 백작Earl of Bedford[8]이 소유하고 있는 코벤트 가든Covent Garden의 토지개발에 광장을 이용한 계획안을 제안했다. 존 서머슨John Summerson의 연구에 의하면, 베드포드 백작은 당시 엄격했던 주택 신축 규제를 해결하고자 2,000파운드를 왕에게 지불하고 이니고 존스를 총괄 계획가로 고용하면서 토지구획의 허가를 받았다.[9] 이니고 존스는 과거 이탈리아로 여행했으며, 특히 리보르노Livorno에서 이탈리아 양식의 도시 광장을 보았다(그림 2.13). 또 그는 빈첸초 스카모치의 논문 「보편적 건축의 아이디어L'Idea della Architettura Universale」가 설명하는 이상적인 도시설계를 위한 가로와 광장의 형태를 잘 알고 있었다. 실제로 이니고 존스는 1614년 이탈리아 답사 중에 스카모치를 만났다. 이니고 존스는 파리의 샤를빌Charleville에 위치하는 뒤칼 광장Place Ducale, 그리고

8 베드포드 백작이 당시의 올바른 호칭이다. 코벤트 가든 부지를 소유했던 가문의 가장은 1694년 이전까지는 베드포드 공작이 아니었다.

9 존 서머슨John Summerson, 『이니고 존스Inigo Jones』(Penguin Books, 1966); 『조지아 양식의 런던Georgian London』, 개정판(Pelican Books, 1962; 초판은 1945년 출간).

1612년에 완공된 루아얄 광장Place Royale, 현재는 보주 광장Place des Vosges과 같은 프랑스 양식의 도시 광장들을 잘 알고 있었다(그림 2.14). 그에게 이러한 프랑스 광장들은 바로 그가 당시 찾으려고 한 것들과 매우 유사했다. 또한 그는 당시에도 대부분의 영국 궁전과 대학은 실제로 이와 유사하게 중앙에 코트야드를 두고 건물들이 모여 있다는 것도 알았다. 이니고 존스의 도시 설계는 광장의 북쪽과 동쪽에 주택을 일렬로 배치하고 1층을 따라 아케이드를 배치하는 것이었다. 1층의 아치를 지탱하는 기둥들은 나란하게 벽기둥으로 일정하게 배치되어 상부 두 층에 정형화되고 반복되는 리듬감을 부여했다. 지붕은 연속되었고 다락 창들 간의 간격은 일정했다. 이러한 특성은 개별적인 지붕들이 분리된 주택을 표현하고 있는 루아얄 광장 및 샤를빌과는 차별화된다. 광장의 서쪽부에는 이니고 존스가 설계한 교회가 중심에 위치했으며, 그 주변에 일련의 주택들이 배치되었다. 광장의 남쪽부에는 베드포드 백작의 정원이 입지했다. 그리고 당시 교회 신축은 런던 교구의 결정사항이었다(그림 2.15).

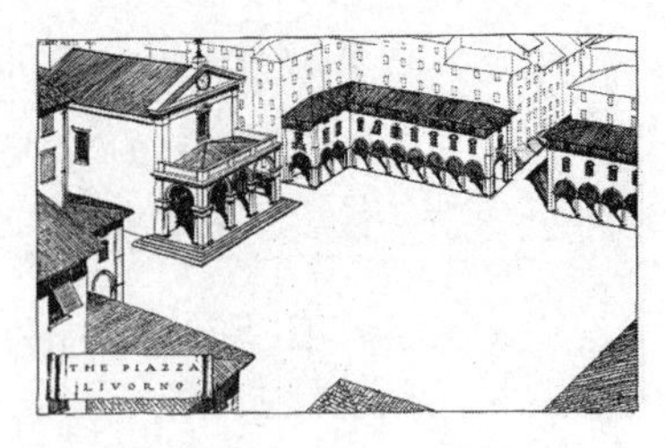

그림 2.13 엘버트 피츠(Elbert Peets)가 스케치한 리보르노의 도시 광장 그림으로, 당시 런던 코벤트 가든의 설계가인 이니고 존스에게 알려진 장소이다.

이니고 존스가 부분적으로 감독 역할을 담당했던 런던의 링컨스 인 필즈Lincoln's Inn Fields보다 좀 더 자유로운 건물 배치를 보여주는 코벤트 가든은 애비뉴보다 도시를 점진적으로 완성시키는 좀 더 적당한 모델이었다. 이에 도시 광장은 대화재 후 가속화된 런던 서쪽의 확장에 많이 사용되었다. 하지만 광장과 광장 간의 관계는 형식이 없었으며, 심지어 즉흥적으로 구획되는 당시의 대형 부지들의 소유 경계선에 따라 결정되었다.

도시 광장은 이후 18세기 중반까지 도시에 체계적인 질서를 부여하는 도구라기보다는 밀도 있는 가로 패턴에 여유를 부여하는, 도시체계에서 의도되지 않은 결과물로 여겨졌다. 도시 광장은 주로 코벤트 가든처럼 건축적 개념으로 완전히 개발되지 못했으며, 링컨스 인 필즈에서와 같이 대형 부지의 설계도구로 이용되었다.

이후 도시 광장은 계속해서 상업도시의 주요한 도시설계 요소가 되었다. 도시 광장은 토머스 홈Thomas Holme이 윌리엄 펜William Penn을 위해 설계한 1682년

그림 2.14 파리의 보주 광장 또한 코벤트 가든의 이상적인 모델이었을 것이다.

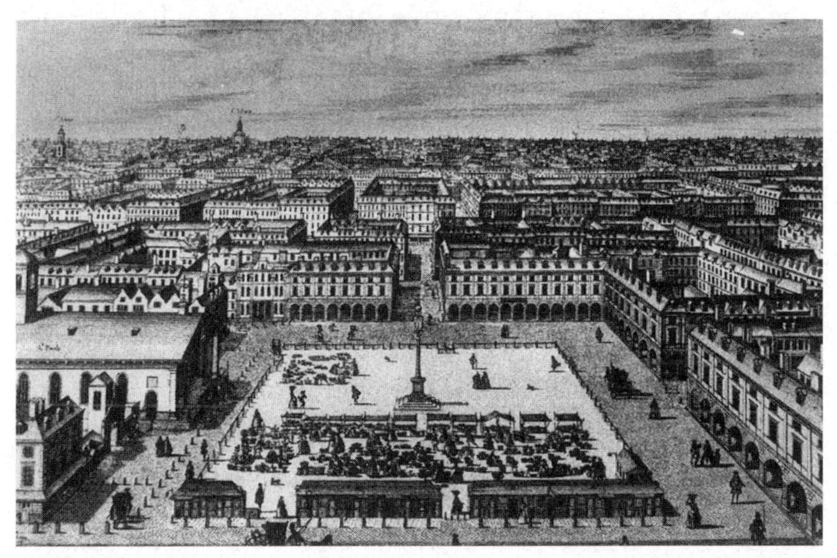

그림 2.15 이니고 존스가 설계한 런던 코벤트 가든의 광장은 영국에서 첫 번째로 조성된 공공장소이다. 이 그림은 광장에 이미 시장이 조성되었음을 보여주며, 결국 광장 주변지가 모두 상업용도로 개발되었다.

필라델피아 도시계획안에 사용되었다. 하나의 공공 광장이 2개의 주요 가로들의 교차점에 조성되어 상징성을 높였으며, 도시의 4개 구역에는 각각 정원 형태의 광장들이 배치되었다. 이후 광장은 제임스 오글소프James Oglethorpe의

1733년 사바나Savannah 계획안에서 더욱 체계적으로 사용되었다. 하지만 당시에도 광장은 여전히 도시 내 가로의 격자 체계에 여유로운 환경을 부여하는 기능으로 사용되었다.

한편 존 우드John Wood와 그의 아들인 존 우드(두 사람의 이름이 같다)가 1727년에 설계한, 영국 배스Bath에 새롭게 개발된 연립주택-타운스퀘어row house-town square는 그 자체로서 3차원 공간으로 조화롭게 조성된 실제 도시설계의 사례로 확인된다.

도시설계 도구로서의 도시 광장

영국의 배스는 휴양도시이다. 따라서 보통의 경우 배스의 주택들은 1년 내내 사용되지 않는다. 사람들은 짧게 방문하는 동안에는 거주하는 데 큰 주택이 필요하다고 느끼지 않기 때문에 건물을 통해 사회적 계층이 명확히 드러나지 않는다. 한편 사람들은 대부분 같은 수의 여가공간과 방을 필요로 한다. 이런 특징으로 유사한 규모의 주택과 건축구성을 위한 도시 블록이 조성되었다.

건축과 도시계획의 역사에서 우드Wood 가문의 아버지와 아들에 관해서는 그 중요성에도 불구하고 알려진 것이 거의 없다. 존 서머슨은 처음으로 이들에 관한 증거들을 종합하여 하나의 문서로 작성하는 탐정 작업을 진행했다.[10] 특히 아버지인 존 우드는 조경설계가와 건축가로 일했던 것으로 보인다. 그는 런던 웨스트엔드West End의 개발사업에서 설계가이자 시공자로서 수년간 참여했다. 코벤트 가든 이후로 광장이나 가로를 중심으로 그려진 마스터플랜이 런던의 개발 형태를 주도했다. 그리고 이에 따라 시공자-개발자builder-developer가 광장 일부분의 주택시공을 맡았다. 개발자가 토지 소유자인 경우도 있었으나 토지 소유자는 직접 본인의 토지를 개발하지 않았다. 당시에도 투자와 위험부담은 몇몇 기업가들 사이에서 분담되어야 했으며, 현재에도 이런 필지구획

---

10 존 서머슨John Summerson, 「존 우드와 영국 도시계획의 전통John Wood and the English Town Planning Tradition」, 『헤븐리 맨션Heavenly Mansions』(Cressett Press, 1949).

개발방식subdivision development은 여전히 존재하고 있다.

존 서머슨은 1720년대 중반부터 에드워드 셰퍼드Edward Shepherd가 설계한 런던의 그로브너 광장Grosvenor Square의 전면부에 주목했다. 존 서머슨은 그로브너 광장이, 비슷한 개별 주택들이 반복되어 있는 이니고 존스의 코벤트 가든이나 서로 다른 주택들이 무작위의 형태 조합을 보여주는 런던의 일반적인 주택 유형과 다르다고 판단했다. 그로브너 광장은 개별 주택들을 일렬로 배치하여 중앙부의 콜로네이드와 페디먼트를 가진 커다란 단일 건물의 궁처럼 보이도록 설계되었다. 이런 방식은 당시 에드워드 셰퍼드가 그로브너 광장의 전체 전면부를 결정하지 못했기에 성공적 결과물로 완성되지 못했다. 그러나 존 서머슨은 그로브너 광장을 존 우드가 배스에서 실현한 스퀘어를 향한 진일보로 평가하며, 이후 이와 유사한 개발방식에 중요한 영향을 주었다고 지적했다.

당시 배스는 주요한 부동산 개발 붐을 타고 있었으며, 이에 존 우드는 그 개발의 설계가가 되고자 적극적으로 노력했다. 그는 과거 로마 도시였던 배스에 포럼이나 광장과 같은 로마의 특징이 있어야 한다는 아이디어를 가지고 있었다.[11] 존 우드가 1727년부터 1750년대까지 배스에 지었던 주택들의 부지계획은 런던에서 이미 자리 잡은 가로와 광장의 형태를 따랐다. 존 우드는 런던의 퀸 스퀘어Queen Square 중앙부에 페디먼트가 있고 끝에 파빌리온을 갖춘 단일 궁전의 파사드를 두고 그 뒤에 8채의 연립주택을 일렬로 통합했다. 이러한 노력은 존 우드가 기존의 전통적인 부지계획을 따르지 않고 3차원적인 건축적 공간을 생각했음을 알려준다. 아버지 존 우드가 사망하기 직전인 1754년에 시작된 배스의 서커스Circus는 도시설계 역사에서 완벽한 건축적 개념을 가진 새로운 사례라 할 수 있다.

배스의 서커스는 세 도로의 교차로에 원형으로 배열된 33채의 주택군이다. 평면에서 보면 서커스는 정원설계의 론드-포인트rond-points, 망사르Jules Hardouin Mansart가 파리에 설계한 빅투아르 광장Place des Victoires, 그리고 1765년에 출판된 피에르 파트Pierre Patte의 파리 지도에서 보이는 1750년대의 실현되지 않은

---

11 존 우드는 영국인들과 로마인들의 시대로 거슬러 올라가는 배스의 역사에 대한 그의 이론을 도해와 함께 수록한 『배스의 묘사Description of Bath』를 1749년에 출판했다.

몇 개의 원형 광장들과 비슷하며, 크리스토퍼 렌의 런던 계획안의 원형 광장들과도 유사하다. 하지만 어떤 건축이 크리스토퍼 렌의 원형 광장을 상상하게 한 것인지는 확실하지 않다. 존 우드는 기둥으로 간단하고 통일된 3층 입면을 완성했다. 기둥의 1층에는 도리아 양식, 2층에는 이오니아 양식, 그리고 꼭대기 층에는 코린트 양식이 사용되었다. 이러한 특성은 건축양식의 시퀀스를 사용한 로마의 콜로세움을 연상케 한다. 로마의 원형 경기장Circus Maximus은 원형이 아닌 길게 늘어진 형태이며, 콜로세움은 타원형이다. 아마도 존 우드는 그가 로마의 원본들을 대략적으로 모방했다는 것에 크게 연연하지 않았을 것이다(그림 2.16).

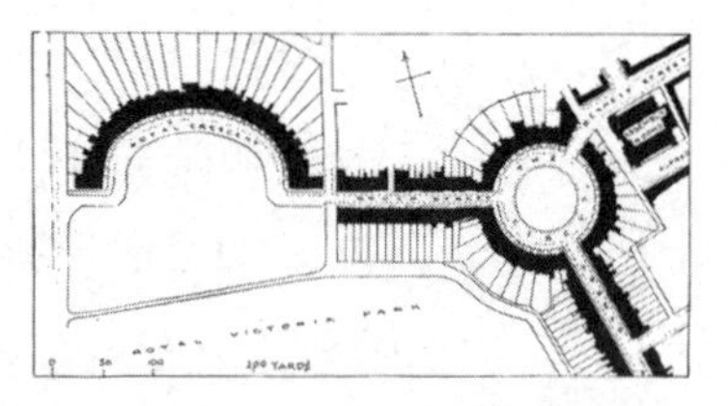

그림 2.16 영국 배스의 서커스는 33채의 주택군이 3개 가로의 교차로를 중심으로 둥글게 배치되었고, 경첩과 같은 공공공간의 연결 기능을 가지며 도시설계의 새로운 형태를 보여주었다.

아들 존 우드는 배스의 서커스에서 뻗어 나오는 가로들로부터 떨어진 곳에 더 홍미롭고 이후 더 큰 영향력을 보여준 로열 크레센트Royal Crescent의 주택군을 완성했다. 로열 크레센트에서는 지하층과 2층 높이의 기둥으로 더 명확하게 통일된 건물의 입면 모습을 만들어준다. 이러한 원형 배치는 각 주택들이 지형을 따라 펼쳐진 아름다운 풍경을 갖도록 해준다(그림 2.17).

우드 부자의 서커스와 로열 크레센트는 이전 왕족의 위엄을 보여주는 가로나 비스타와 매우 유사한 기능을 갖게 되었고, 이후 전제군주의 통치 사회를 넘어 자유 시장경제 사회에서 주요한 도시설계의 수단이 되었다. 이러한 서커스와 크레센트는 18세기에서 19세기까지 영국의 해변 리조트에서, 특히 런던의 서쪽 끝과 에든버러의 신개발 구역에서 새로운 도시설계의 도구로 사용되었다. 제임스 크레이그James Craig는 1767년 에든버러 설계안에서 조지 스트리

그림 2.17 영국 배스의 로열 크레센트는 개별적인 건물들이 모여 거대한 건축적 조합을 만들어낸다.

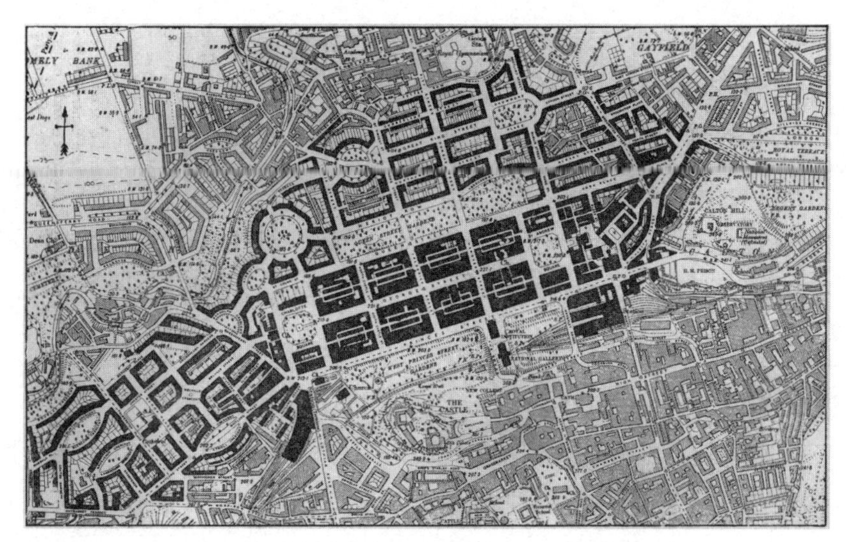

그림 2.18 광장과 크레센트는 19세기 초에 에든버러의 기본적인 도시설계 요소들이다.

트George Street의 양쪽 끝에 도시 공간의 위계를 부여하는 광장을 두었고, 이후 19세기 초에 원형의 서커스와 원호의 크레센트가 추가되었다(그림 2.18).

도시설계의 종합물인 워싱턴 디시의 도시계획안

애비뉴와 블록, 그리고 풍경과 광장을 훨씬 더 정교하게 종합한 결과물은 미군 장교 피에르 샤를 랑팡Pierre Charles L'Enfant이 완성한 워싱턴 디시Washington, D.C. 도시계획안이었다. 랑팡은 23세 때인 1777년에 프랑스에서 미국으로 건너와 조지 워싱턴George Washington의 군대에 입대했다. 화가였던 그는 공병military engineer으로 군복무를 했다. 랑팡의 아버지는 주로 전투 장면을 그리는 화가로 프랑스 아카데미French Academy의 회원이었다. 피에르 샤를 랑팡은 미국 독립전쟁이 종료된 후 건축 활동을 위해 뉴욕에 정착했다. 젊은 장교들과 항상 잘 지내온 조지 워싱턴은 새로운 수도의 조성계획을 준비하기 위해 랑팡을 선택했다. 당시 랑팡은 세 명의 커미셔너를 도와주는 역할을 했다. 하지만 측량 분야의 전문교육을 받은 조지 워싱턴 대통령과 당시 건축 분야의 지식인이며 내무부 장관인 토머스 제퍼슨Thomas Jefferson으로부터 직접 조언을 받았다.

조지 워싱턴은 새로운 수도의 입지선정 과정에서 중요한 역할을 했으며, 수도 조성작업이 실제로 진행되도록 직접 토지 소유주들과 협상했다. 토지 소유자들은 필지의 절반을 포기하고 기부했으며, 새로운 가로와 공공건물을 위한 토지는 개발로 기대되는 부지 가치의 보상을 전제로 수용되었다(공원의 조성부지에 대한 토지보상이 진행되어야 했다).[12] 이 과정에서 의회는 포토맥 강Potomac River에 인접한 부지에 대해 강하게 반대했다. 그리고 조지 워싱턴은 정부 예산보다는 토지 매각을 통해 도시개발 자금을 확보할 수 있기를 바랐다.

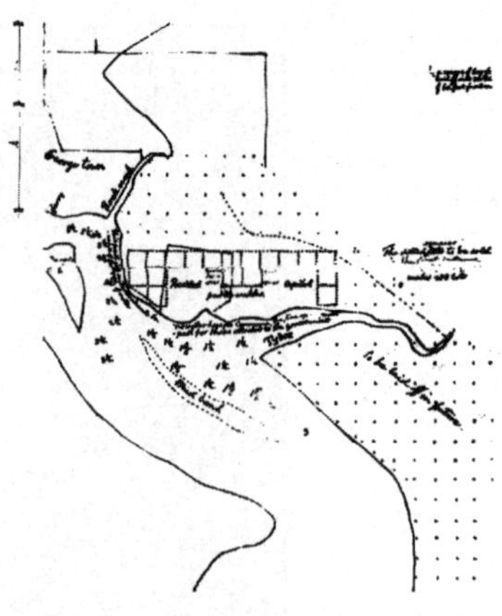

그림 2.19 토머스 제퍼슨이 피에르 샤를 랑팡에게 제안한 워싱턴 디시의 도시계획안은 버지니아 주지사로서 제퍼슨이 익숙했던 윌리엄스버그의 중심 가로 및 도시 그리드와 유사하다.

1791년 3월 말 조지 워싱턴은 피에르 샤를 랑팡을 부지에서 만났으며, 곧이어 랑팡에게 도시에 대한 그의 아이디어가 담긴 편지를 보냈다. 또 랑팡은 토머스 제퍼슨으로부터 스케치를 받았는데, 그 스케치는 당시 버지니아 주의 주도였던 윌리엄스버그Williamsburg와 유사한 간단한 그리드 계획안을 그린 것이었다(그림 2.19). 랑팡이 야심찬 약 6,000에이커(24km²)의 도시계획안을 조지 워싱턴에게 보여주었을 때, 조지 워싱턴은 그 지역의 주요 토지 소유자들의 부지들이 모두 그 계획부지에 포함되었기에 매우 흡족해했다. 그것은 하나 또는 또 다른 민간 소유지에 수도인 워싱턴이 조성되도록 모의하는 것을 막을 수 있기 때문이었다. 조지 워싱턴은 랑팡의 의도를 이해했고, 도시의 범위와 장엄함에 관해서도 동의했던 것으로 보인다.

하지만 피에르 샤를 랑팡은 그의 도시 비전을 실현할 만한 정치적 기술을 갖지 못했다. 당시 그는 겨우 37세였다. 또한 그는 나이가 들면서 사람을 다루는 능력이 더욱 악화되었다. 랑팡은 계획 범위 내의 필지들을 즉시 매각하는 것에 반대했으며, 그 대신 필지들의 가치를 높일 건물, 도로, 그리고 공원의

---

12 퍼거스 브로드위치Fergus M. Brodewich의 『워싱턴, 미국의 수도 만들기Washington, The Making of the American Capital』(Amistad, 2008)는 워싱턴 시 개발의 정치적·경제적 배경을 논리적으로 서술한다. 브로드위치는 노예제도의 지지자들에게 도시 입지가 얼마나 중요한지를, 그리고 도시의 초기 건설 과정에서 노예 노동력이 얼마나 중요한지를 서술한다.

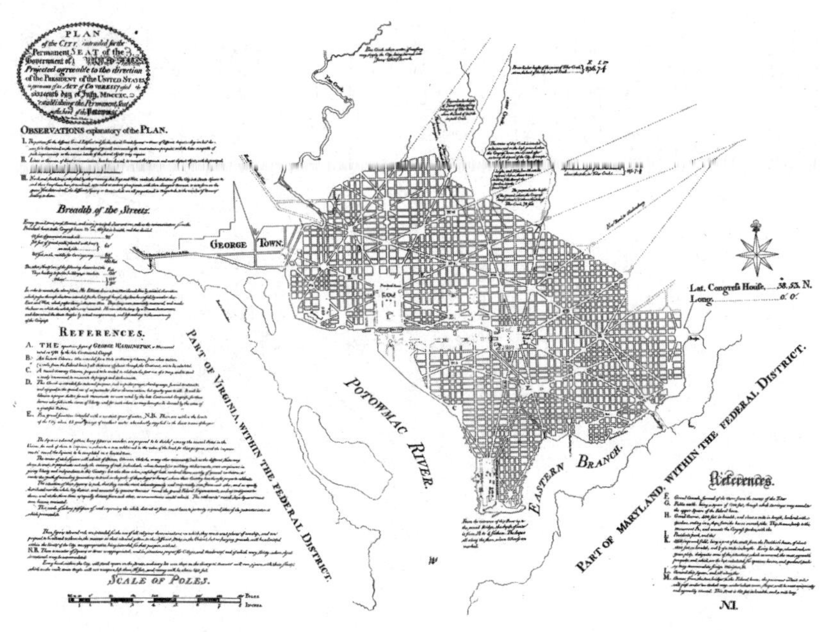

그림 2.20 피에르 샤를 랑팡이 위원회 커미셔너들로부터 해고된 후, 그의 설계사무소 동료 앤드루 엘리콧이 제시한 랑팡의 워싱턴 디시 도시계획안.

조성 비용을 부동산 가치를 담보로 빌리자고 제안했다. 어쩌면 랑팡의 아이디어가 당시 더 나았을지도 모른다. 하지만 조지 워싱턴과 관련 위원들이 토지 매각 추진을 결정했을 때, 랑팡은 그의 측량도면들을 전달해주는 과정에서 협조하지 않았다. 또한 랑팡은 국회의사당과 백악관의 건축설계 용역을 확보하려는 욕심으로 초기 설계도면 작업에 시간을 너무 과도하게 보냈다는 비판을 받았다. 그해 연말에 커미셔너들은 랑팡의 모든 도면을 압수했으며 그때 모든 도면은 없어졌다. 커미셔너들은 조지 워싱턴의 최후 동의를 얻어서 랑팡을 해고했다.[13]

피에르 샤를 랑팡의 이러한 개인적인 실패에도 불구하고, 그의 도시설계는 그의 사무소 동료인 앤드루 엘리콧Andrew Ellicott에 의해 최종안으로 그려졌으며, 이후 오랫동안 성공적인 도시설계안으로 평가되었다(그림 2.20). 랑팡이

13 랑팡의 삶과 갈등에 관한 자세한 기술에 대해서는 스콧 버그Scott W. Berg의 『웅장한 가로: 워싱턴 디시를 설계한 선견지명 있는 프랑스인의 이야기Grand Avenues: The Story of the French Visionary who Designed Washington, DC』(Pantheon, 2007)를 보라.

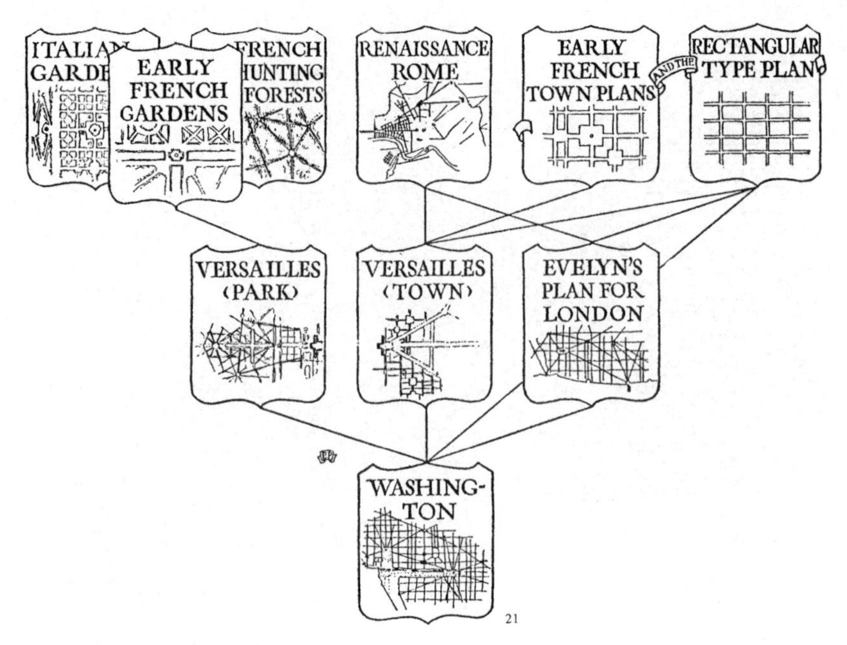

그림 2.21 엘버트 피츠가 설명한 랑팡의 워싱턴 디시 계획안의 계보.

활용한 자료들에 관한 문서화된 증거는 없으나, 도시계획가이자 도시이론가인 엘버트 피츠Elbert Peets는 랑팡의 도시설계안이 어떻게 로마의 교황 식스투스 5세, 베르사유 궁전, 런던 재조성 계획안 등으로부터 발전되었는지를 보여주는 역사적 계보를 발표했다(그림 2.21). 엘버트 피츠는 피에르 샤를 랑팡이 그의 도시계획안의 주요한 물리적 형태를 구성하는 데에 어떻게 베르사유 궁전을 참고했는가를 입증했다. 랑팡의 아버지는 왕궁의 후원을 받았던 화가였고, 그의 아들이 그의 뒤를 이을 수 있도록 학습하기를 바랐다. 이에 랑팡은 어려서부터 베르사유 궁전을 방문할 기회가 많았고, 궁전의 정원에 대해서도 잘 알았을 것이다.[14]

피에르 샤를 랑팡이 조지 워싱턴에게 설명한 대로 워싱턴 디시는 지형을 고려하여 부지의 최고점 입지에 국회의사당을 배치하고, 부지의 또 다른 고점에 대통령 관저를 두었다. 백악관, 국회의사당, 그리고 그 두 축의 교차점이 형성

14 엘버트 피츠Elbert Peets, 「랑팡의 워싱턴 족보The Genealogy of L'Enfant's Washington」, ≪미국건축사협회지Journal of the American Institute of Architects≫, 1927년 4월호, 5월호, 6월호.

하는 삼각형의 형태는, 블롱델Blondel의 베르사유 궁전 계획에서 보이는 그랑 트리아농Grand Trianon, 궁전, 그리고 수로의 중앙 정박지의 두 축의 교차점이 완성하는 삼각 형태보다 정확히 1.5배 거리만큼 떨어져 있는 것으로 밝혀졌다. 랑팡이 설계한 워싱턴 디시의 몰Mall은 폭이 정확하게 베르사유의 수로의 폭과 동일하며, 펜실베이니아 애비뉴Pennsylvania Avenue의 폭은 트리아농 애비뉴Avenue de Trianon의 폭과 유사하다. 엘버트 피츠는 대통령 관저를 둘러싸도록 계획된 랑팡의 스퀘어 형태가 어떻게 베르사유 궁전의 타운에 조성된 2개의 앞 정원과 유사한지도 설명했다.

또한 엘버트 피츠는 피에르 샤를 랑팡이 존 에벌린John Evelyn의 런던 재건의 세 번째 계획안으로부터 크게 영향을 받았다고 주장한다. 존 에벌린은 그의 종합적인 도시 재건계획이 도시 상인들로부터 받아들여질 것이라 기대하면서 계속해서 그의 계획안을 보완했다. 이 계획안에서 존 에벌린은 대부분의 교구 교회의 기존 위치를 유지하면서 새로운 가로 시스템을 제안했다. 워싱턴 디시의 계획안과 존 에벌린의 계획안의 유사성은 부정할 수 없지만, 크리스토퍼 렌의 런던 계획안과도 유사성이 있다. 아마도 피에르 샤를 랑팡은 당시 크리스토퍼 렌의 런던 계획안을 알았을 것이다. 당시 존 에벌린과 크리스토퍼 렌의 수정된 계획안들이 함께 출판되었기에, 랑팡은 이 계획안들을 모두 보았을 가능성이 높다.

피에르 샤를 랑팡은 크리스토퍼 렌의 설계가 경관과 공간에 대해 강조했기 때문에, 당연히 그의 설계안이 건축적으로 더 설득력이 있을 거라고 생각했을 것이다. 물론 랑팡이 런던 계획안을 참조하지 않고 설계했을 수도 있다. 왜냐하면 지형과 격자형의 가로 체계를 가진 축은 토지구획의 가장 실용적이며 보편적인 방법으로서 강력한 정치적 지원을 받을 수 있는 논리적 결과물이기 때문이다.

지형에 대한 피에르 샤를 랑팡의 시각이 대규모의 건축적 구성물의 배치 방법에 대한 토머스 제퍼슨의 생각을 바꾸었을 수도 있다. 워싱턴 디시의 국회의사당 축이 몰Mall의 오픈 스페이스를 따라 포토맥 강을 넘어 언덕까지 직선으로 이어지며 백악관의 축은 포토맥 강의 아래로 향하는 배치 방법을 보면, 토머스 제퍼슨이 구상한 버지니아대학교University of Virginia 계획안이 연상되기

도 한다.[15]

토머스 제퍼슨은 피에르 샤를 랑팡의 도시계획안을 받아들이고 그 개발을 장려했다. 하지만 격자형 그리드에 대한 그의 지속적인 선호는 그의 재임 기간 동안 프랑스로부터 획득한 미국 서부의 전역에 대한 토지조사의 표준으로 제곱마일 정사각형이 사용된 것에서 볼 수 있다.[16] 이 격자형의 그리드는 결과적으로 미국의 많은 도시와 마을에 막대한 영향을 끼쳤다. 또한 이로 인해 측량사의 정사각형 또는 직사각형의 블록들이 이후 도시설계의 기본적인 기준이 되었다.

존 내시와 런던의 대규모 개발계획안: 웨스트엔드, 리젠트 스트리트

19세기 초에 산업화가 도시에 가져다준 초기 효과는 대단히 긍정적이었다. 부의 엄청난 증가는 영국의 런던, 배스, 그리고 여러 도시들에서 중산층과 상류층을 위한 다수의 주택 신축으로 나타났다. 한편 1830년대 철도 네트워크의 개발 이후 점차 도시에 환경오염, 인구 과밀, 그리고 산업의 부정적인 영향들이 나타났다. 초기 공장들은 수력 공급이 가능한 입지 주변에 위치했다. 당시 도시들은 대부분 배가 다닐 수 있는 수로 근처에 조성되었고, 수력의 근원이 되는 폭포는 강의 수로 운항을 차단하기 때문에, 산업은 거의 대부분 기존의 도시들로부터 거리를 두고 입지했다.

도시들은 이미 1630년대에 런던의 코벤트 가든에서 보였던 패턴을 따라 확장하기 시작했다. 도시의 부유층 구역에 있던 대규모 토지들은 구획되어 주택지로 개발되었다. 그리고 이러한 주택들은 토지 소유주들보다 사회적 지위가 한 등급 낮으나, 부의 상징으로서 주소가 부여해주는 명성을 누리려는 부자들

15 그러나 버지니아대학교의 축은 스탠퍼드 화이트Stanford White가 1899년에 설계한 캐벌 홀Cabell Hall에 의해 가로막혔고, 랑팡의 계획안에 나타난 도시 축은 스탠퍼드 화이트의 파트너인 찰스 매킴Charles McKim과 다니엘 번함Daniel Burnham의 1903년 워싱턴 맥밀런 계획에서 링컨 기념관과 제퍼슨 기념관에 의해 가로막혔다.

16 1803년 루이지애나 매입.

에게 매매되었다. 이후 상업은 부유층을 따라갔으며, 상점도 그 명성을 위해 부유층 거주구역들로 들어가 입지했다. 코벤트 가든에서처럼 부자들이 종종 지속적으로 이사를 들어왔으며, 결국 전체 구역이 상업화되었다. 이러한 개발 패턴은 도시의 물리적 방어시설인 성벽으로 억제되었던 유럽의 도시들과 달리 영국과 북미에서는 매우 일찍 일어났다. 미국 도시들에서 부자들의 주거구역이 조성되고 확장되는 것은 종종 대저택들이 도시 중심부로부터 나와, 언덕 위로 또는 다른 좋은 입지로 빠져 나가는 현상을 보여주었다(보스턴의 비컨 힐Beacon Hill, 뉴헤이븐의 힐하우스 애비뉴Hillhouse Avenue, 뉴욕의 브로드웨이Broadway, 볼티모어의 찰스 스트리트Charles Street). 새로운 산업 성장이 강력했던 잉글랜드는 부의 눈부신 성장을 누렸다. 그리고 런던의 웨스트엔드 전체 구역은 당시 유행하던 주택들이 일련의 가로들과 광장들과 함께 조성되며 급속히 성장했다.

존 내시John Nash는 이러한 런던의 새로운 도시 확장에 도시설계 형태를 가장 많이 만들어낸 건축가였다. 특히 존 내시는 런던 부동산 개발의 특징인 소규모의 점진적인 도시개발 방식과 오랫동안 도시설계 이론의 일부였으나 런던에서는 소개되지 못했던 경관 요소를 혼합하려고 노력했다. 존 내시는 1806년 왕실 건축가가 되었고, 그의 인생에서 가장 중요한 기회들이 1811년에 연이어 나타났다. 당시 존 내시는 섭정 왕자Prince Regent(훗날 왕 조지 4세King George IV가 된다)로부터 미개발된 넓은 왕실 소유지의 개발계획안을 준비하라는 요청을 받았다. 이 왕실 소유지는 당시 런던에서 빠르게 진행되는 서쪽으로의 개발 확장의 가장자리에 있었다. 리젠트 왕자의 아버지인 조지 3세George III는 당시 살아 있었지만, 정신이상 탓에 윈저Windsor에서 은둔생활을 하고 있었다.

왕실 소유지는 부유층 거주구역의 북쪽에 위치하고 있었고 런던의 주요 구역인 남쪽과 연결되는 새로운 도로가 없이는 성공적으로 개발될 수 없었다. 당시 유일하게 고려할 수 있는 도로는 이미 서쪽으로 개발된 부유층 주거구역에 인접한 빈곤층 주거구역의 가장자리를 통과하는 것이었다. 이러한 불규칙한 형태의 가로는 당시 도시설계의 표준설계 요소인 길고 곧은 도로를 허용하지 않았고, 단일 개발업자가 이를 진행하기에는 부지가 너무 컸다.

존 내시의 리젠트 스트리트Regent Street 설계는 독창성과 조화가 돋보이는 훌륭한 작업물이다. 로워 리젠트 스트리트Lower Regent Street는 본래 섭정 왕자의

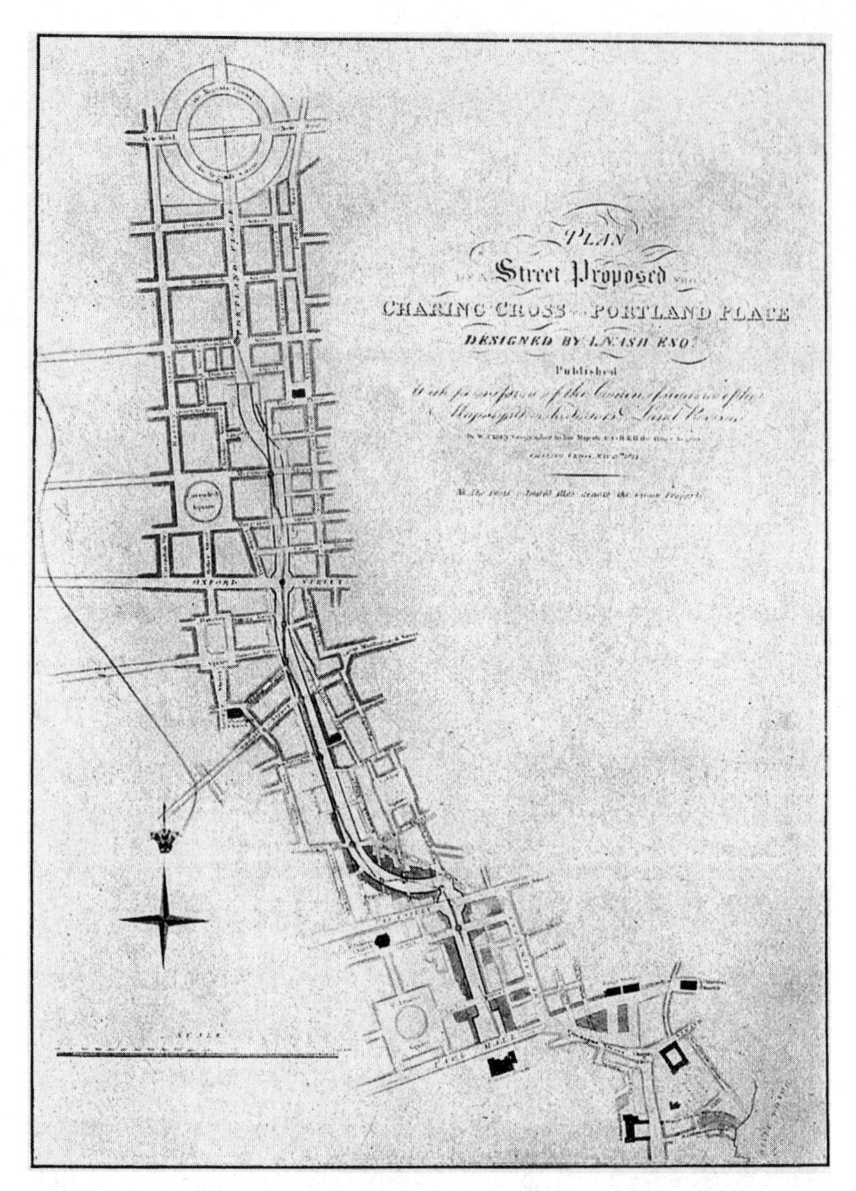

그림 2.22 존 내시의 런던 리젠트 스트리트 계획안으로, 복잡한 필지들을 네트워크로 묶어 완성했다.

주택인 칼튼 하우스Carlton House의 부지에서 시작하며 북쪽의 새로운 광장인 워털루 광장Waterloo Place으로 연결된다. 리젠트 스트리트는 워털루 광장에서부터 북쪽으로 피커딜리 서커스Piccadilly Circus에 있는 여러 갈래의 교차로와 이어진다. 피커딜리 서커스는 존 우드의 창의적인 배스의 도시설계를 응용한 결과이다. 이후 리젠트 스트리트는 북쪽으로 똑바로 이어지지 않는 S자형 커브

쿼드런트Quadrant에서 서쪽으로 방향을 바꾸고 또 다른 서커스에서 옥스퍼드 스트리트Oxford Street를 가로지른다. 여기에서 북쪽으로 연결되는 도로들은 랭엄 플레이스Langham Place에 입지한 올 소울스 교회All Souls Church의 첨탑을 전환점으로 다시 서쪽으로 방향을 바꾸어 그레이트 포틀랜드 스트리트Great Portland Street와 만난다. 그레이트 포틀랜드 스트리트는 북쪽에 존 내시가 설계한 새로운 구역으로 리젠트 파크Regent's Park의 진입부인 크레센트Crescent로 이어진다(그림 2.22).

런던의 리젠트 파크는 또 하나의 중요한 도시설계의 공식이다. 존 내시는 이 구역을 전원도시설계garden city design의 원칙들을 염두에 두고 계획했다. 전원도시설계는 다음 장에서 상세하게 설명한다. 존 내시는 가로와 광장의 반복되는 패턴 대신에 시골의 대형 토지와 같은 큰 공원을 만들었다. 그리고 리젠트 파크는 그 외곽의 가장자리를 따라 줄지어 조성된 주택들과 중심부에 조성된 원형의 주거 클러스터 사이의 그린벨트 기능을 했다. 리젠트 파크의 북쪽 경계 변에는 운하가 있었는데, 그 운하는 당시 섭정 왕자였던 조지 4세가 소유한 토지의 동남쪽부로서 시장 구역으로 이용되었다(그림 2.23).

리젠트 파크의 개발은 끝내 완전하게 완성되지는 않았지만, 존 내시는 전체적인 리젠트 스트리트의 완공을 감독할 수 있었다. 이와 같은 성공으로 당시 왕 조지 4세가 버킹엄 왕궁Buckingham Palace으로 이주하고 칼튼 하우스를 허물 수 있었다. 이로 인해 역시 존 내시가 설계한 세인트 제임스 파크St. James's Park의 전면부가 완성되었다.

존 내시는 건축가로서 비판을 받아왔는데, 이는 그의 대규모 건축물들의 파사드가 대부분이 벽지처럼 단순한 회벽으로 만들어졌기 때문이다. 회벽으로 만들어진 건물은 석조로 만들어진 것보다 질이 낮은 것으로 여겨졌다. 리젠트 스트리트를 따라 늘어서 있는 건물들은 건축적 디테일을 세심하게 완성하지 못한 것일 수도 있다. 하지만 존 내시는 전체 가로 개발을 하나로 묶어 진행한 사업가로서 사교를 통해 이러한 건물들을 조화롭게 개발하는 데 성공했다. 물론 그가 이 모든 것들을 직접 설계한 것은 아니었다. 존 내시는 경관이 종결되거나 도로 체계의 방향이 바뀔 때 강조되는 중요한 건물 파사드들을 규제하는 데 힘썼다. 그리고 그는 가로 전체의 연속적 구성에 필수적인 건물의 코니스

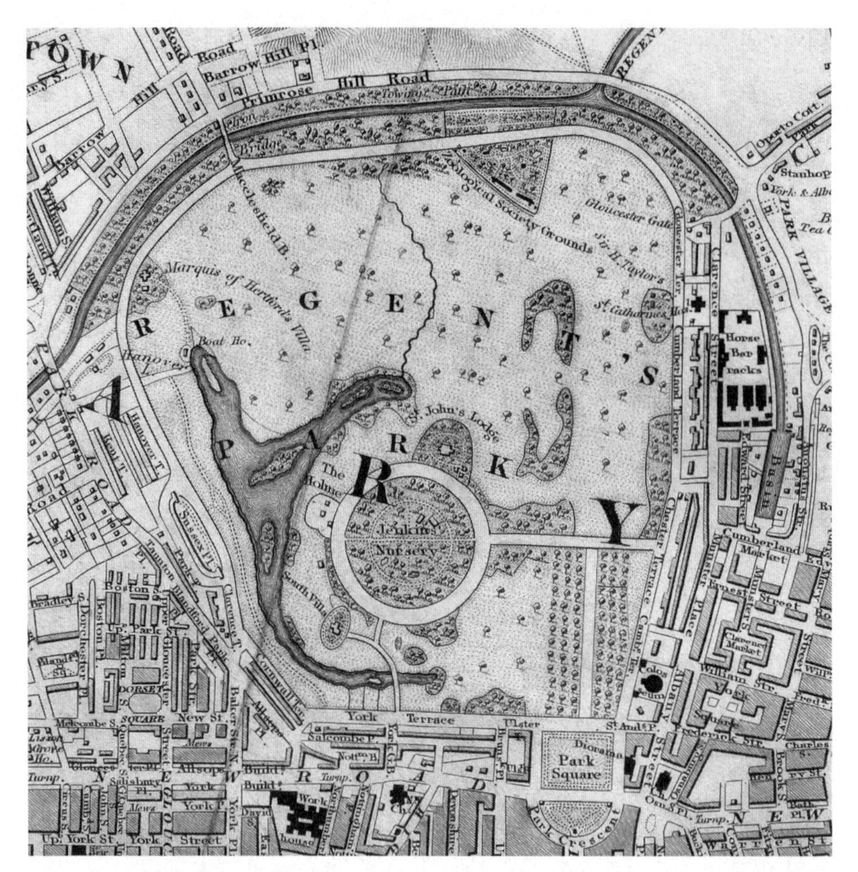

그림 2.23 1833년에 완성된 존 내시의 런던 리젠트 파크 계획안은 원래 혼합용도의 콤플렉스를 제안했다.

나 현관과 같은 건축요소들을 조정할 수 있었다.

리젠트 스트리트는 당시까지 유래가 없는 매우 독특한 3차원의 도시설계 사례이다. 트리스턴 에드워즈Trystan Edwards는 런던에 대한 존 내시의 공헌을 인정한 초기 평론자 중 한 명이다. 트리스턴 에드워즈는 1923년에 쓴 에세이에서 존 내시의 리젠트 스트리트가 더 큰 건물들이 들어서기 위해 대부분 철거되고 있으나, 그의 회벽은 감탄스러울 정도로 통일적인 건축 재료로서 빛을 아름답게 반사시킨다고 주장했다. 그는 뒤이어 존 내시가 파사드들 간의 통일성을 유지하기 위해 사용했던 창문 사이의 간격과 '벽 대 창'의 비율 등에 관한 분석으로 회벽 사용에 대한 변호를 이어나갔다.[17] 현재 존 내시의 능력과 기여

17 트리스턴 에드워즈Trystan Edwards, 『건축에 있어서 좋은 매너와 나쁜 매너Good and Bad

는 높이 평가되고 있다. 그리고 그의 런던 건물들의 대부분이 재개발에서 위기를 넘기고 전쟁에 의한 손상에서도 복구되었다. 하지만 존 내시의 리젠트 스트리트는 없어졌다. 즉, 리젠트 스트리트의 배치는 남아 있지만 새 건축물은 부분과 부분, 가로와 연계된 건물 사이의 세심한 관계가 주는 본래의 가로경관의 통일성을 만들어내지 못하고 있다.

파리, 설계된 도시의 원형: 조르주 외젠 오스만

피에르 샤를 랑팡의 워싱턴 디시 도시계획안이 1790년대에 파리에서 전시되었다. 당시 파리에서는 랑팡의 워싱턴 디시가 엄청난 규모의 매우 혁신적인 모습으로 보였을 것이다. 랑팡의 워싱턴 디시 계획안이 그의 모국인 프랑스의 도시설계에 직접적으로 영향을 주었다는 증거는 없다. 하지만 당시 프랑스에서는 대규모의 도시설계 이슈들이 매우 시급한 관심사였을 것이다. 루이 16세Louis XVI가 1793년 처형된 후, 프랑스 혁명정부는 왕가 소유의 모든 토지를 압수했고, 파리의 공간 개조를 위해 예술가위원회Commission of Artists를 임명했다. 예술가위원회는 파리의 밀집 거주구역을 관통하는 위엄 있는 애비뉴를 만들고, 길고 곧은 가로를 조성하기 위해 상세한 제안들을 만들었다.

나폴레옹Napoleon은 1799년 정권을 장악한 후 이러한 제안들을 실행하기 시작했다. 특히 1801년에 샤를 페르시에Charles Percier와 피에르 퐁텐Pierre Fontaine이 설계한 리볼리 가로Rue de Rivoli를 조성했는데, 리볼리 가로는 튈르리 가든Tuileries Gardens에 면해 있는 가로의 전면부가 되었다. 당시 리볼리 가로 설계안은 1783년부터 파리에서 시행된 가로의 폭에 비례한 건물의 높이 제한에 근거해 완성되었다.[18] 즉, 가로에 면하고 있는 건물의 1층은 아케이드와 상점을 두

Manners in Architecture』(Philip Alan, 1924). 또한 존 서머슨John Summerson의 『건축가 존 내시의 삶과 작업The Life and Work of John Nash, Architect』(MIT Press, 1980)도 참고하라.

18 파리의 건물 높이 제한에 관한 설명은 노마 에븐슨Norma Evenson의 『파리: 변화의 한 세기, 1878~1978년Paris: A Century of Change, 1878-1978』(Yale University Press, 1979)에 실려 있다.

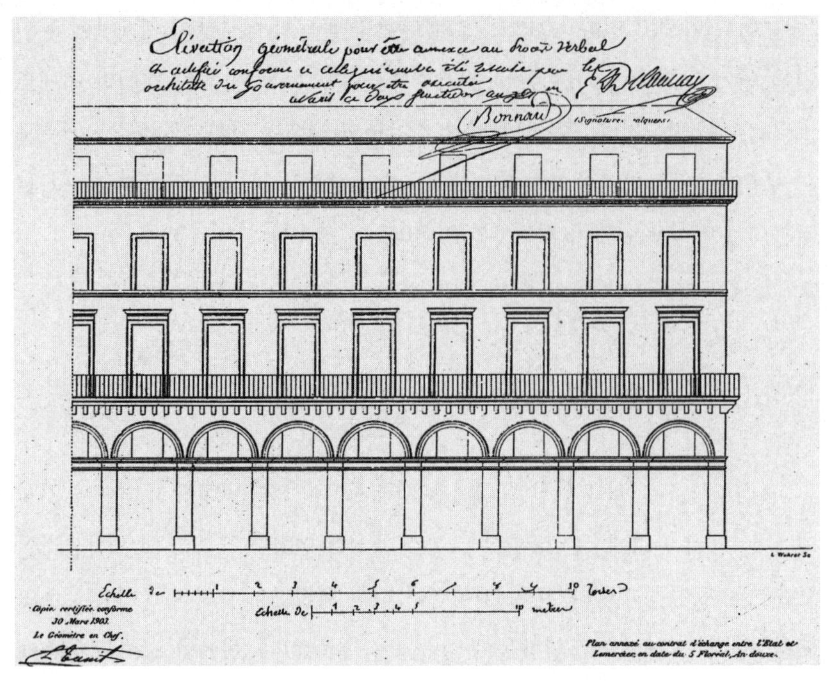

그림 2.24 파리 리볼리 가로의 초기 설계 가이드라인은 1805년인 프랑스 혁명력(Revolutionary calendar) 12년에 완성되었다.

었으며, 주택들은 그 위로 2층과 최상층과 다락층에 두었다. 하지만 일반적인 가로의 입면과 달리, 리볼리 가로는 가로의 중앙부나 끝에 배치했던 파빌리온을 두지 않았으며, 단순하고 반복되는 요소들이 연속적으로 조성되었다. 물론 기존의 그림, 풍경, 그리고 개별 건물들로부터 얻을 수 있는 힌트를 고려하더라도 폰타나, 렌, 그리고 랑팡이 그린 길고 곧은 애비뉴들이 어떻게 3차원의 공간으로 설계되었는가에 관해서는 확실하게 알려져 있지 않다. 리볼리 가로의 입면 도면은 행정공무원의 서명을 거쳐 공식적인 디자인 가이드라인으로 채택되었다(그림 2.24).

1840년대 런던으로 추방된 루이 나폴레옹Louis Napoleon은 존 내시의 리젠트 스트리트가 공원과 정원에 면하며 가로를 따라 조성되어, 이를 따라 길게 늘어선 왕궁 같은 웅장한 주택들의 파사드에 감동을 받았다. 이후 루이 나폴레옹은 파리로 돌아가 곧 황제 나폴레옹 3세로서 권력을 잡게 되었으며, 그는 이와 비슷한 환경을 파리에 조성하고자 했다. 예술가위원회가 1793년 완성한 계획안의 길고 곧은 가로는 파리 군중을 제압하는 수단으로서 나폴레옹 1세의

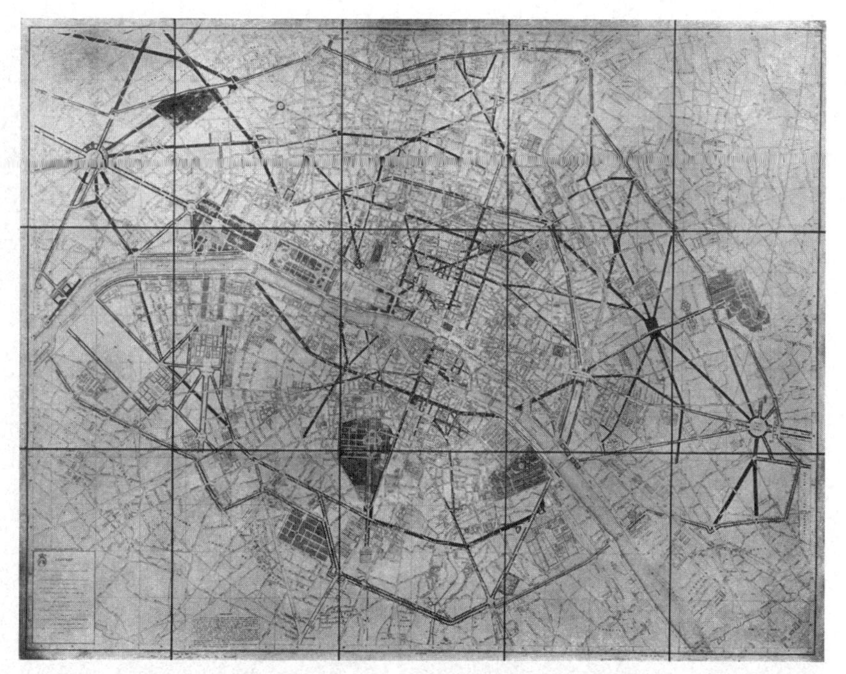

그림 2.25 조르주 외젠 오스만은 1867년 나폴레옹 3세를 위한 경과보고서를 준비하여 당시 파리에서 완공되거나 건설 중인 새로운 가로들을 보여주었다.

환심을 얻은 것으로 전해졌다. 그리고 동일한 이유로 나폴레옹 3세에게도 매력적이었다고 전해진다. 나폴레옹 3세는 센Seine 구역의 자치단체장으로 임명된 열정적인 조르주 외젠 오스만Georges Eugene Haussmann에게 우선적으로 진행할 주요 가로 개선사업의 지도를 건네주었다(그림 2.25).

오스만은 취임 후 파리 시의회의 발표에서 새롭게 제안된 가로 시스템의 장점 중 하나가 폭동 진압이라고 언급했다. 다른 주요 목표들은 빈민가 철거와, 특히 새로 건설된 철도역들 간의 연결과 주요 목적지들 간의 연결을 통한 파리의 교통 개선이었다. 이렇게 새로 조성된 가로 시스템이 어떤 군사적 장점을 가지고 있었는지 모르겠으나 1871년의 파리 코뮌 폭동을 막지는 못했다.

오스만은 이후 17년 동안 새로운 가로들과 건물들뿐 아니라 포괄적인 상수도의 재건축과 하수도 체계 개선, 그리고 대규모 공원 개선을 포함한 파리의 일련의 변화를 실현했다. 당시 3세기 이상의 역사를 가진 길고 곧은 도시 가로의 가치를 이해하고 기존 도시를 다시 설계하기 위해 체계적인 방법으로 실현시킨 사람은 결국 오스만이었다. 그리고 그는 기존 도시를 다시 설계하는 체

그림 2.26 오스만의 파리 블러바드. 새로운 가로의 양쪽 변에 건물들이 엄격한 가이드라인을 따라 신축될 수 있도록 토지매각 및 매각 과정에서의 동의를 통해 충분한 토지들이 공공 목적으로 수용되었다.

계적인 방법으로 가로를 처음으로 사용했다. 오스만은 현재 우리가 토지수용 excess condemnation이라 부르는 제도를 사용해서 통일된 일련의 건물 파사드를 유도했으며, 새로운 도로공간권right of way뿐만 아니라 부동산 개발자를 위한 충분한 토지를 성공적으로 확보했다(그림 2.26).[19]

---

19 19세기 중반 파리의 도시구조 변화에 대한 탁월한 서술은 지그프리트 기디온Sigfried Giedion의 『공간, 시간, 그리고 건축Space, Time and Architecture』, 초판(Harvard University Press, 1941)을 참고하라. 그리고 이에 대한 최근의 서술로는 마이클 카르모나Michael Carmona가 쓰고 패트릭 카밀러Patrick Camiller가 번역한 『오스만, 그의 삶과 시간, 그리고 모던 파리 만들기Haussmann, His Life and Times, and the Making of Modern Paris』(Ivan R Dee, 2002)가 있다. 오스만의 협력자이자 조경설계가인 장-샤를 아돌프 알팡Jean-Charles Adolphe Alphand의 『파리의 산책Les Promenades de Paris』은 1985년에 Princeton Architectural Press에서 재출간되었다.

이러한 새로운 가로들에서의 기본적인 건물 유형은 나폴레옹 시대의 리볼리 가로의 선례에 따라 1층에 상점을 두고, 메자닌mezzanine이 있다면 그곳에 상점과 사무실을 두는 것이었다. 런던 또는 보주 광장, 방돔 광장Place Vendôme과 같은 파리의 광장들에서는 전면부를 각각의 주택들로 수직으로 분리했다. 그러나 오스만은 이와 달리 수평으로 긴 공간을 가진 층별로 분리된 대형 블록을 사용했다. 넓은 아파트에는 각각 3개 층이 있고, 다락에 작은 유닛들이 있으며, 필요 시 더 작은 방이 두 번째 다락에 있을 수 있고, 이 경우 최대 7층까지 가능했다. 건물의 파사드에는 이러한 수평적 공간 분리를 표현하도록 띠 모양의 장식, 발코니, 그리고 코니스가 사용되었고, 규칙적으로 간격을 둔 프랑스식 창문이 가로 경관에 리듬을 부여했다.

새로운 가로들은 블러바드로서 넓은 보도와 가로수를 위한 공간을 두었다. 이러한 오스만식 도시설계 공식은 아마도 베르사유 궁전에서 학습한 것일 수도 있다. 하지만 이 공식은 18세기 말부터 유지되어온 영국 스퀘어들의 정원과 존 내시로부터 큰 영향을 받았다는 것이 설득력이 높다. 가로수가 줄지어 늘어선 도시 가로는 교황 식스투스 5세 또는 크리스토퍼 렌의 것과는 상이한 개념이다. 또한 파리의 블러바드 중앙부에는 종종 나무가 있는 정원이 있었다. 조르주 외젠 오스만은 종종 다 자란 나무들을 준비해서 새롭게 조성하는 블러바드에 옮겨 심었는데, 이는 새로운 구역에 완벽함을 주기 위해서였다. 오스만의 조경설계가인 장-샤를 아돌프 알팡Jean-Charles Adolphe Alphand이 설계한 공원들은 파리의 전체 계획안의 주요 부분이었다. 장-샤를 아돌프 알팡은 신장腎臟, kidney 모양의 보행로와 영국식 정원의 자연경관을 가져와서, 영국식보다 더 체계적인 프랑스식 방법으로 그것들을 적용했다. 파리의 성벽이 허물어지고 나서 불로뉴 숲Bois de Boulogne과 뱅센 숲Bois de Vincennes은 파리를 둘러싸는 그린벨트와 연결될 수도 있었다. 하지만 당시 오스만은 그의 계획의 이러한 방향을 위한 정치적 지지를 얻을 수 없었다(그림 2.27).

조르주 외젠 오스만의 실행 방법은 독단적이었으나 법을 이용해 진행했다. 법원은 국가가 강제적으로 사유지를 수용한 부동산의 소유자들에게 보상금을 지급하게 했으며, 그 보상금은 최소한 공평하게 지급되었다. 심지어는 당시 보상비가 부동산 투기자들에게 불합리한 이득을 부여하여 너무 관대하다는

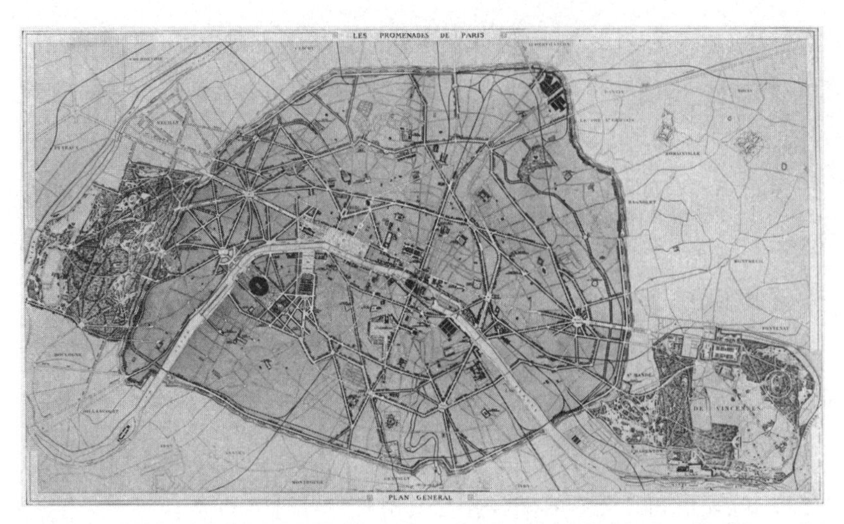

그림 2.27 오스만과 알팡의 파리 도시계획안은 불로뉴 숲과 뱅센 숲을 영국 양식의 고풍스러운 공원으로 재설계한 것을 포함했다.

비난을 받았다. 부동산 매입과 건설을 위한 재원은 도시환경 개선이 부여하는 부동산 가치의 미래 수익을 담보로 빌려졌다. 이러한 원칙은 미래 가치의 재확보와 세원 증가를 통한 재원 확보tax-increment financing에 관한 근대 이론과 유사하다. 40년 이상 뉴욕 시의 빈민가 철거, 뉴욕의 공원과 고속도로 건설의 책임자였던 로버트 모제스Robert Moses는 자신을 오스만의 후임자이자 비슷한 정신을 가졌다고 간주했다. 로버트 모제스는 1942년에 발행된 기사에서 오스만의 업적에 대해 논평했다.[20] 모제스는 오스만의 실행 방법이 근대 민주주의 사회에서도 완벽하게 적용될 수 있으며, 만약 오스만이 여론과 입법부와의 관계를 개선하고, 또한 그의 대출금 만기가 연장되었다면 오스만의 개인적 실패는 피할 수 있었을 것이라고 결론 내렸다.

조르주 외젠 오스만은 실행 작업이 진행되면서 먼저 돈을 빌리기 시작했으며, 법률적 문제들은 나중에 해결될 것으로 놔두었다. 그리고 그는 법률적 감시를 피하고자 위험하게 단기 자금을 빌려 사용했다. 또한 오스만의 계획들은 너무 방대했다. 특히 파리 부유층 주거지인 서쪽 구역에 오스만의 새로운 가

---

20 로버트 모제스Robert Moses, 「오스만에게 무슨 일이 일어났는가?What Happened to Haussmann?」, ≪아키텍처럴 포럼Architectural Forum≫, 1942년 7월호.

로가 들어갔을 때, 그는 결국 많은 정치적 적들을 만들었다. 나폴레옹 3세의 정치적인 지배력이 약해지기 시작했을 때, 오스만의 증가된 부채와 승인받지 못한 공공지출이 그를 점차 위험에 빠뜨렸다. 그가 1870년 직위에서 해임되었을 때에도 오스만은 황제를 위해 일한다고 생각했다. 그는 절대주의 체제 속에서 사회가 더 민주적인 제도로 전환되고 있음을 이해하지 못했다.

조르주 외젠 오스만은 파리의 역사적인 도시구역을 파괴했던 폭군으로 비판받았지만, 관광객들에게 사랑받는 파리는 오스만이 만든 도시이다. 오스만은 급격히 통제가 불가능한 19세기 도시화의 과정에 합리적인 질서를 부여한 노력으로 높은 평가를 받아왔다. 조르주 외젠 오스만의 파리 재설계는 르네상스 이후에 진화해왔던 일련의 도시설계 기법들을 종합적으로 적용한 첫 번째 사례였다. 조르주 외젠 오스만의 해고와 독일과의 처참한 전쟁으로 인해 나폴레옹 통치가 종료되었음에도 불구하고 파리의 계획안들은 계속해서 전파되어 실현되었다.

파리가 도시설계에 미친 영향: 비엔나 링슈트라세, 바르셀로나

파리가 도시환경의 주요 변화를 겪었던 같은 시기에 다른 도시들도 역시 커다란 변화를 겪었다. 비엔나에서는 1850년대에 도시 성벽이 제거되었으며, 그 자리에는 웅장한 중심 가로인 링슈트라세Ringstrasse가 조성되었다. 링슈트라세는 공공건물과 부유층의 개인저택의 조성환경을 제공했고, 특히 구도심부와 도성 외곽의 새롭게 합병된 구역을 연결해주었다(그림 2.28). 스페인 바르셀로나에서도 1850년대에 도시 성벽이 제거되어, 일데폰스 세르다Ildefons Cerdà의 도시 블록 계획안에 근거해 도시의 확장이 시작되었다(그림 2.29). 하지만 그 모습은 당시 대부분의 유럽 도시들이 모방했던 파리의 블러바드의 모습이었다. 대부분 5층이나 그 이상의 중산층 아파트 건물들이 가로를 따라 줄지어 배치되었는데, 그 가로는

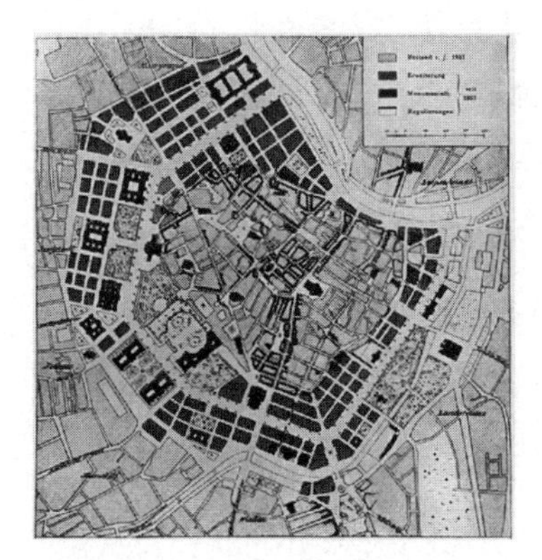

그림 2.28 비엔나의 링슈트라세는 기존의 도시 요새를 대체하는 새로운 도시구역을 조성했다.

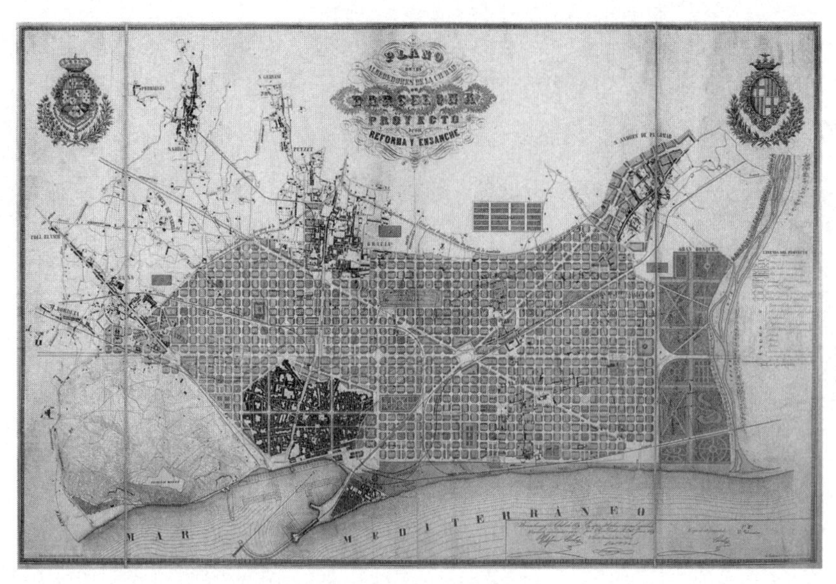

그림 2.29 일데폰스 세르다의 바르셀로나 확장을 위한 블록 계획안으로 1859년의 도면이다. 구도시는 왼쪽의 아래쪽에 위치한다.

가로 경관의 종점에 공공건물 또는 공공공간이 위치하는 조경 가로였다. 이는 단일한 가로나 전체 쿼터 구역에도 적용될 수 있는 도시설계 개념이었다. 또한 조르주 외젠 오스만과 그의 협력자들은 가로등과 가로시설물, 공원설계, 그리고 수목의 식재 방법에 대한 설계 언어들을 만들었다. 파리의 방문자는 다양한 도시 상황에 적합한 사례들을 살펴볼 수 있었다(그림 2.30).

파리의 건축교육학교인 에콜 데 보자르École des Beaux-Arts는 도시설계의 견본이 된 파리 도시환경의 조성에 기여했다. 19세기에 건축가가 되는 길은 당시에 자리 잡은 건축가를 위해 일하는 것이었다. 하지만 프랑스 학교인 보자르는 프랑스에서 정부가 발주하는 저명한 프로젝트들을 지배했고, 심지어 자체의 건축교육기관을 이미 갖고 있던 국가들에서도 보자르를 건축교육의 대표자로 여겼다. 나폴레옹 시대에 에콜 데 보자르의 교육과정은 새로 개정되었다. 당시 보자르의 교육체계는 17세기에 만들어진 고전건축의 설계요소와 형태 유형, 그리고 크리스토퍼 렌과 그의 왕립학회 동료들이 유도한 과학의 전통적인 지혜를 받아들였다. 이에 보자르의 학생들은 등급이 매겨진 건축설계의 문제들을 풀어야만 했다. 처음에는 문제를 해결하는 대신 학생 혼자서 독방en loge에 들어가 건물의 기본 개념을 만들어내는 데 12시간이 주어졌다. 디

그림 2.30 장-샤를 아돌프 알팡의 저서 『파리의 산책』에서 발췌한 가로의 조명 디자인.

자이너로서의 학생의 학습 성취도는 최종 설계안이 초기 스케치를 얼마나 잘 완성시켰는가로 평가되었다.[21] 이 방법은 설계원칙에 관한 기존의 이론들을 수용하고 학생들이 이 원칙들을 어떻게 잘 활용하는가를 시험하는 것이었다. 이러한 교육과정은 모든 디자인을 언제나 새로운 건물 설계의 기회로 생각했던 모더니즘의 실험적 방법과는 정반대의 것이었다. 보자르 교육은 엘리베이터가 있는 건물과 철골 구조물을 부정했다. 이러한 보자르 교육은 건축에 부정적 영향을 끼쳤다. 하지만 이러한 보자르 건축이 가졌던 형태에 관한 예측 가능성은 도시설계에 많은 장점을 부여했다. 조르주 외젠 오스만은 아마도 에콜 데 보자르의 교육체계가 제시해온 건물 설계에 관한 공통된 합의에 의존했을 것이다. 이러한 공통된 견해는 20세기 초에 유럽의 블러바드를 만드는 데 사용되었으며, 당시 미국에서는 첫 번째 고층 건물이 건설되고 있었다.

파리가 미국에 미친 영향: 세계 콜롬비아 박람회, 도시미화운동

19세기 미국의 건축학교는 보자르 교육과정을 가르치기 위해 설립되었고, 우수한 학생들은 대부분 파리로 유학을 떠나 건축 공부를 계속했다. 학생들은 파리에서 보자르 교육의 가치를 확인하고 파리 곳곳에서 실제로 조성되는 새로운 파리의 모습을 확인했다. 결국 보자르 건축과 오스만 양식의 도시계획 원칙이 합쳐져 미국의 도시미화운동City Beautiful Movement이 되었다. 이런 변화

---

21 아서 드렉슬러Arthur Drexler가 엮은 『에콜 데 보자르의 건축The Architecture of the Ecole Des Beaux-Arts』(Museum of Modern Art, MIT Press, 1977)에 실린 리처드 차피Richard Chafee의 「에콜 데 보자르에서의 건축교육The Teaching of Architecture at the Ecole Des Beaux Arts」을 참고하라. 학생들은 최종 설계안이 자신들의 작품이라는 것을 증명하기 위해서 프로젝트 초기에 그린 스케치 디자인을 따르도록 요구되었다. 그러나 이러한 요구는 개념이 결과적으로 도출되는 것이 아니라 설계 과정 초기에 만들어지는 것이라고 당연하게 받아들이게 되는 결과를 초래했다.

그림 2.31 1893년 시카고 박람회의 명예 법원.

는 시카고에서 1893년에 열린 세계 콜롬비아 박람회World's Columbian Exposition 에서 보자르 건축양식으로 설계된 중심 건물군의 대중적 성공으로 시작되었다. 박람회의 위원장인 다니엘 번함Daniel Burnham의 지휘하에 건축가들은 중앙 호수 주변에 있는 명예 법원Court of Honor의 건물을 위해서 조경설계가인 프레더릭 로 옴스테드Frederick Law Olmsted와 그의 젊은 동료인 헨리 코드먼Henry Codman의 배치설계안을 따르고, '프랑스 학교의 고전건축French Academic Classicism' 에 기반을 둔 유사한 설계요소를 이용하며, 대칭축이나 코니스 라인과 같은 요소들을 조율하기로 동의했다. 설계 과정에서 두 건축설계사는 자발적으로 그들이 설계를 맡은 건물 중앙부의 돔을 제거하여 호수 최상부에 있는, 리처드 모리스 헌트Richard Morris Hunt가 설계한 행정건물의 권위를 지켜주었다(그림 2.31).

다니엘 번함은 보자르 교육의 학위를 갖고 있지 않았지만, 비교적 과거의 인습 타파주의자인 루이 설리반Louis Sullivan을 비롯하여 박람회의 주요 건축가들은 대부분 파리에서 공부했다. 모르타르 그물 철망인 라스lath와 플라스터plaster 회반죽으로 빠르게 지어진 거대 건축물과 시민공간이었던 박람회장은 도시설계가 어떠한 환경을 만들 수 있으며, 이를 위해 도시설계는 어떠해야 하는가를 보여주려 했다. 또한 박람회장은 미국의 도시들에 적합한 시민문화의 특성이 그 도시들에 어떻게 기여할 수 있는가를 보여주었다. 그때까지 미국에서 건축가들의 전통적인 역할은 야심찬 건축 의뢰인들이 새롭게 성취한 신분을 건축적으로 표현하는 배경을 만들어주는 것이었다. 당시 미국은 새로운 부유한 나라였고, 1893년 박람회 건축가들은 이 행사를 통해 미국이 새로운 문화유산을 신속하게 조성할 수 있기를 바랐다. 박람회는 코디네이터 건축가인 다니엘 번함을 국가적 인물로 만들었다. 이후 번함은 미국건축사협회American Institute of Architects의 의장으로 선출되었고, 곧 그는 정부의 공공건축의 정치 세계와 연결되었다. 번함은 결국 컬럼비아 특별구의 상원 위원회Senate's District of Columbia Committee 의장인 제임스 맥밀런James McMillan 상원의원의 발의로 1901년에 만들어진 세너트 파크 커미션Senate Park Commission의 위원장이 되었다. 당시 커미션의 다른 위원으로는 1895년 아버지의 설계사무소의 감독을 인계받은 프레더릭 로 옴스테드 주니어Frederick Law Olmsted Jr.와, 시카고 박람회의 설계와 관련해 가장 예리한 건축적 지성을 가졌으며 번함의 가장 친한 친구가 된 매킴, 미드 앤 화이트McKim, Mead and White 설계사무소의 찰스 매킴Charles F. McKim이 있었다.[22]

---

22 찰스 무어Charles Moore(번함의 오랜 보조원으로, 건축가 찰스 무어Charles W. Moore가 아님), 『다니엘 번함, 건축가, 도시계획가Daniel H. Burnham, Architect, Planner of Cities』(Da Capo Press, 1968; 초판은 1921년 출간); 토머스 하인스Thomas S. Hines, 『시카고의 번함Burnham of Chicago』(Oxford University Press, 1974). 더욱 독특한 견해를 살펴보고 싶다면 『시민 전쟁에서 뉴딜까지의 미국 도시The American City from the Civil War to the New Deal』(MIT Press, 1979)에 실린 마리오 마니에리-엘리아Mario Manieri-Elia가 쓰고 바버라 루이지아 라 펜타Barbara Luigia La Penta가 번역한 「'제국의 도시'를 향하여: 다니엘 번함과 도시미화운동Toward an 'Imperial City': Daniel H. Burnham and the City Beautiful Movement」을 보라. 다니엘 번함과 에드워드 베넷Edward H. Bennett이 1909년에 쓴 『시카고 계획안Plan for Chicago』은 1970년 Da Capo Press에서 재출간되었다.

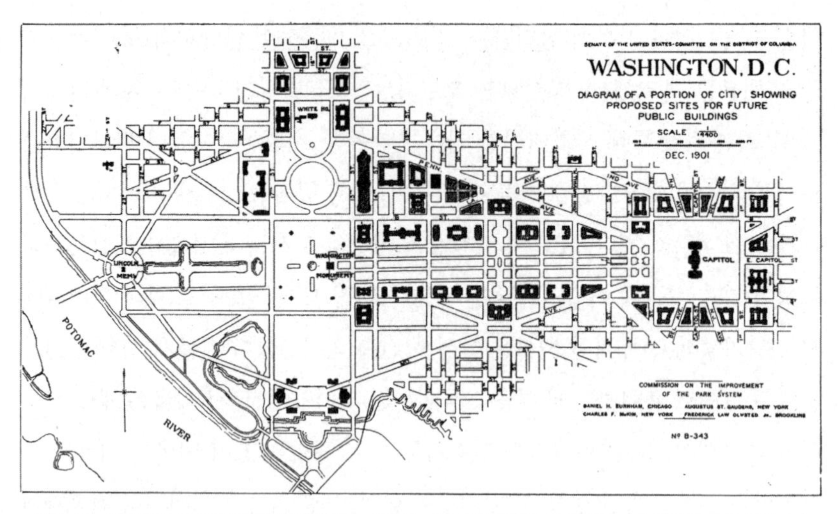

그림 2.32 맥밀런의 워싱턴 디시 도시계획안은 랑팡의 계획안의 핵심을 잘 복원했지만 백악관과 국회의사당으로부터의 경관을 막았다.

맥밀런 계획안McMillan Plan이라 불리는 파크 커미션의 계획안은 피에르 샤를 랑팡의 본래 설계 내용을 회복시켜 더 정교하게 만들었고, 이후 다음 40년 동안 워싱턴 디시에서 페더럴 트라이앵글Federal Triangle, 링컨 기념관Lincoln Memorial과 제퍼슨 기념관Jefferson Memorial을 포함한 기념비적인 연방정부 건물들을 위한 계획의 기초가 되었다. 다니엘 번함은 국회의사당 앞의 몰Mall에서 기차선로들과 역을 외부로 이전하는 타협을 성공적으로 이뤄냈다. 이를 위해 캐피톨 힐Capitol Hill의 북쪽에 유니언 역이 대체 역으로 새롭게 조성되었으며, 연방정부는 철도 선로를 몰의 지하부로 이전하는 터널 공사의 비용을 부담하는 데 합의했다. 몰은 피에르 샤를 랑팡이 초기에 의도한 프랑스식 정원설계와 조화를 이루도록 다시 계획되었다. 이에 따라 스미스소니언Smithsonian 앞에 있는 앤드루 잭슨 다우닝Andrew Jackson Downing의 풍경화 양식의 영국식 정원을 포함하여 여러 부수 시설들이 제거되었다. 또한 지하의 지반 문제로 국회의사당과 백악관의 축들로부터 벗어나 위치했던 워싱턴 기념탑Washington Monument을 몰 중심부에 배치하기 위해 몰을 약간 틀어 다시 배치했다(그림 2.32).

찰스 매킴은 백악관의 축을 인식할 수 있는 워싱턴 기념탑에 대한 상세 계획을 작성했으나 실현되지는 못했다. 찰스 매킴은 과거 피에르 샤를 랑팡이 열어놓은 백악관과 국회의사당으로부터 이어지는 경관을 링컨 기념관과 조수

독Tidal Basin(수문으로 조수를 조절하는 독 — 옮긴이)으로 닫아놓았다. 이로 인해 웅장한 워싱턴 디시의 전반적인 배치가 좀 더 독립적이며 정적으로 보이게 되었다. 이러한 경관 축의 차단은 찰스 매킴의 파트너인 스탠퍼드 화이트Stanford White가 토머스 제퍼슨의 버지니아대학교의 축을 3개의 건물군으로 폐쇄한 것과도 유사했다.

하지만 랑팡의 계획안과 웅장한 워싱턴 디시를 보전하려는 가장 중요한 조치는 1898년에 만들어졌다. 당시 상원의원인 맥밀런이 주도한 '컬럼비아 특별구 위원회District of Columbia Committee'는 내화성이 없는 건물에 대해서는 60피트(18.3m), 주거 가로에 접한 모든 건물에 대해서는 90피트(27.4m), 그리고 가장 넓은 가로에 접한 건물에 대해서는 110피트(33.5m)의 높이 제한을 추천했으며, 의회는 이를 곧 입법화했다.[23] 다니엘 번함이 과연 이러한 법의 제정이 워싱턴 디시의 기념비성을 표현하는 도시설계를 보전하는 데 얼마나 중요한가를 이해했는지는 확실하지 않다. 건물 높이 제한에 관한 이슈는 커미션이 일을 개시할 때까지 해결되었을 것이며, 그때부터 제2차 세계대전까지 워싱턴 디시에는 고층 건물에 대한 요구도 그리 많지 않았다. 이후 워싱턴 디시에는 건물 높이 제한을 어기려는 많은 개발 제안들이 있었으나, 지금까지 높이 제한은 작은 개정을 제외하고는 계속 유지되고 있다.

이러한 건물 높이의 제한은 1909년에 발표된 다니엘 번함의 시카고 계획안 Chicago Plan의 성공과 실패에도 매우 중요한 요소가 되었다. 시카고 계획안은 '도시미화운동'으로서 가장 유명한 도시계획안이었고, 도시설계 역사에서 전환점이 되는 문서이기도 했다. 다니엘 번함이 고향인 시카고의 도시계획안을 준비해달라는 부탁을 받을 때, 그는 클리블랜드의 시민센터, 마닐라Manila와 필리핀의 여름철 수도인 바기오Baguio의 계획안, 그리고 에드워드 베넷Edward

---

23 워싱턴 디시가 1894년 건물 높이 규제안을 제정한 후 엘리베이터가 설치된 건물들이 건립되기 시작했다. 그 이유는 지역 주민들이 고층 아파트를 반대하는 시위를 벌였기 때문이다. 규제안은 아파트의 건물 높이를 90피트(27.4m)로, 오피스 건물의 높이를 110피트(33.5m)로 제한했다. 이 지방법은 1898년과 1910년에 국회 제정법으로 확정되었으며, 이후 규제가 완화되어 최고 건물 높이 규제는 넓은 가로에 면하고 있는 경우에만 적용되었다. 미세한 개정이 있었으나 이 높이 규제는 계속 유효하다.

그림 2.33 시카고의 주요 시민단체는 1909년 다니엘 번함의 시카고 도시계획안을 따라 시카고의 기존 가로 체계 위에 파리식의 블러바드를 겹쳐놓았고, 호수 변에 일련의 기념 공원들을 조성하기 위해 철도선을 재배치했다.

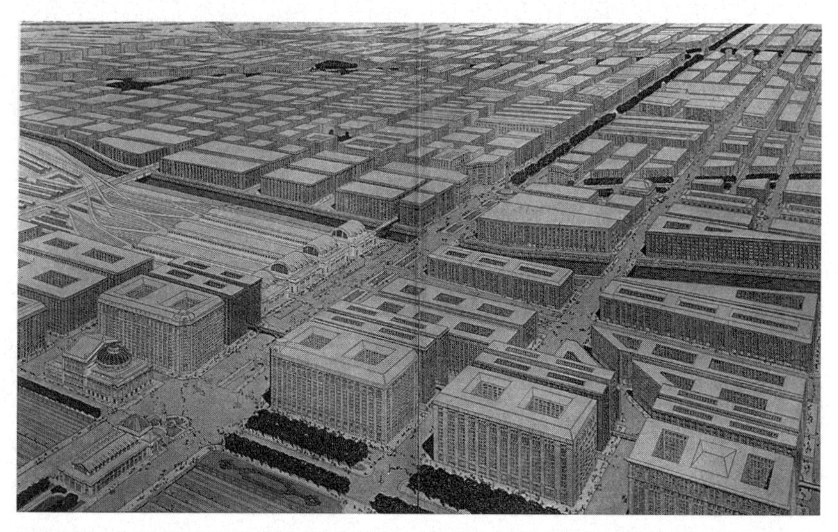

그림 2.34 다니엘 번함은 시카고에서 13층의 건물 높이 규제를 제안했지만 이를 실행할 법적 규제가 없었다.

Bennett과 함께 1906년의 대지진과 대화재의 하루 전에 제출된 샌프란시스코 계획안을 완성했었다. 샌프란시스코 계획안은 마켓 스트리트Market Street에 있는 시의 건물군이 도시를 가로질러 뻗어 나가는 오스만 양식의 애비뉴에서 중심이 되었던 종합적인 설계였다. 하지만 당시 샌프란시스코의 대지진과 대화

그림 2.35 시카고 도시계획안은 시카고 강(Chicago River)이 있는 곳에 파리의 도시풍경을 제안했다.

재는 이런 기본 설계안의 실행을 어렵게 만들었다. 샌프란시스코의 경우에도, 1666년 런던에서처럼, 최우선의 과제는 도시를 재구성하는 것이 아니라 도시가 다시 작동되도록 하는 것이었다. 그러나 샌프란시스코 도심의 공공건물군은 입지가 조금 수정되었을지라도 기본 설계안에서 제안된 것과 유사하게 조성되었으며, 공원계획안의 몇몇 요소들도 실행되었다.

비록 다니엘 번함과 에드워드 베넷의 시카고 도시계획안의 목적이 도시를 아름답게 하는 것이었으나, 관련된 교통계획의 이슈도 신중히 고찰되었다. 이들의 도시계획안은 당시 시카고의 그리드식 가로 체계에 파리의 블러바드를 올려놓은 것으로, 철로선을 재구성하여 호수 변에 기념비성을 갖는 일련의 공원들을 배치했다(그림 2.33 ~ 2.35).

현재 시카고의 조경 설계된 호수 변과 미시간 애비뉴Michigan Avenue의 블러바드는 당시 시카고 도시계획안의 결과이다. 특히 이러한 결과는 대규모의 대시민 홍보 캠페인을 통해 가능했다. 그러나 시카고 계획안은 도시계획이 갖는 설득력을 높여주고 민간 투자자들에게 계획안의 방향을 따르도록 규제하는 워싱턴 디시의 건물 높이 제한과 같은 메커니즘을 갖고 있지 못했다. 시카고 도시계획안의 마지막 장은 월터 피셔Walter L. Fisher가 쓴 법적 견해서이다. 월터 피셔는 이 글에서 시카고 시의 융자 능력을 높여주는 입법이 필요하며, 시카고 시가 공원, 공공건물, 그리고 새로운 가로를 건설하는 데 법적 제약이 없다는 것을 말해준다. 하지만 월터 피셔는 조르주 외젠 오스만이 파리에서 사용한 토지수용 체계의 시카고 적용에 관해서는 확신이 없었다. 실제로 그는 공공의 목적으로 개인으로부터의 토지수용을 정당화할 수 있는지 의문을 갖고 있었다. 월터 피셔는 일리노이 주가 이러한 토지수용을 가능하게 하는 법을 입법화한다면 이 문제가 해결될 수도 있으나, 연방법원이 일리노이 주의 이런 입법 행위를 합헌으로 볼 것인가에 대해서는 모호한 견해로 결론을 내렸다.

당시 유럽에서는 조닝 규제zoning ordinance가 제정되어 이미 법률적 효력을 발휘하고 있었으며, 이후 4년 후에는 뉴욕 시의 조닝 규제에 관한 연구가 시작되었다. 하지만 월터 피셔뿐 아니라 어느 누구도 이러한 조닝 규제를 도시의 기념비성을 표현하는 도시계획안의 실현 메커니즘으로 생각하지 않았다. 다니엘 번함은 고층 건물이 그가 제안하는 시카고 도시계획안의 장애물이라는 것을 알았어야 했다. 다니엘 번함이 도시계획안을 작업하던 몇 년 동안 그의 사무실에서는 고층 건물을 설계했다. 그의 시카고 도시계획안은 엘리베이터가 설치되는 고층 건물의 높이를 통일시키면서 건물의 높이 문제를 해결하려 했으나, 이를 실행화할 법적 구속력을 갖는 메커니즘이 없었다. 또한 동일하게 건물 높이를 규제하려는 노력은 시카고 비즈니스 구역에서 서로 다른 부동산 가치의 문제와 충돌했다.

파리 합의와 모던 도시계획의 시작: 캔버라, 뉴델리

시카고 도시계획안은 잠시 동안 마치 파리의 도시설계 콘셉트를 새로운 대도시(메트로폴리스)에 활용한 것처럼 보였다. 영국 왕립건축사협회Royal Institution of British Architects는 1910년 타운 계획Town Planning을 주제로 다니엘 번함을 주요 발표자로 하고 시카고 계획안과 워싱턴 디시 계획안을 전시한 국제회의를 후원했다. 이 국제회의 참여자들에게는, 마치 기념비적인 도시 중심부, 철도 기반의 산업구역, 철도로 연결된 전원교외의 저밀도 주거지들이 도시설계와 도시개발의 완벽한 시스템을 제공할 것처럼 보였다. 이에 관해서는 3장에서 설명한다.

오스트레일리아의 신수도인 캔버라의 도시설계는 런던 국제회의와 1909년 미국에서 개최된 첫 번째 도시계획 회의가 도시설계로부터 무엇을 기대했는가를 보여주는 좋은 사례이다. 1912년 국제설계전에서 우승자는 시카고의 건축조경설계가들인 월터 벌리 그리핀Walter Burley Griffin과 매리언 마호니 그리핀Marion Mahony Griffin이었다. 이들은 과거 프랭크 로이드 라이트Frank Lloyd Wright 설계사무소의 직원이었다. 엘리엘 사리넨Eliel Saarinen의 설계안이 2등, 프랑스인인 도나-알프레드 아가슈Donat-alfred Agache의 설계안이 3등을 했다. 당선안은 본질적으로 전원도시garden city를 제안했다. 하지만 계획안에는 다니엘 번함과 에드워드 베넷의 시카고 도시계획안의 설계에서처럼 기념비적인 중심부를 가지고 도시계획안의 매력을 높였다.

피에르 샤를 랑팡과 마찬가지로 그리핀 부부는 부지의 지형을 원과 직선을 이용한 공간 구성의 기본으로 이용했다. 3개의 언덕들은 국회의사당, 공공환경의 중심부, 상업활동의 중심부 위치를 나타내며 길고 곧은 가로들로 연결되어 이등변삼각형을 구성한다. 국회의사당은 삼각형의 꼭짓점으로 여기에서부터 토지의 축이 삼각형을 이등분하며, 행정의 축인 이등변삼각형의 밑변을 지나, 도시의 경계로서 자연경관의 중심인 에인즐리 산Mount Ainslie까지 연장된다. 꼭짓점과 이등변삼각형 밑변 사이의 절반 거리에 하천의 하구를 지나는 물의 축이 있으며, 여기에 토지의 축이 모이도록 계획되었다. 물은 3개의 언덕 사이의 계곡을 지나며 몰롱글로 강 계곡Molonglo River Valley으로 모여 흐른다. 꼭짓점에 근접한 삼각형 부분은 정부 건물들의 입지로서 토지의 축을 중심으로 대칭적으로 밀집되어 있다(그림 2.36).[24]

인도에 도시계획으로 조성된 수도 뉴델리 또한 웅장한 중심부를 가진 전원

24 캔버라에 대해 좀 더 알고 싶다면, 월터 벌리 그리핀Walter Burley Griffin의 『연방도시The Federal City』와 제임스 비렐James Birrell의 『월터 벌리 그리핀Walter Burley Griffin』(University of Queensland, 1964)을 보라.

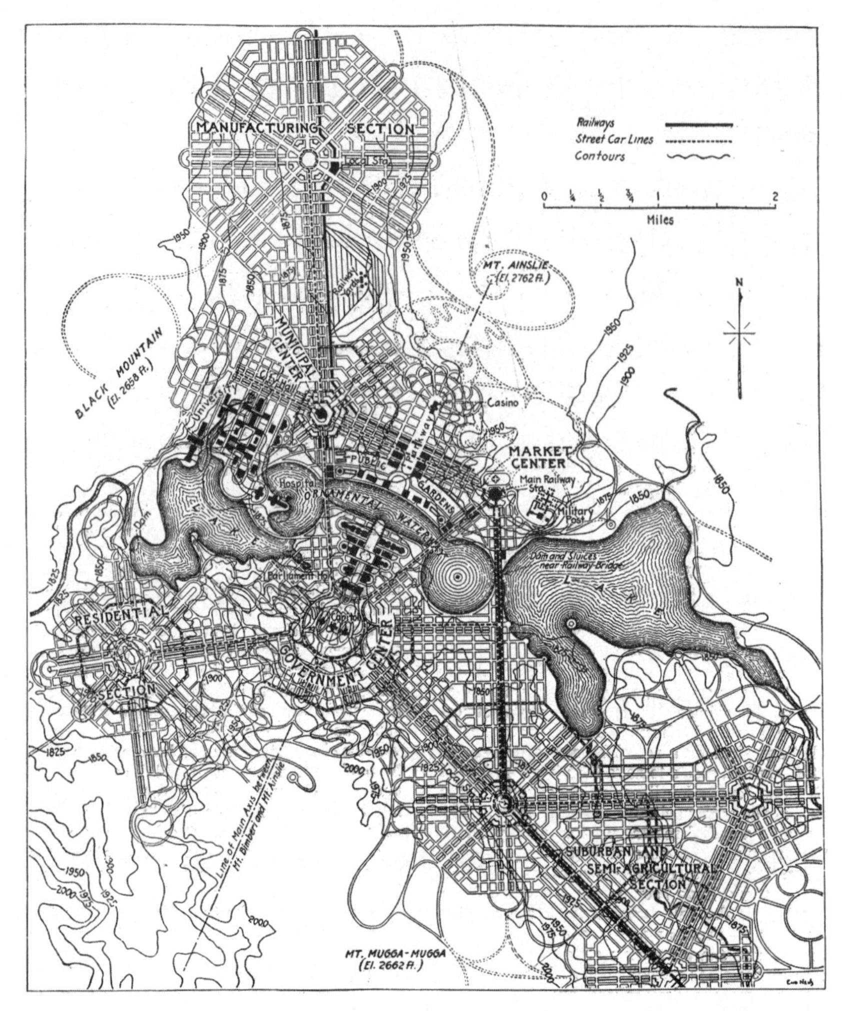

그림 2.36 1912년 공모전의 당선작인 월터 벌리 그리핀과 매리언 마호니 그리핀의 캔버라 도시계획안.

도시이다. 에드윈 러티언스Edwin Lutyens와 허버트 베이커Herbert Baker, 그리고 델리타운계획위원회Delhi Town Planning Committee의 위원들이 1913년 3월 말 완성한 뉴델리 설계안의 초기 단계에서 캔버라 설계 공모전에서 당선된 그리핀 부부의 설계안과 상이한 7개의 출품작들이 참고가 되었다.[25] 이러한 뉴델리

25 로버트 그랜트 어빙Robert Grant Irving의 『인디언 서머, 러티언스, 베이커, 그리고 제국적인 델리Indian Summer, Lutyens, Baker and Imperial Delhi』(Yale University Press, 1981)는 신수도 계획에 관한 다수의 설명과 도해로 구성되어 있다.

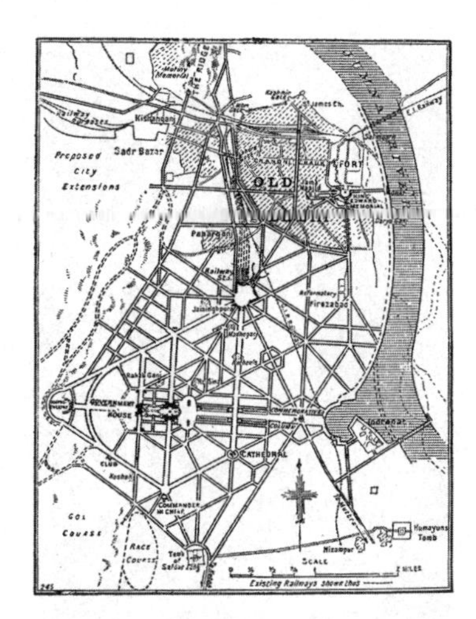

그림 2.37 1913년에 완성된 에드윈 러티언스와 허버트 베이커의 뉴델리 도시계획안.

의 도시설계 초안은 제국의 프로그램으로 처음에 고려되지 않았던 국회의사당이 추가되면서 수정되었다. 이 초기 안은 많은 차이점들을 가지고 있으나 그리핀 부부의 설계안이 보여준 기하학적인 대칭적 배치와 상당히 유사하다. 뉴델리의 동서 방향 중심축은 인접지에서 가장 높고 넓은 고지에 위치한 식민지 총독의 궁전과 행정사무국에 그 중심부를 두고 있다. 행정사무국 건물을 관통하는 남북의 축은 2개의 이등변삼각형의 기초를 형성한다. 서쪽의 삼각형은 식민지 총독의 궁전과 정원을 포함한다. 동쪽의 삼각형 꼭짓점에는 기념비적인 아치 구조물이 있어, 역시 기념비적인 애비뉴의 종점이 된다. 애비뉴는 행정사무국 건물들 사이를 통과해 식민지 총독의 궁전에서 종료된다. 중앙의 애비뉴의 중간쯤에 교차하는 축은 원형의 상업 중심부인 코넛 플레이스Connaught Place까지 북쪽으로 연결된다. 이러한 특성은 캔버라의 시민센터 중심부와 여러 관점에서 유사하다. 이 축은 모든 기념비적인 정부기관 콤플렉스를 포함하는 더 큰 이등변삼각형의 꼭짓점을 형성한다. 중앙의 애비뉴에서 60도 방향으로 또 다른 중요한 경관의 축이 있으며, 이는 코넛 플레이스를 관통해 행정사무국 건물들과 올드 델리Old Delhi의 중심에 입지한 이슬람대사원인 자마 마스지드Jama Masjid를 연결한다. 이후 의회 건물은 이 경관의 축 위에서 행정사무국 건물의 북동쪽인 자마 마스지드와 연결되도록 입지한다(그림 2.37).

뉴델리에 있는 궁전과 행정사무국 건물은 20세기의 가장 위대한 건축물로 평가되고 있다. 에드윈 러티언스와 허버트 베이커는 이 기념비적인 건축으로 다른 모던 건축가들이 이룰 수 없었던 모던 건축에서의 활력을 획득할 수 있었다. 이러한 결과는 아마도 건축물들의 프로그램이, 건설이 시작되었을 때 이미 시대착오적이었던 전제정부를 위한 것이었음에도 매우 전통적이었기 때문이었을 것이다.

파리 합의Parisian Consensus는 전통 도시설계의 옹호자로부터 반대를 받았다. 카밀로 지테Camillo Sitte는 오스만 양식의 도시계획에 대한 비판으로 그의 저서인 『예술 원칙에 근거한 도시설계』[26]를 1889년 비엔나에서 처음 출판했다. 지테는 잘츠부르크와 이후 비엔나의 장인들을 위한 공립학교 학장으로서 장인 전통의 옹호자였다. 지테는 기존의 위대한 시민공간들의 분석을 통해 도시설계 원칙들을 찾아내고자 했다. 그는 책에서 중세 시대의 다수의 타운 광장들뿐만 아니라 위대한 르네상스의 광장들에 관심을 가졌다. 카밀로 지테에게는 교황 식스투스 5세 때부터 도시설계를 지배하며 대부분의 도시미화 계획안의 핵심 요소로 자리 잡은 길고 곧은 애비뉴가 그가 강조했던 적정 규모의 공간 개념보다 중요하게 여겨질 수 없었다. 특히 그가 주장한 주요 차이점은 애비뉴의 종료 공간이었다. 지테는 적정한 공간을 둘러싸고 정의하는 것이 사방으로 퍼져 나가는 애비뉴를 따라 주요 건물들이 만들어내는 경관보다 중요하다고 생각했다. 그는 특히 교차로의 중앙부에 위치한 파리의 오페라 극장Paris Opera에서와 같은 건물 배치에 반대했다. 지테는 이러한 공공 기능을 갖는 주요한 건물들은 그 주변 환경으로 정의되어야 한다고 주장했다. 그는 저서에서 비엔나의 포티프 성당Votivkirche과 다른 주요 건물들이 더 작은 주변 구조물들과의 주변 환경 속에서 더 좋아질 수 있는 방법을 다이어그램으로 설명했다(그림 2.38).

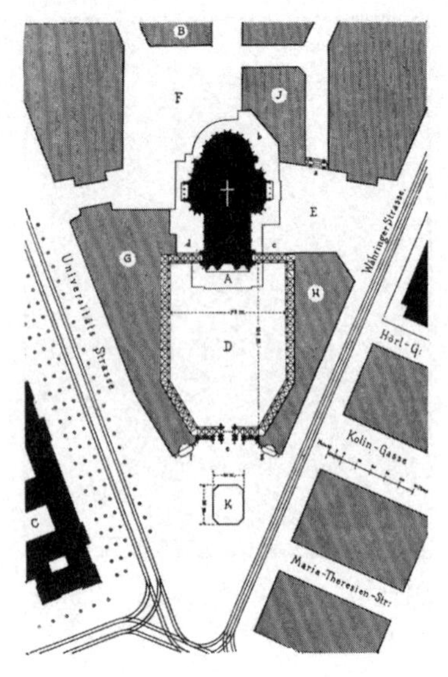

그림 2.38 비엔나의 포티프 성당 주변 구역을 위한 카밀로 지테의 계획안.

카밀로 지테의 저서는 중세 시대 도시 형태의 부활을 유도했으며, 이에 그는 종종 낭만파romantic적이며 비정형의 도시 형태와 구불구불한 가로의 옹호자로 분류된다. 하지만 지테는 도시계획의 실무자로서 정연한 교통의 흐름과 토지 합필land assembly과 같은 현실적인 문제들을 최소화하고자 했다. 이에 그

26 이 책의 원제는 'Der Stadte-Bau nach seinen Kunsterischen Grundsatzen'이며, 1889년 비엔나에서 초판이 발행되었다. 조지 콜린스George R. Collins와 크리스티안 콜린스Christiane C. Collins의 번역본은 1965년 랜덤 하우스(Random House)에서 『예술 원칙에 근거한 도시설계City Planning According to Artistic Principles』라는 제목으로 출판되었다. 동일 저자들의 『카밀로 지테와 모던 도시계획의 탄생Camillo Sitte and the Birth of Modern City Planning』(Random House, 1965)도 참고할 수 있다.

는 필요한 장소에는 곧은 가로와 직사각형의 도시 블록을 사용했다. 그럼에도 불구하고 카밀로 지테는 전원도시와 전원교외지의 도시설계에 사용된 풍경화적인 건축 배치방법에 영향을 주었다.

파리 양식 도시설계의 쇠퇴

카밀로 지테는 도시환경의 고층 건물에 관해서는 조르주 외젠 오스만보다 그 이상의 견해를 갖고 있지 않았다. 르코르뷔지에와 그의 모더니즘 동료들은 철골 구조와 승객용 엘리베이터로 가능해진 고층 건물이 계단을 이용해 인간이 올라갈 수 있는 최대 거리 이상으로 높아질 수 없다는 가정을 품고 있던 전통 도시설계의 기반을 약화시킬 것이라고 생각했다. 고층 건물은 대규모의 도시 성장을 독립되고 분절된 대규모의 덩어리로 유도했다. 따라서 고층 건물은 결국 도시구역이 비교적 통일된 밀도로 점진적으로 개발되어야 한다는 가정을 약화시켰다. 승객용 엘리베이터는 사회가 요구하는 토지의 가치를 말해주었다. 곧 승객용 엘리베이터는 어떠한 높이든지 건물의 소유자들이 원하는 건물의 높이를 선택할 수 있도록 해주었다.

엘리베이터는 상용화가 시작된 초기에 대부분의 나라에서 도시계획의 시급한 이슈로 간주되지는 않았다. 제1차 세계대전과 제2차 세계대전 사이의 기간에 고층 건물은 북아메리카를 제외하고는 비교적 시공되지 않았다. 그리고 오래된 도시의 중심부에 조성된 모던 건축물들은 주변의 가로 전면부와 어울리는 형태를 갖고 있었다.

북미에서는 파리에서처럼 조닝 코드 규제를 수단으로 건물 높이와 건물 밀도를 규제하고 유지할 수도 있었을 것이다. 하지만 조닝 코드 규제는 경제적인 현실에 반할수록 그 실행이 더 어려워진다. 1893년 박람회와 1929년 이후의 경제 침체기 사이에 도시미화운동의 영향을 반영한 수많은 도시계획안들 중에서, 그 어떤 도시계획안도 고층 건물과 기타 민간 투자를 도시설계로 유도할 성공적인 방법을 찾아낸 것은 없었다. 결과적으로 이러한 도시계획안들은 공원 체계와 기념비적인 공공건물군을 실제로 조성시키지 못하며 후대에게 미완성의 과제로 남겨놓았다. 하지만 워싱턴 디시는 단일하고 논리 정연한 모습을 보여주었는데, 이는 건물의 높이 제한과 기념비적인 중심부가 도시의 대부분의 성격을 결정해왔기 때문이다.

그림 2.39 뉴욕 시 록펠러 센터의 1932년 스케치는 5번가에 맞닿은 대칭의 2개의 파빌리온 건물들이 어떻게 부지 중앙부의 고층 오피스 건물과 어울려 배치되어 있으며, 또 어떻게 이 고층 건물을 가로의 스케일로 연결시켜주는지를 보여준다.

1916년 입법화된 뉴욕 시의 첫 번째 조닝 규제zoning ordinance는 간결화된 전통 도시설계 원칙들을 법적 필수품으로 만들어놓았다. 건물은 가로의 폭에 수학적으로 비례하는 건물 높이를 취하고, 이에 따라 건축선으로부터 후퇴되어야 했다. 이는 18세기 이후 파리에서 시행되었던 도시설계 규제의 진일보한 결과물이었다. 뉴욕 시의 센트럴 파크Central Park, 리버사이드 파크Riverside Park 또는 파크 애비뉴Park Avenue를 직면하고 있는 아파트 건물들의 저층부가 보여주는 일관성은 1916년 조닝 규제에 근거한 결과이다(1916년 조닝 규제는 1961년에 완전히 개정되었다). 이 사례들은 비록 통일성 규모의 관점에서 비교될 수는 없으나 파리식 블러바드와 유사한 결과물들이다. 한편 이 조닝 규제가 맨해튼의 미드타운midtown과 월 스트리트Wall Street 구역들에서는 도시설계의 연속성을 만들어내는 데 덜 성공적이었다. 조닝 규제의 작성자들은 건물의 바닥층 면적이 층수에 비례해 점점 줄어들어야 한다는 건축선 후퇴setback의 논리와 시장의 경제성은 상반된다는 것을 인지하고 있었다. 당시 조닝 규제는 캐스 길버트Cass Gilbert의 1913년 울워스 빌딩Woolworth Building의 예시를 통해 고층 건물이 필지 면적의 25% 이하의 면적까지 건축선 후퇴를 하면 그 위치부터는 높이 제한을 받지 않는다고 작성되어 있었다.

록펠러 센터Rockefeller Center는 1931년 고층 건물들을 배치하려는 시도로 전통 도시설계 개념을 이용해 현재 형태로 완성되었다. 라인하르트 앤 호프마이스터Reinhard & Hofmeister, 코벳, 해리슨 앤 맥머리Corbett, Harrison and MacMurray, 그리고 후드 앤 푸이유Hood and Fouilhoux의 설계사무소들을 지휘한 레이먼드 후드Raymond Hood는 RCARadio Corporation of America(지금의 제너럴 일렉트릭General Electric) 건물과 APAssociated Press 건물들의 축을 만들기 위해 5번가Fifth Avenue에 두 쌍의 6층 건물들을 배치했다(그림 2.39). 진입부 정원과 연결된 축 위의 고층 건물은 70층임에도 불구하고 보자르 도시설계 전통에 가깝게 보인다. 하지만 콤플렉스의 부지 내에서 거대한 RCA 건물과 기타 고층 건물들 간의 관계를 설명하는 배치의 논리는 없다.

록펠러 센터의 시공은 세계 경제 대공황 전에 시작되어 엄청난 개인의 재력으로 진행되었다. 이에 록펠러 센터는 도시설계의 초점이 민간의 투자에서 정부의 참여로 전환되는 당시의 변화에서 예외적인 사례이다. 당시 모더니즘 아이디어에 근거한 도시설계가 정부 보조의 주택과 기타 정부 프로젝트에서 실험되었던 시기였으나, 정부 건물들의 형태적 표현을 위해서는 기념비적인 건물군이 선호되며 계속해서 시공되었다.

전통 도시설계와 전체주의 권력: 베를린

나치의 이데올로기는 모던 건축을 타락한 것으로 간주했으며, 고층 건물과 철제 구조의 시공에 대해서도 회의적이었다. 비엔나 미술학교Vienna's Academy of Fine Arts의 건축대학으로부터 입학이 거절되었던 아돌프 히틀러Adolf Hitler는 그의 공식 건축가인 알베르트 슈페어Albert Speer의 건축 스튜디오에 자주 방문하여 1939년 베를린 계획안1939 Plan for Berlin의 진행 상황을 확인하고 자신의 의견을 제안했다. 히틀러는 조르주 외젠 오스만의 파리와 비엔나 링슈트라세의 기념비적인 건물들을 찬양했으며, 그의 수도인 베를린이 그것을 능가하게 만들고자 했다.

베를린의 도시계획안은 그 당시의 다른 도시계획안들과 유사한 점들이 있었다. 베를린 도시계획안은 도시 조직을 유지하면서 정부 행정 건물들과 민간 건물들이 연속적으로 줄지어 기념비적인 거대한 블러바드들을 조성하려 했다. 정부는 토지를 합필시켰으며, 이후 각각의 필지들은 다른 정부기관들에 배정되거나 본사의 공개행사 장소 조성에 관심이 있는 민간 기업에 매각되었다. 블러바드 설계는 당시 철도 시스템의 개발계획안과 연계되어 기능적인 목적을 띠고 있었으며, 연속된 블러바드들의 끝에는 기차역들이 조성되었다(그

림 2.40).[27]

알베르트 슈페어가 1937년에 설계한 새로운 수상관청New State Chancellery은 워싱턴 디시를 포함해 1930년대의 다른 수도들의 건축과 크게 다르지 않았다. 그리고 새로운 블러바드들을 위한 대부분의 정부 건물들의 건축은 페터 베렌스Peter Behrens가 설계한 AEG 본사 건물처럼 민간 건축물들과 유사했다. 전체 프로젝트의 거대한 규모, 그리고 대강당과 개선문만이 그 뒤에 숨겨진 과도한 권력욕을 드러냈다. 당시 알베르트 슈페어는 개선문과 대강당이 민간 기부로 조성될 것이라고 주장했다. 하지만 이러한 생각은 외국 점령지들을 위한 대형 계획안과 함께 당시에 유대인들의 재산을 몰수하려는 의도를 담았다고 이해될 수 있다.

소비에트 연방은 초기에 급진적인 모던 건축가들의 가장 진보된 프로젝트들에 큰 반응을 보였다. 그러나 이후 스탈린 정권하에서 도시의 중요한 장소들을 강조하기 위해 개선문과 같은 신고전주의 건축 모티프들이 사용되었으며, 건물의 파사드들이 가로의 경계선을 정의하는 파리 스타일의 전통 도시설계로 변화되었다. 로마에서는 무솔리니Benito Mussolini가 1870년의 이탈리아 통일과 함께 오스만의 파리 개조와 유사한 방법으로 도시의 근대화를 진행했다. 무솔리니는 역사적인 과거 유적들을 강조하고 복원했으며, 특히 성 베드로 성당 앞의 베르니니Giovanni Lorenzo Bernini의 진입부 정원까지 길고 곧은 가로인 비아 델라 콘칠리아치오네Via della Concilazione를 조성하려는 오래된 도시계획안의 실현화에 주력했다.[28]

물론 거의 모든 도시들에서 고층 건물이 주요 구성요소로 등장했으며, 과거 도시 중심부에서 균일한 밀도를 가졌던 개발들이 자동차로 인해 점차 분산되었다. 하지만 나치, 소비에트, 파시스트의 이데올로기와 일반적인 권위주의의

27 케네스 프램턴Kenneth Frampton, 「제3제국의 건축에 관한 개요A Synoptic View of Architecture of the Third Reich」, ≪오포지션스Oppositions≫, 12호(1978년 봄)를 살펴보기 바란다. 같은 호에는 프란체스코 달 코Francesco Dal Co, 세르지오 폴라노Sergio Polano와 알베르트 슈페어Albert Speer의 대담 내용도 실려 있다.

28 『제3의 로마 1870~1950년, 교통과 영광The Third Rome 1870-1950, Traffic and Glory』, 스피로 코스토프Spiro Kostoff의 전시 카탈로그(Berkeley, 1973).

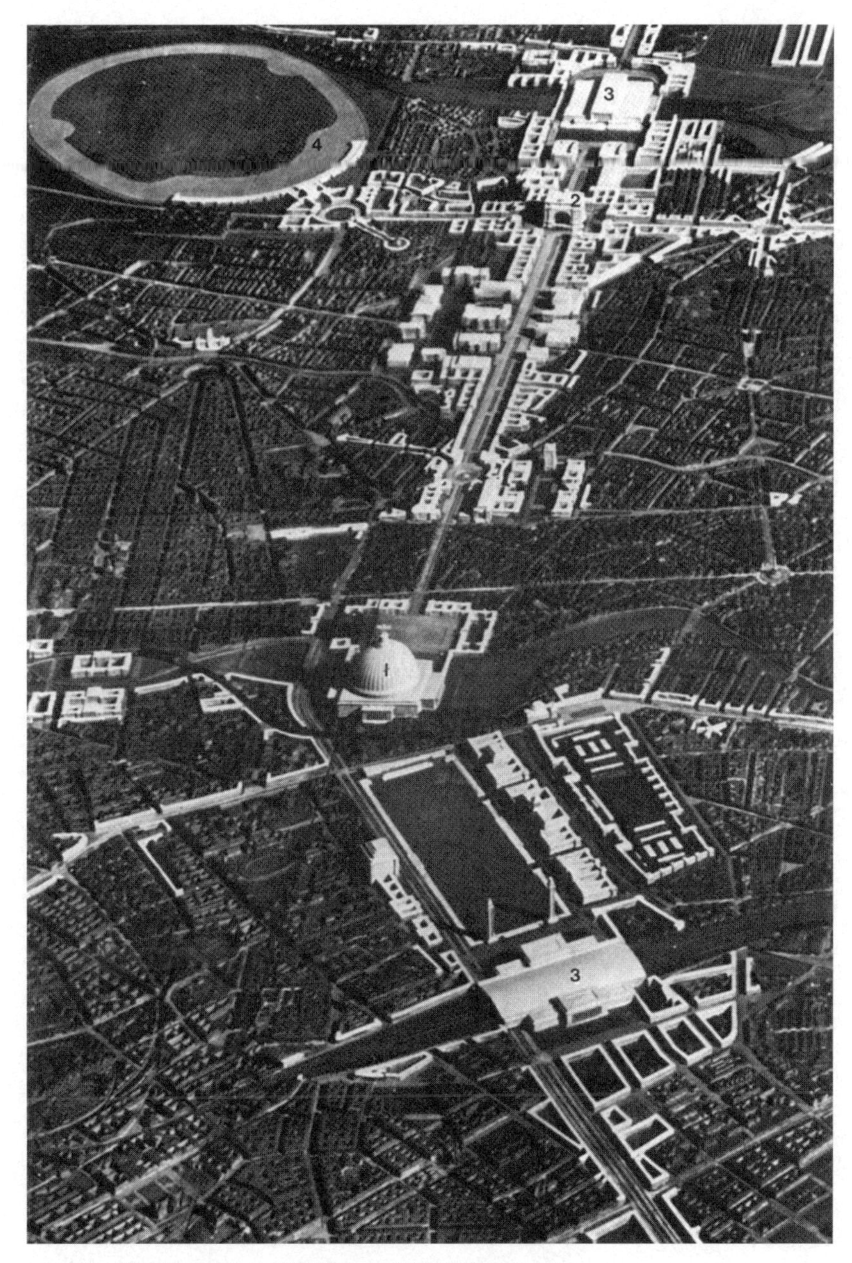

그림 2.40 알베르트 슈페어가 설계한 베를린의 역사적인 블러바드 계획안.

특성을 가진 기념비적 건축의 발견은 제2차 세계대전 이후 널리 퍼진 전통 도시계획의 아이디어들에 대한 혐오감을 쉽게 설명해준다.

모더니즘 해독제로서의 전통적인 비례

미술역사가인 루돌프 비트코워Rudolf Wittkower는 1930년대 말과 1940년대에 ≪바르부르크와 코톨드 협회지Journal of Warburg and Courtauld Institutes≫에 일련의 연속 기사들을 게재했으며, 이후 1949년에 그 기사들을 모아서 『인본주의 시대의 건축 원리Architectural Principles in the Age of Humanism』라는 저서를 출판했다.[29] 비트코워는 르네상스 건축가들이 사용한 기하학과 비례 체계에 대해 자세히 설명하면서, 모던 건축가는 이것들이 어떻게 사용되는지를 이해해야 한다고 설명했다. 이러한 연구물은 건축가들 사이에서 많은 관심을 불러일으켰으며, 런던의 한 건축 전문 서점 사장인 알렉 티랜티Alec Tiranti는 고객들을 위해서 이를 다시 출판했다.[30]

루돌프 비트코워는 저서를 통해 독자들에게 기원전 6세기 그리스 수학자인 피타고라스Pythagoras가 발견한 내용을 다음과 같이 소개했다.

> 듣기 좋은 화음은 '정수의 비'에 따라 화음을 내는 현의 길이에 비례한다. …… 2배의 길이 차를 가진 짧은 현과 긴 현을 같은 조건 아래에서 진동시키면, 짧은 현의 음높이가 긴 현의 음높이보다 한 옥타브 높을 것이다. 만약 현의 길이가 2:3의 비율이면 음의 높이 차는 5도이며, 현의 길이가 3:4의 비율이면 음의 높이 차는 4도이다. 그러므로 옥타브, 5도와 4도를 기본으로 하는 그리스 음악 체계인 화음은 1:2:3:4의 연속된 비율로서 설명할 수 있다. 이 연속된 비율은 …… 그리스인들이 알고 있던 2개의 합성화음인 '옥타브 플러스 5도octave plus fifth'(1:2:3)와 두 옥타브(1:2:4)를 포함한다.

루돌프 비트코워는 "이 믿을 수 없는 엄청난 발견이 사람들로 하여금 결국

---

29 ≪바르부르크 협회 연구Studies of the Warburg Institute≫, 19호. 이 호에 실린 「팔라디오 건축의 원칙Principles of Palladio's Architecture」에 관한 논문들은 원래 ≪바르부르크와 코톨드 협회지Journal of Warburg and Courtauld Institutes≫, 7호(1944), 102~122쪽과 8호(1945), 68~102쪽에 출간되었던 내용이다. 이 책의 다른 내용들도 이 연구지의 과거 출간물들이다.

30 티랜티 판은 1952년에 출판되었다.

우주를 지배하는 신비로운 조화로움을 이해하게 한다"고 결론지었다.[31] 또한 비트코워는 『티마이오스Timaeus』에서 세상의 조화를 결정하는 숫자인 1, 2, 3, 4, 8, 9, 27에 관한 플라톤의 설명들을 요약했다. 그리고 그는 이러한 플라톤식 시스템들이 팔라디오Palladio의 『건축 4서I Quattro Libri dell'Architettura』에서 강조된 비례들proportion이며, 플라톤식 시스템들이 르네상스의 건축적 사고에 어떻게 영향을 주었는지를 설명했다.

루돌프 비트코워의 제자인 콜린 로우Colin Rowe는 1920년대에 르코르뷔지에가 설계한 주택들에서 관찰되는 기하학 체계와 비례 체계들을 팔라디오의 비례들과 직접 비교하면서 팔라디오의 설계 방법에 관한 현대적 논의에 큰 공헌을 했다. 콜린 로우의 기사는 1947년 ≪아키텍처럴 리뷰Architectural Review≫에 소개되었다.[32] 한편 르코르뷔지에는 그다음 해에 기하학과 비례 체계에 관한 관심을 근거로 건축적인 기하구조와 비례이론인 『모뒬로르Le Modulor』를 출간했다.[33] 당시 르코르뷔지에는 미터 규격을 사용했으나, 이 체계의 근원은 인간의 신장에 관한 그의 추정치라고 볼 수 있다. 본래 르코르뷔지에는 1.75미터를 사용했으나, 개정판에서는 "가장 키가 큰 사람의 신장인 6피트(1.83m)"를 이용했다(르코르뷔지에는 분명히 농구 팬은 아니었다).[34]

초기 모던 건축가들과 도시계획가들에게 비례 체계의 매력은 비례 체계가 모더니즘의 이데올로기가 설명하지 못하는 단일 건물들과 건물들의 군집을 구성하는 방법일 것 같다는 것이었다. 이러한 추상적인 관계들은 건축가들에게 고전적인 기둥, 코니스, 페디먼트, 파빌리온, 그리고 나머지 전통적인 설계 도구들을 결정해온 메커니즘의 대안으로 사용되었다. 르코르뷔지에는 그의

---

31 루돌프 비트코워Rudolf Wittkower, 『인본주의 시대의 건축 원리Architectural Principles in the Age of Humanism』, 1952년 티랜티 판, 93쪽.

32 「이상적인 빌라의 수학The Mathematics of the Ideal Villa」은 1947년 ≪아키텍처럴 리뷰≫에서 처음 출간되었고, 후에 콜린 로우가 『이상적인 빌라의 수학과 에세이들The Mathematics of the Ideal Villa and Other Essays』(MIT Press, 1976)로 출간했다.

33 프랑스어로 1948년과 1955년에 출판되었으며, 영어로 1954년과 1958년에 출판되었다. 서문에서 르코르뷔지에는 그의 모뒬로르 이론의 발전을 긴 연대기로 설명하고 있다.

34 르코르뷔지에Le Corbusier, 『모뒬로르Le Modulor』, 첫 번째 영어판(Faber, 1954), 63쪽.

설계 작품들에서 그만의 독자적인 모뒬로르 체계를 사용했다고 주장한다. 하지만 이러한 비율들이 도시설계에 거의 영향을 주지 않았음이 판명되었으며, 모던 건물들의 군을 구성하는 일관된 특성을 부여하기에는 불충분했다.

뉴욕 시 링컨센터: 모더니즘의 실패

여섯 명의 모더니즘 건축가들은 1960년대 초에 뉴욕 시의 링컨센터 콤플렉스Lincoln Center Complex의 건축설계 작업을 나누어 배정받았다. 콘서트홀은 맥스 아브라모비츠Max Abramovitz, 오페라 하우스는 월리스 해리슨Wallace Harrison이 담당했다. 필립 존슨Philip Johnson은 발레 극장Ballet Theater, 고든 번샤프트Gordon Bunshaft는 공연예술도서관Performing Arts Library, 이에로 사리넨Eero Saarinen은 레퍼토리 극장Repertory Theater, 피에트로 벨루스키Pietro Belluschi는 줄리아드 음악학교Juilliard School와 학교의 콘서트홀을 맡았다. 당시 링컨스퀘어 도시 재개발 구역Lincoln Square Urban Renewal District은 로버트 모제스Robert Moses의 많은 프로젝트 중 하나였다. 하지만 링컨센터 내의 공연예술센터Performing Arts Center는 록펠러 가족이 후원하는 프로젝트였다. 당시 메트로폴리탄 오페라Metropolitan Opera는 그들의 공연무대인 공연예술센터의 새로운 입지를 찾고 있었으며, 그 전에는 록펠러 센터의 중심 건물로 고려되어 계획되기도 했었다. 당시 존 록펠러 3세John D. Rockefeller III는 링컨센터의 사장이었다. 또한 그의 형인 넬슨 록펠러Nelson Rockefeller는 뉴욕 주 주지사로 선출되었다. 월리스 해리슨은 록펠러 가족이 후원하는 프로젝트와 오랫동안 관계해왔다. 실제로 그는 뉴욕 시에서 존 록펠러 주니어John D. Rockefeller Jr.가 유엔을 위해 매입한 부지에 유엔 본부 콤플렉스UN Headquarters Complex를 설계한 마스터 건축가였다. 또한 그는 뉴욕 주 알바니Albany에 뉴욕 주 주지사인 넬슨 록펠러를 위한 엠파이어스테이트 플라자Empire State Plaza를 설계했다. 월리스 해리슨의 파트너인 맥스 아브라모비츠Max Abramovitz는 록펠러 센터와 유엔 프로젝트를 해리슨과 함께 작업했다. 이들의 파트너십은 피츠버그의 앨코아 타워Alcoa Tower를 비롯해 많은 기업의 오피스 건물들을 설계했다. 또한 당시 아브라모비츠는 대학college과 종합대학university 건물들의 설계가로서 독립적인 명성도 갖고 있었다. 한편 필립 존슨은 뉴욕 현대미술관 MoMA: Museum of Modern Art의 현대건축 큐레이터에서 건축가로 직업을 전향하면서, 코네티컷 주의 뉴케이넌New Canaan에 그의 주택과 기타 주택들을 설계했다. 당시에 그는 우티카Utica와 포트워스Fort Worth에 박물관을 설계하고 있었다. 또 그는 루트비히 미스 반 데어 로에Rudwig Mies Van der Rohe와 뉴욕 시의 시그램 빌딩Seagram Building 설계도 함께 진행했다. 고든 번샤프트는 크게 성공한 SOM Skidmore, Owings & Merrill 건축사무소의 설계 파트너였다. 이에로 사리넨은 조각물처럼 서로 다른 의미 있는 형식을 가진 건물들의 설계로 주목받고 있었다. 당시 링컨센터의 설계 회의가 한창일 때에 그는 MIT의 크레스지 오디토리엄 Kresge Auditorium(83~84쪽 참조)과 새가 급강하하는 형태를 보여주는 아이들와일드 공항Idlewild Airport TWA 터미널의 설계자였다. 피에트로 벨루스키는 모더니즘 건축의 선구자로서, 1932년에 완공된 오리건 주의 포틀랜드에 있는 미술관, 그리고 돌출된 구조재와 대형 판유리가 본격적으로 사용되어 1948년에 완공된 포틀랜드의 에퀴터블 빌딩Equitable Building을 설계했다. 링컨센터의 설계 기간 중에 벨루스키는 MIT 건축도시 대학의 학장이었다.

이들은 각자 강력한 작업 그룹을 결성했다. 이들은 링컨센터가 차별화된 설계 아이덴티티를 가져야 하며, 개별 건물들의 단순한 모음이 되지 않아야 한다는 기본 원칙에 동의했다. 또한 이들은 링컨센터의 건물들이 주차장 상부에 조성된 플랫폼을 차지하고 콜럼버스 애비뉴Columbus Avenue와 암스테르담 애비뉴Amsterdam Avenue 사이의 62번가에서 65번가까지 대형 슈퍼블록을 형성해야 한다는 것에 동의할 수 있었다. 줄리아드 음악학교는 65번가의 상부에 지어져 다리를 통해 플랫폼과 연결되도록 계획되었다. 슈퍼블록과 지상층보다 높게 조성된 플랫폼식의 플라자는 모두 모더니스트들의 대명사였다. 하지만 건물들이 플랫폼 위에 어떻게 배치되어야 하고, 어떻게 건물들이 서로 관계할 것이며, 건물들 간의 디자인 관계는 무엇인가에 관해서는 어떤 그룹의 구성원도 설계적 특성을 주도할 수 없었으며 합의에 이르지 못할 상황이었다.[35]

35 이 내용은 음악평론가 해럴드 숀버그Harold Schonberg가 1959년 ≪뉴욕타임스≫에 쓴 것으로, 프란츠 슐츠의 『필립 존슨, 생애와 작품』 260쪽에서 재인용했다.

그림 2.41 뉴욕 시 링컨센터 플라자. 필립 존슨은 당시 이 프로젝트에 관여한 건축가들을 설득시켜 전통 도시설계 아이디어들을 이용해 링컨센터의 모던 건물들을 묶었다.

마침내 필립 존슨이 전통 도시설계 기원의 대표 사례로서 미켈란젤로가 설계한 로마의 카피톨리누스 언덕Capitoline Hill의 광장을 통해 모두가 받아들일 수 있는 타협안을 찾았다(그림 2.11 참조). 필립 존슨은 미켈란젤로 광장에서 3개의 건물이 각각의 축을 가지고 중심점에서 모인 배치와 미켈란젤로의 발명이라고 여겨지는 각 건물의 지상층부터 최고층까지 규칙적으로 나열된 다층형 건물 파사드들의 구성 방법을 제안했다. 이 3개의 건물들은 중앙부의 월리스 해리슨의 오페라 하우스, 맥스 아브라모비츠의 콘서트홀, 그리고 필립 존슨의 댄스 시어터였다. 필립 존슨은 월리스 해리슨과 맥스 아브라모비츠에게 플라자 상부에서 두 건물의 중심 로비층을 댄스 시어터의 중심 로비층과 같은 높이를 갖게 설계되도록 설득했다. 또 이들은 같은 석회 외관을 사용하기로 동의했다. 결국 중앙 플라자의 중심부에는 로마의 기마상 대신 필립 존슨이 직접 설계한 둥근 분수가 입지한다. 또한 필립 존슨의 바닥 패턴은 미켈란젤로의 패턴을 기본으로 하고 있다(그림 2.41).

물론 언덕 위에 조성된 카피톨리누스 광장과 링컨센터의 플라자 사이에는 큰 차이점들이 있다. 미켈란젤로는 기존 부지를 재조성하고 원래 그곳에 있던 요소들을 가지고 디자인했다. 그는 과장된 투시적 경관을 만들기 위해 상호 마주 보는 두 건물들의 각도를 사용했으나, 링컨센터의 세 건물들은 매우 간단하고 복잡하지 않게 배치되고 있다. 링컨센터의 얇은 철재 기둥은 카피톨리누스 언덕의 돌기둥 및 회벽과 매우 다른 비율을 가지고 있으며, 대형 유리창 등의 여러 중요한 차이점들이 있다. 무엇보다 필립 존슨은 건물군의 구성 방법을 찾기 위해 그가 중요시했던 모더니즘 이데올로기로부터 벗어나려고 노력했다. 심지어 그는 한때 플라자의 네 번째 면을 닫아주는 장식 기둥을 제안하기도 했다.

이에로 사리넨, 고든 번샤프트, 피에트로 벨루스키가 존슨의 설계 논리에 설득당한 것이라고 믿기는 어렵다. 물론 이들의 동의 과정에서 보이지 않는 요소로 작용한 것이 록펠러 가족의 후원이었다. 필립 존슨은 MoMA의 큐레이터였을 때부터 록펠러와 관계가 있었다. 넬슨과 존의 어머니인 애비 알드리치 록펠러Abby Aldrich Rockefeller는 MoMA 설립자들 중의 한 명이었다. 필립 존슨은 MoMA의 재단이사이면서 존 록펠러 3세의 아내인 블랑셰트Blanchette가 의뢰한 게스트하우스를 설계했다. 여섯 건축가들이 이론상으로 동등하다는 가정하에 필립 존슨이 월리스 해리슨과 맥스 아브라모비츠를 그의 편으로 데려오면서, 이에로 사리넨의 건물과 고든 번샤프트의 건물을 오페라하우스 옆의 부수적인 위치로 격하시키는 것이 가능했을 것이다. 또한 피에트로 벨루스키의 줄리아드 음악학교는 65번가 건너편에 위치해 있었다.

필립 존슨은 링컨센터의 설계 작업 시기에, 포트워스에 위치한 아몬 카터 미술관Amon Carter Museum의 파사드에 놓일 적당한 콜로네이드에 관해 실험하고 있었다. 아몬 카터 미술관은 모던 건축요소가 제공할 수 있는 것보다 더욱 많은 것을 요구하는 공원과 마주하고 있었다. 당시 설계의 문제점에 대한 필립 존슨의 해결책이 완벽하지는 못했으나 진단은 예리했다. 건축역사에 관한 필립 존슨의 광범위한 지식은 그의 아이러니한 감각과 조화되었다. 그는 모더니즘의 매우 중요한 지지자들 중 한 명이었음에도 모더니즘이 다양한 건물들

의 군을 배치할 수 없다는 한계를 이해했으며, 이를 보여주었다.[36]

랜드마크와 역사구역: 모던 도시계획의 비판

1962년 8월 필립 존슨을 비롯한 건축가들과 건축역사보전 운동가들은 뉴욕 시의 건축 기념물인 펜실베이니아 철도역Pennsylvania Station 앞에서 오피스 건물과 경기장을 건립하기 위한 펜실베이니아 철도역의 폭파에 반대하는 시위를 했다. 전통 도시설계가 도시의 중요한 입지에 기념비적인 건물군을 조성하던 시기에 매킴, 미드 앤 화이트McKim, Mead and White 설계사무소가 이 건물을 설계하여 1910년에 완공되었다. 그 시위는 언론 보도의 주목을 받았으나, 뉴욕 시 도시계획위원회City Planning Commission와 철거를 불가피한 것으로 받아들인 건축역사보전Historic Preservation의 주요 지지자들의 마음을 바꾸지는 못했다. 몇몇 건축가들은 도시설계의 주요 요소로서 이 건물의 높은 가치를 평가했다. 하지만 당시 대다수 건축가들은 이를 현대 도시에 더 이상 존재하지 않아도 되는 쓸모없는 유물로 생각했다. 필자가 그해 가을에 건축연맹Architectural League의 저녁 모임에서 맥스 아브라모비츠Max Abramovitz와 같은 테이블에 앉았을 때, 필자는 시위에 참여했었다고 말했다. 아브라모비츠는 이렇게 말했다. "당신 나이였다면, 나는 건물을 철거하자고 시위했을 겁니다." 그다음 해에 펜실베이니아 철도역은 철거되었다. 일상에서 필수적인 것으로 여겨졌던 건물을 잃은 것에 충격을 받은 대중의 반응은 1965년 뉴욕 시 랜드마크 보전위원회New York City Landmarks Preservation Commission가 설립되는 데 도움을 주었다. 뉴욕 시 랜드마크위원회의 첫 번째 전임위원장인 하먼 골드스톤Harmon Goldstone은 철도역의 철거를 유도한 조닝 규제의 변경을 만장일치로 승인했던 당시 뉴욕 시 도시계획위원회의 위원이었다.[37]

---

36 뉴욕 시 링컨센터는 최근 보수되었는데, 딜러 스코피디오 + 렌프로Diller Scofidio + Renfro의 설계에 의해 벨루스키의 줄리아드 음악학교 건물이 전면적으로 개조되었다.

37 크리스토퍼 그레이Christopher Gray가 2001년 5월 20일 자 ≪뉴욕타임스≫에 게재한 "과거

사우스캐롤라이나 주의 찰스턴Charleston의 역사구역은 1931년에 처음 지정되었다. 또 뉴올리언스의 비외 카레Vieux Carre는 1937년에 역사구역이 되었고, 버지니아 주의 알렉산드리아Alexandria는 1946년부터, 보스턴의 비컨 힐Beacon Hill의 보전은 1955년부터 이어져왔다. 하지만 1960년대 중반은 전통적인 도시 구역들과 펜실베이니아 철도역과 같은 도시 랜드마크 건물들의 보전이라는 관점에서 큰 전환점이 되었다. '연방정부 역사보전 법령Federal Historic Preservation Act'은 1966년에 지역사회 역사구역들의 설정과 개별 건물들의 보전에 관한 가이드라인을 포함했다. 이 법령은 또한 '국가 역사장소 등록National Register of Historic Places'이라는 등재제도를 만들었다. 이 법령과 이와 연계된 지역사회의 관련 조치들을 이끌었던 정치적 힘은 과거 역사유산에 대한 가치를 부정했던 모던 도시설계의 환상이 깨지면서 나타났다. 당시 사람들은 철거된 건물들을 좋든 나쁘든 어떤 것으로든 대체하려는 모던 건축가들과 도시계획가들을 더 이상 믿지 않게 되었다.

전통 도시에서 "삶은 보행으로부터 비롯된다"

모던 도시계획에 관한 또 다른 무게 있는 비판은 제인 제이콥스Jane Jacobs의 『미국 대도시의 죽음과 삶The Death and Life of Great American Cities』이라는 저서에서 비롯된다. 이 책은 1961년에 처음 발행되었으며 50년이 지났는데도 여전히 잘 팔리고 있다. 제인 제이콥스는 뉴욕 시의 그리니치빌리지Greenwich Village 구역 중 그녀의 인근에서 주민들이 살아가는 방식의 예시들을 통해, 공원에 배치된 모더니즘의 주거 타워들, 또는 오래된 네이버후드neighborhood를 관통하는 고속도로가 네이버후드에 초래하는 황폐함에 반대하며 전통 도시설계의 우월함을 주장했다. 제이콥스의 핵심 주장은 사람들은 목적지까지 보행으로 걸어가면서 서로 만나고 소통한다는 것이다. 가로들은 보행을 유도해야 하며, 모더니

의 일부를 지키기 위한 1960년대의 시위A 1960's Protest That Tried to Save a Piece of the Past"를 참고하라.

즘의 슈퍼블록 또는 크고 비어 있는 공원보다 소규모의 블록들이 보행 경로의 선택을 더욱 자유롭게 한다. 그리고 개발은 점진적으로 일어나야 하며, 이는 사람들의 요구에 따라 용도가 변화되고 진화되기 때문이라고 주장한다. 시간이 지나면서 네이버후드는 다시 '재활unslum'될 수 있으며, 가장 좋지 않은 정책은 전체 구역을 대규모로 철거하고 그것의 대체물로서 모더니즘의 표준 방안인 슈퍼블록과 타워들이 들어서는 것이다. 또한 제인 제이콥스는 낭비적인 도시 확장의 패턴과 이로 인한 자연조경의 파괴를 강하게 비판했다. 제이콥스의 많은 주장들이 이제는 하나의 규범으로 받아들여지고 있기에, 그녀의 책이 한때는 급진적인 반대로 평가되었다는 것을 기억하기 어렵다. 물론 그녀가 당시 그러한 것을 말했던 유일한 사람은 아니다. 하지만 그녀의 글에서 나오는 열정과 명료성으로 넓은 독자층이 형성되었다. 이 책의 강점과 약점은 모두 상식과 직접 관찰에 근거한 주장이었다는 것이다. 그다음 해에 출판된 허버트 갠스Herbert Gans의 『도시 사람들The Urban Villagers』이라는 저서는 전통적인 도시 네이버후드의 복잡성과 전통적인 도시 네이버후드의 능력인 '재활unslum'에 관한 제이콥스의 주장을 입증하는 데 도움을 주었다. 그리고 이 책은 보스턴의 웨스트엔드West End에서 살았던 갠스의 경험을 근거로 도시 재개발을 위한 철거에 앞서 사회학적인 현장 연구의 일부로 발표되었다.[38]

제인 제이콥스의 친구인 윌리엄 화이트William H. Whyte는 비즈니스 문화에 관한 유명한 평론가이며, 1956년에 처음 발행된 『조직인The Organization Man』의 저자이다. 취업 지원자들은 이 책의 부록을 통해서 어떻게 인성검사에서 고용주에게 호감을 주는 답을 할 수 있는지에 관한 내용을 얻을 수 있었다. 또한 윌리엄 화이트는 도시에서 무슨 일이 벌어지는가에 관해 큰 관심이 있었다. 그리고 1958년에 출판된 책인 『급성장하는 대도시The Exploding Metropolis』를 편집했다. 이 책에는 제이콥스의 에세이인 「사람을 위한 다운타운Downtown is for People」, 그리고 자연조경을 보존하여 도시개발의 무분별한 확산의 규제를 옹호하는 화이트의 에세이가 실려 있다. 윌리엄 화이트는 1959년에 보존 구역

38 허버트 갠스Herbert Gans, 『도시 사람들: 이탈리아계 미국인들의 집단과 계층The Urban Villagers: Group and Class in the Life of Italian Americans』(Free Press, 1962).

conservation easement에 관한 기사를 냈으며, 이 기사에 이어서 보존할 가치가 있는 자연환경으로부터의 개발권 이양transfer development rights에 기초한 개발 규제에 관한 내용을 담은 『클러스터 개발Cluster Development』을, 그리고 더욱 일반적인 경고와 해결책을 담은 『마지막 랜드스케이프The Last Landscape』를 1966년에 차례로 출판했다.[39] 그리고 화이트는 사람들이 전통 도시와 모던 도시에서 나타나는 상반된 생활방식들에 관한 제이콥스와 기타 전문가들의 주장들을 입증하기 시작했다. 그는 이를 위해서 하루 중 바쁜 시간에 시차 촬영time-lapse photography을 했으며, 공공장소에서 사람들의 위치를 표시했다. 그의 결론들은 1980년에 출판된 『작은 도시 공간들의 사회적 삶The Social Life of Small Urban Spaces』과 그 후 1988년에 출판된 『도시: 중심부의 회복City: Rediscovering the Center』에 제시되었다.[40] 윌리엄 화이트는 사람들의 행동을 기록했다. 그는 광장에서 다른 사람들이 걸어 다니는 것을 볼 수 있는 곳이나 미기후가 쾌적한 곳에 사람들이 주로 앉는다는 것을 보여주었다. 그리고 사람들은 가로를 걸을 때 주로 흥미로운 상점이 있는 길을 선택해서 다닌다는 것과 창이 없는 모던한 건물벽을 가진 보도를 피한다는 것도 보여주었다. 그는 모던한 공공장소들이 사실상 어떻게 사용되지 못하는가를 기록했으며, 움직일 수 있는 의자와 같은 해결책들을 통해 사람들이 자신들만의 공공장소 경험을 만들 수 있도록 유도해야 한다고 제안했다. 윌리엄 화이트의 연구는 그 후 뉴욕 시의 공공 오픈 스페이스에 관한 규제들을 전반적으로 수정하는 바탕이 되었고, 다른 많은 도시들에도 큰 영향을 주었다.

뉴욕 시에서의 윌리엄 화이트의 작업은 덴마크 건축가인 얀 겔Jan Gehl의 연구와 매우 유사하다. 얀 겔은 코펜하겐과 기타 전통적인 도시환경에서 이상적인 고속차량 속도와 주차공간 조성을 목적으로 진행되는 건물 철거로부터 보행자의 우선 정책을 보호하기 위한 방법을 성공적으로 주장해왔다. 그는 다음

39 윌리엄 화이트William H. Whyte, 『마지막 랜드스케이프The Last Landscape』(Doubleday, 1968).

40 윌리엄 화이트William H. Whyte, 『작은 도시 공간들의 사회적 삶The Social Life of Small Urban Spaces』(The Conservation Foundation, 1980); 『도시: 중심부의 회복City: Rediscovering the Center』(Doubleday, 1988).

과 같이 가장 명료하게 전통 도시의 장점을 요약했다. "삶은 보행으로부터 비롯된다." 이 말은 타워와 타워를 연결하는 시속 100마일(160km)의 고가고속도로를 통해 달리는 도시 거주자에 관한 르코르뷔지에의 비전과는 정반대이다.

뉴욕 시의 네이버후드 계획 정책과 도시설계의 코드 규제

뉴욕 시는 1960년대 중반에 모던 도시설계 방법이 초래한 문제점들을 바로잡고자 새 정책들을 채택했다. 처음 시행한 것은 도시 재개발 실행 방법의 변화였다. 전체 네이버후드를 지정하여 철거하는 방식에서 도시계획가들이 그 동네 지도자들로 구성된 대표위원회와 함께 네이버후드의 기본 구조를 유지하며 빈 공간을 찾아 새로운 주택으로 채워나가는 네이버후드 재개발 정책으로 전환되었다. 이러한 인필Infill 전략은 다운타운 브룩클린Brooklyn, 퀸스Queens의 다운타운 자메이카Jamaica, 그리고 브롱크스Bronx의 포드햄 거리Fordham Road 구역과 같은 상업 재개발 프로젝트들에도 적용되었다. 도시 재개발을 위한 연방정부의 가이드라인들은 이후 네이버후드에 근거한 인필 재개발의 표준화를 목적으로 수정되었다. 하지만 이러한 방식의 도시 재개발은 연방정부의 도시 재개발 기금이 단계적으로 확보되고 나서야 진행되기 시작했다.

뉴욕 시는 1961년에 새로운 조닝 코드를 입법화하고, 고밀도의 주거와 상업구역들에 오픈 스페이스로 둘러싸인 독립적인 타워들을 유도했다. 그러나 곧 새로운 법규에 따라 조성된 건물들이 도시의 연속성을 파괴한다고 판단되었다. 결국 도시계획위원회의 도시설계 그룹은 즉시 현존하는 전통적인 도시 구조를 보호하기 위한 방법을 모색했다. 당시 채택된 한 가지 방법은 개정된 조닝 규제와 함께 보완된 일련의 규제들을 함께 적용하는 특별구역의 지정이었다. 이에 따라 지정된 첫 번째 특별구역은 브로드웨이의 연극장 보호를 목적으로 고안되었다. 이는 당시 조닝 규제하에 건설되는 거대한 오피스 건물들이 전통적인 연극장 구역의 와해를 초래했기 때문이다. 두 번째 구역은 5번가Fifth Avenue를 따라 조성된 쇼핑 가로의 전면부를 보호하는 것이었다. 세 번째는 링컨스퀘어 특별구역으로 링컨센터의 조성에 따라 유도되는 재개발들을

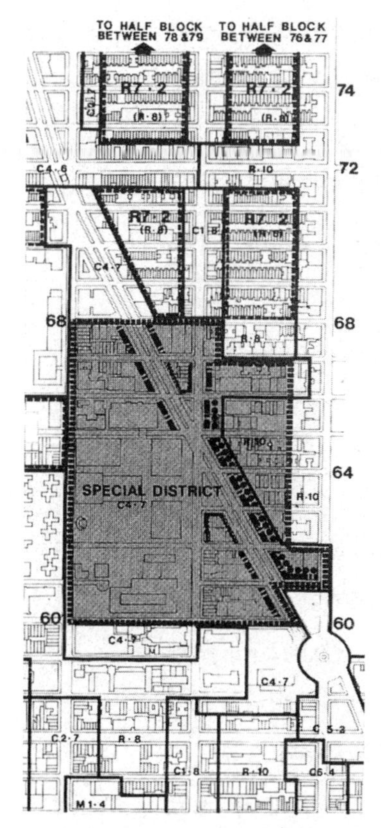

그림 2.42 링컨스퀘어 특별 조닝 구역은 초기 형태 중심 코드(form-based coding)의 사례이다.

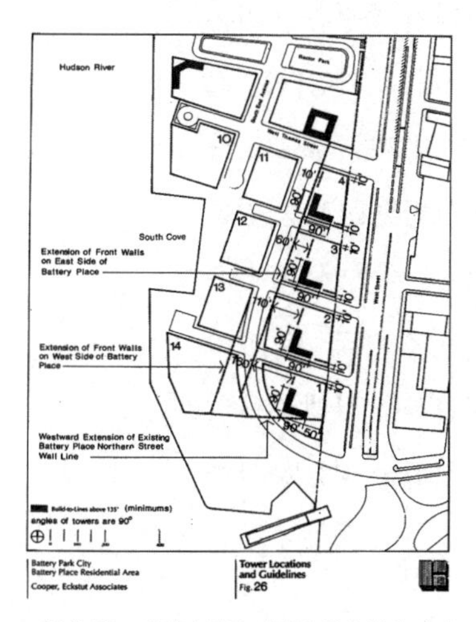

그림 2.43 배터리 파크 시티의 건축설계 가이드라인은 건물과 가로의 전통적인 관계에 기초한다. 고층 건물의 위치는 가로경관의 확보를 위해 규제된다.

규제하기 위해 만들어졌다. 링컨센터의 부지 조성을 위한 도시 재개발의 목적 중 하나는 민간 투자를 유도하는 것이었다. 하지만 당시에는 민간 투자가 이루어졌을 때 그것을 관리할 계획이 없었다. 링컨스퀘어 특별 조닝 구역은 우리에게 좀 더 친숙한 건축후퇴선set-back line의 반대 개념인 건축유도선built-to line을 사용했는데, 브로드웨이의 가로 전면을 오페라 하우스, 댄스 시어터, 콘서트홀의 르네상스적 대칭이 돋보이도록 지속적으로 유지하기 위해서였다. 또한 타워형 건물은 지정된 높이 이상에서 후퇴되어야 했으며, 가로 전면을 정의하는 건물들과는 구별되었다(그림 2.42).

부지 내에서 타워의 배치를 규제하여 가로와 건축후퇴를 정의하는 건축유도선의 개념은 로워 맨해튼Lower Manhattan의 수변에 조성된 배터리 파크 시티Battery Park City의 1979년 계획안에서 사용되었다. 배터리 파크 시티에서는 모더니즘이 추구해온 녹지로 둘러싸인 타워tower-in-park 계획이 건축유도선과 건축후퇴선 가이드라인을 이용한 전통적인 가로와 공원 체계로 대체되었다. 이러한 설계도구들은 뉴욕 시 도시계획과의 도시설계 그룹 출신인 알렉산더 쿠퍼Alexander Cooper와 스탠턴 엑스터트Stanton Eckstut에 의해 고안되었다(그림 2.43).

뉴욕 시가 시작한 모던 건축의 문제점에 대응한 세 번째 주요한 보완은 역사적인 도시 랜드마크와 역사구역의 본격적인 지정이었다. 뉴욕 시는 또 다른 보자르 양식의 기념비적인 철도역인 그랜드 센트럴 터미널Grand Central Terminal을 랜드마크뿐만 아니라 특별 조닝 구역으로 지정한 후, 철도역사로부터 인접한 부지로의 개발권 이양을 허용했다. 이러한 특별구역은 10년간의 소송에 걸친 1978년 대법원 판결의 핵심 요인이었다.

대법원은 뉴욕 시가 터미널을 랜드마크로 지정한 것과 랜드마크 보전위원회가 터미널 바로 위에 모던 타워의 시공 허가를 거절한 것에 대한 승소를 결정했다.[41]

필자는 1960년대와 1970년대 초반에 이와 같은 뉴욕 시의 다수의 프로젝트에 참여했으며, 이들에 관해서는 1974년에 출판된 저서 『공공정책으로서의 도시설계Urban Design as Public Policy』에서 상세하게 설명했다.

콜린 로우와 '로마 인터로타'

1963년부터 1990년까지 미국 코넬대학교Cornell University의 교수로 지낸 콜린 로우Colin Rowe는 몇 세대의 건축가들에게 도시 공간을 정의하는 요소로서 가로와 축의 중요성과 건물 매스의 역할을 강조하며 가르쳤다. 콜린 로우는 오래된 도시들은 완전히 제거될 수 있고 또 제거되어야 한다는 많은 모더니즘 지지자들의 유토피아적 주장에 반대한 정확한 비평가였다. 콜린 로우와 프레드 쾨터Fred Koetter는 1975년 8월 ≪아키텍처럴 리뷰Architectural Review≫에 처음으로 모던 도시설계에 관한 비판인 『콜라주 시티Collage City』를 게재했으며, 이후 1978년에 이를 책으로 출판했다.[42] 콜린 로우와 프레드 쾨터가 주장하는 기본 요점은 도시설계가 깨끗한 종이에 그리는 것보다는 콜라주에 더 가깝다는 것이며, 도시설계가들은 가까이에서 지금까지 행해진 기존의 개발을 자료로 사용하여 새로운 설계로 변화시켜야 한다는 것이다. 예시된 그림들을 보면 전통 도시설계에 호의적인 성향이 보였다. 특히 피겨 그라운드figure-ground 도면은 콜린 로우가 좋아하는 교훈적인 도면 표현기법 중 하나이다. 잠바티스타 놀리Giambattista Nolli의 1748년 로마 지도는 콜린 로우가 자주 사용하는 사례 대상이다. 잠바티스타 놀리는 코트야드와 주요 내부 공간을 제외하고는 평면에 모든

41 펜 중앙교통회사Penn Central Transportation Co. 대對 뉴욕 시. 1978년 6월에 결정되었다.

42 콜린 로우Colin Rowe · 프레드 쾨터Fred Koetter, 『콜라주 시티Collage City』(MIT Press, 1978). 초기 출판본은 ≪아키텍처럴 리뷰≫ 1975년 8월호에 수록되었다.

건물들을 속이 채워진 덩어리로서 보여준다. 이러한 지도는 공간을 건물 매스의 반대로서 명확하게 읽혀지도록 한다. 물론 이러한 표현 효과는 지도 기법에서만 나오는 것이 아니라, 동일한 높이의 건물들이 인접했던 18세기 중엽 로마의 도시환경 특성으로부터 비롯된다.

'로마의 미국학교American Academy in Rome'에서 상주 건축가였던 마이클 그레이브스Michael Graves는 1978년 콜린 로우를 포함한 12명의 건축가를 초대하여, 놀리의 지도에서 12개로 나뉜 부분들 중 하나를 각각 고른 후 어떠한 방법으로든 다시 설계하는 행사를 마련했다. 이 행사는 콜린 로우가 옹호한 보간 작업interpolation 또는 콜라주 기법이 무엇을 의미하는지를 보여주며, '로마 인터로타Roma Interrotta'라 불렸다. 이는 '시간이 흐른 뒤에 로마의 변화'라고 해석될 수 있다. 보간 작업의 결과는 당연히 다양했다. 제임스 스털링James Stirling은 본인 건물의 변형을 활용하여 그가 맡은 구역을 구성했다. 콜린 로우와 그의 동료들은 규칙적이고 반복적인 새로운 요소들을 제외하면 놀리의 지도 그 자체라고 할 수 있는 도면을 만들었다. 가장 예상치 못한 보간 작업의 결과는 레온 크리에Leon Krier의 설계물로, 그는 성 베드로 광장St. Peter's Square, 코르소 가로Via Corso, 캄피돌리오Campidoglio, 그리고 나보나 광장Piazza Navona을 동일한 구조를 공유하는 다른 광장들로 모두 수정했다. 각각의 건물들은 기둥들로 받쳐진 긴 스팬의 우진각 지붕hipped roof을 갖고 있으며, 그 건물들은 7~8층의 높이지만 바닥 평면은 한 층 전체가 아티스트 스튜디오로 쓰일 만큼의 넓은 규모를 갖고 있었다.[43]

레온 크리에의 로마 인터로타Roma Interrotta 도면들은 그의 작업에서 기념비적이고 대칭적인 거대구조물인 메가스트럭처 프로젝트의 설계로부터 더욱 전통적인 도시설계로의 전환을 보여주는 듯하다. '메가스트럭처'는 4장에서 논의될 것이다. 레온 크리에의 프로젝트는 과거 그의 19세기 초기 도면 양식보다 더 진부해 보였다. 그는 중세 도시에서와 달리 웅장한 블러바드가 강하고 명확하게 구역을 나누는 계획안들을 선호했다. 이러한 관점에서 레온 크리에

---

43 「로마 인터로타Roma Interrotta」, ≪아키텍처럴 디자인 프로파일Architectural Design Profile≫, 49(3-4), 1979년 3월.

의 계획안은 오스만의 블러바드들이 기존의 도시구조를 통과하며 잘라낸 파리의 모습과 비슷했다. 하지만 그의 계획안은 연속적이고 정형의 그리드 패턴 위에 블러바드들이 놓인 랑팡의 워싱턴 디시 도시계획안과 번함의 시카고 도시계획안과는 달랐다(그림 2.44).

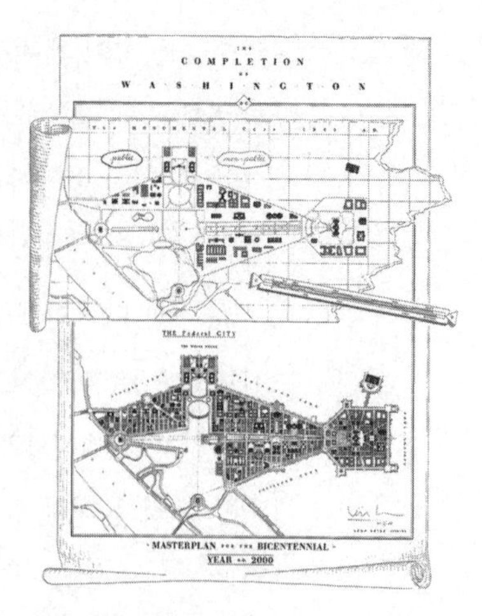

그림 2.44 레온 크리에의 워싱턴 디시 재설계안. 레온 크리에는 몰(Mall)을 호수 쪽으로 돌려서 더욱 개방되도록 유도하나, 이와 대조적으로 거리 블록들에 대해서는 더욱 작고 밀도 있는 개발을 제안한다.

레온 크리에는 경관보다 공간을 닫고 정의하는 것을 더 중요하게 고려한다는 점에서, 오스만에 대한 카밀로 지테의 비판, 더 나아가면 초기의 바로크 계획안들에 대한 비판을 받아들인 것으로 보인다. 그는 종종 도면에서 2개의 블러바드들의 교차점에 기념비적이고 지붕을 가진 옥외공간을 두었고, 그 지붕은 건물들로 지지되었다. 이러한 아이디어는 19세기 후반까지는 기술적으로 불가능했던 대단히 비전통적인 개념이었다.

리카르도 보필

메가스트럭처를 연구한 후 전통 도시설계로 돌아온 또 다른 도시설계가는 바르셀로나 건축가인 리카르도 보필Ricardo Bofill이다. 보필이 이렇게 전향한 계기는 1922년 ≪시카고 트리뷴Chicago Tribune≫ 설계 경기에서 아돌프 로스Adolph Loos가 제안한 거대한 도리아 양식의 기둥을 가진 고층 건물 설계안으로부터일 것이다. 이 프로젝트는 아돌프 로스를 새로운 감성의 선구자로 여겼던 모던 건축학자들에게 큰 부끄러움을 주었다. 그들은 이러한 기둥이 실험작이기를 바랐으나, 로스는 분명히 이에 대해 매우 진지했다. 리카르도 보필은 이러한 건축적인 막다른 길을 표현의 매개체로 이용해 매우 거대하고 과장된 규모로서 기둥과 엔태블러처entablature로 구성된 건물군을 만들었다. 그의 설계물들 중 최대 규모는 프랑스 남부 몽펠리에Montpellier에 있는 공공주택 건물군이다(그림 2.45). 한편 보필은 최근 작업물에서 이러한 접근방법을 버리고, 추상적 형태를 강조하는 더욱 관습적인 모더니즘으로 회귀한 것처럼 보인다.

그림 2.45 리카르도 보필이 설계한 몽펠리에 공공주택은 모던 스케일의 건물에 전통적인 건축 언어를 다시 활용했다.

시사이드와 뉴어바니즘

로버트 데이비스Robert Davis는 1980년대 초에 플로리다 걸프 해안Florida Gulf Coast을 따라 입지한 80에이커(0.3km^2) 면적의 부지를 해변 리조트로 개발하기 시작했다. 이 커뮤니티의 설계는 안드레 듀아니Andres Duany와 엘리자베스 플레이터-자이버크Elizabeth Plater-Zyberk가 준비했다. 안드레 듀아니와 엘리자베스 플레이터-자이버크는 초기에 모던 메가스트럭처를 포함해 많은 실수를 했다. 이후 레온 크리에의 충고를 받으면서, 커뮤니티의 중심 광장에서부터 방사형으로 뻗어 나오는 애비뉴를 포함한 전통 도시설계 요소들을 사용한 부지설계안을 완성했다(그림 2.46).[44] 이 리조트 커뮤니티 내의 모든 건물들을 지배하

44 켈러 이스털링Keller Easterling과 토머스 모호니Thomas Mohony의 『시사이드: 미국의 타운 만들기Seaside: Making a Town in America』(Princeton Architectural Press, 1996)의 앞부분에 설명되어 있다.

는 시사이드Seaside의 주택양식 코드는 기존 플로리다의 키 웨스트Key West의 전통적인 주택에서 유래되었다. 이러한 건축양식은 경사 지붕, 기둥으로 받쳐진 전면 현관, 그리고 하얀 말뚝 울타리이다. 로버트 데이비스가 이런 특성을 노련하게 홍보하면서 곧 시사이드는 유명해졌다. 이후 안드레 듀아니와 엘리자베스 플레이터-자이버크는 리조트 개발자들뿐만 아니라 교외지의 커뮤니티 개발자들로부터도 많은 연락을 받았다. 1988년에 시작된 미국 메릴랜드 주 게이더스버그Gaithersburg의 교외 개발지인 켄틀랜즈Kentlands는 교외지의 새로운 개발 패턴과 안드레 듀아니와 엘리자베스 플레이터-자이버크가 새로운 비즈니스 패턴을 구축하는 기회를 만들어주었다. 당시 켄틀랜즈의 개발자들은 356에이커(1.4km²) 면적의 농장을 교외주택으로 개발하기 위해 먼저 조닝 규제의 허가zoning approval를 받아야 했다. 이들은 도시 중심부의 네이버후드 계획 수립에서 주로 사용되는 방법으로 동네 주민들이 참여하는 워크숍을 진행했다. 이 과정에서 참가자들은 커뮤니티의 합의에 근거해 도출되었다고 여겨지는 부지설계안의 스케치를 완성했다. 이 부지설계안은 필수적인 지자체의 허가를 이끌어내는 데 도움을 주었다. 이들의 부지설계안은 원과 크레센트로 이어지는 전통적인 블러바드들을 가지고 있었으나, 부지의 대부분은 정형에 구애받지 않고 구성되었으며, 시사이드의 엄격한 축을 가진 구성보다는 제2차 세계대전 이전의 교외지 개발과 비슷해 보였다. 또한 부지설계안은 주택들을 규모와 가격으로 구별해 분리시켰으나, 쿨데삭cul-de-sac을 중심으로 군을 이루고 있는 교외지 주택개발과는 매우 다르게 수목의 가로 시스템으로 연결되어 있었다. 켄틀랜즈의 코드로 명시된 건축양식은 워싱턴 디시 지역의 건축업자들에게 인기가 많은 네오 조지아neo-Georgian 양식이었다. 이후 안드레 듀아니와 엘리자베스 플레이터-자이버크는 교외지의 주택개발 투자자들이 참가하는 워크숍을 통해 매우 많은 계획안들을 수립했다.

그림 2.46 안드레 듀아니와 엘리자베스 플레이터-자이버크가 설계한 리조트 커뮤니티인 플로리다 주 시사이드의 항공사진으로, 교외 주거 개발을 위한 전통적인 부지설계의 회생을 유도하는 데 기여했다.

안드레 듀아니는 1993년 미국 버지니아 주의 알렉산드리아Alexandria에서 약 100명의 도시 계획가들과 설계가들을 초대한 회의를 주재했으며, 이 행사는 이후 뉴어바니즘 협회CNU: Congress for the New Urbanism로 발전되었다. 당시 행사의 결과물은 이미 결정된 상태였으며, 협회의 창립자 6명은 뉴어바니즘에 관한 책을 출판할 준비도 되어 있었다. 이 책은 당시 절반 이상 완성되었던 시사이드 프로젝트, 켄틀랜즈, 그리고 비슷한 철학으로 만들어진 작품들로 전통적인 가로 계획과 공공 오픈 스페이스 체계를 가지고 있으며, 또한 모더니즘 시기 이전에 일반적인 건축 흐름이었던 역사적인 건축양식들로 설계된 다른 프로젝트들을 함께 보여주었다.[45] CNU로 불리는 뉴어바니즘 협회는 원래 그 조직 체계를 CIAM을 모델로 하여 만들어졌으며(35~36쪽 참조), 조직된 이후 매년 회의를 가졌다. 네 번째 협회 회의는 사우스캐롤라이나 주의 찰스턴에서 열렸고, 행사를 통해 뉴어바니즘 헌장Charter of the New Urbanism을 채택했다. 이 헌장은 지역region, 대도시(메트로폴리스metropolis), 도시city, 타운town, 네이버후드neighborhood, 구역district, 코리더corridor, 블록block, 가로street, 건물building의 원칙들에 관한 27개의 선언들로 이루어져 있다.

뉴어바니즘 헌장은 CIAM에서 만든 헌장에 대한 대응으로 만들어졌다. 뉴어바니즘 헌장은 건축적 양식에 관한 질문에는 답을 주고 있지 않으나, 모던 도시계획과 도시설계를 바로잡고자 했다. 뉴어바니즘 헌장은 개별 도시들보다는 대도시 지역을 기본적인 도시계획 유닛으로서 강조했다. 또한 자동차를 통해서만 도달할 수 있는 장소가 아닌, 보행에 적합한 네이버후드와 구역의 중요성을 부각시켰다. 그뿐만 아니라 건물들이 가로들과 공공공간들을 중심으로 모여 더 큰 앙상블을 위해 기여해야 한다고 강조했다.[46]

뉴어바니즘 헌장은 모던 슈퍼블록과 교외지 개발을 위해 채택되어온 용도

---

45 피터 카츠Peter Katz, 『뉴어바니즘: 커뮤니티의 건축을 향하여The New Urbanism: Toward an Architecture of Community』(McGraw Hill, 1994). 이 협회의 창립자 6명은 피터 캘소프Peter Calthorpe, 안드레 듀아니Andres Duany, 엘리자베스 플레이터-자이버크Elizabeth Plater-Zyberk, 스테파노스 폴리조이데스Stefanos Plyzoides, 엘리자베스 물Elizabeth Moule, 다니엘 솔로몬Daniel Solomon이다.

46 뉴어바니즘 협회는 삽화를 삽입해 『뉴어바니즘 헌장Charter of the New Urbanism』(McGraw Hill, 1999)을 출간했다. 필자는 서문 「뉴어바니즘의 새로운 점은 무엇인가?What's New about the New Urbanism?」와 「네이버후드, 구역, 코리더Neighborhood, District and Corridor」 부분을 저술했다.

를 명확히 분리하는 구역계획을 부정했다. 뉴어바니즘 헌장은 걷기 쉬운 네이버후드와 보행 중심의 상업구역park-once commercial district이 도시뿐 아니라 교외지에서도 모든 새로운 개발을 구성하는 기본 블록이 되어야 함을 강조한다.

건축의 반모더니즘

모던 도시계획에 대한 비판은 1960년대에 시작되었으며, 때때로 포스트모던 건축이라 불리는 것과 함께 진행되었다. 포스트모던 건축은 건축가들이 모더니즘 원칙에서 명백히 금지되었던 고전적 설계요소들의 도입을 실험한 건축이다. 이들은 처음에는 아이러니한 인용으로, 그다음에는 건축요소들로, 또 그다음에는 시사이드의 건물처럼 좋은 경관 스타일로, 그리고 마지막으로는 모더니즘을 전혀 받아들이지 않았던 건축가들에 대한 새로운 관심을 기울이며 작업했다. '에콜 데 보자르의 건축The Architecture of the Ecole des Beaux Arts'이라는 전시회가 1975년 MoMA의 갤러리에서 열렸다. 당시 큐레이터는 아서 드렉슬러Arthur Drexler였다. 그는 MoMA의 건축과 디자인 학과의 학과장으로서 필립 존슨의 후임자였다. 아서 드렉슬러는 고전적인 파사드와 오너먼트를 정교하게 그린 학생들의 도면과 보자르 학교에서 가르쳤던 주요 건축가들의 작업 기록물, 그리고 펜실베이니아 철도역처럼 모더니스트들로부터 무시되었던 건물들의 사진을 모았다. 아서 드렉슬러의 전시회는 앞으로 무엇인가 일어날 것을 암시하는 행사였으며, 당시 MoMA는 이러한 논쟁의 일부로서 포함되기를 원했다. 로버트 스턴Robert Stern의 저서인 『모던 고전주의Modern Classicism』가 1988년에 출판되었으며, 이 책은 MoMA가 감지한 추세를 요약하고 있다. 로버트 스턴은 그동안 모더니스트 작업의 일부였던 고전적인 경향들을 강조하면서 모던 건축의 역사를 다시 작성했다. 또한 그는 히치콕Henry-Russell Hitchcock과 존슨Philip Johnson의 『국제주의 양식International Style』, 기디온Sigfried Giedion의 『공간, 시간, 그리고 건축Space, Time and Architecture』, 그리고 과거 편파적인 모더니즘 역사들에는 포함되지 않았던 다른 건축가들의 작품을 추가했다. 로버트 스턴은 책에서 현재의 사례들을, 고전적 설계로부터 과장된 인용들을 사용

그림 2.47 롭 크리에의 '보편적인(normal) 건축'은 전통 도시들에 잘 들어맞으며, 또한 전통 도시를 재구성한다.

하는 아이러니한 고전주의Ironic Classicism, 모던 건물이 고전 원리에 따라 구성된 잠재하는 고전주의Latent Classicism, 건물에 장식은 없지만 전체적인 매스는 고전적으로 보이는 기초적 고전주의Fundamentalist Classicism, 퀸런 테리Quinlan Terry처럼 마치 모더니즘이 일어나지 않을 것처럼 작업된 캐논 형식의 고전주의Canonic Classicism, 그리고 모더니즘 이전의 어떤 요소들을 사용하거나 그것들로부터 영감을 받은 건물들을 포괄적으로 포함한다고 스턴이 설명하는 모던 전통주의modern traditionalism 등으로 묘사했다. 로버트 스턴의 마지막 장은 콜린 로우의 로마 인터로타 프로젝트, 리카르도 보필의 몽펠리에 개발, 레온 크리에의 도면들, 시사이드 계획안, 그리고 레온 크리에의 형인 롭 크리에Rob Krier의 작업을 포함한 도시설계안들을 보여주었다.

롭 크리에는 과거 비엔나의 공과대학 교수였고, 최근에는 베를린에서 실무를 진행하고 있으며, 현재 유럽 도시들에 새로운 건물들을 설계하는 건축가이다. 그는 고층 건물과 모더니즘 건축 혁명이 없었던 것처럼 보이는 일련의 도시설계안들을 완성해왔다. 그는 동생인 레온 크리에보다 좀 더 전통적인 설계를 추구하며, 도시의 다양한 공공공간과 정원의 요소들을 활용한다. 또한 그는 작은 방들을 가진 모던 아파트 건물들을 궁전과 같은 웅장한 건물의 형태 안에 맞춰가는 데 능숙하다. 롭 크리에는 그의 작품을 고전적이라고 말하지 않는다. 그는 전통 도시설계가 일반적인 것이며 그가 설계한 구조물들이 일반적인 건물이라 말한다(그림 2.47).

골든 시티?

헨리 호프 리드Henry Hope Read는 1959년 『골든 시티The Golden City』라는 모던 건축의 비평서를 출간했다. 리드는 이 책을 통해 모던 건물의 평범하고 추상적인 파사드와 고전 건축이라고 부르는 화려한 장식을 가진 사례들을 비교했다. 이러한 예는 뉴욕 증권거래소New York Stock Exchange의 파사드와 비교되는 유엔 총회 건물UN General Assembly Building의 입구 파사드이다. 리드는 주로 건축적 표현요소에 집중했으나, 존 배링턴 베일리John Barrington Bayley의 정교한 전통 도시설계 사례인 뉴욕 시의 콜럼버스 서클Columbus Circle과 워싱턴 디시의 국립 오페라하우스National Opera House의 스케치를 포함했다. 헨리 호프 리드는 1968년 '건축, 어바니즘, 관련 예술의 고전 전통의 진흥'을 목적으로 '클래시컬 아메리카Classical America'를 공동 설립했다. 현재 클래시컬 아메리카는 1991년에 독립적으로 설립된 '고전건축협회Institute of Classical Architecture'를 함께 운영하고 있다. 고전건축협회는 몇 개의 강좌를 개설해 제공하고 있으나 완전한 건축교육과정을 갖고 있지는 않다. 한편 노트르담대학교University of Notre Dame의 건축학교Architecture School는 고전적이며 전통적인 건축을 가르치는 미국 내 유일한 건축학교로서 명성을 갖고 있다. 노트르담 건축학교는 1990년대 중반 모더니즘 교육과정을 없앴다. 캐럴 웨스트폴Caroll Westfall 교수는 학교의 웹사이트에 고전 건축과 그가 생각하는 전통 사이의 차별성을 아래와 같이 주장하고 있다.

> 잘 설계되고 살기 좋은 도시에서는 공공 영역이 사적 영역을 보완하며, 또한 모든 건물이 고전적일 수는 없다. 하지만 공공환경을 상호 보완적으로 완성해주는 것은 대부분 좋은 전통적 건물들이다(로마를 생각해보자). 이러한 이유로 우리는 학생들에게 국가national, 지역regional, 그리고 동네local가 가진 어바니즘, 건축, 그리고 시공의 전통들 중에서 무엇이 적합하며, 또 어떻게 함께 포괄적으로 작업할 수 있는지를 가르친다.

또 노트르담 건축학교는 '현대사회에서 전통적이고 고전적인 건축 원리를 구현한 건축 작품'의 건축가에게 '드리하우스 프라이즈Driehaus Prize'를 수여하고 있다. 현재 드리하우스 프라이즈는 모던 건축가들이 항상 수상하는, 더 잘 알려진 프리츠커 프라이즈Pritzker Prize보다 2배가 많은 상금을 수여한다.

뉴어바니즘 협회는 도시설계의 전통적인 원칙들이 건축적 표현에서 자유로워야 한다는 초기 입장으로부터 고전적인 건축에 관해 노트르담 건축학교와 클래시컬 아메리카와 유사한 입장을 취하는 것으로 보인다. 뉴어바니즘 협회의 설립자인 엘리자베스 플레이터-자이버크와 안드레 듀아니는 2008년 드리하우스 프라이즈를 수상했다. 안드레 듀아니의 수상 연설은 고전적인 설계원리의 채택과 확대에 대한 강력한 확언이었다. 그의 수상 연설의 마지막 말은 "우린 거의 다 왔다. 우리는 마지막 남은 에베레스트만 오르면 된다"였다.[47] 안드레 듀아니가 뉴어바니즘 협회에서 여전히 활발히 활동하는 동안, 그의 아내이자 파트너인 엘리자베스 플레이터-자이버크는 클래시컬 아메리카 이사회에서 활동했다. 또 다른 건축가인 레이먼드 긴드로즈Raymond Gindroz는 두 기관 모두의 이사회에서 활동하고 있다. 헨리 호프 리드는 그의 책을 골든 시티가 어떻게 될 것인가에 관한 아래의 관점으로 마무리한다. "…… 시각적 화려함과 과거에서 비롯된 고전적인 아름다움의 웅장한 골격에서 보이는 …… 위대한 국가를 기대한다면 골든 시티를 만들어야만 한다." 이것은 1959년에 명백하게 소수의 의견이었다. 이것은 여전히 독특한 관점이지만 이제 더욱 조직화된 그룹들의 지지를 받고 있다.

대중교통 거점형 도시개발

전통 도시설계에 대한 가장 강력한 지원은 교통기술의 변화에서 비롯되었다. 고속도로로 연결되는 타워들로 채워진 도시를 추구한 모더니즘의 비전은 대부분 교통체증이 증가하고 주차공간이 부족한 도시로 전락시켰다. 커뮤니티 중심의 전철/지하철 시스템의 대중교통 이용 증가는 과거 전통 도시설계의 회의론자들을 놀라게 하고 있으며, 특히 새로운 대중교통 노선의 공공 지원이 확대되고 있다. 도시 중심부를 많이 갖고 있는 도시지역들multi-city regions로의 도시구조 진화는 고속철도의 필요성을 만들고 있다. 이는 비행기를 이용하기에는 목적지들이 서로 가까우며, 또 고속도로는 혼잡하기 때문이다. 유럽연합 국가들과 중국 정부는 일본과 한국의 고속철도를 통한 연결을 모방하고 있고, 미국 또한 이제 시작하고 있다.

---

47 드리하우스 프라이즈 웹사이트에 게시된 글을 참고했다.

전철/지하철과 고속철도의 역은 부동산 개발과 투자를 만들어내는데, 이는 철도역이 접근성이 높은 장소이기 때문이다. 승객이 열차에서 내린 후 목적지에 도착하는 가장 효율적인 방법은 보행이다. 여기서 어떠한 보행 경험을 만들 것인가가 전철/지하철역과 기차역의 성공 투자의 핵심이다. 모던 도시설계의 해결책은 보행 다리나 지하 통로를 이용하여 개별 건물을 기차역에 연결하는 것이다. 하지만 전통 도시설계의 해결책은 사람들을 외부 광장이나 공공공간의 보행을 거쳐서 지나가게 하는 것이다. 외부 공간을 사용해 건물들 간의 연결을 유도하는 전통 도시설계는 결국 외부 공간을 중심으로 건물들을 배치하게 만들어준다.

밴쿠버

최근에 캐나다의 밴쿠버는 조르주 외젠 오스만에 의한 파리의 변화에 견줄 만한 커다란 변화를 겪고 있다. 밴쿠버의 도시 중심부는 자연환경과 농지보전으로 도시개발 성장이 제한된 지역권 내의 작은 반도에 위치한다. 밴쿠버는 도시 역사에서 전형적인 북아메리카의 도시로 조성되어 성장해왔다. 하지만 전통 도시설계의 원칙에 따라 1980년대 초부터 모더니즘 타워들이 배치되는 보기 드문 도시로 진화해왔다. 이러한 타워들은 특히 개발 확장이 제한된 도시 중심부에서 주거 기능의 높은 성장 압력에 대한 반응이었다. 밴쿠버에서 이러한 개발의 증가는 영국의 홍콩 식민지 계약이 1997년에 종료되면서 안식처를 찾았던 홍콩 이민자와 투자자로부터 비롯되었다.

밴쿠버는 개발 규제를 통해 타워의 폭을 제한하고, 타워 사이에 공간을 확보하며 가로를 중심으로 한 경관 코리더를 보호해왔다. 가로를 따라 조성된 저층부는 가로의 폭에 비례한 일정 높이까지 통일된 가로 전면부를 조성해야 하며, 건물의 고층 부분은 가로로부터 후퇴되어 조성되어야 한다. 밴쿠버에서 보이는 가장 효과적인 타워의 배치는 기존의 산업공장 용도로부터 재생된 수변 공간들의 사례로서, 특히 폴스 크릭False Creek의 북쪽에 있는 비치 크레센트Beach Crescent와 마린사이드 크레센트Marineside Crescent(그림 2.48, 2.49), 그리고

그림 2.48 밴쿠버의 폴스 크릭 북쪽 구역 계획안의 전통적인 건물 배치.

그림 2.49 밴쿠버에서 전통 도시설계의 건물 배치안을 따른 모던 건물들.

그림 2.50 밴쿠버 콜 하버의 개발. 모던 건물들이 전통 도시설계의 건물 배치안을 따르고 있다.

반도의 반대쪽에 위치한 콜 하버Coal Harbour이다(그림 2.50). 이러한 크레센트 사례들은 전통 도시설계의 대칭형 배치를 기본으로 하고, 건물의 저층부는 닫힌 공간으로 가로환경을 제공하며, 수변 공원들은 차량 동선으로부터 보호되고 자전거와 보행자 중심의 친화적인 공공공간으로 조성되어 있다.

거의 모든 곳에서 전통 도시설계를 대체했던 모던 건축은 블러바드, 광장, 대칭축을 갖는 대규모의 설계 개념들을 발전시키지 못했다. 그리고 모듈화된 파사드도 역시 기둥들의 규칙적인 반복을 완전하게 대체하지 못했다. 밴쿠버의 다운타운에서는 이러한 모든 전통 도시설계 요소들이 현대건축과 함께 적용되어 있다.

03

녹색 도시설계와 기후변화

Green city design and climate change

지구 전체의 평균기온은 온실가스의 증가로 인해 상승하고 있다. 화석연료 연소가 이러한 변화의 가장 중요한 원인이다. 자연이 장기간에 걸쳐 점증하는 작은 변화들을 수용할 수 있는 안정적인 시스템이라는 전통적인 가정은 틀린 것으로 판명되었다. 금세기 동안 해수면이 강의 하구나 삼각주의 저지대에 위치한 많은 주요 도시들에 위험할 정도의 비율로 상승할 것이라는 예측은 이제 불가피한 현실로 보인다. 바다는 이산화탄소와 여러 가지 온실가스의 증가로 따뜻해지고 있으며, 고온화된 바다는 더 많이 불어나게 되었다. 세계 곳곳의 빙하와 그린란드의 북극 빙하가 녹아서 발생하는 물로 인해 처음의 예측치보다 더욱 빨리 해수면이 상승하고 있다.[1] 이는 피드백 효과feedback effect의 결과라고 할 수 있다. 빛을 반사하는 얼음 표면이 사라짐에 따라 지면은 더 많은 열을 흡수하며, 흡수된 열은 곧 얼음 표면의 액화를 가속화한다. 많은 과학자들이 해수면 상승에 대한 평균 예측을 2050년까지 0.4미터로 보았으나, 이는 적게 잡은 보수적인 수치로 간주된다. 스테판 람스토프Stefan Rahmstorf가 예측하기를, 해수면 상승은 국제 평균 표면 온도를 직접적으로 따르며 이는 2050년까지 0.7미터나 평균 해수면을 상승시킬 수 있다고 했다.[2] 해수면은 물이 더 차갑고 땅덩어리가 오르막인 곳에서는 더 낮아질 수 있으며, 땅이 내리막이고 물이 따뜻한 곳에서는 더 높아질 수 있다. 그러나 모든 예측들은 역사적인 평균 변화치들보다 훨씬 높다. 해수면 상승은 높은 조류와 폭풍 해일을 증폭시키며, 거대한 홍수를 더 빈번하고 심각하게 만들고 있다.

대기 온도의 상승은 서식지를 극지로 이동시키고 강우량 패턴과 같은 기후변화들을 초래하며, 특히 몇몇 장소들의 사막화를 야기하고 또 다른 장소들을 홍수지로 바꾸기도 한다. 이러한 변화들은 순환구조로 진행되고, 다시 변화는 가속화되며 갑작스러운 기후변화를 유발할 수도 있다. 만일 지구의 평균기온이 지금보다 섭씨 2도가 더 올라가게 된다면, 전 세계는 인류 역사상 유례없는

1 해빙이 녹는다고 해서 해수면이 상승하지는 않는다. 이는 해빙의 부피가 녹은 물의 부피와 같기 때문이다. 컵 속의 얼음이 녹는다고 해서 물의 높이가 올라가지는 않는 것과 마찬가지다.

2 스테판 람스토프Stefan Rahmstorf, 「미래 해수면 상승을 예측하는 준경험적 접근A semi-empirical approach to projecting future sea-level rise」, ≪사이언스Science≫, 315(2007), 368~370쪽.

시대로 진입하게 될 것이다.[3]

이러한 변화들의 역효과를 제어하기 위해서는 범세계적인 협력이 요구되며, 대기로 흡수되는 온실가스의 양을 상당한 수준으로 감소시키기 위해 우리에게 주어진 시간은 점점 줄어들고 있다.

이미 피할 수 없는 기후변화에 대한 적응과 함께, 해안선을 따라 진행되어 온 개발과 많은 해안 도시들은 변화할 것이다. 온실가스 배출을 줄이는 것은 단지 연료 소모의 변화만을 의미하는 것이 아니라, 주거 방식과 교통수단의 변화도 의미한다. 또한 아직 도시화되지 않은 지역 내에서의 자연환경을 더욱 보존해야 하고, 도시화된 지역 내의 자연환경은 기후변화에 더욱 적응되도록 훨씬 많은 대화가 필요하다.[4]

오랫동안 환경을 변화시켜온 인간

인류는 1만 년 또는 1만 2,000년쯤 전부터 농사를 짓기 시작하면서 식물을 선택하고 물을 모아두고 보내는 시스템을 통해 자연환경을 변화시켜왔다. 인공호수를 만들어내는 댐과 같이 수계를 통합시키는 운하들은 고대 이래로 건설되어왔다. 3,000년 전 아마존에 살고 있던 인간들은 숯으로 토양의 영양분을 풍부하게 하는 방법을 배웠으며, 이는 당시에 다시 발견된 유용한 과거의 기술이었다. 초기의 종교적 구조물들은 종종 환경에 영향을 끼칠 수 있는 크기로 조성되었다. 이집트의 피라미드, 프랑스 북부의 카르나크, 잉글랜드의 스톤헨지 등이 그 사례이다. 유목민들은 그들의 환경을 조절하기 위해 불을 이용했다. 북아메리카의 유럽 정착민들은 잡목 숲의 아랫부분들이 인위적으

---

3 마크 라이너스Mark Lynas, 『6도: 더워지는 지구에서의 우리의 미래Six Degrees: Our Future on a Hotter Planet』(Fourth Estate, 2007). 라이너스는 인간이 존재하기 힘들 정도로 지구의 기온이 상승하기 전에 온실가스 방출을 규제해야 한다는 절대적 필요성을 과학적이고 설득력 있는 논문들로 제시했다. 그는 불과 몇 세기 안에 반드시 어떤 재앙이 발생하지 않을 수도 있으나, 현재 살아가고 있는 사람들의 생애 안에 일어날 수도 있다고 주장했다.

4 로빈 밀스Robin M. Mills, 『석유파동의 이야기The Myth of the Oil Crisis』(Prager, 2008).

로 태워진 것을 발견했다. 서부 대초원 또한 불에 의해 그 형태가 결정되었다.

인간의 활동과 자연 체계의 반응 간 관계는 인구가 급성장하면서 더욱 강력해져 왔으며, 이제 더 이상 변화가 불가능한 자연환경 상태에까지 이르렀다. 특히 채석을 하고 벌목을 하는 인간의 활동은 매우 파괴적이나, 인간은 그 주변 환경의 개선을 추구해왔다. 이러한 건설 활동의 역사는 우리에게 현재 무엇이 필요한가에 관한 몇 가지 지침들을 제공한다.

조경설계의 시작

인공적으로 조성된 환경인 정원의 역사는 적어도 기원전 1,500년 전쯤 이집트의 벽화에 묘사된 장면으로 거슬러 올라간다. 석조 벽돌로 지지되고 급수 체계를 갖춘 테라스가 조성된 바빌론의 전설적인 공중정원은 기원전 600년 전쯤에 조성되었다.[5] 우리는 소크라테스와 플라톤이 이야기를 나누던 아카데미의 정원 모습이 어떤 것인지 알지 못하지만, 고전 시대의 정원과 중세 시대의 정원, 그리고 이슬람식 설계 전통에서 나타나는 대부분의 증거들을 통해 정원들이 건축의 확장으로 형성되어왔음을 알 수 있다. 이러한 닫힌 구조의 정원들은 통제되고 변화된 자연의 형태로 재창조되었으며, 나무와 수풀은 잘라졌고, 물은 수로에 담겼으며, 꽃은 유형을 형성하도록 식재되었다.

로마 시대의 전원 빌라 주변의 지형은 예외적인 사례로 종종 자연주의적 조경설계의 형태를 갖고 있었다. 그러나 위대한 르네상스 시대와 바로크 시대의 정원은 로마 시대의 건축적인 아이디어들이 당시 다시 유행되어 조성된 기하학적 형태를 갖고 있다. 우리가 앞 장에서도 확인한 것처럼 길고 곧은 비스타vista는 지형과 조경을 가로지르며 권력의 행사를 표현해준다.

정원술gardening은 중국과 일본에서 인공환경이 자연적인 모습으로 보이도록 꾸미는 조경설계로 발전했다. 이러한 정원들 중 일부는 왕궁 안에 조성된

5 제프리 젤리코Geoffrey Jellicoe · 수잔 젤리코Susan Jellicoe, 『인간의 조경The Landscape of Man』 (Thames & Hudson, 1987), 27쪽.

그림 3.1 항저우의 시후는 7세기에 조성된 인공 조경이다.

인공 조경이었지만, 어떤 것은 자연환경 그 자체의 규모로 만들어졌다. 중국과 일본의 랜드스케이프 정원landscape garden은 마치 그 정원이 그림처럼 보이게 설계되었다. 건물이나 다실 안에서 보거나 혹은 걸으면서 차례로 보이는 일련의 비스타는, 마치 수평으로 긴 두루마리 위의 풍경화를 펼쳤을 때처럼 연속적인 경관을 보여주었다. 때때로 이러한 정원들은 실제로 자연환경을 변화시킨 것이기도 하다. 7세기에 시작된 중국의 황제 정원은 약 75제곱마일(약 194km^2)에 걸쳐 있었으며, 100만 명의 노동력으로 완성되었다.[6] 현재 남아 있는 항저우杭州의 시후西湖, West Lake도 7세기에 만들어진 인공의 조경환경이다(그림 3.1).

6 로레인 쿡Loraine Kuck, 『일본 정원의 세계: 중국의 기원으로부터 모던 조경의 예술까지The World of the Japanese Garden: from Chinese Origins to Modern Landscape Art』(Weatherhill, 1980).

18세기 영국 조경의 변화

18세기에 영국, 그리고 뒤이어 유럽에서는 실제 지형과 자연환경이 풍경화처럼 경치 좋은 경관을 갖도록 재조성되었다. 이는 중국과 일본에서 조경설계가 변화되어온 것과 같은 과정이었다. 조경설계가들은 지형에 다시 경사를 주거나 평탄하게 하며, 호수를 만들고, 나무와 관목을 심어서 그들이 원하는 경관의 프레임을 형성했다. 이러한 인공 조경의 성공적인 완성과 유지는 새로운 자연의 균형점을 만들기 위해 무엇이 요구되는지를 보여준다. 이는 특히 기후변화의 효과들을 개선하기 위해 도시화 구역에서도 대규모로 모방될 필요가 있을 것이라는 기술적 교훈을 준다. 중국식 정원처럼 픽처레스크 정원picturesque garden은 관찰자의 관점에 따라 섬세하게 설계된 자연주의적 경관이 연속적으로 변화하도록 조성되었다. 이러한 정원은 건물의 연장선으로서 지형을 기하학적으로 구성하는 것과 반대가 된다. 정원설계의 이러한 혁명적인 변화는, 전통적인 규칙에 근거한 예식의 참여보다는 개인적으로 경험된 감각을 선호하는 미적 감수성의 변화에서 만들어진 결과였다.

서부 유럽에서 픽처레스크 정원설계picturesque garden design라 불리는 것과 중국에서 기원하는 회화와 정원술의 전통 사이에는 밀접한 유사점이 있다. 그림처럼 보이는 정원이 독립적으로 발전해왔을 가능성도 있다. 하지만 그 정원들은 풍경화와 정원설계가 모두 중국으로부터 직접 영향을 받은 것으로 여겨질 만큼 유사점들이 있다.

지형과 풍경을 주요한 소재로 다룬 그림들은 서양 예술, 특히 16세기 네덜란드에서 중요한 분야가 되었다. 북유럽 르네상스 예술가들은 중국인, 일본인, 혹은 로마식 벽화를 그리던 예술가들과 달리 기하학적으로, 그리고 종이 위에 원경을 그릴 수 있게 도와줄 수 있는 원근법을 사용해 그들이 원하는 장면을 완성할 수 있었다. 풍경화에는 원근법의 소실점이 숨어 있으며, 멀리 있는 원경의 거리감은 나무나 언덕과 같은 자연적 요소들이 겹쳐서 배치되어 줄어드는 크기를 통해 표현된다. 세바스티아노 세를리오Sebastiano Serlio가 1537년에 발표한 건축 논문에 포함된 '사티로스 장면Satyric Scene'은 이러한 구도가 르네상스 시대 이탈리아에서 이상 도시를 설명하는 엄격한 투시도의 기준선과 함께 같은 시기에 사용되었음을 말해준다. 또한 세를리오의 그림은 이러한 유형의 예술적 구성 유형과 무대 장면 간의 관련성을 뒷받침한다. 무대 배경에서 보이는 풍경이 3차원의 현실로 받아들여지는 것은 크기가 같은 나무가 극장 커튼 앞의 무대에서는 제일 크고, 무대 뒤편에 축소되는 크기의 대상들을 배치하기에 그러하다(그림 2.10 참조).

풍경landscape이란 단어 자체는 네덜란드어에서 유래된 것이다. 16세기 후반 네덜란드에서는 풍차의 에너지로 호수의 물을 빼내고 습지를 건조시키면서 대규모 간척 사업이 시작되었다. 이는 또한 중국의 도자기가 유럽에 알려져 네덜란드에 수입되기 시작한 시기였다. 풍경화는 종종 중국 도자기에 나타난 장식이었다. 네덜란드인들은 1630년대에 자신들의 도자기에 중국 풍경들을 새기기 시작했다. 요하네스 니우호프Johannes Nieuhof는 1665년에 네덜란드 공식 대표단이 중국 황제를 방문한 것에 관한 책을 암스테르담에서 출판했다. 이 책에는 여행자들이 가지고 온 실제 중국의 건물과 풍경을 그린 삽화들이 포함되었다.[7] 영국에서는 대지주들이 방목지로 공유되어온 땅을 서서히 차지했고, 소작농으로 대대로 경작해왔던 농부들의 작은 토지도 차지했다. 18세기 영국에서 많은 양의 모직물을 생산하는 기계가 발명되자, 지주들에게는 소작농에게 땅을 빌려주는 것보다 양을 치는 것이 더 많은 이익을 만들어주었다. 인클로저enclosure 운동이 가속화되면서 마을 주민들은 미국이나 새로 조성된 공장을 찾아 이주했다. 이러한 시대 변화에 대한 항의의 뜻으로 1770년 올리버 골드스미스Oliver Goldsmith는 다음과 같이 「한촌행寒村行, The Deserted Village」이란 시를 썼다.

…… 달콤하게 웃음 짓는 마을, 정말 사랑스러운 잔디밭,

그대의 위안은 도망갔고 그대의 모든 매력은 사라졌구나!

---

7 *Het gezantschap der Neerlandtsche Ost-Indische Compagnie, aan den grooten Tartarischen cham, den tegenwoordigen keizer van China*. 네덜란드 총독 오렌지공 윌리엄William of Orange은 1688년 영국의 왕이 되었으며, 이 시기에 두 국가는 긴밀한 관계를 가졌다.

그대의 안식처에 압제자의 손이 보이고,

황량함은 그대의 모든 푸르름을 슬프게 한다.

단지 한 명의 주인이 전체 토지를 움켜잡네……

부를 축적하는 폭군으로 지주는 풍경화를 모았을 것이고, 당시 소위 신사들gentlemen에게는 아름다운 곳에서 풍경화 스케치를 배우는 것이 유행했다. 아마도 이러한 행동을 최근까지 하는 영국의 마지막 지주는 찰스 황태자일 것이다.[8] 귀족들은 수집한 예술작품과 여행 중 그들이 그린 아마추어 그림을 가지고 길고 호화로운 여행에서 돌아오곤 했다. 이는 그들의 토지에 그림과 같은 풍경을 만들고 싶은 욕구를 끌어내는 계기가 되었고, 18세기 동안 점점 더 유행이 되었다. 18세기 영국에서는 풍경화를 통해 알려진 중국 그림과 중국 정원의 영향과 함께, 여행자들의 글과 그림을 통해 중국 정원에 대한 정보를 더 얻을 수 있었다. 벌링턴의 영주Lord of Burlington 리처드 보일Richard Boyle은 그의 서재에 중국 황제의 궁과 정원에 관한 36개의 판화 세트를 가지고 있었다.[9] 치즈윅Chiswick에서 영주의 정원을 조성하는 후반 작업을 벌링턴의 영주와 함께했던 윌리엄 켄트William Kent는 원래 기하학적 정원이었던 것을 더 자연스러운 조경으로 변경하는 데 도움을 주었다. 켄트가 서재에 있는 판화들로부터 도움을 받았을까? 설계자들이 어떻게 일하는지를 이해한다면, 아마도 그랬을 것이다.

또한 켄트는 템플 가문Temple family이 소유했던 스토우Stowe의 설계자들 중 한 명이다. 스토우의 땅은 기하학적 정원에서 자연적 지형과 조경으로 변화되었다.[10] 켄트와 스토우의 다른 설계자들은 푸생Poussin과 클로드Claude의 그림

8 찰스 황태자는 자신이 직접 그린 수채 풍경화를 『HRH 웨일스의 황태자: 수채화HRH the Prince of Wales: Watercolours』(Little Brown, 1991)라는 제목으로 출판했다.

9 데이비드 왓킨David Watkin, 『영국의 비전: 건축, 조경, 정원설계에서의 픽처레스크The English Vision: The Picturesque in Architecture, Landscape and Garden Design』, Icon editions(Harper & Row, 1982).

10 스토우에 있는 정원들을 광범위하게 살펴볼 수 있는 웹사이트는 http://faculty.bsc.edu/jtatter/stowe.html이며, 버밍햄-서던대학의 존 D. 태터John D. Tatter가 관리하고 있다.

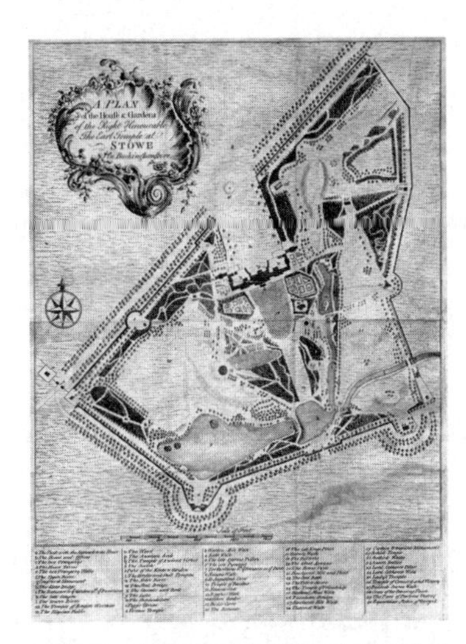

그림 3.2 스토우의 공원 계획안은 1735년 이후 윌리엄 켄트가 현재의 형태로 조성하기 시작했으며, 이후 '능력자 브라운'의 도움으로 중국의 산책 정원의 개념을 활용하여 자연스러워 보이는 다양한 비스타를 만들었다.

처럼 조경에 사건을 불어넣기 위해 건축적인 작품들을 추가했다(그림 3.2).

영국에서는 18세기 중반 중국식 장식이 유행이었는데, 이것은 고전주의와 고딕 양식과 마찬가지로 중국의 장식적 건축양식을 의미했다. 윌리엄 체임버스 경Sir William Chambers이 조성한 왕립정원 큐Kew(1762) 내에 지금도 남아 있는 파고다는 앞에서 언급한 것처럼 조경에 사건을 불어넣은 시설이다. 그러나 체임버스는 또 다른 건축 유형을 정원에 배치했다. 젊은 시절 중국에 간 경험이 있었던 체임버스는 1757년에 중국의 장식에 관한 책을 출판했으며, 1772년에는 동양 정원술에 관한 논문도 발표했다.[11]

능력자 브라운Capability Brown[12]은 스토우의 책임 정원가였으며, 18세기 하반에 픽처레스크 조경설계picturesque landscape design를 이끄는 최고의 입지를 차지하여 170개 이상의 사유지를 새롭게 변화시켰다. 비스타vista는 중요한 건물로부터 시작되었으며, 전경에 있는 나무들과 중경에 기교 있게 배치된 일련의 나무들로 프레임을 잡고, 원경에는 꼼꼼하게 배열된 나무들이 배치되었다. 산책로는 숲과 들판을 가로질러 간격을 두고 감상할 수 있도록 설계되었으며, 그림 같은 풍경을 여유롭게 감상할 수 있도록 벤치나 정원이 설치되었다. 브라운은 일반적으로 건축적인 요소들을 사용하지 않고, 순수하게 조경의 조합만을 이용했다. 브라운과 다른 설계가들이 조성한 연속적

---

11 『중국 건물, 가구, 의류, 기계, 가정용품의 설계: 중국의 사원, 주택, 정원 등에 대한 종합적인 서술Designs of Chinese buildings, furniture, dresses, machines, and utensils: to which is annexed a description of their temples, houses, gardens, & c』(London, 1757); 「동양 조경에 관한 논문A Dissertation on Oriental Gardening」(London, 1772). 체임버스의 논문은 온라인을 통해 전자 파일로 열람할 수 있다. 이 논문은 표면상 중국 조경가가 기술한 허구적인 설명을 담고 있으며, 18세기 영국식 정원설계에 관한 격렬한 논쟁의 흥미로운 사례이다.

12 브라운의 실제 이름은 랜슬롯Lancelot이다. 그는 언제나 자신의 미래 고객들에게 그들의 토지를 최대한 개선해주겠다고 제안했다고 전해진다. 상류층 출신이 아닌 브라운은 상류층 고객들에 의해 다소 조롱하는 듯한 별명으로 알려지게 되었다.

인 조경은 숨겨진 울타리로 둘러싸여 있다. 이는 양이나 사슴을 화실 앞의 테라스로 나오지 못하도록 중거리에서 안전하게 가둬두기 위함이었다. 테라스와 연결되어 경사지를 지탱하는 옹벽, 또는 테라스의 안쪽으로 울타리를 갖춘 배수로는 최상의 관점에서 보이지 않도록 설계되었다. 이러한 기술은 관찰자가 그것을 발견하자마자 느낄 놀라움의 감탄사를 흉내 내어 '하-하ha-ha'라고 불린다.[13]

18세기 전반에는 조경과 예술작품에 대한 개인적 반응의 본질에 관한 깊은 논쟁이 있었다. 이 논쟁은 18세기 후반 정원설계 그 자체로 확장되었다. 감상의 다양한 차원에 관한 의견의 차이가 있었지만, 이론적인 논쟁은 바람직한 반응을 이끌어내는 가장 적절한 설계의 수단들이 무엇인가에 관해서 진행되었다. 우베데일 프라이스Uvedale Price는 건축과 조경설계에 관한 논평을 포함하여 '픽처레스크picturesque'를 정의하는 여러 글을 썼다.[14] 프라이스의 이웃이기도 한 리처드 페인 나이트Richard Payne Knight는 골드스미스처럼 교훈적인 시에 관한 진정한 18세기의 담론에 참여했으며, ≪랜드스케이프The Landscape≫지에서 능력자 브라운의 잔디밭과 들판에 관해 비평했다.

종종 외롭게 홀로 서 있는 저택을 보았을 때,
개량자의 황량한 손으로부터 낯선
중앙에는 면도한 듯한 잔디, 그 멀리 기어가는
영원히 파도치는 하나의 움직임 ……[15]

---

13 아마추어 건축가이자 역사가, 소설가이며 다량의 편지 쓰기를 좋아하는 호러스 월폴Horace Walpole에 따르면, 이 용어의 기원은 그의 에세이인 「정원술의 모던 취향The Modern Taste in Gardening」을 보면 알 수 있다고 한다. 이 글은 월폴의 『영국 회화의 일화Anecdotes of Painting in England』(1971) 4권에 실려 있다. 앞서 언급한 데이비드 왓킨의 『영국의 비전』도 참조할 수 있다.

14 프라이스의 에세이 초판은 1794년에 출간되었다.

15 1794년에 발표된 이 글은 데이비드 왓킨의 『영국의 비전』에 재수록되어 있다. 부유하고 괴짜였던 나이트는 1806년에 저술한 『취향의 원칙에 관한 분석Analytical Inquiry into the Principles of Taste』에서 '숭고함과 아름다움The Sublime and The Beautiful'에 관한 에드먼드 버크Edmund Burke의 에세이를 비판했다.

브라운보다 후세대이자 나이트와 동시대인인 험프리 렙턴Humphry Repton은 나이트의 비평에 대한 해답을 보여주는 작품을 완성한 조경설계가이다.[16] 렙턴의 조경은 브라운의 조경만큼 인공적이면서도 좀 더 야생적이고 좀 더 자연스러운, 있는 그대로의 자연처럼 보이는 조경을 창조해냈다. 브라운과 렙턴 같은 정원설계가들은 인클로저 운동으로 소작농들이 경작했던 토지 기반을 상실하면서 더 많은 조경 작업의 기회를 얻게 되었다. 시골 마을의 경제성이 낮아짐에 따라 마을들의 변화는 불가피했으며, 마을을 자연 지형과 조경의 일부로 만드는 것이 가능해졌다. 시골의 오두막집에 대한 18세기 후반과 19세기 초반의 건축양식 관련 서적들이 많이 출판되었다. 이는 시골의 작은 오두막이 대저택의 화방의 창에서 보이는 경관 조합의 일부분이기 때문이었다. 이 오두막집은 시골 노동자의 진짜 오두막집보다 좀 더 많이 건축양식들을 표현하게 되었다.

조경설계가 건축설계에 영향을 주기 시작하다

부유한 사람들은 시골 환경의 단순함이 가진 정교함에 취향을 갖기 시작했다. 가장 극단적인 예는 마리 앙투아네트Marie Antoinette가 베르사유의 부지에 조성한 것과 같이 소박한 마을을 가장한 영국의 정원이다(그림 3.3). 시골의 소박함에 대한 유행은 중산층으로도 퍼져나갔다. 영국 런던 리젠트 스트리트의 책임 설계가인 존 내시John Nash는 대토지의 픽처레스크 설계를 19세기 초 새로운 도시설계 이슈와 연결 지은 주요 인물이다. 당시 도시설계의 이슈는 마차를 통해서 도시 중심부의 사업 장소로 통근하는 상인 중산층을 위한 교외 주거지의 개발이었다.[17] 내시가 저택 관리자들을 위해 설계한 슈롭셔Shropshire

16 나이트는 ≪랜드스케이프≫에서 렙턴을 비판했지만 이는 전혀 다른 이유 때문이었다. 픽처레스크 이론의 기원과 대립 요소들에 관해 유용한 역사적 기술로는 크리스토퍼 허시Christopher Hussey의 『픽처레스크: 관점에 관한 연구The Picturesque: Studies in a Point of View』(G.P. Putnam, 1927)가 있다. 허시는 영어 간행물 ≪컨트리 라이프Country Life≫의 건축 편집자로 오랜 기간 일했다.

그림 3.3 마리 앙투아네트가 1783년 베르사유에 조성하기 시작한 그럴듯한 농장으로, 그녀는 영국 양식의 정원으로 여겼다.

그림 3.4 존 내시가 1810년 설계한 저택 단지 내의 자혜 주택들로, 이후 튜더 양식의 교외지 주택들의 시초가 되었다.

의 크롱크힐Cronkhill은 19세기 교외 주택의 건축양식 서적에 표현된 주택들의 전조가 되었다. 이 주택은 새로운 상인 계층, 시골 교구의 목사, 그리고 대지

---

17 초기 근교도시 개발에 관해 참고할 만한 서술은 로버트 피시먼Robert Fishman의 『부르주아의 유토피아: 교외도시 생활양식의 발생과 쇠퇴Bourgeois Utopias: The Rise and Fall of Suburbia』(Basic Books, 1989)이다.

주의 재원을 가지고 있지 않아도 우아한 삶의 방식을 영유하고 싶어 하는 사람들에게 적합하도록 크고 우아한 방이 있는 시골의 오두막집을 픽처레스크 구성으로 완성한 주택을 말한다. 내시는 1810년 부유한 은행가의 소유지에 일종의 자혜 주택charity house들인 블레즈 햄릿Blaise Hamlet을 설계했다. 내시는 정돈된 열로 주택을 배치하는 대신에 픽처레스크 조경 구성방식picturesque landscape composition처럼 전경foreground, 중경middle distance, 그리고 배경background을 정하고 녹지를 둘러싸는 주택들을 모아서 배치했다. 개별 오두막집의 설계는 이후 교외 주택의 주요한 유형이 된 '증권 중개인의 튜더 양식stockbroker's Tudor'을 예측할 수 있게 한다(그림 3.4).

정원설계가 도시설계가 되다

픽처레스크 조경설계picturesque landscape design는 도시 성장에 세 가지 방식으로 영향을 주었다. 도시 안에 픽처레스크식 공공정원 조성, 전원교외지 설계, 그리고 공장 근로자를 위한 모델 타운의 설계가 그것이다.

왕실 가족의 소유지였다가 서서히 대중에게 개방된 런던의 로열 파크는 이제는 모든 도시에서 발견할 수 있는 대도시 공공공원의 모델이 되었다. 파리의 반대편에 있는 2개의 왕실 소유지인 불로뉴 숲Bois de Boulogne과 뱅센 숲Bois de Vincennes은, 나폴레옹 3세와 앞 장에서 언급한 바 있는 조르주 외젠 오스만Georges Eugene Haussmann의 행정부 아래 1850년대에 시작된 파리의 격변기 동안 영국 양식의 공공공원으로 바뀌었다. 이 공원들의 조경설계가는 아돌프 알팡Adolphe Alphand이었다(그림 3.5).[18] 루이 나폴레옹은 추방되어 영국에 살았기 때문에 런던의 공원을 잘 알았으며, 알팡이 설계를 준비할 때 그에게 지시를 내렸을 가능성이 있다. 1850년대 후반 건설이 시작된 뉴욕의 센트럴 파크를 설계한 프레더릭 로 옴스테드Frederick Law Olmsted와 캘버트 보Calvert Vaux의 설계 역시 자연미

18 알팡은 『파리의 산책Les Promenades de Paris』에서 그의 작업을 설명했다. 이 책은 원래 1867년과 1873년 사이에 출판되었고, 1984년에 재출판되었다.

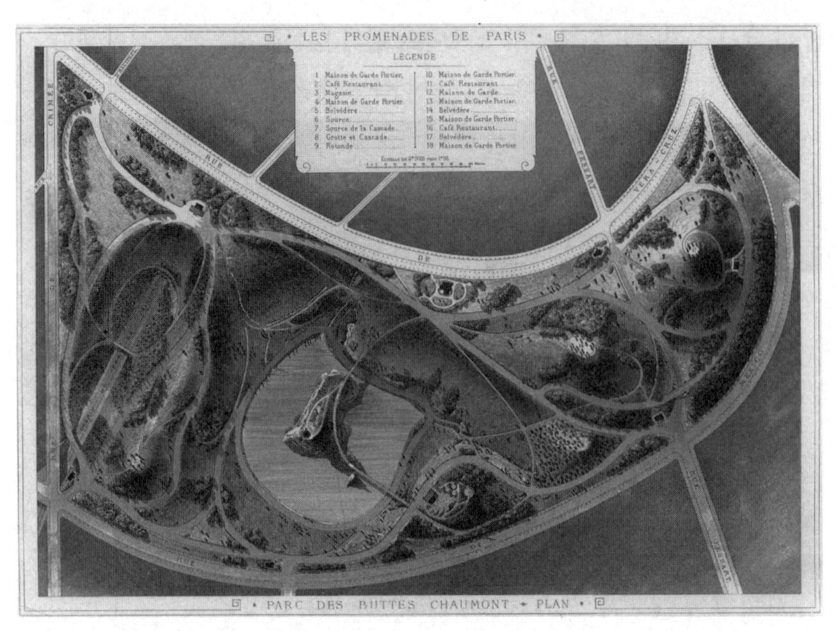

그림 3.5 예전에 채석장이었던 부지에 조성된 뷔트 쇼몽 공원(Parc des Buttes Chaumont)은 아돌프 알팡이 나폴레옹 3세의 집권기에 완성한 것으로, 베르사유 궁전에서 보이는 프랑스식 정원의 전통적인 기하학 대신에 영국 양식의 구불구불한 길과 탈형식적인 구성을 따르고 있다. 오스만과 알팡이 이 시기에 조성한 파리의 다른 공원들도 영국식 조경을 만들고 있으며, 불로뉴 숲과 뱅센 숲의 재설계 사례가 여기에 포함된다.

를 강조한 조경naturalistic landscape이다. 공원으로 지정된 구역은 당시 완전히 개발되지는 않았으나 이미 개발이 진행되고 있었다. 이곳에는 이미 많은 거주지가 조성되었고 도시 활동과 다소 전원적인 활동이 함께 일어나고 있었으며 대규모 저수지가 입지했다. 무엇보다 이곳에는 맨해튼을 동서 방향으로 횡단하는 4개의 도로 연결점을 배치시켜야 했다. 외관상 자연보존구역처럼 보이는 공원과 도시 중심부를 횡단하는 도로들은 설계자들의 기술적 노력으로 시야에서 숨겨졌다. 옴스테드는 다 자란 나무들의 이식과 그들 모두가 직면했던 인공 조경의 조성과 관련된 기술적 문제점에 관해 알팡과 서신을 주고받았다. 이렇게 조성된 센트럴 파크와 브루클린에 있는 옴스테드와 보의 프로스펙트 파크Prospect Park는 미국식 공원의 모델이 되었으며, 그들 중 상당수의 공원들이 옴스테드와 이후 그의 아들이 이어받은 설계사무소에 의해 설계되었다. 도시의 유행을 주도하는 구역에 면한 자연주의 양식으로 설계된 공원은 구불구불한 차로와 세심하게 완성된 전망을 보여주며 종종 그 내부에 미술관을 가지고 있어 미국 도시들의 두드러진 특징으로 자리 잡았다.

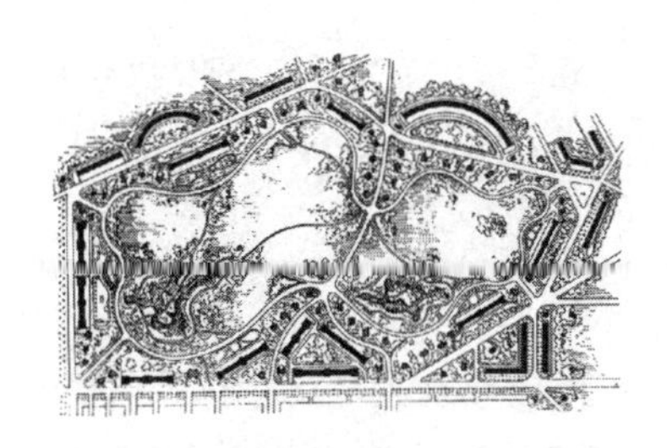

그림 3.6 리버풀의 버컨헤드 파크. 1847년에 개장한 이 공원은 조셉 팩스턴이 연립주택들과 공공에게 개방하는 정원을 위한 환경으로 설계했다.

존 내시가 1811년 초에 설계한 런던의 리젠트 파크Regent's Park는 타운하우스 개발과 대규모 토지에 조성된 픽처레스크식 공원이 통합된 결과이다. 리젠트 파크가 원래 계획대로 개발되었다면 이러한 조경환경 속에 50채의 픽처레스크식 빌라들을 포함할 수 있었다. 리젠트 파크의 북동쪽 끝의 개발은 리젠트 운하에 의해 동쪽과 서쪽의 파크 빌리지로 나뉘었다. 이곳에 조성된 각기 다른 형태의 주택들의 배치 역시 그 이후에 조성될 전원교외지를 예상할 수 있게 해주었다.

교외지에 조성된 초기 픽처레스크식 빌라들의 대부분은 전통적인 가로 체계에 따라 정사각형의 필지에 조성되었다. 리버풀 가까이에 있는 버컨헤드 파크Birkenhead Park는 1844년 조셉 팩스턴Joseph Paxton에 의해 설계되었다. 이 공원은 교외 빌라들뿐만 아니라 리젠트 파크 방식의 연립주택들이 완성하는 픽처레스크 양식의 환경을 창조해냈다(그림 3.6). 팩스턴과 건축가 존 로버트슨John Robertson은 1830년대 후반 채츠워스Chatsworth 토지의 소유자인 데번셔 공작Duke of Devonshire에 의해 설계자로 고용되어 픽처레스크 마을의 사례인 에덴서Edensor를 설계했다. 팩스턴의 작업은 미국의 전원교외지 개발에 상당한 영향을 준 것으로 평가된다. 버컨헤드 파크는 프레더릭 로 옴스테드가 방문하여 찬사를 보냈고, 에덴서는 앤드루 잭슨 다우닝Andrew Jackson Downing이 방문하여 부지계획과 다양한 개인주택의 건축양식 모두에 감명을 받았던 사례들이다.

미국의 전원교외지

뉴저지의 웨스트 오렌지에 있는 루웰린 파크Llewellyn Park는 영국 정원설계와 우아하지만 비교적 소규모의 아담한 주택들을 전원교외지의 마을로 통합시킨 첫 번째 사례라고 할 수 있다. 알렉산더 잭슨 데이비스Alexander Jackson Davis가 1853년 설계를 시작한 후 그 가로들은 영국에 있는 정원 산책로 같았다. 이곳의 주택들은 데이비스의 친구인 앤드루 잭슨 다우닝의 『전원주택의 건축Architecture of Country Houses』으로부터 영향을 받았다. 이 책은 영국식의 기하학적 형식에 구애되지 않고 주택을 배열하는 시골 귀족 주택의 새로운 계획 유형들을 기술하고 있다. 리젠트 파크나 에덴서의 경우처럼, 주택들은 서로 다른 유형으로 조성되었다(그림 3.7). 루웰린 파크나 1869년에 프레더릭 로 옴스테드에 의해 계획된 시카고 교외의 리버사이드Riverside에 있는 주택지는 농장이나 시골 저택지와 비교해보면 그 규모는 작으나, 각각의 주택들은 이웃과 독립되어 보이고 더 큰 조경환경의 일부분으로 보인다. 옴스테드는 그의 의뢰인에게 쓴 메모에서 부지를 매입한 개인 소유주들의 형편없는 취향을 통제하기 어렵다고 토로했지만, 주택들을 도로로부터 상당한 거리를 두고 배치하고 도로가 공원의 특징을 갖도록 도로 식재를 제안한 부분에는 별다른 이견이 없었다고 설명했다.[19] 많은 전원교외지에 영향을 끼친 옴스테드의 계획안은 신장 모양의 블록들로 만들어진 구불구불한 도로들의 네트워크를 보여준다(그림 3.8). 당신이 그 길을 거닐 때마다 느끼는 시각적 풍경은 끊임없이 변화한다.

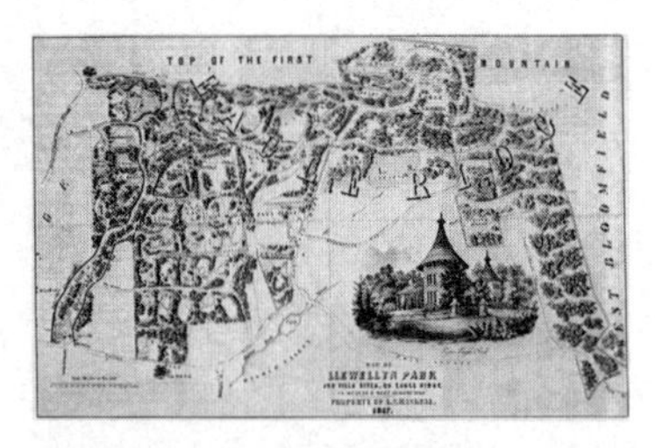

그림 3.7 현재 뉴저지의 웨스트 오렌지에 있는 루웰린 파크는 1853년에 알렉산더 잭슨 데이비스가 설계했으며, 도로는 영국의 정원 산책로와 유사하다.

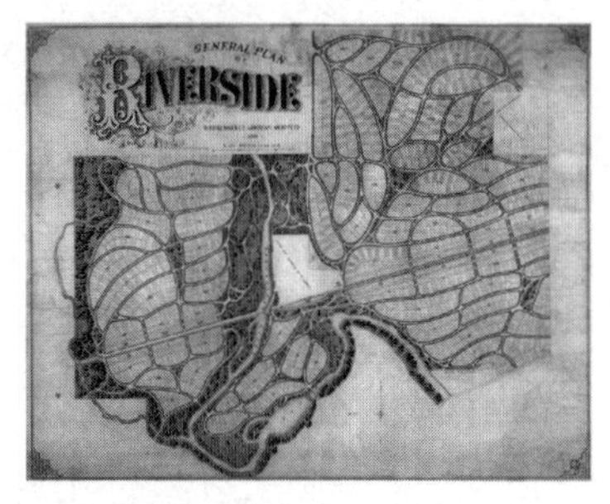

그림 3.8 프레더릭 로 옴스테드의 시카고 교외의 리버사이드 계획안은 많은 전원교외지에 영향을 주었는데, 신장 모양의 블록과 구불구불한 도로의 네트워크를 갖고 있다.

19세기 중반 건축가들은 고전주의 또는 고딕 양식에 대한 좀 더 소극적인 대안으로 17세기 후반과 18세기 영국의 토속적인 건축에 관심을 가졌다. 역사가들은 이러한 설계와 장식을 퀸 앤Queen Anne으로 분류한다.[20] 앤 여왕의 부흥기에 도시계획의 주요 작업은 런던 전원교외지의 베드포드 파크Bedford Park였

19 프레더릭 로 옴스테드가 리버사이드 재개발사Riverside Improvement Corporation에서 일한 사실은 샤론 B. 서턴Sharon B. Sutton이 엮은 『미국 도시의 계몽: 프레더릭 로 옴스테드의 도시 랜드스케이프에 관한 글 모음Civilizing American Cities: a Selection of Frederick Law Olmsted's Writing On City Landscapes』(MIT Press, 1979), 292~305쪽에 실려 있다.

20 앤은 1702년부터 1714년까지 영국의 여왕이었으며, 이 시기를 전후로 완성된 작업들을 대표하는 단어가 되었다.

다. 중상층 지식인들을 위한 공동체는 1875년에 예술적·지성적 배경을 가진 가문의 일원이던 조너선 카Jonathan Carr에 의해 시작되어 발전되었다. 그 기본적인 건축의 특징은 토속적인 것의 부활을 만들어내는 데 아마도 가장 중요했을 건축가인 리처드 노먼 쇼Richard Norman Shaw에 의해 정립되었다. 각각의 독립된 빌라가 각각의 특징을 가졌던 초기의 교외 주택지와 다르게, 베드포드 파크를 만든 쇼와 또 다른 건축가들은 통일된 환경과 마을을 만들고자 시도했다. 그러나 마을은 널찍한 중상층의 주거지로 구성되었다. 결과적으로 건축적 일관성은 전원주택 설계에 새로운 요소를 더해주었고, 옴스테드가 두려워했던 것은 일어나지 않았다. 퀸 앤 스타일 주택이 집중되어 있는 또 다른 대표적인 장소는 옥스퍼드와 케임브리지에서 찾아볼 수 있다. 벽돌과 나무 같은 재료를 있는 그대로 표현하여 건축적인 격식을 상대적으로 탈피한 퀸 앤 혼합 건축양식은 지식인층에게 강력한 호소력을 가졌음을 확인시켜준다.

노동자를 위한 시범마을

퀸 앤 스타일이 사용된 대표적인 사례는 개화된 공업 제조업자들이 만든 시범마을인데, 이를테면 캐드베리Cadbury 초콜릿 기업을 위한 본빌Bournville과 선라이트 비누Sunlight Soap를 생산하는 레버 브라더스Lever Brothers 기업이 조성한 포트 선라이트Port Sunlight가 그것이다. 두 마을의 시작은 모두 1890년대 초로 거슬러 올라간다. 포트 선라이트는 규모와 형태를 갖춘 정원과 유사한 흥미로운 도로 체계를 가지는데, 주민들을 위해 구획된 정원들을 둘러싼 건물 블록들이 경계를 정의하고 있다(그림 3.9). 조셉 라운트리Joseph Rowntree라는 또 다른 초콜릿 제조자는 영국 북부의 요크 지역 근처에 자신의 고용인들뿐만이 아니라 저소득 세입자들을 수용하는 시범마을을 조성했다. 이 마을의 설계가는 레이먼드 언윈Raymond Unwin과 그의 파트너이자 처남인 배리 파커Barry Parker였다. 그들의 건물은 동시대인인 찰스 보이지Charles Voysey의 단순화

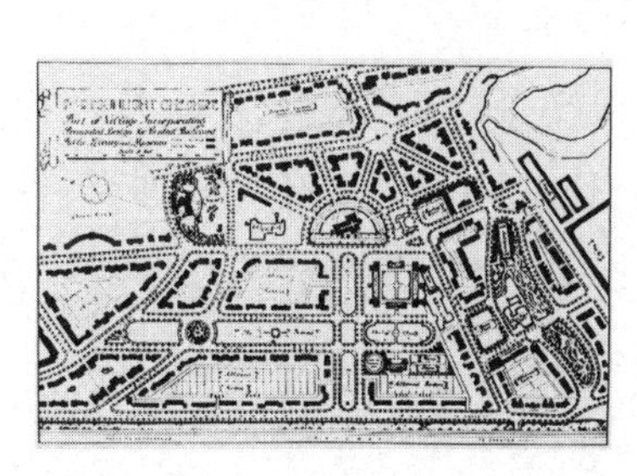

그림 3.9 레버 브라더스의 노동자들을 위한 시범마을인 포트 선라이트의 계획.

된 오두막 주택의 건축설계에 영향을 주었고 오두막 주택의 개량에도 큰 관심을 보였다. 그들은 두 권의 책 『집을 짓는 기술The Art of Building a Home』과 『오두막집의 계획과 상식Cottage Plans and Common Sense』을 출판하여 영국 마을의 전통적인 가치를 강조하고 작은 주택 안에 응접실과 같이 쓰임새가 적으며 쓸모없고 형식적인 요소의 제거를 주장했다. 또한 이들은 좀 더 큰 방과 편리한 오픈 플랜open plan(공간을 목적마다 작게 구분하지 않고 넓고 자유롭게 이용할 수 있는 평면 공간 ― 옮긴이)을 더 선호했다(그림 3.10).

그림 3.10 영국의 요크 주변의 뉴 이어스윅(New Earswick)에 위치한, 자선가 조셉 라운트리가 조성한 노동자 주택들. 레이먼드 언윈과 배리 파커가 설계한 건물들은 전통적인 영국 마을에 진보적인 사회정책을 제시했다.

수에즈 운하와 파나마 운하

수에즈 운하와 파나마 운하는 지금까지 만들어진 자연적인 조경에 부여된 매우 중요한 두 가지 인간 개입의 사례라고 볼 수 있다. 두 가지 모두 프랑스 엔지니어 페르디낭 드 레셉스Ferdinand de Lesseps에 의해 주도되었다. 드 레셉스는 1854년 이집트의 통치자인 사이드 파샤Sa'id Pasha로부터 운하 건설에 관한 독점사업권을 얻었다. 운하는 나폴레옹 3세의 후원으로 1859년에 건설이 시작되었고 10년이 지난 후에 완공되었다. 수에즈 운하는 해수면에 있는 운하로, 갑문이 없고 지중해와 홍해 사이를 오갈 수 있게 해준다. 영국 총리 벤저민 디즈레일리Benjamin Disraeli는 1875년에 들어 대부분의 소유권이 프랑스에 귀속된 상태에서도 운하에 대한 이집트의 지분을 사들였다. 영국인들은 그 후 이집트에 내전이 있었던 1882년 운하의 기능을 통제했다. 비록 영국 정부가 처음에는 운하에 반대했지만, 유럽 국가들에게 운하는 아시아에 있는 그들의 식민지를 통제하기 위한 가장 중요한 연결 통로로 평가되었다. 드 레셉스는 1879년 파나마의 지협을 횡단하는 운하를 건설하는 프랑스 회사의 회장으로 임명되었다. 그러나 파나마에 운하를 짓는 것은 적합하지 않은 토양 상태, 수면 높이를 변화시켜주는 갑문의 필요성, 그리고 말라리아와 같은 열대 풍토병으로 인해 수에즈에서보다 매우 어려운 상황에 직면했다. 운하 건설을 위한 노력은 실패했으며, 회사는 결국 파산했다. 마침내 미국은 시어도어 루스벨트Theodore Roosevelt 대통령이 재임하던 1904년 이 실패한 회사의 자산을 사들였고, 10년이 지난 후에 운하를 완성시켰다. 두 운하는 현재 운하가 위치한 각각의 나라에 귀속되어 있으며, 전 세계적인 해상운송을 발전시키며 다수의 항구도시의 성장에 막대한 영향을 끼치고 있다.

북아메리카의 국립공원

풍경화에서 시작되어 자연스러운 풍경의 아름다움에 매료된 사람들은 미국 서부와 캐나다 서부의 장엄한 자연을 보호하기 위한 후원 조직에서 역할을 하게 되었다. 그중 알베르트 비어슈타트Albert Bierstadt와 같은 예술가들이 그린 그림들은 실제로 서부에 가보지 못한 영향력 있는 인사들에게 친숙하게 다가가 자연환경 보존에 대한 관심을 이끌어냈다. 토지를 보호하기 위한 실제 과정은 복잡하다. 요세미티 협곡Yosemite Valley[21] 같은 몇몇 장소는 아름다운 경관 가치의 보존을 위해 국립공원으로 지정되었으며, 또 다른 곳들은 일부 벌목이 허용되나 자원 보존을 위해 국유림으로 지정되었다. 레크리에이션은 국립공원과 국유림의 특정 장소들에서만 허용되며, 다른 구역들은 야생지로 지정되어 사람들의 방문이 제한된다. 일반적으로 미국과 캐나다 두 나라 모두 가장 중요한 자연구역들의 보호 체제를 갖추고 있으나, 그 과정은 체계적이지 않기에 현재에도 논란의 여지를 갖고 있다.

전원도시와 조경화된 도시의 시작

조경화된 도시landscape urbanism는 찰스 왈드하임Charles Waldheim이 "조경이 현

---

21 초기 국립공원은 1890년에 지정되었다.

대 도시의 기초 구성요소로 건축을 대체하고 있다"고 최근의 책에서 주장하면서 언급되었다.[22] 과거 에벤에저 하워드Ebenezer Howard는 많은 청중에게 도시-시골town-country이라는 용어를 사용하며 그의 관점을 명확하게 드러낸 바 있다. 왈드하임의 정의에 따르면 에벤에저 하워드는 조경의 도시화의 관점에서 위대한 예언자로 평가되어야 한다. 하워드는 지난 세기의 전환기에서 전원도시 운동을 일으킨 매우 중요한 인물이다. 전원도시garden city는 공공공원과 교외지 개발, 그리고 녹지환경 안에서 적당한 가격의 오두막집을 통합했다. 하지만 그것의 진정한 의미는 자연스러운 풍경 내 자족적인 공동체로서의 인간의 정착을 조직화하기 위한 장치라는 점이다. 이는 도시를 밀도 높은 중심부로 이해한다기보다 오히려 넓은 지역의 부분으로서 이해하려는 새로운 사고방식을 내포하고 있다. 도시-시골 개념은 하워드에게 훨씬 더 깊은 의미를 가지고 있다. 그는 자연과 지속적 접촉이 가능한 곳으로 도시가 부여하는 다양한 활동이나 기회들을 가지고 올 수 있다면, 모든 사람들에게 좀 더 균형 있는 삶의 방식을 가져다줄 수 있을 것이라고 믿었다.

에벤에저 하워드는 건축가도 아니었고 조경설계가나 도시계획가도 아니었으며, 런던 법원의 속기사였다. 그는 1898년 『내일: 진정한 개혁에 이르는 평화적인 길To-morrow: A Peaceful Path to Real Reform』이라는 책을 출판했으며, 이 책은 이후 『내일의 전원도시Garden Cities of To-morrow』라는 제목으로 더 유명해졌다. 이 짧은 분량의 책은 이후 신도시new town 계획과 그린벨트의 생성을 시작하게 했고 20세기 중반을 통해 지역개발에 커다란 영향을 미쳤다. 최근 도시와 시골 간의 균형에 대한 하워드의 생각이 마치 교외의 개발 확산 현상으로 대체되어온 것처럼 보였지만, 오늘날 에너지 효율성과 자연환경의 보존에 대한 필요는 하워드의 생각을 새롭게 부각시키고 있다.

하워드는 미국 개척지로 이민을 가면서 사회생활을 시작했으며 아이오와에서 농부가 되었으나, 시골 생활에 대한 애정만으로 행복하지 않다는 것을 깨닫게 되었다. 농사는 그에게 맞지 않았다. 그는 또한 시카고에서 발생한 대화재

---

22 찰스 왈드하임Charles Waldheim 엮음, 『랜드스케이프 어바니즘 리더The Landscape Urbanism Reader』(Princeton Architectural Press, 2006).

그림 3.11 1827년 런던 루드게이트 힐을 바라보는 플리트 스트리트. 화가는 말의 배설물과 파리들을 풍경에서 제외했으나 여전히 산업화 이전 도시의 매력적인 모습을 보여준다.

이후 도시 재건 기간인 1872년부터 1876년까지 그곳에 거주했다.[23] 시카고에서 그는 앞으로 자신의 생업을 위해 필요한 연설문들을 속기하는 것을 배웠으며, 사회구조는 개방적이었다. 그곳은 혁신적인 생각을 가진 사람들이 사회 일원으로 잘 수용되고 그들 스스로가 성공할 수 있을 것이라는 예측이 가능한 사회였다. 당시 영국의 계급구조와는 전혀 다른 분위기의 도시였다.

하워드는 이후 영국으로 돌아와서 사법부의 속기사가 되었다. 런던은 당시 산업화의 한가운데에 있었으며, 빅토리아식 자유방임Victorian laissez-faire 자본주의가 가장 강했던 시기에 있었다. 플리트 스트리트Fleet Street에서 루드게이트 힐Ludgate Hill을 바라보는 두 가지 시각을 통해 이 시기의 런던에 일어났던 일들이 짐작된다. 첫 번째 풍경화 〈19세기의 런던London in the 19th Century〉은 1827년

23 월터 크리스Walter Creese의 『환경을 찾아서The Search for Environment』에 따르면 아마도 하워드는 그가 시카고에 머무는 시기에 추진되었던 옴스테드의 리버사이드 설계안을 보았을 것으로 추측된다. 또한 하워드는 대화재 이전에 시카고가 가로수 도로와 앞뜰 정원이 잘 갖추어져 '전원도시'로 불렸다는 사실도 인지하고 있었을 것으로 추측된다.

그림 3.12 구스타프 도레가 1872년에 그린 런던의 플리트 스트리트. 철로가 도시에 어떠한 공해와 혼잡을 주는지를 보여준다.

에 그려진 것으로 산업화 이전의 런던을 보여주며, 화가가 그림에서 말의 배설물과 파리들을 생략했다는 사실을 감안해도 진정 매력적으로 표현되어 있다. 그런가 하면 1872년 런던의 거의 같은 장면을 그린 구스타프 도레Gustave Doré의 〈런던 순례London, A Pigrimage〉는 당시 런던의 공해와 교통 혼잡을 보여준다(그림 3.11, 3.12).

같은 책에 포함된 도레의 다른 그림들은 가난한 사람들과 노숙인들의 처참한 상황과 함께 혼잡하지만 호화로운 부자들의 삶도 보여준다. 몇몇 사회적인 개혁이 1890년대에 일어나긴 했지만 극심한 가난, 비위생적인 주거, 인구 과밀은 여전히 런던의 대표적인 특징이었다. 삶은 시골에서도 그리 좋지 않았다. 계속되는 농업 불황으로 인해 농부들은 경작지로부터 쫓겨났으며 토지가는 낮아졌다.

하워드는 당시 발명가적인 생각을 가졌는데, 심지어 그의 사무실에서 사용하던 타자기와 다른 기계들에 대해서도 몇 가지 개선 방안을 고안해낼 정도였다. 그는 미국에서 1888년 출판되자마자 입수한 에드워드 벨라미Edward Bellamy의 책 『돌이켜보면Looking Backward』을 읽은 후, 사회문제를 해결하기 위해 독창적인 방안을 개발하기 시작했다. 벨라미의 소설에 묘사된 2000년의 보스턴은 사회의 원동력이 협력cooperation으로 정의되는 도시로서, 이 소설은 이러한 유토피아가 가져올 단계적인 변화들에 대해 언급했다. 하워드는 당시 그 스스로 100권의 판매를 장담하며 영국에서의 출판을 즉시 주선할 만큼 그 책에 대해 굉장히 열광적이었다.

하워드는 사람들과 희뿌연 연기 속의 런던을 통과해 법원을 오가면서 농촌에 활기를 불어넣을 새로운 유형의 도시를 고안하기 시작했다. 하워드는 그 아이디어 속에서 농촌의 아름다움과 건강함을 사람들로 붐비고 비위생적인 현대적 사무실의 산업활동과 기회들을 가진 대도시와 결합했다. 하워드는 『돌이켜보면』의 관점이 권위주의적이고 기계적이라는 것을 발견했으며 새로운 삶의 방식으로 점진적인 사회 변화를 이끌어내는 방법이 충분히 고려되지 않았다고 우려했다. 그는 곧 자신의 해법을 만들기 전에 다른 개혁자들의 글들, 특히 식민지화, 토지 소유권의 집중화, 그리고 시범공동체에 대해 읽기 시작했다.

하워드는 자신의 책에서 그의 제시안에 대해 표준이 될 만한 명석한 해설들을 소개했다. 하워드는 도입부에서 독자들에게 6,000에이커(24km^2)의 농지를 부동산 담보로 발행된 채권의 매입을 상상하도록 요청한다. 이 부동산의 1/6의 면적에만 3만 명을 위한 공동체를 조성하고 나머지는 농토로 유지된다. 새로운 도시 중심부에는 시청, 미술관, 극장, 도서관, 콘서트홀, 병원 같은 공동체 전체를 위한 공공시설이 입지한다. 이 공공시설들은 공원으로 둘러싸여 있

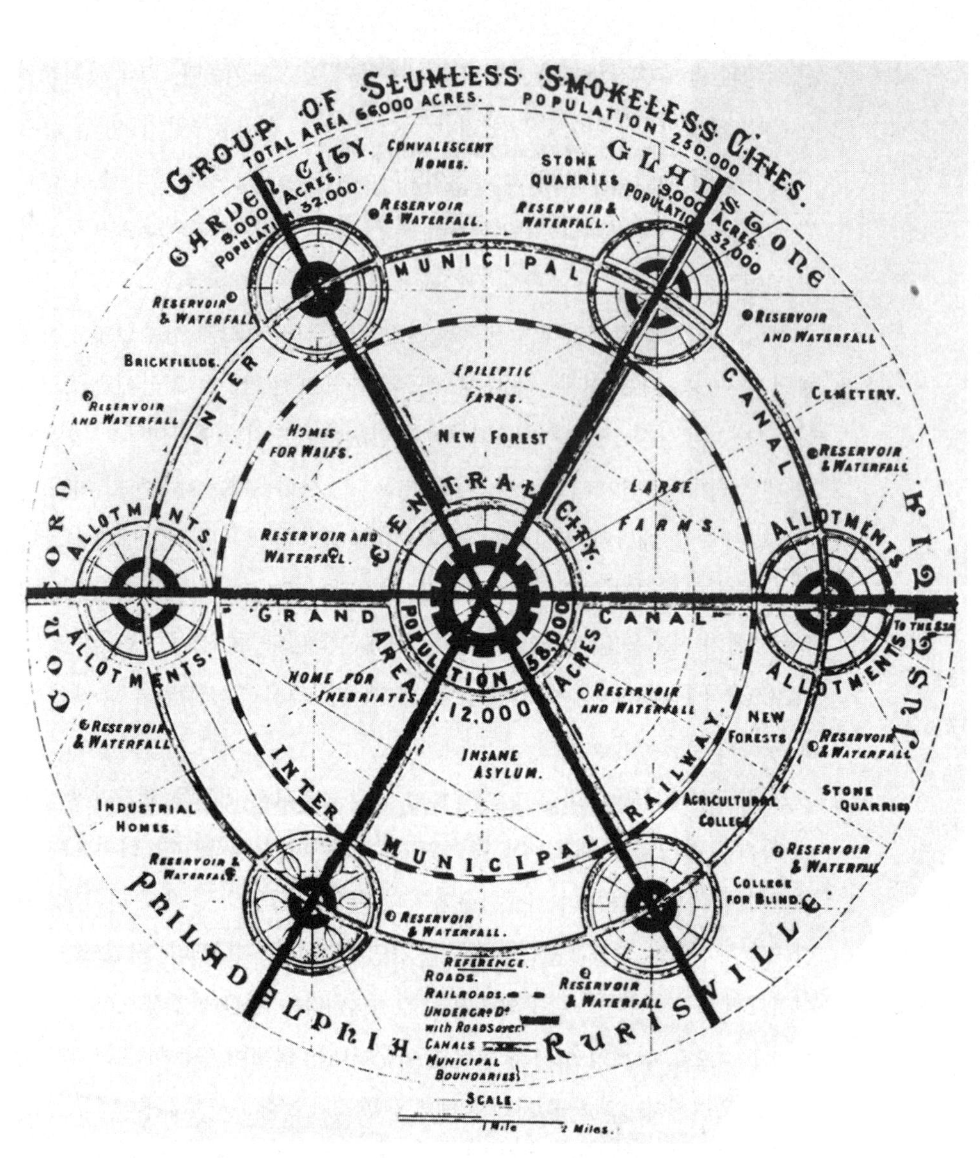

그림 3.13 하워드의 유명한 전원도시 다이어그램으로, 녹지 공간 내에 관리가 가능한 규모로 조성된 공동체의 클러스터를 보여준다.

고, 공원은 하워드가 크리스털 팰리스Crystal Palace라고 지칭하며 흔히 쇼핑센터라고 부르는 시설의 측면에 입지해 있다. 도시의 모든 상점들은 유리 지붕의 건물 내부에 배치되는데, 이는 윈터 가든winter garden이라는 겨울 정원(둘러싸인 쇼핑몰과 동의어)의 매력을 더하는 요소가 된다. 중심부 주변에는 도시의 주거 구역들이 위치하는데, 이곳에는 저소득 계층부터 부유한 계층을 위한 다양한 규모의 건물들이 있다. 도시 경계부에는 공장들과 순환 전철의 선로가 입지한다. 공장 구역을 넘어서면 전체 커뮤니티는 시골들로 둘러싸여 영원히 지속된다(그림 3.13).

하워드는 철도 네트워크를 통해 많은 시골들이 도시로 즉시 접근될 수 있다는 것을 알았으며, 이로 인해 도시 입지에 관한 기존의 논리가 바뀌게 되었다는 사실도 알게 되었다. 적절한 교통수단이 제공된다면, 인구는 멀리 있는 농지로 이동할 수 있다는 것이다.

부동산 개발에서 수익성이 가장 높은 사업들 중 하나는 시골의 토지를 도시용도로 변경하는 것이다. 부동산 개발자는 보통 그 수익을 커뮤니티로부터 거두어간다. 하워드는 카를 마르크스Karl Marx의 이론에 대한 중산층 특유의 답을 제공하면서, 공업부지와 주택부지의 수입으로 조합 방식의 신도시 개발 재원을 대신할 것을 제안했으며, 이 개발 콘셉트의 실행 가능성을 설명하기 위해 시험 대차대조표를 작성했다.

그러나 하워드는 그가 제안한 커뮤니티가 작동할 수 있는 방법을 요약 설명하는 것에 만족하지 않았다. 그는 어떤 회의론자도 확신할 수 있도록 세부 사항을 충분히 포함하기로 결심했다. 그는 농지의 경제성에 대해 토론하면서, 새로운 공동체가 인접하여 위치하며 원예와 낙농업 시장이 가능하고 운송과 유통 단가가 매우 낮아지면서 지역 주민에게 수익을 줄 수 있다는 점을 지적했다. 이러한 생각은 지역 농장들이 여전히 많을 때에는 크게 중요시되지 않았으나, 농업의 국제적 산업화에 대응하며 '슬로우 푸드 운동slow-food movement'이 제안된 오늘날 매우 적절하게 되었다.

하워드는 주택 소유자가 자신의 예산 내에서 토지와 도시 서비스를 감당할 수 있어야 한다는 점을 분명히 했다. 또한 지방자치제의 공무원은 어떻게 조직되어야 하며 공무원의 업무들은 어떻게 실행될 수 있는지, 그리고 공동체의 채무가 예상 소득 내에서 어떻게 상환되는지에 대해 논했다. 하워드는 또한 그 누구도 자신을 비실용적인 이상주의자로 간주하지 못하도록 노력했다. 그는 그가 상상하는 모든 것들이 자신이 살고 있는 시대의 "일반적인 사업활동에 의해 달성될" 수 있다는 것을 명확히 했다. 만약 농부들이 상품용 채소 농원보다 밀 재배를 선호한다면, 그것도 문제가 되지 않는다고 생각했다. 그러나 몇몇 농부들은 인접한 시장을 고려하여 채소를 키울 것이라고 예측했다.

새로운 공동체 내에 자리한 공장들은 일반적인 공장일 것이다. 그리고 전원도시 조합은 건강 규정과 건물 규정의 준수를 제외하고는 공장들에 대한 통제가 없을 것이라고 했다.

하워드는 첫 번째 커뮤니티의 성공 이후까지를 내다보며, 커뮤니티의 성장의 압박이 시작될 때 무엇이 발생할 것인가를 상상했다. 커뮤니티를 확장시키는 대신에 두 번째 전원도시를 농지 벨트 너머로 분리시켜 조성해야 한다. 하워드는 이러한 성장이 어떻게 가능할 것인지를 보여주기 위해, 윌리엄 라이트William Light 대령이 1836년에 완성한 오스트레일리아의 애들레이드Adelaide의 도시계획안을 포함시켰다. 라이트 대령은 애들레이드의 도시 경계를 둘러싸는 대공원parkland 벨트를 제안했다. 이는 교외지인 노스 애들레이드를 원래 있었던 교외로부터 도시를 분리하는 역할을 하는 것이었으며, 이 교외도 대공원에 의해 둘러싸여 있었다(그림 3.14).

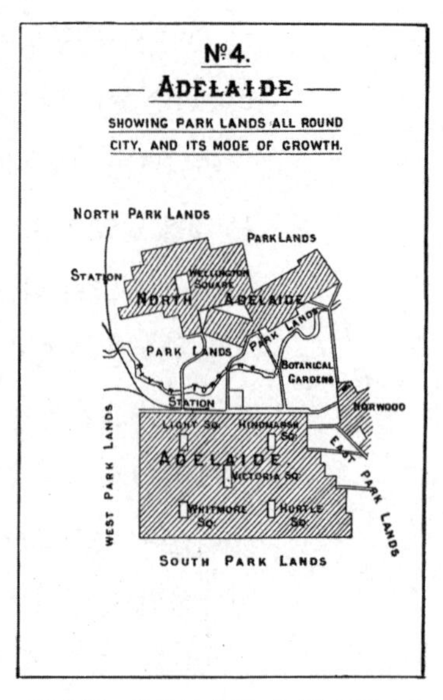

그림 3.14 윌리엄 라이트 대령의 1836년 오스트레일리아의 애들레이드 계획안. 하워드가 자신의 책 『내일: 진정한 개혁에 이르는 평화적인 길』에서 언급한 것처럼 교외지는 그린벨트에 의해 중심 도시로부터 분리되어 있다.

그러나 이러한 도시 성장은 정부의 지원 없이는 결단코 일어날 수 없었다. 그래서 하워드는 전원도시의 설립에 정부가 필연적으로 주도적인 역할을 할 것이라 확신했다. 그는 그 예로서 철도의 조성을 유추했다. 정부는 먼저 철도 부지를 협상으로 매입할 수 있다. 철도선이 더 커지고 국가의 필수적인 교통 인프라로 기능하면서 정부는 철도 기업들이 그 철도선들을 매입하도록 개입하는 것이다.

하워드는 조용히 그리고 사무적 방식으로, 전 국토의 총체적 개편이 실현 가능하고 현실적이며 거의 불가피하다고 주장했다. 이제 이러한 건설 변화의 가능성에 대한 그의 믿음은 명백하게 영국인답지 않았다. 차라리 그의 믿음은 미국인의 개척자 정신과 같은 신념이었다.

다수의 새로운 전원 커뮤니티들이 조성된 이후 런던 그리고 기타 공업도시들은 어떻게 되는 것일까? 하워드는 오래된 도시들이 더 이상 그들의 부채를 지불할 수 없기 때문에 결국 그곳의 거주 인구가 솎아지고 도시는 재구성될 것이라고 예측했다. 또한 재산 가치는 하락하고, 남은 사람들은 허물어지며, 슬럼을 떠나서 양질의 주택들로 옮겨갈 것이다. 실제로 하워드의 예측과 매우 비슷한 일들이 도시에서 일어났다. 사람들과 공장이 교외 지역으로 이동함에 따라 도시 자체의 밀도가 매우 낮아졌다. 1970년대 몇몇 도시들은 이런 과정을 거친 후 살아남지 못할 정도로 보였다. 뉴욕은 하워드가 예측했던 것처럼 그들의 의무들을 이행하지 못하는 채무불이행의 상태에 거의 다다랐다. 현재 대부분의 도시들은 더 강력한 다운타운 개발과 새로운 고소득 거주자들의 유입으로 재생되었다. 그러나 여전히 많은 도시들은 재건축이 필요한 다수의 구역들을 갖고 있다. 하워드는 이러한 도시 변화의 과정과 특징을 이해했으나, 금융과 무역을 위한 고밀도 도시 중심부의 중요성은 과소평가했다. 또한 그는 전 세계적으로 일어난 소득의 증가와 이동성의 증가를 예측하지 못했다.

하워드의 책이 출판되었을 때 그 책은 갈채를 받지 못했다. 심지어 개혁적 성향의 페이비언 협회Fabian Society에서도 그 가치가 간과되었다. 페이비언 협회의 신문에 실린 논평을 보면, "하워드의 도시계획은 로마인들이 영국을 지배했을 때 그들에게 제출되었다면" 채택되었을 것이라고 비아냥거리는 어조로 언급되어 있다.[24]

그러나 하워드는 지칠 줄 모르는 사람이었다. 그는 가식적인 사람은 아니었지만, 효과적인 대중연설가였다. 하워드는 그의 책이 출판된 지 8개월이 지난 후 전원도시협회Garden City Association를 성공적으로 조직했으며, 전원도시의 조성으로부터 이득을 기대하는 다른 개혁 단체들과 연대를 맺으면서 협회를 발전시켜나갔다. 협회의 초기 회원들 중 다수는 토지국유화협회Land Nationalisation Society의 주요 인물들이었다. 또 다른 영향력 있는 후원자들은 법원 내에서 하워드의 능력을 알고 아껴주는 저명한 변호사들이었다. 이러한 법조계 동료들 중에서 가장 영향력 있는 사람은 랠프 네빌Ralph Neville이었다. 랠프 네빌은 이후 전원도시협회의 회장이 되었고, 그가 소개해준 두 명의 자선가인 조지 캐드베리George Cadbury와 윌리엄 레버William Lever는 이후 시범 공업단지를 지지하

24 프레데릭 J. 오즈번Frederic J. Osborn이 서문을 쓴 1945년판 『내일의 전원도시Garden Cities of Tomorrow』(Faber and Faber edition, 1945)의 서문에서 인용했다.

며 하워드를 도왔다.

전원도시협회는 1901년과 1902년에 연례회의를 개최했다. 300여 명이 참석한 첫 번째 회의는 본빌에서 열렸고, 1,000명 이상이 참석한 두 번째 회의는 포트 선라이트에서 열렸다. 그해 하워드의 책은 『내일의 전원도시』라는 새로운 제목으로 재출간되었고, 그 모델의 실제 조성을 위해서 회사가 설립되고 부지도 매입되었다.

레치워스, 첫 번째 전원도시

3,800에이커(15km^2)가 넘는 토지가 1903년에 하트퍼드셔Hertfordshire의 히친Hitchin에 위치한 철도 교차로 인근의 레치워스Letchworth에 모여지면서 새로운 공동체 조성을 위한 회사가 설립되었다. 기공식은 1903년 10월 9일에 열렸다. 새로운 공동체의 설계 감독으로 레이먼드 언윈과 배리 파커가 선택되었다. 당시 언윈은 40세, 파커는 36세였다. 그들은 전원도시협회의 회원이었고, 뉴 이어스윅New Earswick의 설계를 막 완성한 시점이었다. 뉴 이어스윅에서 그들의 건축주였던 조셉 라운트리는 하워드의 책에 영향을 받아 모든 주택들이 각자의 정원을 가져야 한다고 확신하게 되었다. 파커와 언윈은 드디어 전원도시를 위한 물리적인 형태를 만들 수 있는 결정적 기회를 갖게 되었다.

물론 하워드는 전원도시가 어떤 모습이어야 하는지에 대한 자신의 생각을 가지고 있었지만, 그는 자신이 그린 삽화들에 조심스럽게 "다이어그램만 있고, 도면은 장소가 정해지기 전까지 그릴 수 없다"라는 라벨만을 붙여놓았다. 하워드의 모든 생각은 그가 에드워드 벨라미에게 영향을 받은 협동조합과 공동소유권에 대한 개념에 기반을 두고 있었다. 하워드는 그의 책에서 이상적인 도시의 크기에 대한 개념은 제임스 버킹엄James S. Buckingham의 논문 「국가의 악과 현실적 치유National Evils and Practical Remedies」에 묘사된 2만 5,000명을 위한 시범 도시인 제임스 버킹엄의 빅토리아에서 착안했다고 말했다. 버킹엄의 빅토리아 도시설계는 정확하게 대칭을 이루는 하워드의 동심원 설계와 유사하다. 중앙 통제형 사회를 상상하던 버킹엄은 자신의 도시설계를 당연히 그대로 진행했을 것이다. 하워드는 지형을 이용한 작업과 자유 기업 체제로 인해 무언가 느슨하게 조직화될 것이라 생각했다. 또한 하워드가 계획 도시 성장의 모델로 애들레이드에 관심이 있었다는 것도 알려졌다. 왜냐하면 그가 자신의 책에 애들레이드의 지도를 포함시켰기 때문이다. 그는 런던에 있는 존 내시의 리젠트 파크에 대해서도 틀림없이 잘 알았을 것이다. 공원으로 둘러싸인 원형의 중심적인 요소들을 가지고 있는 리젠트 파크의 원래 설계는 하워드의 다이어그램과 매우 유사하다.

레이먼드 언윈과 배리 파커는 이미 잘 조성된 전원교외지와 시범마을의 개념을 그들의 전원도시 설계에 도입했다. 이는 결과적으로 두 가지 중요한 도시 설계와 도시계획 개념의 통합이었다. 그중 하나는 18세기에 발전된 기교가 넘치는 인공 조경의 픽처레스크식 영국 정원의 전통이며, 다른 하나는 역시 18세기 후반에 개발된 불규칙적이면서 픽처레스크의 질감을 갖도록 계획된 오두막 주택이나 빌라이다.

그들의 설계는 찰스 보이지의 오두막 같은 주택들과 리처드 노먼 쇼의 베드포드 파크, 그리고 포트 선라이트의 설계와 같이 19세기의 후반부에 나타난 토속 건축의 부활이었다. 파커와 언윈의 레치워스 도시설계로 하워드의 급진적인 생각은 결국 그다지 위협적이지 않으며, 전통적인 영국 마을을 연상시키며 기교 있게 설계되었다고 평가되었다.

파커와 언윈은 하워드의 다이어그램에서 보이듯이 공동체를 철도와 인접하여 배치해놓지 않고 철도를 가로질러 배치했다. 공동체는 동서 방향으로 달리는 철도와 남북을 가로지르는 노턴 웨이Norton Way인 메인 스트리트로 4개의 사분면으로 나뉜다. 높고 평평한 땅에 위치한 타운 광장은 남서쪽 사분면에 위치한다. 기념비적인 가로수길인 브로드웨이Broadway는 타운 광장과 철도역의 앞쪽 구역을 연결하며, 타운 광장으로부터 멀리 남서쪽으로 확장되어 주거구역으로 연결된다. 남동쪽 사분면에는 철도선 주변에 다수의 공업구역과 비교적 검소한 공동주택들이 입지한다. 쇼핑 구역은 철도의 남쪽에 있는 철도역과 노턴 웨이 사이에 위치해 있다. 북동쪽 사분면에는 철도를 따라 다수의 공장들이 입지하며 기존 노턴 마을의 주변으로 새로운 개발이 집중되어 있다. 마지막으로 개발된 북서쪽 사분면은 70에이커(0.28km^2) 면적의 공원으로 보존된 노턴 코먼Norton Common과 철도를 따라 조성된 경공업 구역을 추가로 포함하고 있다(그림 3.15).

부지계획은 정형적인 설계 개념과 비정형적인 설계 개념이 통합된 모습을 보인다. 즉, 전체적으로 비정형적이지만 구불구불하지 않고 정교한 픽처레스크 양식의 도로 체계에 의해 균형 잡혀 있으며 타운 광장을 향해 길게 뻗어 있는 도로들이 군을 이루고 있다. 클러스터를 구성하는 주택들과 오두막집들은 건축적인 공간을 형성하며 정교하게 배치되어 있고, 상이한 양식을 다양하게 사용하지 않아서 건축적으로 통일성 있게 설계되었다. 부지계획은 지형, 풍향, 그리고 기존의 식생에 기초해서 결정되었다. 마을의 동쪽에 공업구역을 배치한 것은 공업구역의 오염 공기가 거주자들을 피해서 이동하도록 의도한 결과이다. 하워드가 제안했던 크리스털 팰리스의 흔적을 찾아볼 수는 없지만, 중심 쇼핑 가로는 하워드가 다이어그램으로 제안한 쇼핑 구역의 약 1/8의 면적으로 이해된다. 이는 현실적으로 레치워스의 공동체 전체가 지탱할 수 있는 쇼핑 구역의 크기이다.

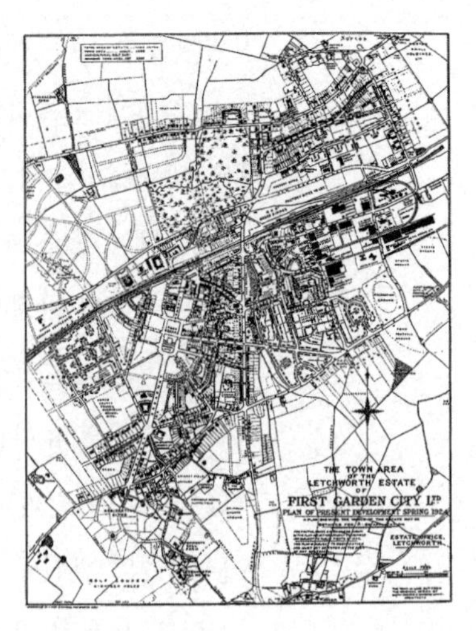

그림 3.15 레이먼드 언윈과 배리 파커의 레치워스 계획안. 에벤에저 하워드의 설계 원칙에 따라 조성된 최초의 전원도시이다.

햄스테드와 20세기 초의 전원교외지

배리 파커와 레이먼드 언윈의 다음 프로젝트는 1905년의 햄스테드 전원교외지Hampstead Garden Suburb를 위한 부지계획을 발전시키는 것이었다. 햄스테드의 부지 계획안은 바람직한 교외 개발의 강력한 이미지를 구축하며 도시지역을 확장시키는 설계안으로 더욱 광범위한 영향력을 갖게 되었다. 그들의 도시설계 의뢰인은 인보관 운동Settlement-house movement의 개혁자 캐넌 새뮤얼 바넷Canon Samuel A. Barnett의 부인인 사회 개혁가 헨리에타 바넷Henrietta Barnett이었다. 그녀는 햄스테드 히스Hampstead Heath 북쪽의 런던 골더스 그린Golders Green 지역에 있는 농지의 규제권을 매입할 수 있었다. 이곳은 1907년 지하철로가 확장되면서 런던으로의 접근성이 향상되고 있었다. 또한 사회적 프로그램으로 서로 다른 소득수준을 가진 다양한 계층에게 열린 커뮤니티가 탄생했으며, 결과적으로 근접성은 계층 간의 장벽을 깨트리는 데 도움이 될 것이라는 희망이 만들어졌다. 그 커뮤니티는 하워드가 제안한 것처럼 도시와 시골의 모든 장점을 갖춘 이상적인 환경으로 구상되었다. 그러나 햄스테드는 런던의 도시 확장으로 만들어진 도시 근교지였으며, 대도시의 확장으로 이루어지는 도시 성장은 반드시 독립된 전원도시로 전환되어야 한다는 하워드의 기본 이론과는 대치되었다. 언윈과 파커의 햄스테드 도시설계는 전원도시 운동에 대한 비헌신적인 행위로 종종 묘사되어왔다. 하지만 전원교외지는 사실상 일리노이의 리버사이드Riverside에 대한 옴스테드의 계획에서처럼 픽처레스크 양식의 조경과 교외 주택들을 결합한 개념이었다.

파커와 언윈은 햄스테드의 도시설계를 시작했을 당시 카밀로 지테Camillo Sitte의 이론을 알게 되었으며, 독일어로 출간되었던 정기간행물 ≪도시계획Der Stadtebau≫을 읽기 시작했다. 이 간행물은 지테, 그리고 비슷한 생각을 공유하는 도시설계가들의 작업을 소개하고 전문적 학문 영역으로서 도시계획을 정립하는 데 커다란 영향력을 행사했다(이후 출판된 책의 원제는 'Der Städtebau nach seinen Künstlerischen Grundsätzen'이고, 영문 제목은 'The Birth of Modern City Planning'으로 국내에는 『도시·건축·미학』으로 소개되었음 — 옮긴이). 1909년에 출판된 레이먼드 언윈의 『타운 플래닝 실무Town Planning in Practice』는 영어로 출판된 책 중 처음으로 지테의 이론을 중요하게 다루고 있다.[25] 지테의 도시설계의 접근은 일반적인 도시계획의 논리가 아니라 관찰자가 실제로 건물들 주변을 걸어 다니면서 본 것들을 비교하여 일련의 원칙들을 추출한 것이다. 도시를 이동하는 관점들의 연속체로 인식한 노력은 영국식 정원설계의 미학과 매우 유사하다. 당시 지테는 다수의 기념비적인 광장들이 지나치게 크다고 믿었다. 특히 주요 공공건물들은 가시성이 좋은 입지를 유지해야 하며, 광장의 벽을 정의하는 다른 건물들과 인접하거나 밀접하게 연계되어야 한다고 믿었다. 이런 방법으로 단지 도면상에 포함되는 것을 넘어 3차원의 공간을 완성할

---

25 『타운 플래닝 실무』의 재판은 1994년에 Princeton Architectural Press에서 출판되었다.

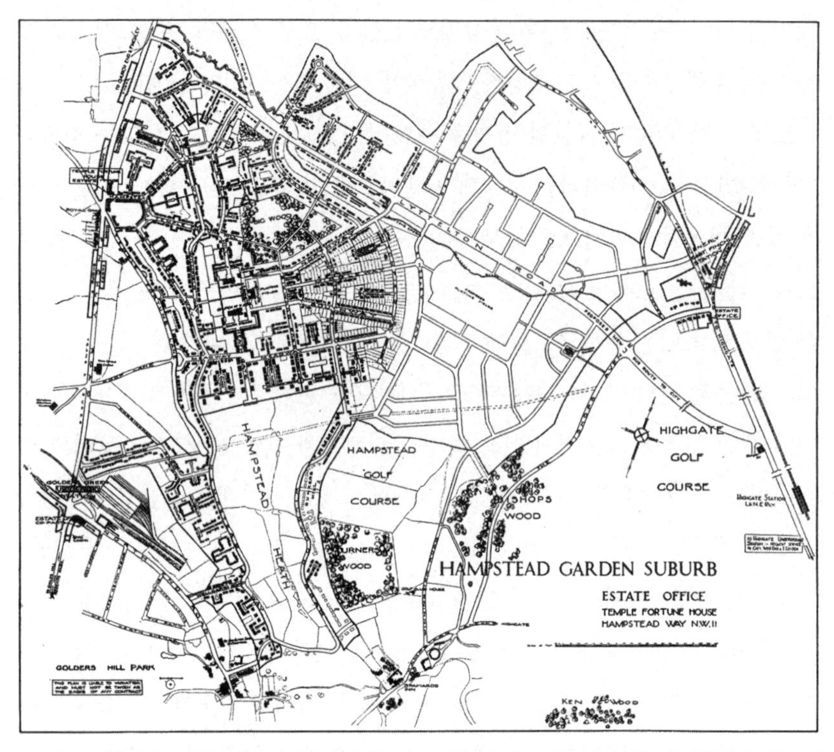

그림 3.16 레이먼드 언윈과 배리 파커에 의한 햄스테드 전원교외지의 계획안은 중앙부의 건물군이 전통적인 도시설계의 요소들을 갖고 있다. 이는 중앙에 위치하는 2개의 교회를 설계한 건축가 에드윈 러티언스의 영향 때문이다.

수 있다고 믿었다.

언윈과 파커는 지테의 글과 ≪도시계획≫를 통해 지속적으로 독일 도시설계의 예시들을 보게 되었다. 언윈의 책에서 관찰되는 삽화들을 근거로 미뤄본다면, 보존이 잘된 중세 도시인 로텐부르크Rothenburg가 특히 그의 관심을 끌었다고 여겨진다.

햄스테드 전원교외지의 도시계획에 영향을 준 또 다른 요소는 건축가인 에드윈 러티언스Edwin Lutyens의 작업 방식이었다. 러티언스는 배경화 같은 공간 분위기를 만들어내는 건축적 효과의 전문가였다. 그는 강력한 건축설계를 만들기 위해 무엇이 필요한지에 관해 파커와 언윈보다 훨씬 더 정교한 훈련을 받은 전문가였다. 그러나 러티언스는 파커와 언윈에 비해 사회적 목표보다도 건축을 더 우선시하는 경향이 있었다. 러티언스는 햄스테드의 중앙 건물군을 설계했으나 헨리에타 바넷과 이사회의 책임자들과 함께 중앙부 건물들의 높

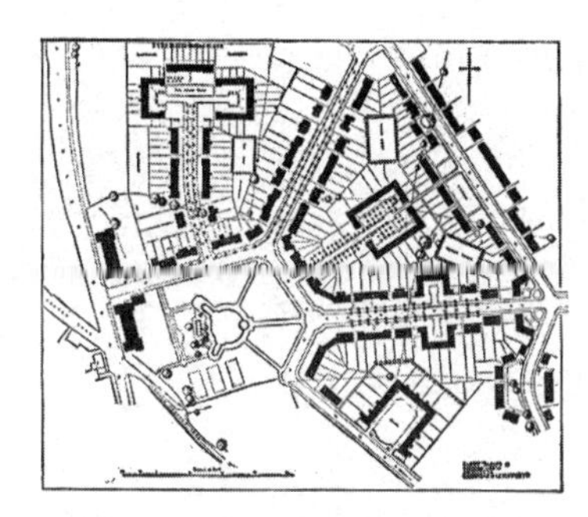

그림 3.17 햄스테드의 쿨데삭 도로 계획안은 도로와 정원이 주택 전면부에 면하도록 제안하고 있다.

이와 규모에 대해 논쟁했다. 러티언스는 커뮤니티보다 두 교회의 우월한 건축적 표현을 강조하고자 했고, 이사회는 교회가 시각적으로 두드러지게 이목을 끄는 것을 원치 않았다. 따라서 이사회는 러티언스에게 설계안의 수정을 요구했다. 건축적 관점에서는 러티언스가 아마 옳았을 것이다. 햄스테드의 중앙 구역은 커뮤니티로부터 바로 눈에 보이지 않았는데, 그 결과 전체적인 커뮤니티의 구성은 시인성(문자·기호·신호 등의 대상을 눈으로 지각할 수 있는 거리 – 옮긴이)을 잃게 되었다. 그러나 두 교회를 커뮤니티의 중심 위치에 배치하는 것은 커뮤니티의 본성을 허위 진술하는 셈이 되었을 것이다. 그곳은 중세 시대의 마을이 아니기 때문이다(그림 3.16).

햄스테드의 부지계획은 레치워스보다 좀 더 밀집되어 있으며, 건축적인 집단화는 훨씬 더 강해졌다. 햄스테드와 레치워스의 차이점은 햄스테드의 쿨데삭 도로cul-de-sac streets의 활용이다. 쿨데삭은 초기의 도시 슬럼 구역에서 남용되었기에 영국의 건축 법규에 의해 불법으로 규제되어왔다. 햄스테드에서 쿨데삭 도로가 도시계획에 포함되기 위해서는 의회의 법안이 필요했다. 쿨데삭은 전적으로 민간 주택 접근을 위한 개인 도로와 교통수단용 도로의 구별을 통해 도로의 위계를 정의했다. 쿨데삭은 건물들을 한데 모아서 코트court를 만들었으며, 도로와 정원을 개조하여 모든 주택들이 도로와 정원을 볼 수 있도록 유도했다(그림 3.17). 이러한 개념은 이후 헨리 라이트Henry Wright와 클래런스 스타인Clarence Stein에 의해 미국 뉴저지에 조성된 래드번Radburn 커뮤니티에서 더 충실히 구현되었다.

에벤에저 하워드의 글과 홍보 노력으로 전원도시의 개념은 국제적으로 확산되었다. 또한 전원도시의 이미지는 언윈과 파커에 의해 정의되었다. 특히 전원도시의 이미지는 레치워스보다 햄스테드에 의해 더 구체화되었다. 햄스테드는 훨씬 더 접근성이 좋았다. 또한 햄스테드의 우월한 부지계획은 건축적으로 잘 정의된 더 많은 공간들을 제공했다. 햄스테드는 더 다양한 수입을 가진 거주민들을 수용했으며, 에드윈 러티언스에 의한 중앙 건물군, M. H. 스콧

M. H. Baillie Scott에 의한 워털루 코트Waterlow Court, 파커와 언윈에 의해 설계된 일군의 코트야드를 포함해 훨씬 양질의 건축 공간들을 포함하고 있다.

햄스테드 커뮤니티의 이미지는 이후 거의 모든 커뮤니티에서 교외지의 설계에 즉각적으로 영향을 미쳤다. 하지만 하워드의 기본적인 도시계획의 개념들이 교외지의 설계에 미친 영향만큼 사회에서 받아들여진 것은 이후 한 세대가 지난 후였다.

유럽의 전원교외지

언윈과 파커가 카밀로 지테의 글과 ≪도시계획≫을 공부하고 있을 무렵 그들의 작업물도 독일어권에서 영향력을 갖기 시작했다. 그들의 작업물이 헤르만 무테지우스Hermann Muthesius가 1905년에 출판한 『영국 주택Das Englische Haus』(영문 제목은 The English House)이라는 책에 포함되었기 때문이다. 무테지우스는 영국의 독일대사관에서 문화담당관으로 근무했다. 그의 임무 중 하나는 영국 내의 건축에 대한 심도 깊은 연구였다.

독일 전원도시협회German Garden City Association는 드레스덴Dresden 근처의 헬레라우Hellerau에 전원교외지를 건설하기 위해 1908년에 설립되었다. 헬레라우는 의식 있는 가구 제조업자인 카를 슈미트Karl Schmidt가 소유한 드레스덴 공작소Dresden Craft Workshops의 근로자들을 위한 컴퍼니 타운company town(고용·주택 등을 한 기업에 의존하는 도시 — 옮긴이)이다. 그러나 타운은 독립적으로 운영되었고, 저택들과 근로자들을 위한 소규모 오두막들도 갖고 있었다. 또 이들은 모두 리하르트 리머슈미트Richard Riemerschmid에 의해 독일 마을식 픽처레스크 양식으로 설계되었다. 햄스테드와 유사하게 헬레라우는 선진 사회 사상의 중심이 되었으며, 음악과 유리드믹스eurhythmics(리듬 교육이나 치료를 목적으로 음악의 흐름과 신체의 움직임을 융합한 학습 방식 — 옮긴이)를 가르치는 에밀 자크 달크로즈Emile Jacque Dalcroze의 유명한 음악학교가 입지하게 되었다.

브루노 타우트Bruno Taut가 1912년 설계한 베를린의 팔켄베르크Falkenberg 구역은 협동조합 주택협회cooperative housing association의 후원을 받아 조성된 좀 더

그림 3.18 마리엔베르크에 위치한 카밀로 지테의 전원구역 계획안.

야심찬 전원교외지이다. 팔켄베르크 구역은 햄스테드와 같은 쿨데삭, 연립주택, 곡선의 크레센트crescent를 갖고 있어 헬레라우보다 더 세련된 모습으로 설계되었다. 제1차 세계대전 직전에 조성되기 시작한 초기의 건물은 19세기 초의 절제된 건축적 양식을 사용했다.

에센Essen 근처의 마르가레텐호헤Margaretenhohe에 계획되어 조성된 교외지는 1912년 게오르크 메첸도르프Georg Metzendorf에 의해 설계되었다. 이는 크루프Krupp 철강 군수품 공장의 근로자들을 위한 컴퍼니 타운company town의 시범 사례 중 하나로 언윈과 파커의 설계 기법을 뚜렷이 보여준다. 마리엔베르크Marienberg의 신개발구역의 계획안에서 보이듯이, 카밀로 지테의 동시대 작품 역시 언윈과 파커의 도시설계 기법의 영향을 받았다는 사실은 매우 흥미롭다(그림 3.18).

햄스테드의 영향을 받아 건설된 또 다른 중요한 초기 전원교외지는 1916년 엘리엘 사리넨Eliel Saarinen이 설계한 헬싱키 외곽의 문키니에미-하가Munkkiniemi-Haaga, 1918년 오스카르 호프Oscar Hoff와 하랄 할스Harald Hals가 설계한 오슬로 근처의 울레발Ulleval, 그리고 스톡홀름의 전원도시들이 있다.

캔버라에서 확인되는 전원도시의 영향력

오스트레일리아의 새로운 수도인 캔버라를 위한 도시설계 공모전 당선안은 월터 벌리 그리핀Walter Burley Griffin과 그의 아내 매리언 마호니 그리핀Marion Mahony Griffin의 1912년 작품으로 기념비적인 몇 가지 원칙들이 사용된 사례이다. 그러나 도시의 전체적인 밀도에서는 전원도시 설계 기법을 사용했다. 특히 전철선을 사용하여 인구의 부도심과 연결시킨 것은 현대적 실행과 더불어 전원도시 이론과도 연관되었다. 그리핀 부부는 오크 파크Oak Park의 프랭크 로이드 라이트Frank Lloyd Wright의 설계사무소에서 근무했으나, 그들의 도시설계는 다니엘 번함Daniel Burnham의 시카고 도시설계에 좀 더 가까웠다. 그리핀 부

그림 3.19 오스트레일리아의 수도 캔버라. 국제 현상설계에서 우승한 월터 벌리 그리핀과 매리언 마호니 그리핀이 설계한 도시계획안은 전통적 도시설계의 사례로 설명되기도 하지만, 여러 가지 면에서 전원도시로 보인다.

부는 등고선 지도에서 가장 높은 3개의 고지에 정치, 상업, 군사의 중심부를 배치했다. 이 세 입지들은 하나의 정삼각형을 형성하면서 길고 곧은 거리로 상호 연결되었다. 팔러먼트 힐Parliament Hill과 또 다른 고지 사이의 계곡에는 이 삼각형 모양의 세 중심부와 인접해 호수 분지가 입지한다. 팔러먼트 힐로부터의 세 번째 축은 로마의 입구나 베르사유에서 볼 수 있는 방사형의 3개 축들의 도로 체계를 형성하며 중앙 분지를 관통한다. 캔버라의 긴 블러바드와 부심들 주변의 방사형 도로에 기반을 두고 있는 도로 체계는 정형의 형태를 갖추고 있지만 지형에 맞추어져 있으며 민간 필지의 주택들에 맞게 네이버후드의 규모가 결정되어 있다(그림 3.19).

캔버라의 도시설계가로 외국인인 그리핀이 선택된 것과 함께 새로운 수도에 대한 전체적인 계획에 대해서도 강력한 정치적 반대가 있었다. 결국 현상설계의 당선은 곧 쓰라린 경험으로 변화되었다. 그리핀은 1920년까지 끈질기게 도로 체계를 붙들고 작업했다. 그리핀은 한번 설계하면 누구도 새로 다시

설계하는 수고를 원치 않았기에 완강하게 고집을 부렸다. 그 결과 많은 수정에도 불구하고 그리핀 도시설계의 핵심 부분은 실현되었으며, 교외의 전원구역을 많이 갖고 있는 완벽한 전원도시가 완성되었다.

미국의 첫 번째 전원교외지

햄스테드와 레치워스 전원교외지의 영향은 러셀 세이지 재단Russell Sage Foundation이 착수하여 1909년 개발이 시작된 뉴욕 시 포레스트 힐스 가든Forest Hills Gardens에서 직접적으로 나타났다. 포레스트 힐스 가든의 공원과 곡선의 도로 체계를 설계한 조경설계가는 프레더릭 로 옴스테드 주니어Frederick Law Olmsted Jr.였다. 그로브너 애터베리Grosvenor Atterbury는 건축적 특성을 완성했으며 중요한 건물들과 주택군을 설계했다. 포레스트 힐스 가든의 다수의 주택들은 1909년 당시에는 여전히 실험적인 건축 재료였던 강화 콘크리트를 부어서 시공되었다. 하지만 베드포드 파크의 특성을 완성했던 퀸 앤 양식보다는 오랜 기간 영향을 미친 튜더 양식을 자유롭게 해석하여 건물들은 벽돌, 석재, 치장 벽토로 마감되었다. 중산층 이상의 삶에 적합한 비형식적이고 편안한 주택이 영국의 특징으로 완성되었을 때 영국의 시골 주택 건축양식은 종종 이러한 특징들을 적절히 표현해주었다. 햄스테드처럼 포레스트 힐스 가든도 마을 중심부에는 다양한 소득수준의 거주자들을 위한 아파트가 있으며 철도선을 따라서 다양한 크기의 연립주택들과 단독주택들이 설계되었다(그림 3.20).

포레스트 힐스 가든을 설계할 때 옴스테드 설계사무소는 1890년대 후반에 볼티모어 북부의 계획 교외지에 조성된 롤런드 파크Roland Park의 경험을 갖고 있었다. 그러나 롤런드 파크는 가로 배치에 큰 의미를 두었으나, 포레스트 힐스 가든은 햄스테드처럼 건축적 공간들의 조성에 집중되었다. 이러한 특성은 특히 철도역 근처의 마을 중심부와 주택군을 위한 애터베리의 설계에서 볼 수 있다. 포레스트 힐스 가든과 햄스테드는 제1차 세계대전 기간에 조성된 펜실베이니아 주의 저먼타운Germantown이나 체스트넛 힐Chestnut Hill 같은 전원도시와 1918년부터 하워드 반 도렌 쇼Howard Van Doren Shaw가 설계한 일리노이 주

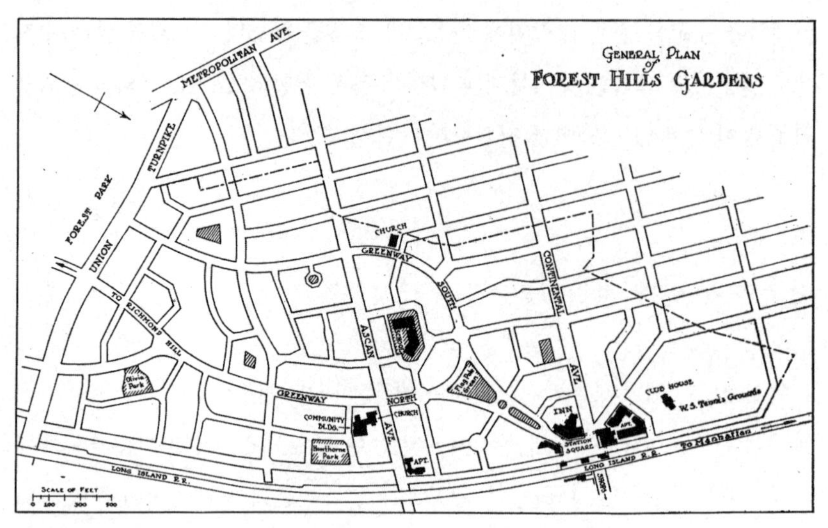

그림 3.20 뉴욕 퀸스의 포레스트 힐스 가든 설계는 그로브너 애터베리와 프레더릭 로 옴스테드 주니어에 의해 1909년부터 시작되었다.

의 레이크 포레스트Lake Forrest의 타운센터 설계에서 교외지에 코트야드를 중심으로 주택들을 그룹으로 배치하는 데 영향을 주었다. 사실 레이크 포레스트는 19세기 중반에 설계된 일종의 오래된 전원교외지로서 구불구불한 도로와 대규모 주택지들이 저밀도로 혼합되어 있다.

옴스테드 설계사무소가 1913년에 설계한 위스콘신의 콜러Kohler와 뉴멕시코의 타이런Tyrone을 포함해서 미국의 컴퍼니 타운들은 영국의 사례로부터 영향을 받은 결과이다. 1915년에 시작되었으나 끝내 완성되지 못하고 1967년에 철거된 타이런을 설계한 버트럼 굿휴Bertram G. Goodhue는 스페인 식민지 시대와 푸에블로 건축pueblo architecture에 기반을 둔 건축문법을 동시대의 영국 마을의 이미지로 변화시켰다.

다른 컴퍼니 타운들은 제1차 세계대전 때부터 시작한 막대한 공장 지대의 확장에 대응하여 긴급 주택으로 건설되었다. 미국이 1917년 전쟁에 참여하면서 갑자기 호출된 다수의 공장 근로자들을 수용하기 위해 전례가 없는 규모의 새로운 주택들이 필요하게 되었다.

미국은 당시 2개의 연방정부 기구들이 이러한 주택 건설을 지원했다. 먼저 비상선단회사Emergency Fleet Corporation의 주택 분과는 타운을 건설하는 민간 기업들에게 대출을 해주었다. 그리고 미국주택공사United States Housing Corporation

가 건설하고 주택들을 운영했다. 민간 기업들은 9,000개의 주택들과 7,500개의 소규모 아파트와 기숙사를 시공했다. 한편 미국주택공사는 미국 전역의 27개 프로젝트에서 6,000개의 주택들을 조성했다.

당시 ≪미국건축사협회지Journal of the American Institute of Architects≫의 편집장이던 찰스 휘터커Charles Whitaker는 이 전쟁 기간에 조성된 주택이 임시 막사가 아니라 영속적인 공동체로 설계되었다는 것을 명확하게 홍보했다. 그는 건축가 프레더릭 아커만Frederick L. Ackerman을 영국으로 보내어, 당시 영국 전시 주택wartime housing 건설의 책임을 맡고 있고 영국의 주택 표준에 관한 연재 글들을 출판한 레이먼드 언윈Raymond Unwin으로부터의 자문을 요청했다. 일찍이 병참 부대Quartermaster Corps의 기지 설계와 시공의 준비에 자원했었던 프레더릭 로 옴스테드 주니어는 미국주택공사의 계획 부처를 책임지게 되었다. 옴스테드는 미국 전시 주택이 영속적인 양질의 공동체로 완성되기를 기대했다. 그는 이 주택설계자로서 미국에서 유명한 건축가와 설계가로 자리 잡았다. 페어뱅크스 모스 앤 컴퍼니Fairbanks Morse and Company의 직원들을 위해 설계된 위스콘신 주 벨로이트Beloit의 이클립스 파크Eclipse Park는 조지 포스트 앤 선스George B. Post & Sons 설계사무소에 의해 설계되었으며, 비록 주택들은 좀 더 검소하게 설계되었으나 포레스트 힐스 가든과 분명 닮은 점을 갖고 있다(그림 3.21). 공동체, 구불구불한 가로와 풍경, 그리고 대형 공원으로 연결된 진입부로서 마을 센터가 있다. 또 다른 좋은 예시는 테네시 주의 킹스포트Kingsport이다. 존 놀렌John Nolen이 설계한 킹스포트는 언윈과 파커의 원칙들을 깊게 이해한 작업이라 할 수 있다. 조지 포스트 앤 선스는 버지니아 주 크래덕Craddock의 조선소 근로자들을 위한 주택과 아파트를 설계했다. 이곳의 건물들은 크기와 부지가 소규모이지만, 당시 부유한 전원도시의 개인주택처럼 양질로 설계되었고 건축 디테일까지 살아 있다.

다른 컴퍼니 타운들도 이러한 전원도시 프로그램의 일환으로 건설되었다. 펜실베이니아 주에 있는 사우스필라델피아South Philadelphia의 웨스팅하우스 빌리지Westinghouse Village가 그 사례이다. 웨스팅하우스 빌리지는 클래런스 브레이저Clarence W. Brazer가 설계한 주거지로서 미국 토속 건축에 적용된 햄스테드의 영향을 보여준다. 엘렉투스 리치필드Electus D. Litchfield가 설계한 뉴저지 주

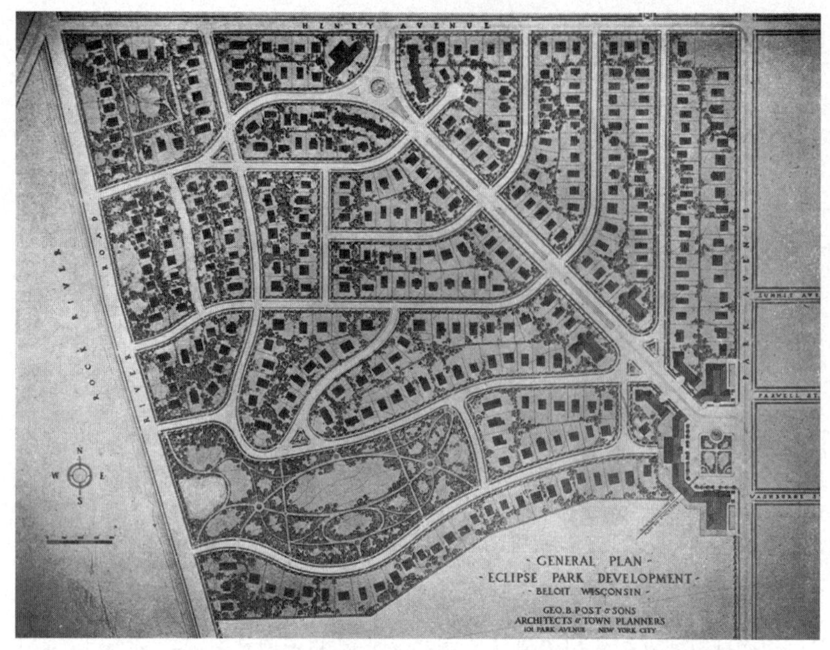

그림 3.21 위스콘신 벨로이트에 위치한 이클립스 파크는 제1차 세계대전 중 동원된 노동자들을 위해 지어진 전원교외지 중 하나이다. 펌프와 엔진을 다루던 페어뱅크스 모스 회사의 직원들을 위한 이 프로젝트는 비상선단 회사의 주택 부서와 미국주택공사로부터 재정 지원을 받았다.

웨스트 콜링즈우드West Collingswood의 요크십 빌리지Yorkship Village 역시 햄스테드 전원도시의 영향을 받은 명백한 사례이다. 아서 셔틀레프Arthur Shurtleff와 클립스턴 스터지스R. Clipston Sturgis, A. H. 헵번A. H. Hepburn이 설계한 코네티컷 주 브리지포트Bridgeport에 있는 시사이드Seaside와 블랙 록Black Rock도 햄스테드의 영향을 받은 사례이다.

근로자들의 주택을 위한 정부의 보조금은 그 시기에 필수적으로 보였으나, 미봉책이었다. 또한 관련 법들은 전쟁이 종료되자마자 주택의 매매를 유도했다. 당시 노동부 장관이었던 윌리엄 윌슨William B. Wilson이 전쟁 시기의 주택 프로젝트에 관해 기술한 책의 도입부는 다음과 같다.

> 자신의 집을 소유한 사람은 소위 볼셰비키 원칙을 가장 수용하지 않을 사람이며, 급진적 사회활동가들이 선동하는 파업 등의 산업 방해에 가담하지 않는 사람이라는 것을 알게 되었다. 집을 소유한다는 것은 인간에게 시민의식의 가장 좋은 유형을 추구하는 지방정부와 중앙정부에 대한 책임감을 더욱 부여해준다.[26]

제1차 세계대전 이후의 전원도시와 전원교외지

유럽에서는 자가 소유 주택을 중요하게 여기는 신념이 공유되고 있지 않았다. 제1차 세계대전 이후 유럽의 여러 정부는 주택에 대규모 보조금을 투입하기 시작했다. 영국에서는 근로자 대상의 보조금 지원 주택의 대다수가 레치워스에서 만들어진 것과 유사한 설계 기준으로 조성되었다. 1912년에 발간된 레이먼드 언윈의 소논문 「과밀도에서는 아무것도 얻을 수 없다Nothing Gained by Overcrowding」와 공무원으로서의 활동 경험이 설계에 도움이 되었다. 언윈은 관습적인 법적 도로의 개발 밀도가 1에이커당 주택 20개동 이상으로 12개동 주택의 개발 밀도에 따른 높은 토지 가격을 상쇄해왔다고 주장했다.

당시 저변 확대가 좀 더 되어 있던 영국의 타운 앤 컨트리 플래닝 협회Town and Country Planning Association가 전원도시협회Garden City Association를 흡수한 것은 제1차 세계대전 이후에 에벤에저 하워드가 어떤 생각들을 했는지를 보여주는 징후였다. 하워드는 쾌활하고 낙관적인 기질 덕분에 미래의 근본적인 사회 변화에 대한 그의 신념을 포기하지 않았다. 그리고 하워드는 지금까지 그의 노력의 주요한 결과들이 새로운 도시 유형이 아닌 좀 더 정교하게 설계된 교외 주택지처럼 보이는 결과를 받아들이지 않았다. 결국 계획된 전원도시들이 커뮤니티가 소유권을 갖고 있으면서도 경제적으로 실현 가능한 것이라는 그의 가정은 타당한 것으로 판명되었다. 하워드의 그리 치명적이지는 않은 한 가지 계산착오는 이 커뮤니티가 (개발 과정에서 발생한 — 옮긴이) 빚을 갚을 수 있는 충분한 소득을 만들 수 있는 규모로 성장하기까지는 그가 생각했던 것보다 훨씬 더 오랜 시간이 걸렸다는 것이다. 레치워스의 평범한 성공에 기쁘긴 했지만 만족스럽지는 않았던 하워드는 두 번째 전원도시를 지을 장소를 찾기 시작했다. 전쟁이 종료되기 전 그가 이상적인 곳이라 생각했던 해트필드Hatfield 근처의 부지가 1919년 매입이 가능하게 되었다. 하워드는 그의 후원자들에게 해트필드 근처의 부지를 사도록 설득했다. 그러나 하워드의 동료들 대다수는 하

---

26 윌리엄 필립스 콤스톡William Phillips Comstock, 『하우징 북The Housing Book』(Comstock, 1919), 14쪽에서 인용한 것이다.

워드에게 프레더릭 오즈번Frederick J. Osborn이 1918년에 출판한 『전후의 신도시New Towns After the War』에서 제안한 것처럼 중앙정부가 신도시 정책을 전후 주택개발에 포함시키도록 노력하라고 충고했다. 하워드는 중앙정부의 지원을 한가하게 기다리는 것을 원하지 않았다. 그는 직접적인 활동으로 전원도시의 장점을 계속 입증하고자 했다. 그 결과로 웰윈 전원도시Welwyn Garden City가 커뮤니티로 조성되었다. 그러나 전원도시 개발을 진행하는 협회들에게 주어지는 대출금에 대한 법 조항과 같은 전후 주택 프로그램으로 만들어진 중앙정부 지원금이 없었다면 웰윈은 성공하지 못했을 것이다.

웰윈의 도시설계 개념은 루이 드 수아송Louis de Soissons이 만든 것으로 레치워스의 개념과도 유사하다. 웰윈의 기념비적인 블러바드는 오히려 레치워스의 경우보다 더 중요하고, 전체적인 부지계획은 레치워스보다 약간 더 밀도 있게 조직되어 있다. 웰윈의 공업구역은 레치워스의 그것과 비슷한 입지에 배치되었고, 구불구불한 도로의 비정형 네트워크는 레치워스의 그것과 유사하다. 또한 웰윈의 집합주택군의 설계는 레치워스의 그것보다 더 건축적으로, 햄스테드에서 완성된 특성들을 반영하며, 지배적인 건축적 특성은 조금 부족하지만 네오 조지안neo-Georgian 양식이다.

도시계획안에 근거해 조성된 커뮤니티의 또 다른 사례는 하워드 원칙들과 유사한 방식으로 제1차 세계대전과 제2차 세계대전 사이에 영국에서 조성되었다. 그러나 커뮤니티 사례는 주요 도시의 주거와 과밀화의 공공정책의 일부로서 조성되었으며, 웰윈의 경우와 달리 독립적인 민간 조직에 의해 개발되지 않았다. 맨체스터 근교에 있는 와이덴쇼Wythenshawe는 맨체스터 시에 의해서 조성되었고, 배리 파커Barry Parker에 의해 설계되었다(언윈은 전후에 공직에 남아 있었으며, 파커와 언윈의 동업자 관계는 종료되었다). 와이덴쇼는 하워드가 주장했던 것과 달리 임대주택으로 이루어진 단일 계층 커뮤니티로 간주될 수 있으며 도시의 고용 기반이 결여되어 있었다. 하지만 와이덴쇼는 새로운 유형의 주택군과 쿨데삭을 적극적으로 활용하고 자연경관적 측면을 광범위하게 도입하며 전원도시적 개념을 이어갔다. 하지만 제2차 세계대전 이후에 와이덴쇼는 전형적인 모던 작업으로 계속 확장되면서 기존 녹지 공간에 대한 초기 의도가 어느 정도 흐려지게 되었다.

그림 3.22 런던 카운티 의회의 건축가였던 톱햄 포레스트가 1920년에 설계한 비컨트리의 도로. 런던 동부의 비컨트리는 11만 5,000명의 인구를 위한 도시로 계획되었고 런던 주변에 조성된 기타 소규모 주택지보다 훨씬 더 크게 만들어졌다.

런던 카운티 의회London County Council는 제1차 세계대전 이후 소형 주택단지cottage housing estates라 불리는 일련의 사업들을 추진했다. 이 중 가장 대규모의 개발 사례는 신도시의 규모로 조성되었으나 독립된 커뮤니티라기보다는 교외 주거지에 가까웠다. 런던 동부에 있는 비컨트리Beacontree는 런던 카운티 의회에 소속된 건축가인 톱햄 포레스트Topham Forrest가 1920년에 설계한 주거지이다. 비컨트리는 11만 5,000명의 인구를 위한 커뮤니티로서 같은 시기에 런던 카운티 의회가 런던 주변에 계획한 다른 소규모 주택단지보다 훨씬 대규모로 조성되었다. 그럼에도 불구하고 이러한 주택 프로젝트 중 일부는 신도시의 규모로 조성되었다. 예를 들면 다운햄Downham이 3만 명의 주거지로 설계되었고, 세인트 헤일러St. Helier가 4만 5,000명의 주거지로 설계되었다. 당시 조성된 주거지들의 인구는 전부 합하면 30만 명으로, 모두 포레스트나 그의 후계자인 휠러E. P. Wheeler의 지시 아래 설계되었다. 당시 조성된 주거지의 밀도는 언윈에 의해 개발된 마법의 기준인 1에이커당 12가구였다. 이들은 보호구역으로 지정된 오픈 스페이스를 갖고 있으며 곡선형 도로 또는 쿨데삭 주변을 따라 건물군이 세심하게 설계되었다. 그러나 소득수준, 밀도, 건물 유형이 일정했기 때문에 건물들은 단조로운 건축양식으로 완성되었다(그림 3.22).

신도시의 아이디어는 제1차 세계대전과 제2차 세계대전 사이 유럽 대륙에

그림 3.23 1920년대 후반 프랑크푸르트의 건축가인 에른스트 마이가 설계한 프랑크푸르트 주변의 뢰머슈타트에 조성된 위성 커뮤니티.

서 중앙정부의 보조금이 지원되는 주택개발에 영향을 주었다. 이러한 집합주택의 대부분은 우리가 모던 도시 설계를 다룬 장에서 본 것처럼 더욱 도시적인 모습으로 건설되었다. 프랑크푸르트 시의 건축가인 에른스트 마이Ernst May는 제1차 세계대전 이후에 언윈과 파커 밑에서 일하면서 에벤에저 하워드의 이론들과 영국의 전원도시와 전원교외지에 대해 완벽하게 알게 되었다. 마이와 그의 동료들은 모던하면서도 토속적 건축으로 당시 대부분의 모더니스트들의 기계적인 사고로 간과되었던 인간미를 그들의 작업물에 담게 되었다. 마이는 프랑크푸르트를 위한 종합적인 계획을 준비했다. 당시 마이의 도시계획은 그의 집합주택 프로젝트의 연장선상에 있었다. 또 그는 뢰머슈타트Romerstadt, 프라운하임Praunheim, 베스트하우젠Westhausen에 새로운 위성 커뮤니티들을 설계했다. 이 새로운 위성 커뮤니티들은 곡선형 도로와 그린벨트 같은 영국 전원도시의 원칙들과 단순화된 건축 표현, 그리고 건물의 향orientation을 주요한 건축적 결정요소로 받아들이는 독일식 가치들을 결합시켜 개발되었다(그림 3.23).

제1차 세계대전 이후 미국의 민간 기업들은 전원도시 유형을 안전하고 장기적인 투자의 대상이며 사회적 목적과 일치하는 집합주택의 최선의 모델로 선택했다. 신시내티 서부의 매리몬트Mariemont는 메리 에머리Mary M. Emery 부인이 1923년부터 다수의 필지들을 조합해 조성한 커뮤니티이다. 에머리 부인은 공원과 교회, 그리고 첫 번째 학교 건물을 기부했으며, 기업은 숙련된 노동자들과 월급을 받는 사무직 노동자들에게 양질의 주택을 제공하며 동시에 적당한 수익도 창출하는 것을 목적으로 했다. 도시계획가인 존 놀렌은 미국 내에서 더욱 효과적인 도시계획과 이제는 친숙해진 전원교외지 패턴의 개발방식을 개척한 사람들 중 한 명이다.

뉴욕 시의 퀸스Queens 자치구에 있는 서니사이드Sunnyside는 1924년에 비영리limited-profit 기업인 도시주택공사City Housing Corporation에 의해 커뮤니티 모델로 조성되기 시작했다. 도시계획가인 클래런스 스타인과 헨리 라이트는 기존에 존재하던 도로 체계를 받아들였다. 하지만 그들은 블록 내부의 공간, 그리고 이후에는 건물군 사이의 공용 공간을 이용해서 오픈 스페이스를 확보했다.

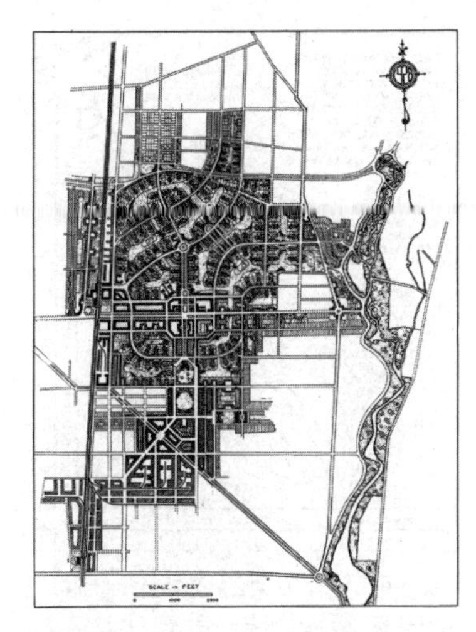

그림 3.24 클래런스 스타인과 헨리 라이트가 자동차를 소유한 중산층 거주자를 위해 설계한 전원교외지인 뉴저지 주 페어론(Fairlawn)에 위치한 래드번 계획안. 래드번의 중심부는 실행되었으나 전체 개념은 1930년대 경제침체로 실현되지 못했다.

이로써 과거 전형적인 개발 형태였던 좁은 필지 위에 동일한 모습의 배열을 대신해 좀 더 개선된 결과를 얻을 수 있었다. 또한 기업의 비영리 구조를 통해 서니사이드는 매리몬트의 경우처럼 기존의 주택 구매자보다 더 적은 소득을 가진 구매자들도 집을 살 수 있도록 했다. 그리고 서니사이드에는 임대주택과 협동조합주택 형태의 아파트가 모두 포함되어 있었다.

서니사이드는 도시주택공사의 더욱 야심찬 프로젝트인 뉴저지 주의 래드번의 예행연습이었다고 할 수 있다. 래드번은 1928년에 계획되기 시작했다. 래드번은 당시 경제공황으로 초기 계획된 커뮤니티의 한 구역만이 실제로 조성되었으나, 클래런스 스타인과 헨리 라이트의 래드번 도시설계안은 이후 막대한 영향력을 가졌다. 래드번에서 가장 널리 알려진 특성은 그린웨이 시스템greenway system이다. 그린웨이 시스템은 초등학생들을 위해 중심 도로 밑에 조성된 지하차도underpass를 제외하면 한 번도 도로를 건너지 않고 등교를 위한 보행로를 유도해준다. 클래런스 스타인은 래드번의 그린웨이 시스템과 언더패스 시스템underpass system이 맨해튼의 센트럴 파크에 있는 보행자와 자동차 동선 간 분리로부터 영감을 받아 제안되었다고 언급했다. 그러나 그린웨이 시스템과 언더패스 시스템은 햄스테드 전원교외지에서도 매우 유사한 배치 방법이 관찰되며 전통적인 도로와 서비스 골목의 변형으로도 이해될 수 있다. 래드번에서 모든 서비스 동선은 개별 주택들을 클러스터로 모아주는 쿨데삭 도로 위에 있으며, 다른 프로젝트에서 뒷길alley로 사용되는 길들이 그린웨이가 되었다(그림 3.24).

래드번의 중심을 구성하는 네이버후드 유닛neighborhood unit의 개념은 초등학교를 중심으로 한 주택들과 아파트들의 덩어리이다. 네이버후드 유닛의 정의는 클래런스 페리Clarence Perry가 1929년 뉴욕 시의 첫 번째 지역계획안의 일부분으로 출판한 논문에서 소개되었다. 뉴욕 시의 첫 번째 지역계획안은 1926년 연재물에 게시되어 이슈가 되었으며, 러셀 세이지 재단의 지원을 받아 완성된 결과물이다. 러셀 세이지 재단은 포레스트 힐스 가든을 개발했으며, 페리는 러셀 세이지 재단의 책임자로 포레스트 힐스 가든에서 거주했다. 따라서 래드번 계획안에서 관찰되는 네이버후드의 이론적 다이어그램은 포레스트 힐스 가든과 실제로 유사점이 많다(그림 3.25). 네이버후드에 대한 생각은 도시계획에서 매우 기본적인 요소가 되어버렸기 때문에, 이것이 페리, 스타인, 라이트와 같은 도시설계가들에 의한 몇천 가구를 위해 제안된 모델의 일부라는 사실이 종종 잊혀져왔다. 네이버후드 개념은 영국의 전원도시 운동과 CIAM 헌장에 도입된 이후 결국 많은 나라에서 적용되었다.

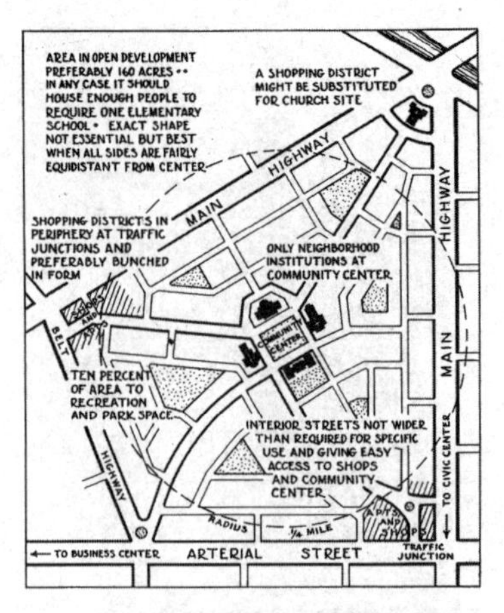

그림 3.25 뉴욕 시 지역계획을 위한 클래런스 페리의 유명한 네이버후드 유닛의 다이어그램.

배리 파커는 특히 래드번으로부터 깊은 영향을 받았으며 이후 와이덴쇼의 설계 시에 쿨데삭을 재정의하여 활용했다.

미국의 그린벨트 커뮤니티

미국에서 뉴딜 정책은 과거 민간 지원으로 추진된 주거지 개발로 완성된 도시계획 개념들을 실제로 모두 사용할 수 있는 기회로 여겨졌다. 테네시 밸리 행정국TVA: Tennessee Valley Authority은 전례가 없는 거대 규모의 지역계획을 현실로 실행할 기회를 제공하고자 했다. 새로운 연방정부 정책은 이미 유럽에서 세워졌던 원리를 받아들였다. 그 원리는 민간 기업이 양질의 주택을 저렴하게 제공할 수 없다면 정부가 그러한 주택을 제공하는 책임을 져야 한다는 것이었다.

이러한 주택정책 프로그램들의 대부분은 연방정부가 지방의 주택공사들에게 지원금을 부여하는 것이지만, 연방정부가 집합주택 개발사업에 직접 뛰어들기도 했다. 주거재정착부Resettlement Administration는 뉴딜 정책이 행해진 초기에 세워진 많은 연방정부 부서들 중 하나로 렉스포드 터그웰Rexford Tugwell의 관리 아래에 있었다. 터그웰은 에벤에저 하워드의 전원도시 이론의 선봉자였다. 주거재정착부는 4개의 그린벨트 커뮤니티를 제안했고, 실제로 그중 세 곳을

그림 3.26 1941년 건설 중이던 메릴랜드 주의 그린벨트. 그린벨트는 뉴딜 정책 기간에 공공사업추진처(Works Progress Administration)가 조성한 3개의 전원 커뮤니티 중 하나이다.

조성했다. 먼저 워싱턴 북서쪽으로부터 10마일(16km) 거리에 위치한 메릴랜드의 그린벨트Greenbelt, 밀워키에서 7마일(11km) 거리에 있는 위스콘신의 그린데일Greendale, 신시내티에서 북쪽으로 5마일(8km) 거리에 있는 오하이오의 그린힐Greenhill이 그 사례들이다(그림 3.26).

이 그린벨트 타운들은 자족적인 위성 커뮤니티를 제안한 하워드의 모델과 달리 실제로는 전원교외지가 되었다. 산업구역을 성공적으로 끌어들일 수 있었던 유일한 그린벨트 타운은 아마도 뉴저지의 뉴브런즈윅New Brunswick에 근접한 그린브룩Greenbrook이었을 것이다. 그러나 정치적인 반대에 의해 그린브룩은 결국 건설되지 못했다. 몇몇 그린벨트 커뮤니티들이 실제로 건설되었음에도 불구하고, 그린벨트 커뮤니티들은 미국의 부동산 개발사업에 거의 영향을 주지 못했다. 이는 아마도 시공의 주체가 연방정부라는 것과 주택 임대권tenancy을 소득수준에 따라 제한한 것 등이 모든 그린벨트의 개념들을 일반적인 개발사업과 다르게 만들었을 것이다.

미국의 테네시 밸리 행정국

테네시 밸리 행정국TVA: Tennessee Valley Authority은 미국에서 경제적으로 가장 침체되어 있는 지역들의 경제 활성화를 목적으로 7개 주에 포함되는 4만 2,000 제곱마일(약 108,000km²)의 생태환경 관리를 책임지고 있다(그림 3.27). 테네시 밸리 행정국은 1933년 뉴딜 정책의 혁신이 최고조에 다다랐을 무렵 미국 의회에 의해 설립되었다. 경제개발의 메커니즘이라는 관점에서는 농촌 지역으로의 송전을 위한 수력발전이 가장 중요했을지라도, 이에 대한 합법적인 근거는 이 지역의 홍수 조절과 해운을 위한 수로의 개선이었다. 댐에 대한 테네시 밸리 행정국의 시스템은 현재보다 훨씬 더 많은 규제를 제공했으나 환경설계가 지역 규모에서 진행되어야 함을 보여준 중요한 실례이다. 이 프로젝트의 경제적 성공은 전적으로 제2차 세계대전 기간 테네시 밸리 행정국의 행정권역에서 댐 건설이 빠르게 진행되는 동안에 실현되었다. 그 당시에는 비교적 저렴한 전기 공급이 알루미늄 제련소와 전쟁 기간의 제품 생산을 위해 필수적이었다. 또한 테네시 밸리 행정국은 그 외의 지역 규모의 환경관리에도 관여했다. 이는 댐 조성으로 인해 이주하는 거주민들에게 새로운 주택을 마련해주기 위한 계획의 조정과 벌목 지역에 다시 숲을 조성하는 것, 농부들에게 그들의 소작지를 더 생산적으로 만들 수 있게 도와주는 것을 포함한다.

테네시 밸리 행정국에 의해 지어진 첫 번째 댐은 테네시 밸리 행정국 법의 입안자인 네브래스카 상원의원 조지 노리스George Norris의 이름을 따서 명명되었다. 이 댐은 높이가 265피트(80.7m)이며, 길이 73마일(117.5km)의 호수를 만들었다. 댐에서 4마일(6.4km) 정도 떨어진 하류에는 테네시의 노리스Norris가 입지한다. 노리스는 원래 댐 건설 노동자들을 위해 테네시 밸리 행정국이 만든 것이다. 테네시 밸리 행정국의 계획가 얼 드레이퍼Earle S. Draper는 건설 노동자들을 수용하기 위해 일반적인 간편한 막사가 조성되는 것을 원하지 않았다. 드레이퍼는 조성 후에도 댐의 운영자들과 그곳에서 살며 일하게 될 근로자들의 주거지로서 정착지의 조성을 기대했다. 노리스는 저밀도의 개인주택들로 구성된 농촌 커뮤니티로서 지형과 식생을 고려하여 조성된 도로와 마을회관, 상업 블록을 갖추었다(그림 3.28). 노리스는 제2차 세계대전 이후 민간 투자자에게 팔렸으며, 이후 주택들은 거주자들에 의해 매입되었다. 75번 주간 고속도로에 인접한 노리스는 녹스빌Knoxville의 북부 교외 주택지가 되었다.[27]

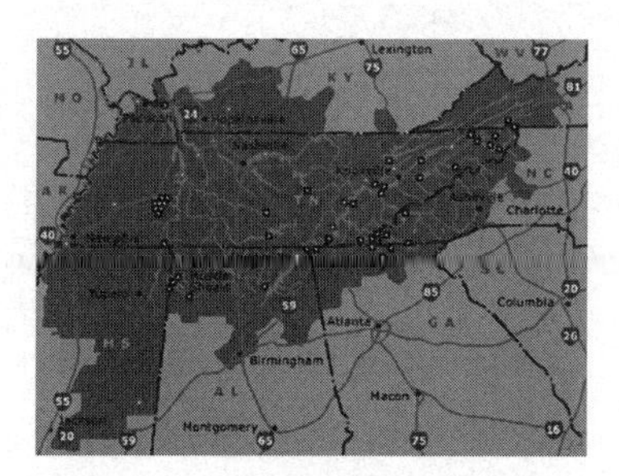

그림 3.27 테네시 밸리 행정국의 관할구역 지도.

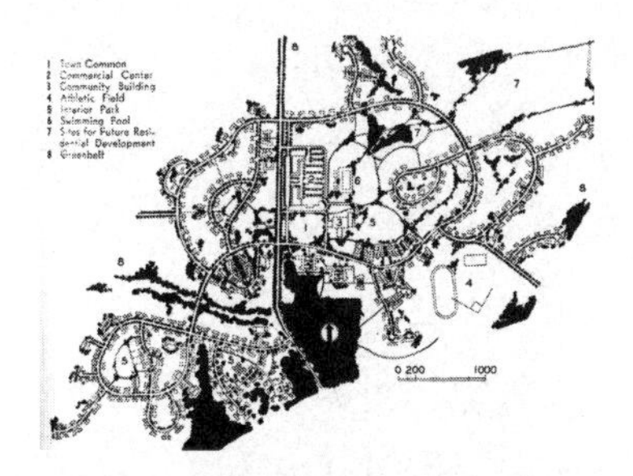

그림 3.28 테네시 밸리 행정국 소속 건축사가 완성한 노리스 계획은 1933년 원래 테네시 밸리 행정국의 직원 주택으로 실행되었다.

노리스 댐은 20세기 중반 미국 정부에 의해 대규모 수력발전과 물 공급, 그리고 관개를 위해 추진된 프로젝트들 중 하나이며, 또 다른 사례는 1931년에 건설되기 시작한 콜로라도 강의 볼더 댐Boulder Dam(지금의 후버 댐Hoover Dam)과 1933년에 건설되기 시작한 컬럼비아 강 협곡에 위치한 그랜드 쿨리 댐Grand Coulee Dam이다. 그랜드 쿨리 댐의 수력발전 기능은 이 지역에서 전쟁 물자의 생산에 필요한 전기 발전을 위해 1942년에 완성되었고, 관개 기능은 1950년대에 추가되었다. 댐은 개발로 인한 이익을 창출하지만 환경에는 심각하게 부정적인 영향을 준다. 후버 댐 뒤의 거대한 저수지인 미드 호수Lake Mead는 라스베이거스가 개발되는 것을 가능하게 했다. 하지만 최근 미드 호수는 강 하류의 유량을 위험할 정도로 축소하여 강 수위를 회복할 수 없을 정도로 낮추는 원인이 되었다. 그랜드 쿨리 댐은 미국 원주민들의 삶의 방식을 완전히 바꿔놓았다. 미국 원주민들이 살았던 구역은 이제 물로 뒤덮여 있으며, 미국 원주민들의 주식이었던 연어는 매년 컬럼비아 강을 거슬러 올라왔었지만 이젠 더 이상 강을 올라오지 못한다. 또한 그랜드 쿨리 댐은 전 세계의 연어 개체 수에 부정적 영향을 미치는 명백한 원인이 되었다. 돌이켜보면 강 하천 주변 환경의 복잡한 자연 시스템에 미치는 장기적 영향에 대한 이해가 부재했음에도 무턱대고 이 댐들을 건설한 것은 참으로 놀라운 일이다. 중국의 양쯔 강에 있는 싼샤三峽 댐은 이러한 논란이

---

27 노리스 계획은 멜 스콧Mel Scott의 『1890년 이후 미국의 도시계획American City Planning since 1890』(University of California Press, 1971), 312~315쪽에 설명되어 있다. 테네시 밸리 행정국에 관한 더욱 일반적인 논의는 월터 크리스Walter L. Creese의 『테네시 밸리 행정국의 공공계획, 비전, 현실TVA's Public Planning, the Vision, the Reality』(University of Tennessee Press, 1990)을 참고하라.

많은 대표적인 거대한 댐이다. 그런데 이 댐의 초기 제안들 중 하나가 1940년대 중반에 미국 개간국US Bureau of Reclamation의 엔지니어들에 의해 작성되었다.

프랭크 로이드 라이트의 브로드에이커 도시

뉴딜 정책이 행해지던 초기에는 어떠한 급진적인 사상도 진지한 주목을 받았다. 하지만 당시 프랭크 로이드 라이트Frank Lloyd Wright에게 진지하게 관심을 가지는 사람은 없었다. 그는 위대한 건축가로 평가되었지만 논란이 많고 독특한 개성이 있는 것으로도 잘 알려져 있다. 라이트의 해결책은 그의 이상적인 도시개발의 모델을 위한 설계를 준비하는 것이었다. 라이트의 브로드에이커 도시Broadacre City는 1935년 뉴욕 시에 있는 록펠러 센터에 전시되었다. 이후 라이트는 브로드에이커 도시를 다양한 책과 논쟁의 삽화뿐 아니라 실질적인 건물 설계로도 사용했다. 라이트는 1932년에 출판된 그의 책 『사라지는 도시The Disappearing City』에서 자동차가 도시설계의 근본적인 변화를 야기하며 동시에 도시화가 자연지로 퍼져 나가게 될 것이라고 예측했다. 라이트는 이런 변화를 받아들였고, 모던 도시를 비자연적이고 비인간적인 환경이라며 부정했다.

브로드에이커 도시를 위해 라이트는 1913년에 준비했던 1제곱마일(약 2.5km^2) 크기의 전형적인 미국 중서부 지역의 필지구획의 모델 설계로 돌아갔다. 그리고 그가 만든 이 모델의 면적을 4제곱마일(약 10km^2)로 확장했다. 그는 영국과 미국의 전원교외지 설계에서 사용되던 곡선형의 굽은 도로를 부정하고 저밀도의 주택지를 제안했다. 그의 평면도의 일부분을 보면 한 가족이 1에이커(약 4,000m^2)의 필지를 가진다. 브로드에이커 도시 저변에 깔려 있는 사회적 의도는 많은 평론가들을 혼란스럽게 했고 다수의 해설가들을 어리둥절하게 만들었다. 또한 브로드에이커 도시의 이념적 모순들은 조르조 치우치Giorgio Ciucci에 의해 긴 논문의 주제가 되었다.[28] 에벤에저 하워드나 클래런스 스타인과 달

---

28 조르조 치우치Giorgio Ciucci, 「농업적 이념의 도시와 프랭크 로이드 라이트: 브로드에이커의 기원과 발전The City in Agrarian Ideology and Frank Lloyd Wright: Origins and Development of Broad-

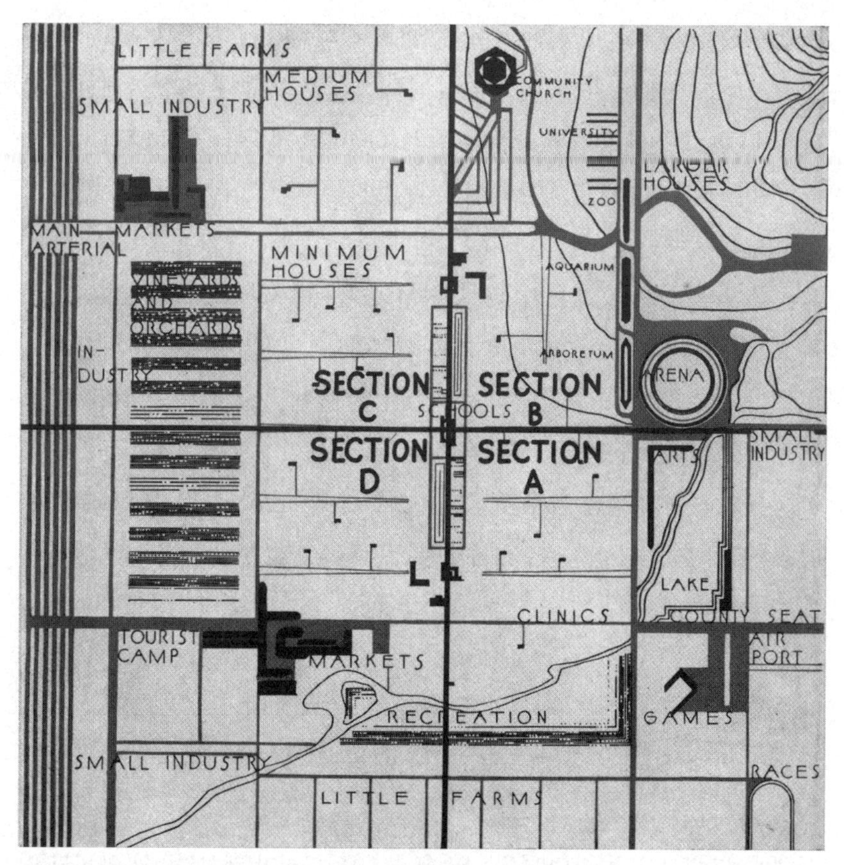

그림 3.29 프랭크 로이드 라이트가 1930년대에 제안한 브로드에이커 도시의 전형적인 4분면을 보여주는 도시 계획안. 라이트는 미국인들이 원하는 것을 이해하고 있었고, 지금은 어반 스프롤(urban sprawl)로 간주되는 도시 개발안을 고안했다. 만약 라이트의 개발 전형을 따랐다면 어반 스프롤은 훨씬 더 만족스러웠을지도 모른다.

리 프랭크 로이드 라이트는 심각한 사회적 의제를 가지고 있지 않다. 브로드에이커 도시의 평면도들을 자세히 보면, 그중 대다수의 주택들이 가정부의 방을 1개 이상 갖고 있음을 발견할 수 있다. 라이트는 자신이 사회를 아는 만큼 사회를 받아들였다. 그는 브로드에이커 도시가 마치 상업광고처럼 대중이 쉽게 이해하도록 그 건물 형태를 만들기 원했다. 이차적 관점에서 보면 브로드에이커 도시는 르코르뷔지에의 라 빌르 콩템포렌느la Ville Contemporaine에 대한 대안이었으며, 유럽 모더니즘의 건축적 이론보다도 더 기계적인 것이다(그림 3.29).

---

acres」, 바버라 루이지아 라 펜타Barbara Luigia La Penta 옮김, 『시민전쟁에서 뉴딜까지의 미국 도시The American City from the Civil War to the New Deal』(MIT Press, 1979).

라이트는 미국인들에게 미국인의 삶의 방식과 밀접하게 관계된 모던 도시를 보여주고자 했다. 브로드에이커 도시는 제2차 세계대전 이후 진행된 교외지로의 개발 확산에 대한 정확한 예측이었다. 특히 계획안이 보여주는 대규모 필지들로 구획된 조닝 구역은 라이트가 일반적인 미국인들의 가치를 잘 알고 있음을 말해준다. 그러나 라이트는 이런 교외지 개발이나 거주 교외지 개발을 위한 종합적 설계지침의 메커니즘을 완성하지는 못했다. 그 결과, 브로드에이커 도시는 그 자체로는 영향력이 거의 없었다. 라이트가 영향력을 발휘한 곳은 그가 브로드에이커 도시를 작업하던 시기에 개인 소유주들을 위해 개발한 주택 유형들을 통해서였다. '유소니언Usonian' 주택이라 불리는 주택들은 전형적인 교외 주거를 영국 귀족 주거의 축소된 모습으로부터 좀 더 개방적이고 기능적이며 모던 생활방식과 조화로운 주거환경으로 변화시키는 데 큰 영향을 주었다.

제2차 세계대전 이후의 신도시

에벤에저 하워드는 1928년에 사망했다. 전원도시인 레치워스와 웰윈의 인구 총계는 제2차 세계대전에 이르러 4만 명에 다다랐다. 전원도시가 성공하는 동안 영국의 인구는 1989년에서 1945년 사이 매우 크게 증가했다. 이는 이미 존재하던 도시 인구를 변화시키지 않을 경우 300개의 전원도시를 만들기 충분할 정도의 증가분이었다. 새롭게 계획되어 조성된 커뮤니티의 경제적 생존은 하워드가 예상했던 것보다 훨씬 더 어려웠으며 장기적 투자 전략이 요구되었다. 이러한 장기적 투자 전략은 정부의 정책으로만 가능했으나, 당시 이러한 투자 전략의 대부분은 부동산 개발업자에 의해 이루어졌다. 하워드는 신도시의 조성 과정에서 정부의 역할을 예측했으나, 정부는 그가 생각했던 것보다 더 제한된 사회적 목표를 가진다는 것을 깨달았다. 하워드는 조용하지만 혁명적인 방법으로 부분적 개선보다 사회 전체의 변화가 도래하기를 원했다.

제2차 세계대전이 끝나자 하워드의 위성도시 공식이 영국과 유럽, 그리고 최근에는 아시아에까지 폭넓게 채택되었다. 이것이 수용되는 과정에서는 물론 변화도 수반되었다. 그러나 하워드가 그의 이름을 내세워 준비된 계획안들을 승인했을지 의심스러우며, 심지어 그 결과로 조성된 커뮤니티를 전원도시로 인정했을지도 명확하지 않다. 하워드는 도시의 모든 사회계층을 자족적인 커뮤니티들의 네트워크로 분산시키길 열망했다. 하지만 신도시는 대도시의 위성도시로 사용되고 있으며, 종종 대부분이 공장 근로자들을 위한 커뮤니티가 되었다.

패트릭 애버크롬비Patrick Abercrombie가 1944년에 발표한 전후 재건을 위한 런던 광역 계획안은 그린벨트와 위성도시를 런던의 성장을 제한하는 도구로 사용했다. 이후 정부의 신도시 정책은 그 개념을 영국 전체로 확대했고, 이러한 커뮤니티들이 40여 개 정도 조성되었다. 특히 산업지의 분산화 법률은 하워드의 개념에서처럼 각각의 신도시에 경제적 기반으로서 이용되었다. 그러나 신도시들은 도시개발 전체를 형성하지는 못했으며 주로 생산 근로자 계층의 커뮤니티가 되었다.

스웨덴에서는 선견지명이 있는 토지 매입 법안이 스톡홀름의 도시 성장을 조절했다. 하지만 교외지 개발의 대부분은 스벤 마르켈리우스Sven Markelius가 설계한 발링뷔Vallingby나 파르스타Farsta와 같은 계획적 커뮤니티로 집중되었다. 스톡홀름 대도시권의 지도는 원형의 모습으로, 광역 철도와 철도역 근처에 고밀도로 개발된 쇼핑센터, 그리고 저밀도 구역으로 연결되는 진입로에 의해 세포 구조의 형태를 갖고 있다.

핀란드의 헬싱키도 위성 커뮤니티를 통해 성공적인 도시 성장을 유도했다. 이 위성 커뮤니티들 중 일부는 타피올라Tapiola와 같이 높은 수준의 건축물을 통해 국제적인 관심을 끌고 있다.

프랑스의 도시계획법은 파리 대도시권의 성장을 센 강 북부와 파리 남부를 따라 평행선을 이루는 두 축을 따라 위성 커뮤니티들이 계획되도록 했고, 이러한 개발 패턴은 새로운 광역철도 시스템에 의해 뒷받침되었다.

위성 신도시는 한국에서도 조성되었으며, 중국에서는 급속한 도시화를 관리하기 위해 이용되었다.

이와 같은 새로운 계획 커뮤니티에서는 엘리베이터를 갖춘 건물들이 건설되면서 원래 전원도시의 모습이 변화되었다. 하지만 종종 여전히 곡선형의 굽은 도로와 비정형적인 건물 배치가 사용되었다. 대부분의 유럽 도시들이 이러한 고밀도 유형의 새로운 전원도시를 계획했다. 그러나 영국을 제외하면 자족적 커뮤니티에 대한 사례는 매우 드물다.

미국의 경우 제2차 세계대전 이후로 조성된 계획 커뮤니티들 중 경제적으로 성공한 사례는 소수이다. 이들은 워싱턴 디시 근처에 있는 버지니아 주의 레스턴Reston, 워싱턴 디시와 볼티모어 중간에 위치하는 메릴랜드 주의 컬럼비아Columbia, 텍사스 주 휴스턴 북부에 있는 우드랜즈Woodlands, 로스앤젤레스와 샌디에이고 사이의 어빈랜치Irvine Ranch가 여기에 해당한다. 이러한 신도시들은 전형적인 교외 주택개발에서 볼 수 있는 것보다 아파트가 더 많은 반면, 유럽의 신도시보다는 단독주택이 훨씬 더 많다. 레스턴의 초기 계획안은 레스턴이 덜레스 공항Dulles Airport으로 향하는 고속도로를 따라 워싱턴 디시까지 연결될 것으로 가정되었다. 진입 고속도로를 통한 연결이 거부되자 레스턴의 개발은 둔화되었다. 후에 진입 고속도로 양쪽에 유료 도로가 조성된 후에야 북부 버지니아의 업무구역은 주거 개발과 함께 진행되며 성장했다.

미국의 1970년대 신도시는 연방정부가 승인한 계획 커뮤니티의 개발자들에게 정부 보조금을 제공하면서 단기간에 집행되었다. 이러한 커뮤니티들 중 소수만이 안정적인 부동산 투자의 대상으로 판명되었다. 이 중 텍사스 주에 조성된 우드랜즈는 특히 그러했으며, 나머지는 대개의 경우 재정적으로 실패했다. 이러한 연방정부의 보조금 프로그램은 종료되었다.

교외로의 무분별한 개발 확산

피츠버그의 채텀 빌리지Chatham Village는 클래런스 스타인과 헨리 라이트, 그리고 피츠버그 건축가인 잉햄Ingham과 보이드Boyd에 의해 1930년대 초에 조성이 시작되어 1950년대에 완성되었다. 채텀 빌리지는 건물과 토지 비용의 절감으로 제2차 세계대전 이후 모범 개발 사례가 될 수 있었다. 하지만 상황은 다르게 전개되었다. 채텀 빌리지는 미국 대중들을 개별 사유지의 단독주택에서 벗어나 레치워스, 웰윈, 햄스테드의 전원 주거지처럼 계획된 마을 환경으로 전

그림 3.30 클래런스 스타인과 헨리 라이트가 잉햄과 보이드와 함께 설계한 피츠버그의 채텀 빌리지. 제2차 세계대전 이전에 건설되기 시작해서 1956년에 완성되었는데, 미국의 평균 소득계층을 위한 주택 전형으로 제안되었으나, 이후 레빗타운이 이 전형을 대신하게 되었다.

환시키는 전형이 되고자 했다. 부엘 재단Buehl Foundation의 비영리 투자를 통해 개발된 채텀 빌리지는 서니사이드와 래드번의 경험을 바탕으로 건설되었으며, 이 프로젝트들이 완성하지 못했었던 건축과 조경의 특징을 완성하게 되었다(그림 3.30).

신도시나 채텀 빌리지의 공공녹지 환경은 미국의 대중을 사로잡지 못했다. 그러나 고소득층을 위한 전원교외지의 개인주택들은 제1차 세계대전과 제2차 세계대전 사이 기간에 대다수의 미국 도시에서 유행의 트렌드가 되었다. 로버트 린드Robert S. Lynd와 헬렌 린드Helen Merrell Lynd의 1928년 초기 연구와 그들의 1937년 「미들타운의 전이Middletown in Transition」 사이의 시점에서 발생한 미들타운Middletown(인디애나 주의 먼시Muncie)의 중요한 변화 중 하나는 상류층을 위한 교외구역이 성장하고, 그 결과로 부유층이 커뮤니티 중심으로부터 분리되어 그들 자신의 소수집단 거주지enclave를 형성한 것이다. 새로운 전원교외지들은 부정적인 사회적 결과에도 불구하고 공원이나 굽은 도로, 그리고 독립된 쿨데삭과 같은 부유층이 선호하는 환경요소들을 포함했다. 캔자스시티의 컨트리클럽Country Club 구역, 휴스턴의 리버 오크스River Oaks, 로스앤젤레스의 팔로스 버디스Palos Verdes와 비벌리 힐스Beverly Hills는 이러한 특성을 잘 보여주는 사례이다.

앞에서 언급된 민간 필지에 개별적으로 지어진 단독주택들은 크기와 조경을 제외하고는 전원교외지에서 살펴볼 수 있는 주택들과 비슷하다. 이 단독주택들은 원래 1934년에 만들어진 연방 주택국Federal Housing Administration의 주택담보대출 정책mortgage subsidy programs으로 지원된 결과이며, 제2차 세계대전 이후에는 재향군인을 위한 특별 대출 정책에 의해 지원되었다. 이러한 교외 주거지 개발에서 나타난 연방정부 주택정책의 영향에 관한 가장 좋은 해석은 케네스 잭슨Kenneth T. Jackson의 『잡초들의 확산Crabgrass Frontier』이다. 이 책은 연방정부의 주택정책이 야기한 인종 간 분리의 가속화를 명백히 설명해준다.[29]

1947년에 개발이 시작된 롱아일랜드Long Island의 레빗타운Levittown은 표준화된 방의 치수에 맞게 미리 완성된 목재를 사용하여 건물을 완성하는 합리적 기술로 조성되었다. 이러한 기술은 클래런스 스타인과 헨리 라이트가 개척했고, 제2차 세계대전 시 군대에서 사용되었다. 레빗타운의 개별 주택들은 각각 면적 1/4 에이커(약 1,000m^2)의 사유지에 지어졌으며, 이는 채텀 빌리지에 있는 맞벽형 타운 하우스들, 그리고 그린벨트 타운들의 타운 하우스와 가든 아파트의 혼합과는 차별화되었다. 에이브러햄 레빗 앤 선스Abraham Levitt and Sons는 제2차 세계대전 전에 세워진 기업이었다. 윌리엄 레빗William Levitt이 책임자가 되었으며, 그의 남동생 앨버트Albert는 이 회사의 건축가이자 계획가였다. 롱아일랜드 레빗타운의 부지 계획안에는 전원교외지의 도로들이 여유 있게 모여 있으며, 각각의 학교와 공원들을 갖춘 네이버후드들을 모아 감싸주는 간선도로가 제안되어 있다. 펜실베이니아 주 필라델피아 북부에 지어진 다음 세대의 레빗타운 역시 학교와 공원을 중심으로 그 주변에 네이버후드가 계획되어 있지만, 이곳의 네이버후드들은 그린웨이 시스템에 의해서도 연결되어 있다. 원래 이 주택들은 미국 정부의 연방 주택국이나 재향군인부 정책에 따라 대출보험mortgage insurance의 자격을 갖춘 생애 최초 주택 구입자들의 매입을 가능하게 했다. 왜냐하면 부지마다 여분의 공간을 두고 있어 단독주택 소유자들이 추후에 자신의 필요에 따라 주택을 개조하거나 확장할 수 있었기 때문이다. 따라서 60여 년이 지난 이후 이곳에는 서로 모양이 비슷하고 단일 계층으

29 케네스 잭슨Kenneth T. Jackson, 『잡초들의 확산: 미국의 교외지 개발Crabgrass Frontier: The Suburbanization of the United States』(Oxford, 1985).

로 구성되었던 초기의 주택들을 거의 찾아볼 수 없을 정도로 원래의 모습들이 거의 사라졌다. 레빗타운 역시 채텀 빌리지나 그린벨트 타운처럼 이러한 방식에서 성공한 것으로 간주되어야 한다(그림 3.31). 하지만 당시 연방정부 주택정책의 성공 여부는 흑인들이 레빗타운으로부터 제외되었다는 사실로 평가절하되었다. 레빗타운이 처음 주택을 판매하기 시작했을 때 인종차별은 미국의 주택정책이기도 했다.[30] 비록 실현되지는 않았지만 과거 메릴랜드의 그린벨트에서도 흑인들을 분리시키는 구역을 갖고자 하는 의도가 있었다.

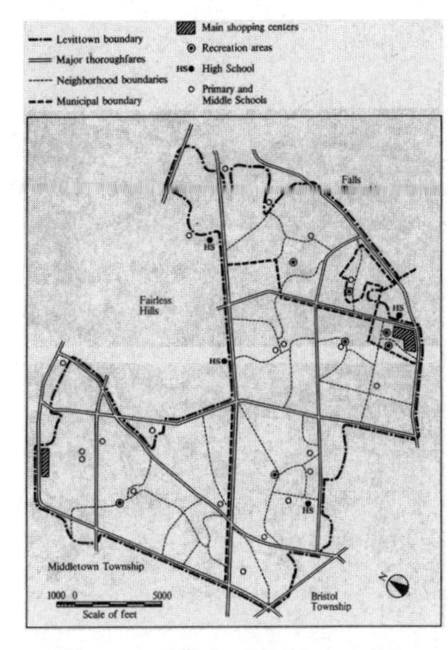

그림 3.31 1952년에 건설되기 시작된 펜실베이니아 주의 레빗타운 계획안. 이 레빗타운 계획안은 1947년 롱아일랜드 레빗타운의 뒤를 이은 사례이다. 두 사례 모두 개발자 윌리엄 레빗의 동생인 앨버트 레빗이 설계했다. 1/4에이커(약 1,000m²) 부지의 주택이 설계안의 가장 두드러진 측면이지만, 이 계획안은 공원과 학교 주변으로 구성된 강력한 네이버후드 구조를 갖고 있다.

주택시장은 레빗타운으로부터 규모의 경제와 합리적인 건설법을 학습했으나, 공원과 학교를 포함한 네이버후드에 관해서는 학습하지 못했다. 미국, 캐나다, 오스트레일리아에서 제2차 세계대전 이후 두드러진 주택 유형은 단독주택single-family house이다. 이러한 단독주택은 건설업자들이 도시 주변이나 교외지에서 대규모 필지에 비슷한 규모와 비용으로 건설한 주택들이다. 도시의 성장은 지방의 소도시와 농촌의 경우 새롭게 제정된 조닝 코드를 통해 관리되었다. 조닝 코드는 단독주택을 맞벽 주택이나 아파트와 분리시켰으며 거주지로부터 직장이나 상업구역을 분리시켰다. 이러한 조닝 코드는 대규모 토지 위에 집합주택을 완성하기 위해 동일한 크기의 필지 분할을 유도했으며, 소매점, 서비스 시설, 업무시설이 고속도로를 따라 좁고 길게 배치되도록 유도했다. 대부분 이 새로운 개발물들에 접근하기 위해서는 보편화된 자동차가 필요하게 되었다. 미국에서 단독주택의 빠른 증가는 정부 지원금의 대출과 주택 융자세의 감소에 따라 발생한 수입을 통해 뒷받

---

30 레빗타운 주택 평면들의 진화에 관한 흥미롭고 다소 비판적인 서술은 로버트 슐츠Robert Schultz, 「레빗타운의 모습The Levittown Look」, 스티븐 해리스Steven Harris · 데보라 버크Deborah Berke 엮음, 『일상의 건축Architecture of the Everyday』(Princeton Architectural Press, 1997)에서 볼 수 있다.

침되었다. 더 많은 주택과 자동차는 더 많은 교통량을 의미하며, 더 많은 교통량은 도로의 확장과 새로운 고속도로의 건설을 의미했다. 미국에서 1956년 '연방 고속도로 건설법Interstate Highway Act'이 통과된 이후, 고속도로 시스템은 도시와 교외, 그리고 인접한 농촌 지역의 성격을 다핵의 대도시 방식으로 완전히 바꿔놓았다. 다핵 대도시에서 일자리는 과거 도시 중심부로부터 새로운 교외지의 직장과 공업단지로의 인구 이동을 의미했고, 상업과 업무활동의 중심 거점은 고속도로 입체 교차로에 성장하게 되었다. 주택대출 지원금, 단지 개발, 도로와 고속도로 건설이 하나의 자체적 순환 시스템을 지속적으로 강화시키면서 일자리와 쇼핑센터들이 교외로 이동해갔으며, 이러한 순환은 개발의 무분별한 확산을 의미하는 어반 스프롤urban sprawl로 잘 묘사되고 있다.[31]

하워드의 그린벨트에 의해 분리되는 자족 커뮤니티에 대한 다이어그램은 철도라는 교통수단에 완벽하게 맞춰져 있다. 그러나 사실 자동차와 트럭이 사용 가능하게 될 때에는 철도역 주변 구역과 철도의 측선 구역에만 개발이 한정될 이유는 없었다. 하워드의 타운-컨트리 개념은 그린벨트 안의 도시화 구역과 자연적인 랜드스케이프의 연속성을 보존하는 것에 한정되어 있다. 자동차와 트럭이라는 수단으로 진행되는 새로운 도시화 지역은 자연적 환경에서 인공적 환경으로 변화되었다. 그리고 이것은 심각한 문제를 야기하기 시작했다.

지구의 날과 환경 규제

레이첼 카슨Rachel Carson의 『침묵의 봄Silent Spring』은 1962년 여름 ≪뉴요커New Yorker≫에 세 부분으로 연재되었고 그해 가을에 책으로 출판되었다. 카슨은 DDT가 기형의 생물과 생식의 실패를 초래하면서, 곤충으로부터 조류로 연

31 리처드 모Richard Moe와 카터 윌키Carter Wilkie의 『변화하는 장소: 도시 스프롤 시대의 커뮤니티 재건Changing Places: Rebuilding Community in the Age of Sprawl』(Henry Holt, 1999)에 수록된 「자리를 잘못 잡은 미국The Misplacing of America」을 참고하거나, 조엘 가로Joel Garreau의 『경계 도시: 신개척지의 삶Edge City: Life on the New Frontier』(Doubleday, 1988)을 살펴보라.

결되는 먹이사슬에 따라 봄은 침묵할 것이라고 예측했다. 그녀의 책은 미래에 대한 우화a Fable for Tomorrow로부터 시작된다. 이 우화는 가상 커뮤니티에 대한 이야기이며, 이 커뮤니티의 살아 있는 모든 생명체들은 아프고 사망하게 되며, 이러한 침묵은 이곳 거주자들이 그들 스스로 커뮤니티에 초래한 결과였다. 카슨은 첫 장에서 그녀가 기술한 온갖 종류의 재앙들이 모두 일어났던 커뮤니티는 실제로 존재하지 않지만, 이런 재앙들은 어느 곳에서나 일어날 수 있다며 결론을 맺는다. 이 책에서 언급된 새에게 발생한 것과 똑같은 일들이 실제로 인간에게도 일어나기 시작했고, 인체 안에 있던 화학물질은 평생 동안 인체에 머물며 질병뿐만 아니라 유전적 변형도 야기한다. 이 책은 화학산업의 대변인으로부터 맹렬한 비난을 받았다. 그러나 책의 메시지는 대중에게 전달되어, DDT를 비롯한 화학 독성물질의 사용을 대부분 중단시켰을 뿐만 아니라 생명의 연약함과 상호 연관성을 이해시키기 시작했다.

1960년대 후반부터 미래의 지구 환경은 사회에서 공론화된 중요한 이슈가 되었다. 폴 에를리히Paul Erlich의 『인구 폭탄The Population Bomb』은 1968년에 출판되어 베스트셀러가 되었다. 이 책은 다가올 수십 년 내에 인류가 감당하기 어려운 인구 증가와 그로 인한 전 세계적인 식량 부족을 경고했다. 1968년에 창립된 로마 클럽The Club of Rome은 지구 천연자원의 유한성에 대한 문제의식에 기반을 두고 있다. 1972년에 출판된 로마 클럽의 리포트 「성장의 유한성The Limits to Growth」이 전 세계적인 자원 부족의 증가를 예측한 직후 첫 번째 오일쇼크가 발생했다. 환경적인 문제를 잠시 고민할 수 있도록 미국 전역의 관심을 불러일으킨 첫 번째 지구의 날Earth Day은 위스콘신의 게일로드 넬슨Gaylord Nelson 상원의원이 주도한 발의안으로 1970년 4월 22일에 열렸다. 천연자원 보호회The Natural Resources Defense Council가 1970년에 설립되었으며, 이후 1892년에 설립된 오래된 환경 옹호 단체인 시에라 클럽Sierra Club과 통합되었다.

환경 옹호 활동과 대중적인 토론은 의미 있는 환경정책의 결과를 불러일으켰다. 1969년의 국가환경법The National Environmental Act, 1972년의 대기오염방지법The Clean Air Act, 1972년의 연방수질오염규제법The Federal Water Pollution Control Act, 1972년의 소음규제법The Noise Control Act, 그리고 1973년의 멸종위기종보호법The Endangered Species Act은 미국의 모던 환경 규제의 토대로서, 모두 리처드 닉슨Richard Nixon 대통령의 재임기에 입법되었다.[32] 유엔환경계획United Nations Environment Program은 1972년에 착수되었다. 1983년 유엔은 세계환경개발위원회 World Commission on Environment and Development를 만들었다. 세계환경개발위원회의 1987년 리포트는 미래 세대들이 필요로 할 능력을 훼손시키지 않으면서 현재의 필요를 충족시키는 것이라는 지속 가능한 개발sustainable development에 대한 유명한 정의를 만들었다.

자연을 따르는 설계, 환경보호를 위한 조닝 규제

하지만 어떻게 미래 세대의 필요를 훼손시키지 않고 현재의 필요를 충족시킬 수 있을까? 펜실베이니아대학교의 조경학 교수인 이언 맥하그Ian McHarg는 1969년 『자연을 따르는 설계Design with Nature』를 펴냈다.[33] 맥하그는 처음으로 계획과 설계, 그리고 생태 과학 사이의 연결을 만들어낸 사람 중 한 명이다.[34] 그의 책에 담긴 자연과학은 정말 기본적이다. 맥하그의 주장은 토목공학, 도시계획, 그리고 개발의 주된 작업들이 외견상으로 두드러지지 않으나 정확하게 가장 기본적인 이슈들로 진행되어간다는 것이다. 이는 자연환경이 개발될 때 침식과 홍수의 원인이며 수목지와 서식지의 손실을 초래하는 원인이 된다는 것이다. 맥하그의 해답은 새로운 개발의 적합도를 가늠해주는 지도를 작성하는 것이다. 개발하기에 가장 부적절한 곳은 해안가를 따라 있는 모래 둔덕, 급경사의 언덕, 그리고 습지나 범람지를 포함한다. 성숙한 삼림지는 개발에 어

32 어떤 관점에서는 모순적인 이 상황은 J. 브룩스 플리펜J. Brooks Flippen의 『닉슨과 환경 Nixon and the Environment』(University of New Mexico Press, 2000)에 설명되어 있다.

33 루이스 멈퍼드가 서문을 쓴 이언 맥하그의 『자연을 따르는 설계』는 원래 1969년에 Museum of Natural History에서 출간되었다. 이 책은 1995년에 Wiley에서 재출간되어 지금까지 출판되고 있다.

34 이언 맥하그의 역사적 중요성과 생태학·도시계획·설계의 관계 발전에 관한 논의는 포스터 은두비시Foster Ndubisi의 『생태적인 계획: 역사적이고 비교학적인 통합Ecological Planning: A Historical and Comparative Synthesis』(Johns Hopkins, 2002)을 참고하라.

느 정도 적당할 수 있으며, 배수가 잘되는 고지대는 개발하기 가장 적당할 수 있다. 건물을 짓는 데 가장 부적합한 곳의 지도를 여러 장 그려서 겹치면, 환경적인 문제를 가장 적게 초래하는 개발지가 비로소 뚜렷하게 보이기 시작한다. 맥하그와 그의 조교들은 트레이싱지에 손으로 이런 구역들을 지도로 그렸다. 오늘날 이것과 동일한 분석이 컴퓨터를 통해서 이루어지며, 개발을 추진하기 위해 필요한 컴퓨터 프로그램의 일부는 맥하그의 연구에서 비롯되었다.

지방자치단체의 조닝 코드는 자연 생태계와 물리적 지형을 고려하지 않고 개발을 위한 대규모의 토지를 지도로 표현했다. 지형을 가로지르는 대지 경계선은 종종 자연의 모습과는 전혀 관계가 없다. 흔히 개발을 위해 지도에 표시된 대지의 일부분은 맥하그의 분석에 근거하면 건물을 짓기에 적절하지 않은 구역이다. 대부분의 조닝 코드에서 계획 개발을 다룬 많은 부분이 승인된 전체 개발에 근거해 부동산 개발권의 이전을 허용하고 있다. 이를 위해서 일반적으로 허용되던 것보다 더 작은 부지와 더 작은 건축선 후퇴setback가 특별한 절차를 통해서 허용된다. 윌리엄 화이트William H. Whyte는 이런 절차를 클러스터형 개발cluster development이라고 불렀다. 그는 1964년 환경보호재단을 위한 리포트와 1968년 그의 책 『마지막 랜드스케이프The Last Landscape』에서 이를 지지했다. 『마지막 랜드스케이프』는 볼티모어 북부의 교외 주거구역 계획을 위한 맥하그의 지도 작업과 뉴저지의 고속도로에 대한 맥하그의 대안 분석을 담고 있다. 그리고 화이트는 위스콘신대학교 교수인 필립 루이스Philip Louis의 작업을 언급했으며, 개발 제안들을 자연 시스템과 연결하여 판단한 선구자들의 연구물들도 언급했다.

클러스터형 개발은 맥하그의 처방들을 집행하는 데 효과적인 방법이라고 증명되지는 않았다. 조닝 코드에서 계획에 근거한 개발의 내용은 대체로 클러스터형 개발을 선택적 절차로 만들며, 이 절차는 일반적으로 별도의 공청회를 요구하기 때문에 많은 개발업자들이 이러한 선택을 포기하고 이보다 간단한 방법으로 부지의 경사를 다시 만든다. 부지 경계선은 보통 자연 지형의 경계와 일치하지 않으며, 개발자가 부지의 한 부분에서 자연 조건을 존중하더라도 인접한 부동산과의 괴리가 발생한다. 또한 부지의 한 부분에서 또 다른 부분으로 개발권을 이양하는 것에 대한 문제가 분명히 발생할 수 있다. 이 경우 부동산 시장과 주변 이웃들이 원하지 않는 방식으로 밀도의 결합이 만들어질 수 있기 때문이다.

맥하그는 그의 목표가 개발권과 자연 지형을 조정하는 것임을 분명히 밝혔다. 그는 당연히 개발이 일어나면 안 되는 부동산이 많이 있다는 것을 알게 되었지만, 이 주장은 심각하게 받아들여지지 않을 것이라고 생각했을 것이다. 오늘날 그의 설계 제안 중 일부분으로 『자연을 따르는 설계』의 스케치에서 소개된 것처럼 삼림지의 중앙에 주택들을 동일한 간격으로 배치하는 것은 매우 설득력이 있다.

레인 켄디그Lane Kendig는 개발권이 개발해서는 안 되는 토지와 항상 결부되어야 하는가에 대한 질문을 제기한 첫 번째 인물들 중 한 명이다. 1980년의 책 『토지성능 기반 조닝 규제Performance Zoning』[35]에서 켄디그는 조닝 규제의 목적이 그리 중요시되지 않는 해변, 절벽, 호수, 연못, 수로, 습지, 범람지, 혹은 침식 위험지와 같은 개발에 민감한 부지의 일부분을 완화하는 시스템을 제안했다. 사구dune나 협곡ravine의 경우 면적의 2%만 조닝 목적의 가치를 가질 수 있다. 그리고 30도보다 가파른 경사지의 5%, 풍부한 삼림지의 15%, 18~30도 경사지의 30%가 조닝 목적의 가치를 가질 수 있다. 이러한 토지들은 소유지의 다른 곳으로 이전시킨 개발권이 거의 부재한 경우이다.

다음은 맥하그의 분석을 합법적인 개발 가능 수준을 결정하는 조닝 규제 계산식으로 환산한 방법이다. 또한 켄디그의 조닝 규제 모델model zoning ordinance은 일정 영역에서는 건축이 가능한 민감한 토지의 비율을 제한하도록 제안했다. 침식 위험지는 영원히 오픈 스페이스로 남아야 하고, 풍부한 삼림지는 오직 15%만이 개발될 수 있으며, 농업지에서는 주요 토양지의 15%만이 개발될 수 있게 한 것이다.

이러한 생각은 당시 혁명적이었다. 하지만 불행하게도 이 개념은 성능 기반 조닝 규제라는 완전히 다른 개념에 묻혀 그 중요성이 극히 제한적인 지역에서만 확인되었다. 성능 기반 조닝 규제의 목적은 의미를 가지는 모든 것들이 조

---

35 레인 켄디그Lane Kendig · 수잔 코너Susan Connor · 크랜스턴 버드Cranston Byrd · 주디 헤이먼Judy Heyman, 『토지성능 기반 조닝 규제Performance Zoning』(Planners Press, 1980).

닝 규제의 명확한 세부 내용 대신에, 원하는 결과를 정의하는 성과주의의 세부적인 사항을 유도하는 것이다. 켄디그의 환경보호 조닝 규제environmental zoning는 사실상 처방적인 필요사항이며 침식에 관한 세부적인 성능 기준은 개발 이전보다 개발 이후에 침식이 더 일어나면 안 된다고 규정한다. 켄디그는 그의 환경보호 제안들을 성능 기반 조닝 규제로 설명할 때 침식 위험지는 조닝 규제의 고려 대상이 아니며 영원히 오픈 스페이스로 있어야 한다고 생각했다. 아쉽게도 이는 그의 제안들의 본질을 혼란스럽게 하는 것이었다.

켄디그의 환경보호 조닝 규제의 아이디어 중 일부는 그가 도시계획가로 일했던 펜실베이니아 주의 벅스 카운티Bucks County와 일리노이 주의 레이크 카운티Lake County에서 법규로 활용되었다. 필자는 뉴욕 주의 웨스트체스터 카운티 Westchester County의 어빙턴 마을town of Irvington과 미주리 주의 세인트루이스 카운티St. Louis County에 있는 교외 주거지인 와일드우드Wildwood 시에서 이런 아이디어를 활용한 법규들을 작성하는 데 참여했다. 법규들은 모두 그 카운티가 위치한 주의 법을 만족시키도록 완성되었다. 아직까지 켄디그의 조닝 규제 모델이 제시하는 규제 완화가 과연 헌법이 허가하는 적법한 사유재산의 규제인가에 관해서는 명확한 법원의 판결이 없다. 켄디그의 제안은 포괄적이고 객관적인 기준들에 근거하지만 여전히 한계점을 갖고 있다.

토지 트러스트 운동, 개발권 이양, 도시 확장 한계선

환경적으로 개발에 민감한 사유지에 규제를 행하는 가장 안전한 방법은 정부가 규제 의도로 토지를 매입하는 것이다. 다른 대안은 개발권development right을 매입하여 토지를 영원히 농업 생산을 위한 부지로 남겨두는 것이다.

세계 토지 트러스트World Land Trust 운동 본부는 런던에 있고, 영구적인 야생동물 보호구역의 매입 자금을 지원한다. 그리고 국제자연보호협회Nature Conservancy는 세계적으로 1억 1,900만 에이커(약 480,000km^2) 이상의 토지와 5,000마일(약 8,000km) 이상의 하천 보호를 돕고 있고 100개 이상의 해양 보전 프로젝트도 수행하고 있다. 미국에서는 보전구역의 매입을 위한 자금을 조달해주는 연

그림 3.32 1960년대 후반 로렌스 할프린(Lawrence Halprin)이 오리건 주 포틀랜드 남서부의 도시 재개발 구역을 위해 설계한 공원.

방 프로그램인 환경보호국Environmental Protection Administration을 통해 안전한 식수원 보호를 목적으로 필요한 토지의 매입을 지원한다. 플로리다 주는 토지나 개발권을 매입하는 방식으로 약 250만 에이커(약 10,000km^2)의 토지를 보호하고 있다. 다른 주들은 각자 주 소유의 보전 펀드를 가지고 있으며, 다수의 주들과 지자체 산하 토지 보전 트러스트 운동단체들이 토지 보호를 위해 토지나 공공용지를 매입하여 토지를 자연적인 상태로 유지하거나 농업용으로 사용하도록 한다.

토지 매입 이외의 대안은 랜드마크 건물이나 환경적으로 개발에 민감한 토지로부터 개발권을 개발하기 적절한 입지로 이양하는 것이다. 개발권 이양은 효과적인 사용이 가능할 수 있으나 그 실행 과정은 그리 간단하지 않다. 개발권을 받는 곳은 환경적으로 개발에 적합해야 하고, 정치적으로 실행에 문제가 없어야 한다. 그리고 토지 소유주가 동시에 모든 개발권을 매도할 수 없다면, 개발권 가치의 현물화는 종종 무기한 연기된다.

그림 3.33 로렌스 할프린이 설계한 오리건 주 포틀랜드의 조경 설계된 보행로.

개발권을 매입하거나 이양받는 것보다 더 나은 대안은 도시 확장 한계선 urban growth boundary을 이용하여 과도한 개발권의 발생을 불가능하게 하는 것이다. 미국에서의 중요한 원형은 1973년 오리건 주에서 당시 주지사였던 톰

맥콜Tom McCall의 리더십 아래에서 이루어진 확장 한계 시스템growth boundary system의 입법이었다. 이 법에 근거해 오리건 주 안에 있는 모든 도시는 도시 확장 한계선을 만들어야 한다. 도시 확장 한계선 내에서는 도시의 인프라 서비스가 제공되고, 개발 규제는 비교적 고밀도 개발을 허용한다. 도시 확장 한계선 밖에서는 농촌 상태의 개발만을 유지하게 된다. 도시 확장 한계선은 적당한 양의 토지가 농촌에서 도시로 전환되는 것을 허가한다는 것을 의미한다. 또한 개발 가능한 토지가 모두 소진되었을 때에는 다시 도시 확장 한계선을 지정한다. 당연히 이러한 도시 확장 한계선을 만드는 과정에는 다수의 정치적 문제들이 결부되어 있다. 한편 이러한 개념은 도시 확장 한계선을 폐지하거나 약화시키려는 도전을 야기하는 문제가 있다.

포틀랜드 광역도시 2040년 계획은 성장이 허용된 구역 내에 개발을 집중시키고자 도시 확장 한계선과 대중교통 시스템을 결합했다. 이 규제는 충분히 물리적인 효과를 볼 수 있을 만큼 오랫동안 지속되어왔다. 포틀랜드의 교외구역은 대중교통 정거장이 있다는 것을 제외하면 미국의 기타 교외 지역과 눈에 띄게 다른 점은 없다. 이러한 곳은 보통 다른 곳에서 일어나는 것보다 개발의 집중을 유도할 수 있다. 도시 확장 한계선의 효과는 포틀랜드 시 안에서 더 가시적이다. 포틀랜드의 다운타운에서는 동일 규모의 다른 미국 도시들보다 더 많은 주거구역 개발과 더 집중된 개발이 일어나고 있다. 또한 도시 중심부에 인접한 네이버후드는 상업지들이 활성화되어 있고 소수의 구역뿐 아니라 도시 전체에 걸쳐 재건축이 진행되며 더욱 건강한 모습을 하고 있다.

오래된 도시구역으로 성장을 끌어들이는 성장 관리 정책들growth management policies의 중요한 부가적 조치는 가로변 식재, 도시공원 개발과 같이 좀 더 전원적인 매력을 갖추고 경쟁력 있는 도시환경을 조성하는 것이다. 포틀랜드를 더 푸르게 만드는 것이 더 강력한 효과를 발휘한다(그림 3.32, 3.33).

건물의 환경평가

미국의 비영리 환경단체와 건축산업에 종사하고 있는 60여 명의 대표자들은

1993년 4월 미국건축사협회American Institute of Architects 중역회의실에서 회의를 갖고 비영리 민간단체인 미국녹색건물협회The US Green Building Council를 설립했다. 이 회의는 미국녹색건물협회의 설립자로 간주되는 S. 리처드 페드리지S. Richard Fedrizzi, 데이비드 고트프리트David Gottfried, 마이클 이탈리아노Michael Italiano가 주최했다. 이 단체의 설립 의도는 모든 건설산업들이 좀 더 환경적인 책임감을 갖도록 유도하는 것이다. 건물들이 미국 에너지 사용의 40%를 차지하고 건설 과정에서 재료가 낭비되며 환경오염을 야기하기 때문이다. 현재 미국녹색건물협회는 1만 5,000명 이상의 회원을 갖고 있고 인증된 전문가 시스템이 있으며, 설계 실무에 좀 더 엄격히 자격을 부여하고 있다. 또한 이 협회는 연례 총회와 많은 사람들이 참석하는 정기 국제회의 및 박람회를 개최하고 있다. 다른 국가의 유사한 협회들이 모여 1998년 설립한 세계녹색건물협회The World Green Building Council도 빠르게 성장하고 있다.

리드LEED: Leadership in Energy and Environmental Design는 에너지 및 환경 디자인 인증을 위한 녹색건물 평가 시스템으로 1994년 당시 천연자원보호협의회의 과학자였고 2005년까지 평가 시스템 개발의 의장이었던 로버트 왓슨Robert K. Watson에 의해 시작되었다. 평가 시스템의 초기 작업은 미국 에너지부의 두 가지 기금에 의해 지원되었고 이후 다른 기금에 의해 보완 작업이 지원되었다. 리드는 미국녹색건물협회와 마찬가지로 민간이 운영하는 비영리적인 시스템이다. 리드 평가 시스템은 특정 요구사항의 성공적 완수에 점수를 부여하며, 인증, 실버, 골드, 플래티넘의 4개 등급으로 점수를 매기고 있다. 최근 새로 건설되는 개별 건물의 경우 최대 69포인트까지 점수 획득이 가능하다. 인증 등급을 받기 위해서는 최소 26~32포인트를 받아야 하고, 실버는 33~38포인트, 골드는 39~51포인트, 플래티넘은 52~69포인트를 받아야 한다. 포인트는 지속가능한 토지sustainable sites의 사용, 수자원 효율water efficiency, 건축자재·자원materials & resources과 같은 세부 항목들 안에서 주어진다. 지원자가 제안한 혁신적 설계에는 최대 5포인트가 주어진다. 어떤 항목에는 포인트가 주어지지는 않지만 등급을 넘기 위해 필수로 성립되어야 하는 조건들이 있으며, 이를 반드시 준수해야만 점수를 받을 수 있다. 평가를 위해 각 기준점과 포인트는 규칙을 준수했음을 보여주는 구체적인 서류들이 제출되어야 하며, 평가는 지원자들의 지원비와 미국녹색건물협회의 예산으로 자체적으로 진행한다. 최근에 플래티넘 레벨을 받은 건축 프로젝트는 자격 지원비를 반환받을 수 있도록 하고 있다.

포인트 시스템은 건축 프로젝트에 등급과 지위를 부여하는 뛰어난 동기부여 장치로 입증되었다. 그리고 현재 대표적인 정부 건물과 비영리 건물들은 최소한의 리드 기준에 맞게 만들어지고 있다. 상업 건물은 리드 평가를 마케팅 도구로 사용하고 있다. 리드 시스템은 미국의 보이스카우트에서 사용하는 포인트와 배지badge 시스템을 연상시키는 것으로, 발전과 동료의 인정을 받으려는 인간 본래의 욕망을 활용했다. 건물을 평가하는 리드 포인트 시스템은 복수의 건물군과 네이버후드 주거지 개발에도 적용될 수 있도록 확장되고 있다.

리드 시스템은 객관성을 목표로 하며, 이 객관성으로 말미암아 여러 지자체 정부들이 리드 평가를 법규에 통합하도록 하고 있다. 리드 시스템이 주관적인 방식으로 시행될 것이라고 주장한 사람은 아무도 없었다. 그러나 최근 주택저당대출증권collateralized mortgage securities과 같은 채권의 평가 시스템의 실패는 지원자들의 지원비로 운영되는 평가 시스템의 약점을 보여주었다. 리드 시스템이 점차로 더 수용되기 위해서는 평가 시스템이 법적으로 시행되어야 하며, 상대적으로 높은 포인트를 받은 프로젝트는 상대적 이점을 갖도록 바뀌어야 하며, 정부가 평가 시스템을 유료로 시행한다면 더 좋을지도 모른다.

환경친화적 건물에 대한 다른 기준들도 있다. 원래 정부기구로 시작해 1997년부터 민간단체가 된 건설연구소BRE: Building Research Establishment는 1990년에 건설연구소 건물환경평가방안BREEAM: BRE Environment Assessment Method을 만들었다. 이 방안은 2008년 개정안부터 유럽과 중동에서 국제 기준의 기반으로 홍보되었다. 지속 가능한 건축환경을 위한 국제협회International Institute for a Sustainable Built Environment는 'SBTool'이란 평가 시스템을 자체적으로 보유하고 있다. 캐나다는 그린 글로브Green Globe, 그리고 일본은 건축환경 효율성의 종합평가시스템CASBEE: Comprehensive Assessment System for Built Environment Efficiency이 있다. 그리고 오스트레일리아, 홍콩, 중국, 브라질 등 여러 나라에도 국가 기준이 있다. 미국에는 기업의 녹색 커뮤니티 프로그램Green Communities Program of Enterprise Communities이 만든 기업녹색커뮤니티기준The Enterprise Green Communities Criteria이 있다. 기업녹색커뮤니티기준은 건물과 네이버후드를 위한 리드 포인트 시스템과 비슷하며 미국주택건설협회National Association of Home Builders가 만든 NAHB 녹색건물 가이드라인NAHB Green Building Guidelines과도 비슷하다. NAHB 녹색건물 가이드라인 또한 포인트 시스템이며 브론즈, 실버, 골드, 에메랄드의 네 등급으로 나뉜다.[36]

불행하게도 건물군이나 커뮤니티 전체에 관한 상이한 설계 대안들의 환경적 영향을 측정하는 것보다 개별 건물 자체의 환경적 영향을 측정하는 것이 더 잘 알려져 있다. 이는 전자의 평가가 다양하며 상호 관련성이 높은 변수들에 대한 체계적 이해를 요구하기 때문이다. 결과적으로 커뮤니티에 대한 평가가 실제 지어지는 것들에 대한 성과보다 커뮤니티 내의 정책에 집중하는 경향이 발생한다. 또한 포인트 시스템에는 근본적인 문제점이 있다. 즉, 포인트 시스템은 요구되는 포인트보다 포인트를 얻을 수 있는 기회가 더 많이 제공되어야 할 것이다. 그렇지 않다면 포인트 시스템은 엄격한 틀을 강요하거나 다양한 상황의 평가를 허용하지 않는 문제점을 갖게 된다. 포인트 시스템의 유연성은 명백하게 드러나는 환경성의 부족함을 받아들이고, 다른 범주에서도 점수를 만회하며, 원하는 성과에 대한 증표를 부각시킬 수 있는 기회들이 제공되어야 한다. 어느 정도의 의무적 요구사항들이 문제 해결을 도울 수는 있지만 완벽한 해결을 주지는 않을 것이다.

녹색건물은 녹색 지역설계에서 가능하다

지속 가능한 녹색건물들이 더 많이 시공되도록 인센티브를 부여하기 위한 포인트 시스템들은 개인의 창의력을 이용하여 에너지 보호문제를 해결하기

---

36 에너지 사용과 지속 가능성 요건에 대한 세계적 추세와 논의는 알리 말카위Ali Makawi와 프리트 아우겐브로에Fried Augenbroe가 ≪와튼 리얼 에스테이트 리뷰Wharton Real Estate Review≫ 2009년 가을호에 실은 「세계시장의 지속 가능성 평가Sustainability Assessment in a Global Market」를 참고하라.

그림 3.34 2050년도 인구 추정과 최근 개발 경향이 지속될 경우의 플로리다 주 올랜도 지역 7개 카운티의 잠재적 도시화 수준을 보여준다. 이 지도는 2005년 펜실베이니아대학교의 CPLN 702 스튜디오 보고서의 일부이다.

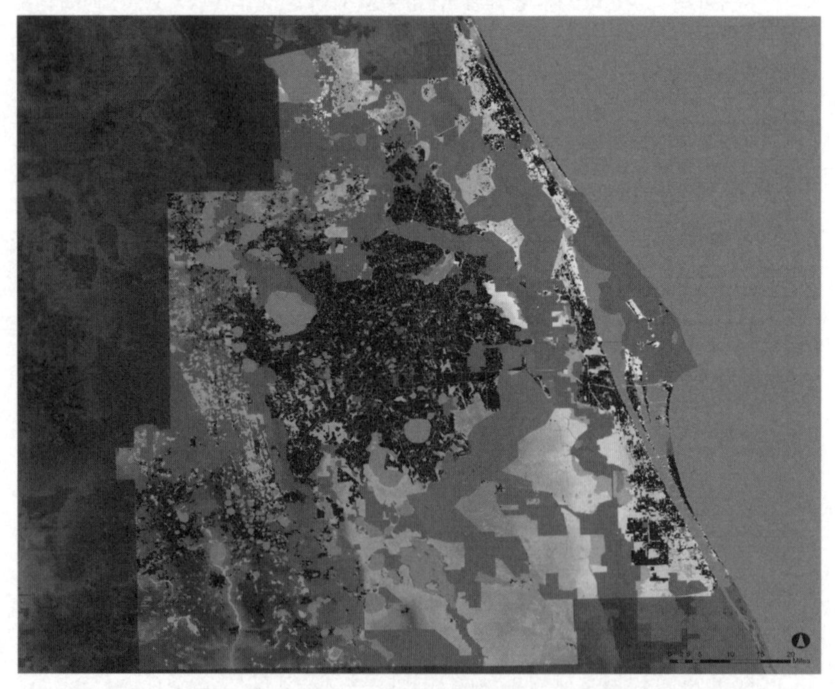

그림 3.35 적극적 환경보존과 효율적 고속철도, 대중교통 체계 활용을 근거로 한 올랜도 지역 7개 카운티의 대안적 미래 도시화 추정안이다. 이 계획안도 2005년 펜실베이니아대학교의 CPLN 702 스튜디오 보고서의 일부이다.

위한 주요 정책을 수립하는 데 도움을 줄 수 있다. 하지만 녹색건물은 건물의 입지 때문에 발생하는 기본적인 환경문제는 해결하지 못할 것이다. 따라서 효과적인 환경보호는 지역 규모에서 구상되어야 한다. 왜냐하면 자연환경은 지역 규모의 시스템이기 때문이다. 즉, 강 유역, 분수선, 해안선, 그리고 하구 퇴적지는 부지 경계선이나 관할구역과 좀처럼 일치하지 않기 때문이다.

지역설계는 자연환경의 특징들과 그 특징들의 개발 적합성에서부터 시작되어야 한다. 현재 지리정보 시스템GIS: Geographic Information System 프로그램으로 재해석된 이언 맥하그의 연구방법론이 여전히 가장 좋은 방법으로 남아 있다. 이언 맥하그의 방법을 사용하면 보존되어야 하는 토지에 환경적 기준들을 덧붙일 수 있으며, 또한 컴퓨터로 덧붙여진 모든 기준들로부터 가장 높은 점수를 차지한 지역들을 지도 위에 표현할 수 있다. 주변의 환경들을 결정지은 후, 다음 단계는 자연 상태의 환경 안에서 도시개발의 공간 분포를 구상하는 것으로, 교통과 도시 인프라의 계획을 기반으로 하는 작업이다. 펜실베이니아대학교 디자인대학원이 완성한 플로리다 주의 올랜도 지역 지도는 개선된 도시 인프라에 대한 가정에 적합하도록 인구를 분포시킨 이상적인 보전 네트워크 내에서 2050년의 대안적 인구분포를 보여준다. 이 지도는 보호기준이나 도시 인프라 시스템의 변화 없이 현재 추세가 지속될 경우를 설명하는 지도와 대조를 이룬다(그림 3.34, 3.35). 컴퓨터 시뮬레이션은 전 지역의 설계를 결정하는 보전 시스템과 교통 시스템, 그리고 환경보호 조닝 규제와 도시 확장 한계선과 함께 작동하는 설계 시스템의 능력을 보여준다. 시스템 도시설계는 다음 장에서 깊게 설명할 것이다.[37]

맥하그는 인간의 개발 활동으로부터 자유로운 자연환경들은 변화되지 않을 것이라고 예측하던 시기에 활동했다. 해안선의 경우만 예외였는데, 맥하그는 해안선의 경우 균형점equilibrium의 변화가 자연의 한 부분이라고 기록하며 예외로 간주했다. 현재 기후변화에 대한 예측으로 말미암아 자연은 일정하게 유지되는 것이라는 생각으로부터 유연한 적응 수단이 요구되는 일련의 예측 불

---

37 지도들은 필자가 2005년 펜실베이니아대학교의 도시설계 스튜디오에서 지도했던 '올랜도 지역의 7개 카운티Seven-County Orlando Region' 연구의 결과물이다.

그림 3.36 네덜란드의 동부 스켈트 하구를 따라 있는 해안방파제는 1953년에 있었던 엄청난 해일을 막기 위해 1980년대에 건설되었다.

그림 3.37 폭풍 해일로부터 로테르담 항구를 보호하기 위한 갑문.

가능한 미래 상황들이라는 믿음으로 옮겨가게 되었다.

2005년 재앙과 같았던 홍수를 초래한 허리케인 카트리나는 기후변화의 결과로 나타난 해수면 상승과 빈번한 홍수 해일로 인해 미래에 일어날 수 있는 위험을 다른 해안 도시들에게도 경고해주었다. 역설적이지만 뉴올리언스는 사실 홍수나 해일로부터 시스템적 보호를 해주는 제방과 펌프가 있었으나, 설계와 건설의 결함으로 인해 그러한 보호에는 실패했다. 허리케인의 직격탄을 맞

그림 3.38 서울의 청계천 복원은 자연환경과 건축환경의 통합을 통해 도시가 어떻게 미래에 좀 더 지속 가능해질 수 있는가를 보여주는 중요한 사례이다.

은 빌록시Biloxi, 걸프포트Gulfport, 그리고 뉴올리언스의 동쪽에 위치한 다른 해안 도시들은 시스템적 보호책이 없었다. 이 도시들은 재건을 위한 공동보호 시스템이 마련되어 있지 않으며, 각 도시의 홍수 대비 시설 소유자(또는 시장)들은 보험에 적합한 개별 홍수 대비 시스템을 다시 조성할 것인지, 아니면 좀 더 내륙 쪽으로 이동할 것인지에 대해 결정을 내려야 한다.

영국의 템스 강 어귀의 도시구역과 스켈트 강Scheldt River의 삼각주에 있는 네덜란드의 해안, 그리고 로테르담의 항구 초입은 1953년의 엄청난 폭풍에 대응하여 1980년대에 완공된 특별한 해안 설비에 의해 보호받고 있다(그림 3.36, 3.37). 앞으로 더욱 많은 해안 도시들은 폭풍 해일에 맞서 도시를 보호하기 위한 설비 시스템을 갖춰야 할 것이다.

미래의 도시설계는 자연환경을 그 바탕으로 삼고 그 위에 건물, 도로, 도시 인프라를 두어야 한다. 만일 이러한 자연 시스템이 도시설계의 기초로서 기능하지 않는다면, 앞으로 발생하는 기후변화와 이로 인한 폭풍과 홍수의 재앙을 해결할 수 없다. 서울의 도시정책이었던 청계천 복원은 많은 도시에서 법제화될 필요가 있는 좋은 사례이다. 과거 콘크리트가 덮이고 그 위에 다시 고가도로가 조성되었던 청계천은 이제 선형의 도시공원으로 재조성되었다. 과거 노후화되었던 청계 고가도로는 재건 대신에 철거되었으며, 청계천을 덮었던 콘크리트는 제거되었다. 폭우에 의한 범람이 자주 일어나던 하천 변에는 배수관이 조성되었다. 서울의 도시개발로 부족해진 청계천의 수원은 주변 건물들의 옥상과 지하철의 수원으로부터 부분적으로 해결되었다. 복원된 청계천은 하천 변 양쪽에 보행로가 있으며, 하천 구간의 중간에 보행 다리가 조성되어 보행자들은 지상부에 올라가지 않고도 청계천을 건널 수 있다. 청계천의 양쪽에 심어진 식물들은 도시 중심부에서 오랫동안 볼 수 없었던 조류들의 서식처를 만들었다. 서울의 교통은 미약하게 교통체증이 증가했으나, 지하철 사용이 늘어나면서 서울은 청계 고가도로의 해체에 적응했다. 도시 중심부의 자연환경을 향상시킬 수 있는 기회는 많으며, 청계천의 복원은 녹색 도시설계의 중요한 사례이다(그림 3.38).

04

시스템 도시설계

Systems city design

윌 라이트Will Wright가 제작하여 1989년에 처음 일반에게 배포된 〈심시티Sim City〉는 개인용 컴퓨터 게임이다. 〈심시티〉에서는 게임 플레이어 한 명이 도시의 행정시장이 되어 컴퓨터로 재현된 도시를 건설하며, 프로그램에 설정된 규칙 시스템에 따라 도시 건설과 운영에 필요한 결정들을 해나간다. 프로그램은 이러한 결정들이 예산과 서비스 공급의 관점에서 잘된 것인지, 잘못된 것인지를 평가할 수 있다. 이 규칙들은 모더니스트들이 고안한 도시의 조닝 규제와 비슷하다. 게임에는 주거, 상업, 산업의 세 가지 구역들이 상이한 개발 밀도를 갖고 있다. 이 게임의 이후 버전은 필지구획 규제에서 고려되어야 하는 부지 지표경사의 조절, 건물과 유틸리티 확충을 결정하는 규칙 등도 포함하고 있다. 〈심시티〉는 조닝 규제와 필지구획 규제, 즉 시스템이 도시 조성의 초기 단계에 강력한 영향을 준다는 것을 입증해준다. 세금과 공공사업 역시 시스템의 예라 할 수 있다.

물론 실제로 한 도시의 시장과 공무원들의 정책 결정 과정은 〈심시티〉의 그것보다 훨씬 복잡한 인과관계를 갖고 있다. 하지만 〈심시티〉는 현대사회에서 복잡한 도시환경의 설계 문제들이 시스템의 이해를 통해 해결될 수 있다는 것을 알려준다. 또한 새로운 도시설계안을 만들기 위해 시스템이 실용적으로 사용될 수 있음을 보여준다.

'조직화된 복잡성'의 문제들

제인 제이콥스Jane Jacobs는 1961년에 발간된 그녀의 저서 『미국 대도시의 죽음과 삶The Death and Life of Great American Cities』에서 도시를 시스템으로 이해했다. 제이콥스는 워런 위버Warren Weaver의 용어를 이용하여,[1] 도시를 '조직화된

1 워런 위버는 수학자로서 수년간 록펠러 재단의 자연과학 및 의학 프로그램의 책임자였다. 제인 제이콥스는 록펠러 재단의 1958년 연차보고서에 실린 위버의 에세이를 인용했음을 밝히고 있다. 제이콥스는 록펠러 재단이 제공하는 두 종류의 연구보조금 지원으로 『미국 대도시의 죽음과 삶』을 완성했다. 위버가 이 복잡한 문제들에 대해 쓴 초기 글들은 잡지 ≪아메리칸 사이언티스트American Scientist≫ 36호(1948)에 「과학과 복잡성Science and Com-

복잡성organized complexity'의 문제로 인식했다. 제이콥스의 이런 관점은 도시가 소수의 관련 변수들로 이루어진 문제라는 이해와는 반대되었다. 워런 위버는 이러한 도시에 관한 이해를 단순성simplicity의 문제, 그리고 확률의 추정치를 이용해 해결되어야 하는 매우 많은 변수를 가진 '비조직화된 복잡성disorganized complexity'의 문제로 간주했다. 제이콥스는 다음과 같이 진단했다. 도시 재개발urban renewal과 교통계획의 많은 큰 실수들은 도시를 '비조직화된 복잡성'의 문제로 간주하고, 보통 사람들도 쉽게 이해할 수 있는 도시 활동의 시스템을 굳이 수학적인 모델과 통계를 이용한 일반화의 노력으로부터 발생한다.[2] 제이콥스가 주장하는 좋은 사례는 허버트 갠스Herbert Gans의 연구물로서 1962년에 출판된 『도시 사람들The Urban Villagers』에서 찾을 수 있다. 이 연구는 웨스트엔드West End 네이버후드의 복잡하고 유용한 사회적 기능에 관한 것이다. 이 책은 당시 웨스트엔드가 통계 결과에 근거해 빈민 주거지로 평가되어 철거되기 직전에 출간되었다.[3]

제인 제이콥스가 저술할 당시에는, 독자적으로 작동하나 결국 복잡하고 상호 의존적인 시스템의 매개요소들을 결정하는 소수의 규칙들, 그리고 이 규칙들로 만들어진 하나의 '조직화된 복잡성'의 문제를 개념화하는 것은 어려운 작업이었다. 이후 워런 위버가 예견했듯이, 발달된 계산능력과 학문들 간의 공동 작업으로 이러한 문제들을 이해하는 데에 큰 진보가 나타났다.

스티븐 존슨Steven Johnson이 2002년에 출간한 『출현: 개미, 뇌, 도시, 소프트

---

plexity」으로 게재되었고, 이 글은 『과학자의 발언The Scientists Speak』(Boni & Gaer, 1947) 1장에 소개된 자료를 바탕으로 하고 있다.

2 제인 제이콥스Jane Jacobs, 『미국 대도시의 죽음과 삶The Death and Life of Great American Cities』(Random House, 1961), 22장 「도시는 어떤 문제인가?The Kind of Problem a City Is」.

3 허버트 갠스Herbert Gans, 『도시 사람들: 이탈리아계 미국인들의 집단과 계층The Urban Villagers: Group and Class in the Life of Italian-Americans』(Free Press, 1962). 갠스의 연구방법론은 실제로 웨스트엔드에 살면서 그의 이웃들을 관찰하고 알아가는 것이었다. 갠스의 결론 중 하나는 장소는 그곳에 사는 사람들을 위해 존재해야 하며, 물리적 환경의 결함이 있더라도 그러한 역할을 해야 한다는 것이다. 웨스트엔드는 아마도 빈민가의 상황을 단순히 통계적인 방식으로 이해하여 재개발을 추진하며 해체되었다. 이러한 방식은 당시 일반적으로 받아들여졌다.

웨어의 연결된 삶Emergence: The Connected Lives of Ants, Brains, Cities and Software』[4]은 도시를 이해하는 데 적용 가능한 연구를 설명하는 좋은 요약서이다. 스티븐 존슨은 '출현emergence'이라는 단어를, 어떻게 복잡한 시스템인 개미 군집이 전체를 하나로 통제하는 메커니즘 없이 유전적으로 미리 결정된 각 개미들의 개별적인 행동으로 만들어지는가를 설명하는 데 사용했다. 스티븐 존슨은 개미 군집을 연구하는 연구실의 방문 경험에 관해 기술한다. 여기서 스티브 존슨은 개미들이 언제나 그들의 쓰레기 더미를 그들의 군집 중심부에서 가능한 멀리 가져다 두며, 죽은 개미의 시체들도 군집과 쓰레기 더미로부터 동일한 거리만큼 떨어진 장소로 가져가는 것을 관찰한다. 이러한 관찰은 개미 군집을 만들어내는 진화된 시스템의 법칙에 관해 생각하게 해준다.

스티븐 존슨은 집단이나 군집으로서 기능하는 단세포 유기체인 점액질 곰팡이slime mold에 대해서도 저술했다. 이러한 결과로 집단행동의 메커니즘은 해석되었으며, 점액질 곰팡이들의 군집을 만드는 행동을 컴퓨터 프로그램으로 재현할 수도 있게 되었다. 또한 컴퓨터 프로그램은 선두에서 날아가는 새 또는 소수의 새들의 지휘 없이 개별적인 새들의 집단행동이 어떻게 새의 떼를 만들어가는지도 재현할 수 있다.

최근 닐 리치Neal Leach는 「집단의 어바니즘Swarm Urbanism」이라는 글에서 도시개발이 진행됨에 따라 비상시의 원칙들에 근거한 개별 참여자의 행위와 참여자들 간의 상호작용을 모델화한 컴퓨터 프로그램 제작의 잠재성을 논의했다. 여기서 그의 결론은 "이러한 참여자들 간의 관계를 어떻게 디지털로 모델화할 수 있는가는 도시설계가들에게 흥미로운 과제"라는 것이다.[5]

독립적으로 행동하는 매개체의 복잡한 행동 출현에 관한 연구방법은, 복잡성이 형성되어 생성되는 패턴의 간단한 규칙들을 컴퓨터 프로그램으로 제작하는 것이다. 이러한 연구에 대한 상세한 설명은 2001년에 출판된 스티븐 볼

---

4 스티븐 존슨Steven Johnson, 『출현: 개미, 뇌, 도시, 소프트웨어의 연결된 삶Emergence: The Connected Lives of Ants, Brains, Cities and Software』(Scribner, 2002).

5 닐 리치Neal Leach, 「집단의 어바니즘Swarm Urbanism」, ≪아키텍처럴 디자인Architectural Design≫, 2009년 7/8월호.

프람Stephen Wolfram의 『새로운 과학A New Kind of Science』에 포함되어 있다.[6] 셀룰러 오토마타cellular automata는 단순한 규칙을 이용해 패턴을 만들어내는 프로그램이며, 그중 일부는 매우 복잡하기도 하다. 어떤 오토마타automata는 빠르게 패턴들을 만들어내고, 또 어떤 것은 여러 번의 프로그램 반복을 통해 패턴들을 만들며, 물론 어떤 것은 패턴을 갖지 않는 무작위의 결과물도 만들어낸다. 규칙은 방안지에서 하나의 검정 사각형의 셀로부터 시작하며, 이전 단계에서 인접한 양쪽의 셀들 중 하나라도 검정이면 그다음 셀을 검정으로 만들고, 양쪽의 2개 셀이 모두 흰색이면 그다음 셀을 흰색으로 만든다. 이 규칙은 곧 검정과 흰색의 단순한 체스판 패턴을 생성한다. 이후 스티븐 볼프람은 이 규칙을 바로 전 단계에서 양쪽의 셀이 모두 검정일 때를 제외하고 왼쪽이나 오른쪽 셀 중 하나만 검정일 때에 다음 셀이 검정이 되도록 수정한다. 이 규칙에 따라 500번의 작업 단계를 거치면 삼각형망의 패턴이 만들어진다(그림 4.1 ~ 4.3). 볼프람은 세 번째 규칙을 다음과 같이 서술했다.

> 먼저 각 셀과 그 셀의 오른쪽 셀을 보라. 만약 두 셀들이 이전 단계에서 모두 흰색이었다면, 그 왼쪽에 있던 셀이 무슨 색이었든지 간에 그 색을 셀의 새로운 색으로 하라. 그렇지 않으면 그 반대쪽의 셀에 새로운 색을 부여한다.

하나의 검정 셀로 시작하여 이 규칙을 계속해서 반복하면 불규칙적인 복잡한 패턴을 생성해낸다.[7] 스티븐 볼프람의 주된 관심은 셀룰러 오토마타처럼 수학적 공식들과 이들이 만들어내는 패턴들에 관한 실험을 한 후 그 결과물들을 분류하는 것이다. 그는 이러한 발견이 어떻게 복잡성complexity은 만들어지는가에 관한 과학 분야들에 지대한 영향을 미칠 것이라 확신한다. 하지만 현재 그의 연구는 응용 가능성에 대해 약간의 암시만을 주고 있다.

마이클 배티Michael Batty의 저서인 『도시와 복잡성: 매개체 기반 모델과 프랙탈인 셀룰러 오토마타를 이용한 도시의 이해Cities and Complexity: Understanding Cities

---

6 스티븐 볼프람Stephen Wolfram, 『새로운 과학A New Kind of Science』(Wolfram Media, 2002).
7 같은 책, 24~30쪽.

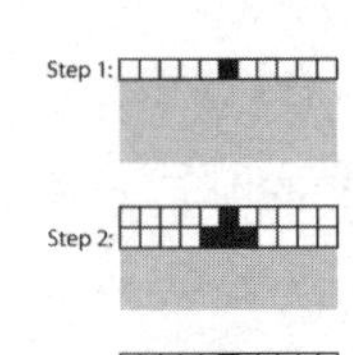

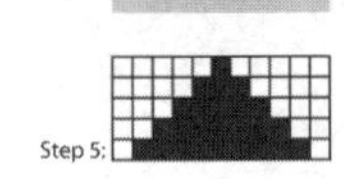

세포의 자동체계 행위를 시각적으로 표현한 것으로, 세포 열은 하나의 단계를 의미한다. 첫 단계에서 중앙 세포는 검정이고, 그 외 다른 세포들은 모두 흰색이다. 하나의 특정 세포가, 그 자신 또는 그 주변 세포들이 이전 단계에서 검정이었으면 검정이 되어 다음 단계로 진행된다. 그림에서 보이듯이, 이러한 연속된 단계는 결국 검정으로 균일하게 채워진 간단한 확장 패턴을 만든다.

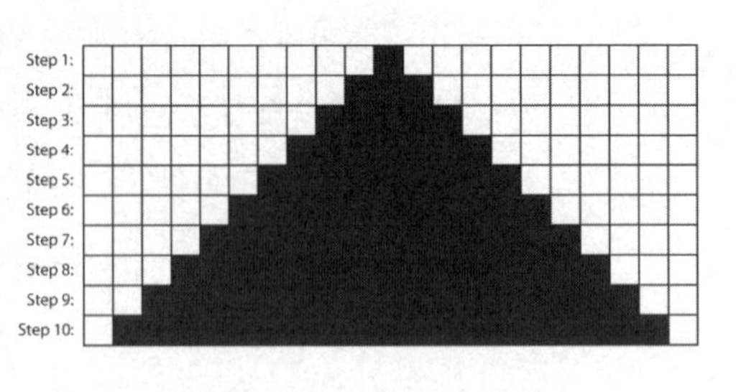

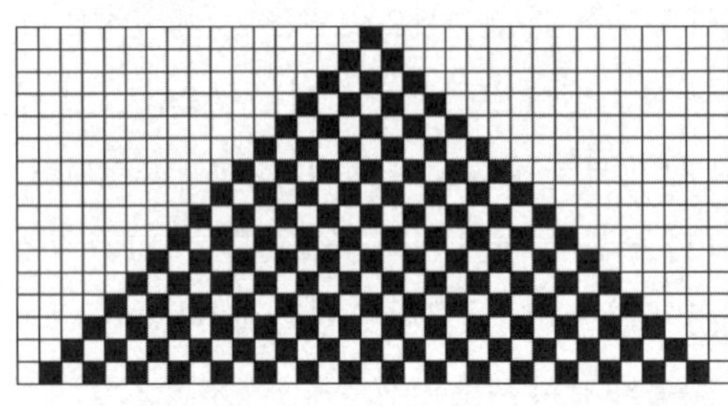

다른 규칙을 가진 세포 자동체계. 이 규칙에서는 이전 단계에서 특정 세포의 주변 세포가 검정이면, 이 특정 세포는 검정이 되고, 이전 단계에서 특정 세포의 양쪽 세포들이 모두 흰색이면, 그 특정 세포는 흰색이 된다. 이 규칙은 하나의 검정 세포에서 시작되어 바둑판 모양의 패턴을 만들어낸다.

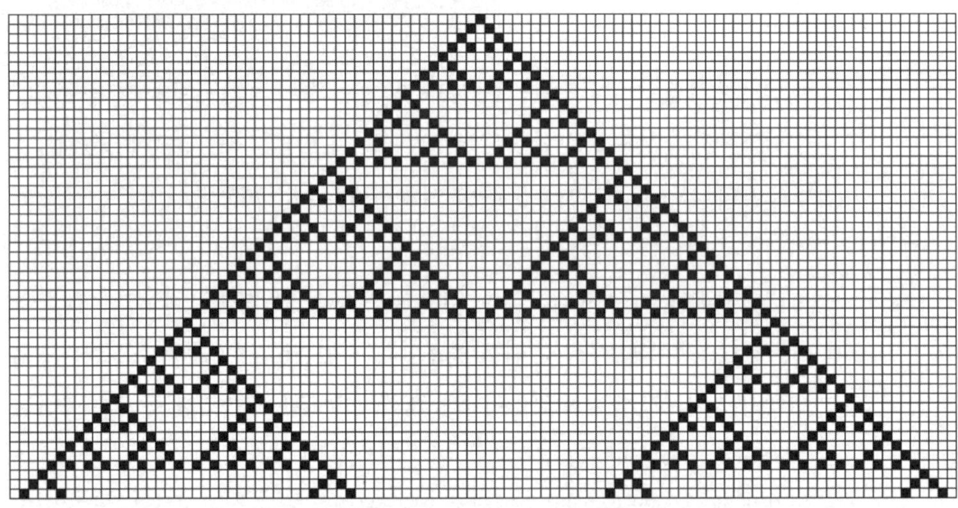

복잡한 중첩 패턴을 생산하는 세포 자동체계. 이 경우에는 이전 단계에서 특정 세포의 양쪽 둘 중에 하나만이 검정일 때, 특정 세포는 검정이 된다. 이 규칙은 매우 간단하지만, 그림에서 보이는 하나의 검정 세포에서 시작되어 50개의 단계를 거쳐 얻어진 전체 패턴은 간단하지 않다.

그림 4.1, 4.2, 4.3 스티븐 볼프람의 셀 자동 생성을 설명하는 그림들이다. 첫 번째 예시에서는, 하나의 검정 셀로 시작하고, 셀들의 각 열은 다음 단계를 나타내며, 이전 단계에서 검정 셀에 인접했던 모든 셀들은 검정 셀이 된다. 이 시스템은 피라미드형 검정 셀들의 군을 만들어낸다. 두 번째 예시에서는, 이전 단계에서 주변의 셀들이 검정이면 검정 셀이 되고, 주변의 양쪽 셀들이 모두 흰색이면 흰색 셀이 된다. 이 시스템은 바둑판 모양의 피라미드형을 만들어낸다. 세 번째 예시에서는, 이전 단계에서 양쪽 셀들 중에 하나만 검정이었을 때, 그 셀은 검정이 된다. 이 규칙은 중첩된 피라미드(nesting pyramids)의 시스템을 만들어낸다.
그림의 출처는 스티븐 볼프람의 저서인 『새로운 과학(A New Kind of Science)』(Wolfram Media, 2002)이며, 볼프람 연구소(Wolfram Research, Inc.)의 허락을 받고 실은 것이다.

with Cellular Automata, Agent-Based Models and Fractals』[8]는 연산 과정이 도시를 이해하는 방향을 제시할 것이라는 믿음을 갖고 다음과 같이 기술하고 있다.

> …… 도시는 최종의 형태와 구조를 향해 내재된 과정을 거꾸로 밟아가는 '출현적 구조체emergent structure'로 이해되어야 한다. 하지만 우리는 아직 많은 관점에서 앞으로 만들어질 형태와 구조를 설명하는 더 깊은 이론들, 특히 여기에서 설명되는 일련의 요소들을 통합하는 보편성universalities이 있음을 암시해왔다. 우리는 현재 이러한 작업에서 몇 가지 일관성의 모습을 제시할 수는 있으나 그 일관성을 설명하는 이론을 제시할 수 없다.[9]

마이클 배티는 그러면서 도시가 가진 복잡성과 매개체들이 가진 다양성 때문에 모든 것을 설명하는 하나의 이론이 존재하기는 어렵다고 언급한다.

마이클 배티는 그의 저서에서 컴퓨터의 연산처리 과정을 실제 도시 시스템에 적용해왔다. 물론 이러한 실험은 더 깊은 관찰과 실험을 통해 좀 더 개선되어야 한다. 예를 들면 개발 활동의 집중과 함께 뉴욕 주의 버팔로 동쪽에 교외지 대로를 따라 조성되는 소매 상점가의 출현은, 마이클 배티가 설명하듯 프랙탈 차원fractal dimension에 기초한 도시의 성장으로 설명될 수 있다. 그러나 이러한 출현은 도시의 교통 시스템의 결과로 이해될 수도 있다. 실제로 상업용 필지가 자리 잡은 중심 교통도로가 도시 중심부로부터 뻗어 나온 고속도로나 방사형 중심 도로와 연결되는 방식은 좋은 예라 할 수 있다. 또한 주요 도로들을 따라 폭이 좁은 필지 형태의 상업개발만을 유도하는 조닝 규제도 좋은 예이다. 사실 이러한 개발 형태는 본래 도시의 중심 가로를 위해 고안되었으나 현재는 법으로 시골 주변부까지 확장되고 있다. 마이클 배티는 책의 서문에서 그가 제인 제이콥스를 통해 자가조직 시스템self-organizing systems에 대한 관심을

---

8 마이클 배티Michael Batty, 『도시와 복잡성: 매개체 기반 모델과 프랙탈인 셀룰러 오토마타를 이용한 도시의 이해Cities and Complexity: Understanding Cities with Cellular Automata, Agent-Based Models and Fractals』(MIT Press, 2005).

9 같은 책, 457쪽.

갖게 되었다고 인정한다. 하지만 그는 아마도 도시에서 무슨 일이 일어나는지를 이해하기 위해 직접적인 관찰이 필수적이라는 제이콥스의 주장에 더 귀를 기울였을 수도 있다.

최근에 마이클 배티는 다음과 같은 법칙으로 시작하는 셀룰러 오토마타를 이용하여 「도시설계를 위한 디지털 브리더A digital breeder for designing cities」라는 제목의 글을 저술했다.

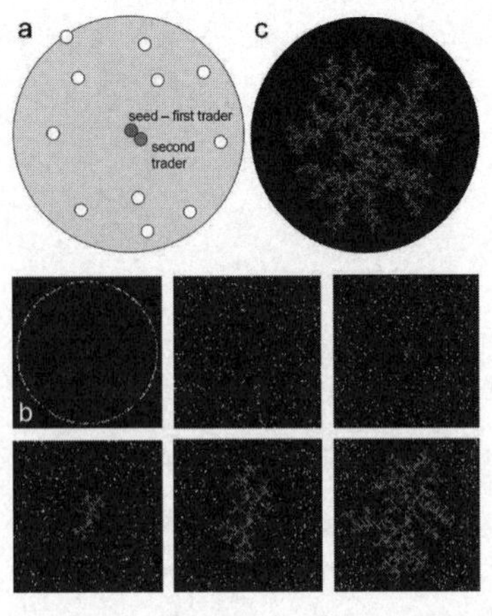

그림 4.4 마이클 배티는 셀룰러 오토마타를 사용하여 전반적인 도시개발의 형태가 일련의 개별적인 결정들로 인해 완성되어가는 도시 성장 패턴에 관한 모의실험을 했다.

> 사람들은 규모의 경제를 실현하기 위해 도시에 모인다. 이는 첫째, 사람들이 다른 사람과 항상 연결되어 있어야 한다는 의미이고, 둘째, 사람들은 그들 주변에 가능한 한 넓은 공간을 가지고 살아야 한다는 것을 의미한다.

여기서 디지털 시스템은 하나의 셀cell로 시작된다. 이후 새로운 셀이 도입된다. 하나가 초기의 셀에 인접해 위치하면, 초기의 셀은 고정되게 된다. 다음 셀이 2개의 이미 인접해 있는 셀에 붙을 수 있고, 스스로 역시 고정되며 그 과정이 계속 반복된다. 최종의 질서는 점진적이며 임의적인 사건들의 연속된 결과로 생겨난다. 마이클 배티가 사용했던 오토마타에서, 결과로 얻어지는 패턴은 돌출부를 가진 일련의 가지 형태로 나타난다. 기타 규칙은 시스템에 추가되어 일부 셀들의 위치를 배제하거나 특정한 접합 패턴을 유도할 수 있다. 이런 변경들은 기후나 지형적 영향을 나타낼 수 있다(그림 4.4). 마이클 배티는 더 많은 실험들이 이와 같은 관찰과 함께 진행되어야 한다고 결론짓는다. 마이클 배티도 스티븐 볼프람처럼 다양한 규칙 시스템들로부터 발생하는 다수의 패턴들의 목록을 완성하고자 한다. 또한 이러한 규칙 시스템의 실제 적용은 주요 패턴들을 확인하고 그 패턴들을 만들어내는 규칙 시스템을 실제 도시 개발의 조건과 연관시킴으로써 가능할 것이라고 기대한다.[10] 결국 도시를 시

---

10 마이클 배티Michael Batty, 「도시설계를 위한 디지털 브리더A Digital Breeder for Designing Cities」,

스템으로 이해하는 것과 새로운 도시를 만들어내는 체계적 방법을 생산하는 것은 정교한 수학과 도시에 특성을 부여하는 시스템적 행동에 대한 정확한 이해 간의 융합의 결과라고 할 수 있다.

시스템으로서 선사시대의 도시들

도시는 현재 발견된 역사 기록이 알려주는 것보다 훨씬 더 일찍 만들어졌다. 우리가 아는 모든 것은 고고학적 증거의 해석에 근거한다. 동물 사육과 식물 재배, 그리고 농업의 발달은 약 1만 1,000년 전에 마지막 빙하기가 끝나면서 시작되었다. 농업은 유랑하는 수렵·채집인의 무리들이 영구적인 마을의 조성을 가능하게 했다. 마을은 아직도 세계 곳곳에서 인간 거주지의 기본 단위이다. 마을보다 더 크고 복잡한 사회 단위인 도시가 성장한 첫 번째 장소는 약 6,000년 전의 메소포타미아와 이집트로 여겨진다. 그러나 유사한 과정이 인도와 중국에서도 일어났고, 후에 중앙아메리카에서도 나타났다. 지금까지 고고학자들이 밝혀낸 최초의 도시 유적은 협동cooperation과 규제control를 위한 기본적인 시스템의 사용에 대해 알려준다. 도시에는 성으로 둘러싸인 요새가 있었고, 여기에는 공동의 식량 공급을 위한 저장공간과 주요 종교의 사당이나 신전, 그리고 통치 집단의 대상이 되는 구역들이 있었다. 거리와 시장도 도시를 구성하는 요소들이다.[11] 이런 고고학적 기록들이 출현에 관한 이론들과 어

≪아키텍처럴 디자인Architectural Design≫, 2009년 7/8월호.

11 역사가 기록되기 이전의 인간의 개발, 그리고 개발과 자연환경의 관계에 관한 최근의 연구를 잘 요약한 것은 재레드 다이아몬드Jared Diamond의 『총, 균, 쇠Guns, Germs, and Steel』(Norton, 1996)이다. 그 외 추천할 만한 자료는 제프리 삭스Jeffrey Sachs의 『보편적인 부: 군중으로 가득 찬 지구를 위한 경제학Common Wealth: Economics for a Crowded Planet』(Penguin Press, 2008)의 서문이다. 루이스 멈퍼드Lewis Mumford도 『역사 속의 도시The City in History』(Harcourt, 1961)에서 인간 정주지의 초기 발전 단계에 대해 설명했다. 멈퍼드의 책은 분석의 종합과 해석에 탁월한 자료이지만, 앞부분은 선사시대 정주지에 관한 최신 자료가 아닌 기존 자료에 의존해 작성되었다는 단점이 있다. 또한 멈퍼드는 독자들에게 시골의 삶은 본질적으로 평화로운 삶이며, 도시가 성장하기 전까지는 전쟁이 일어나지 않았고,

떻게 관련되는지는 다른 도시, 다른 시간, 다른 기타 조건들하에서 발달된 공통적인 특징들에 관한 해석들에 의존한다.

인류 진화의 관점에서 약 1만 1,000년과 6,000년 전은 그리 긴 시간이 아니다. 첫 번째 마을들과 첫 번째 도시들을 건설한 사람들은 오늘날 우리와는 다르게 축적된 정보가 매우 부족했다. 하지만 그들은 이를 제외하면 우리와 아주 많이 다르지 않다고 가정할 수 있다.

한 마을에서 주거지를 배치하는 대안은 매우 제한적이다. 사람들이 함께 모여 살고 그들의 농경지까지 걸어가는 경우에는 중심 가로나 서클에 따른 변형이 있고, 농경지에 붙어서 주거하는 경우에는 분산되는 패턴이 있다. 아마도 마을에는 집에서부터 가까운 거리에 공동을 위한 만남의 장소, 안정적인 상수의 공급, 공동화장실 같은 것이 필요할 것이다. 마을은 기후가 온화한 지역에 있었을 것이다. 서로 다른 다양한 마을들의 배치가 있었다는 것은 쉽게 상상할 수 있다. 그러나 어떤 마을은 다른 마을보다 거주자들의 필요에 더 적합했을 것이다. 이에 어떤 마을은 버려졌고, 어떤 마을은 번창했다. 사람들은 그 차이로부터 배워갔다. 여기서 궁금한 점은 이러한 지식이 어떻게 전해졌는가 하는 것이다. 마을 사람들 모두가 좋은 마을을 어떻게 어디에 배치해야 하는지를 알고 있어서 이러한 지식을 마을 주민 모두가 무의식적으로 공유했을까? 아니면 새로운 마을을 계획하거나 오래된 마을을 개조할 때, 경험이 더 많고 더 오랜 기억을 갖고 있는 전문가들이 앞장섰을까?

이와 같은 질문들이 선사시대 도시에도 적용된다. 고고학적 증거는 대부분의 도시가 성벽과 성문을 가지고 있었다는 것을 말해준다. 하나의 도시를 정의하는 방법은 공동의 방어 시스템을 부담할 수 있는 규모의 인구집단이며, 특히 어떤 경우에는 그 도시 전체를 감쌀 정도로 클 수도 있으며, 긴급 상황에 모든 사람을 수용할 수 있는 요새일 수도 있다. 성벽 안에서 도시는 공간으로 나뉘고 개별 건물로 접근할 수 있으며 공유하는 공간으로서 가로를 가지고 있다. 주변 마을에서 방문한 사람들과의 상거래를 위한 장소인 시장의 존재도

전제군주의 중앙집권적 조직이 필요하다는 것을 주장하기도 한다. 그러나 선사시대를 순수의 시대로 규정하는 것은 문학적인 이해일 뿐 불행하게도 실제로는 그렇지 않았다.

도시를 정의하는 또 다른 요소이다. 각 마을은 아마도 특화된 종교 건물이나 구역을 가졌을 것이지만, 도시는 더 크고 더 정교한 종교 시설을 지원할 수 있었다. 도시는 빵을 굽거나 무기를 만드는 것과 같은 다양한 직업들을 뒷받침해줄 수 있었다. 이런 사람들은 아마 자신들의 식재료를 직접 기르고 만들 시간이 없었을 것이다. 전문적인 지도자들은 아마 직업 군인으로 이루어진 전문적인 군부대를 가지고 있었을 것이고, 전문적인 종교인들도 다른 사람들의 농업생산의 노력이 필요했을 것이다. 이러한 상호 간의 필요들이 개별 가족 중심의 식품저장소가 아니라 공공의 곡물창고를 만들어냈다. 공동의 식품저장소는 긴급 상황을 위해서도 필요했다.

도시의 이러한 공통점들은 과연 사회 시스템이 자연적으로 진화된 결과물인가, 아니면 성벽 방어시설, 가로 배치, 종교 건물, 곡물창고의 전문가에 의해 조성된 것인가? 어느 쪽이든, 선사시대의 마을과 도시의 설계는 그 본질상 서로 밀접하게 관계된 시스템 설계의 문제였다.

산업화 이전의 도시설계 시스템

기록된 역사의 초기 시작점부터 약 250년 전의 산업혁명 전까지의 도시들은 그 이전의 선사시대의 도시들과 유사한 공통점을 가지고 있다. 성공적으로 발전한 역사적 도시들은 대부분 하천이나 항구 옆에서 성장했다. 왜냐하면 많은 양의 물자가 물을 통해 효과적으로 운반될 수 있었기 때문이다. 많은 도시들은 마을에서부터 천천히 성장했다. 그들의 성장 원동력은 좋은 입지, 열성적인 지도자, 또는 풍부한 자원이었다. 물리적 방어에 대한 필요에 대응해 성벽이 조성되었고, 고가의 성벽 방어시설은 도시를 조밀한 형태로 만들었다. 원형의 성벽 시스템은 이용 가능한 벽돌이나 석재의 양으로 가능한 한 가장 넓게 마을을 둘러싸려 했다. 이러한 특성은 군대 지휘관이나 황제가 조성하는 도시들의 경우보다, 시민들이 직접 돈을 거두어 운영하는 도시들에서 더 중요했다. 성벽 안에는 대부분 바깥쪽 방어가 실패했을 경우에 마지막 최후의 보루인 성채가 포함되어 있다. 도시 안에는 중심 도로들이 성문에서 주요 종교 건물과 공공건물이 입지하는 도시 중심부의 광장까지 연결해주었다. 이 중심 가로는 도시를 네이버후드들로 나누고, 네이버후드는 더 작은 길들로 교차되어 나뉜다. 이러한 네이버후드는 병기로street of armorers나 수변 공간에 인접한 창고 구역과 같은 도시 전체를 위한 기능적인 구역들을 포함한다. 성벽 시스템, 가로 시스템, 또는 중요한 건물들을 설계하기 위해 전문가가 고용되기도 했을 것이다. 그러나 많은 도시들은 명확한 방향 없이 방어용 경계 성벽, 개인 부동산 토지들의 구획과 개발, 그리고 공공기관들의 공통적 필요라는 세 가지 요소들 간의 상호작용의 결과물로서 서서히 진화했을 것이다.

이와 대조적으로, 전쟁 후에 새로운 도시를 조성하거나 식민지나 군의 전초기지를 조성할 때에는 미리 구상된 설계안이 이용되었을 것이다. 직각의 가로들로 이루어진 격자 체계는 그런 환경을 조성하기 위해 사용하는 가장 흔한 수단이다. 도시를 길고 곧은 가로를 이용하여 직사각형이나 정사각형으로 나누는 개념은 종종 그 기원을 밀레투스Miletus의 히포다무스Hippodamus에 두고 있다. 히포다무스에 관한 정보의 주요한 원천은 아리스토텔레스의 『정치학』에 나오는 그에 대한 설명이다. 여기서 히포다무스는 이상적인 도시계획의 이론가이자 실무형 계획가로 묘사된다. 그는 페리클레스Perikles 시대에 남부 이탈리아의 그리스 식민지인 투리이Thurii와 아테네의 항구도시인 피레우스Piraeus의 도시 재설계를 했다고 전해진다. 히포다무스는 그리스에 격자형 도시계획을 도입했지만, 그가 격자형 도시계획의 발명가일 수는 없다. 현재 터키의 아시아 지역에 입지하는, 히포다무스의 고향인 밀레투스는 과거 페르시아인들에 의해 파괴되었으며, 기원전 479년에 페르시아인들이 쫓겨 나가면서 직각의 도시계획안에 의해 재건되었다. 당시 히포다무스가 2세이거나 19세 이하였을 것으로 추정된다. 사실 격자형 도시계획안은 기원전 7세기경부터 소아시아의 이오니아 도시들에서 사용되었다. 또한 그사이의 시대에도 바빌론, 중국, 인도 등을 비롯한 다른 많은 문화권들도 상호 간의 교류 없이 독립적으로 격자형의 도시계획안을 사용했다.

로마제국 시대의 건축가인 비트루비우스Vitruvius는 그리스 시대나 로마 시대로부터 살아남은 건축에 관한 유일한 책을 썼다(우리는 이 책에 실린 많은 참고문헌을 통해 이 책이 당시 그리스나 로마에 관한 건축서들 중 하나로 알고 있기는 하다). 비트루비우스는 총 10권으로 이루어진 『건축서De Architectura』 중 1권에 건강에 좋은 도시의 입지를 정하는 법, 성벽 방어시설의 시공, 도시 안에서 가로 배치의 가장 좋은 방향, 중앙 포럼과 중요한 공공건물 배치에 관한 짧은 몇 개의 장들을 포함했다. "건강에 좋은 입지의 선택이 가장 먼저 고려되어야 한다. 그러한 부지는 고지여야 하고, 안개가 끼거나 서리가 내리지 않으며, 덥거나 춥지 않은 온화한 기후에 있어야 하며, 게다가 인근에 습지가 없어야 한다."[12]

좋은 조언이다. 또한 비트루비우스는 도시가 강이나 항구를 앞에 두고 있지 않은 경우, 주요 공공공간은 물리적으로 도시의 중앙부에 있어야 한다고 조언한다. 만약 도시가 강이나 항구를 앞에 둔 경우는, 중심부 공간이 수변에 가까이 있어야 한다. 가로 설계에 관해서는 해시계를 사용해 도시에서 여덟 가지 풍향을 찾아내어 비위생적인 환경을 막을 수 있도록 가로 배치를 결정하는 방법을 설명해준다. 불행히도 이 내용은 이해하기 어렵다. 대부분의 사람들은 이 내용을 부적절한 바람이 가로를 따라 불지 않도록 직각의 격자 가로가 어떠한 방향으로 배치되어야 하는가에 관한 지침으로 이해한다. 그러나 이것은, 르네상스 시대의 건축 관련 저서에서 설명되거나 1593년에 베네치아 공화국이 조성한 팔마노바Palmanova 신도시에 실제로 지어진 것과 같은 다각형 도시를 만드는, 중심점에서 방사형으로 뻗어나가는 가로들의 설계 배치를 결정하는 것으로 이해될 수 있다.

비트루비우스는 로마제국이 식민지 지배를 위해 자주 만들었던 신도시 건설에 대한 조언을 했다. 이 신도시들은 도시가 조성되기 이전에 조성된 로마제국의 군사 기지 형태에 기초했다. 로마제국의 군사 기지는 보통 사각형이나 직사각형 형태의 성벽으로 둘러싸인 군대 기지로서, 2개의 직각으로 교차되는 도로들에 의해 기지가 나뉘며, 다른 길들은 두 주요 도로와 평행하게 배치되어 직사각형의 격자 형태를 완성하고, 중심 교차점 근처에 중심 포럼을 갖고 있다. 폼페이Pompeii는 이런 종류의 유사한 계획안을 가지고 있었다. 본래

---

12 비트루비우스의 책은 모리스 히키 모건Morris Hicky Morgan이 번역하고 허버트 워런Herbert L. Warren이 완성하여 『건축 10서The Ten Books on Architecture』라는 제목으로 1914년 Harvard University Press에서 출판되었고, 1960년 Dover에서 재출판되었다.

오늘날의 피렌체Firenze와 토리노Torino뿐만 아니라 시리아의 다마스쿠스Damascus나 독일의 트리어Trier, 알제리의 제밀라Djemila, 팀가드Timgad와 같은 수백 개의 다른 도시들도 이와 같은 계획안을 갖고 있었다. 로마제국의 식민지 도시들은 다양한 지리적 장소에 적용 가능한 시스템이었다. 도시를 둘러싸는 방어시설은 지형과 입지에 순응할 수 있었으며, 중심 가로들은 도시로 연결된 도로들에 맞추어 배치될 수 있었다. 이후 중심 가로들은 일련의 공공건물들의 배치를 위한 체계armature가 되었다.[13]

독일 건축가이자 도시계획가인 카를 그루버Karl Gruber는 12세기에서 18세기 사이에 독일의 가상 도시의 진화 과정을 그림으로 묘사하여 1914년에 출판했다.[14] 이 그림들은 도시 조직과 성벽 방어체계 간의 상호작용과 이런 초기의 배치 특성이 6세기 동안의 도시 성장과 변화 속에서 어떻게 지속되었는가를 보여준다. 카를 그루버의 일련의 도면들은 유럽의 도시들이 침체 시기 이후 성장을 시작한 1180년부터 시작된다. 첫 번째 도면은 강에 위치하며 성벽으로 둘러싸인 도시를 보여준다. 이 도시의 성문은 도시를 동서로 가로지르는 가로와 연결되며, 또 다른 성문은 남쪽의 다리와 연결되어 남쪽에서 북쪽으로 뻗어 있는 다른 도로와 연결된다. 이 2개의 중심 가로들은 마켓 스퀘어market square에서 만나며, 여기에는 성당과 시청이 있다. 이 기본적인 배치는 로마제국 시대에 계획된 식민 도시와 비슷하다. 그러나 북쪽에는 성문 대신에 성벽으로 둘러싸인 요새가 있다. 강물은 성벽을 둘러싸는 해자로 흘러들어 간다. 강 건너편에는 그루버에 의해 가톨릭 베네딕트회 교인들이 건립한 것으로 밝혀진 방어시설이 없는 수도원이 있다. 성벽 바깥의 동쪽과 서쪽에는 약간의 농장과 여행자들을 위한 숙소가 있다. 그리고 도시의 모든 방향으로 숲이 입지해 있다(그림 4.5).

그루버의 다음 도면은 1350년의 도시를 묘사한 것으로, 이 도시가 확장하여

---

13 로마 도시들에서 이 'armature'의 중요성은 윌리엄 맥도널드William MacDonald가 자신의 책 『로마제국의 건축, 제2권: 도시적 재평가The Architecture of the Roman Empire, volume II: An Urban Reappraisal』(Yale, 1986)에서 강조했다.

14 Karl Gruber, *Eine deutsche Stadt: Bilder zur Entwicklungsgeschichte der Stadtbaukunst* (Bruckmann, 1914).

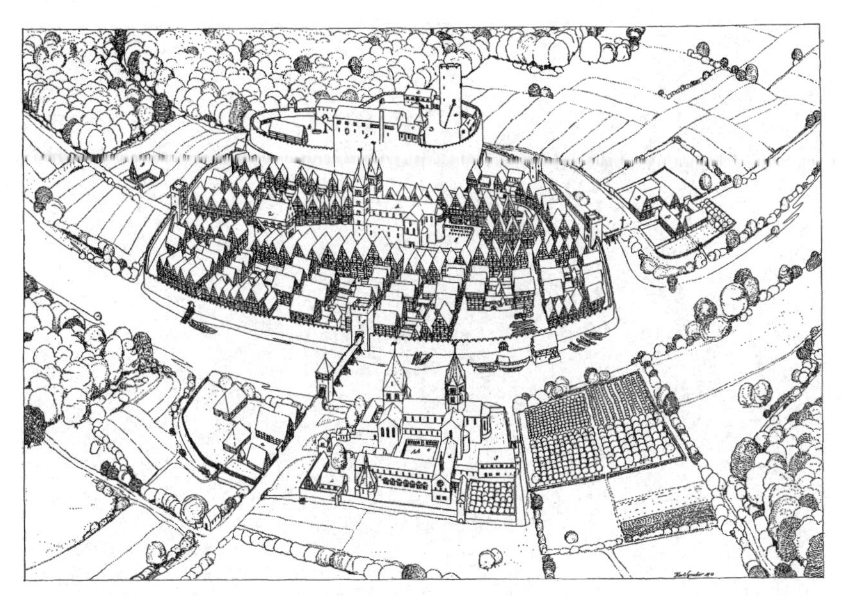

그림 4.5 카를 그루버의 1180년의 보편적인 독일 도시의 도면.

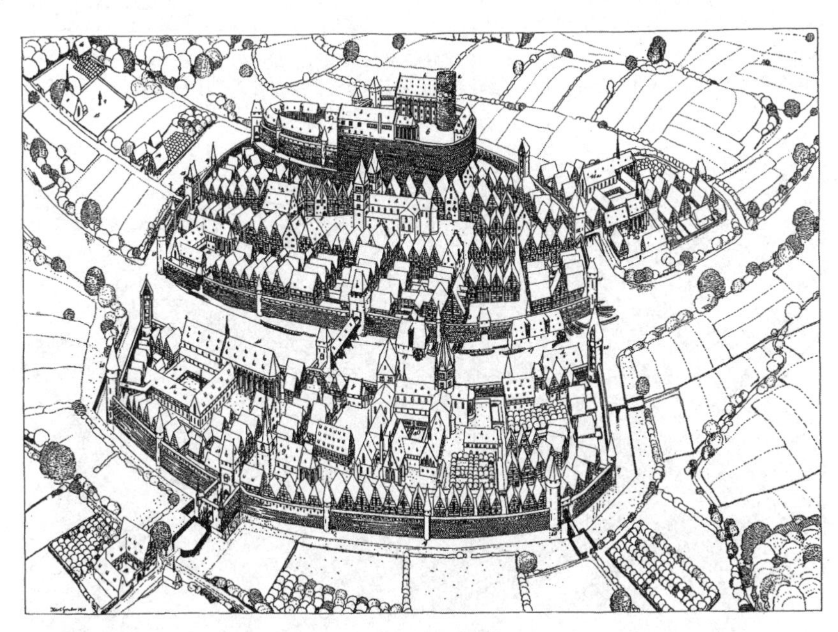

그림 4.6 카를 그루버의 1350년의 동일한 가상 독일 도시의 도면.

강 건너에 성벽과 해자를 가지고 새롭게 조성된 가톨릭 베네딕트회 수도원과 가톨릭 도미니크회 수도원을 포함하게 되었다. 이렇게 조성된 새로운 구역은 밀도 있게 개발되었다. 도시의 중심부인 수변 공간은 창고와 수력 제분소와

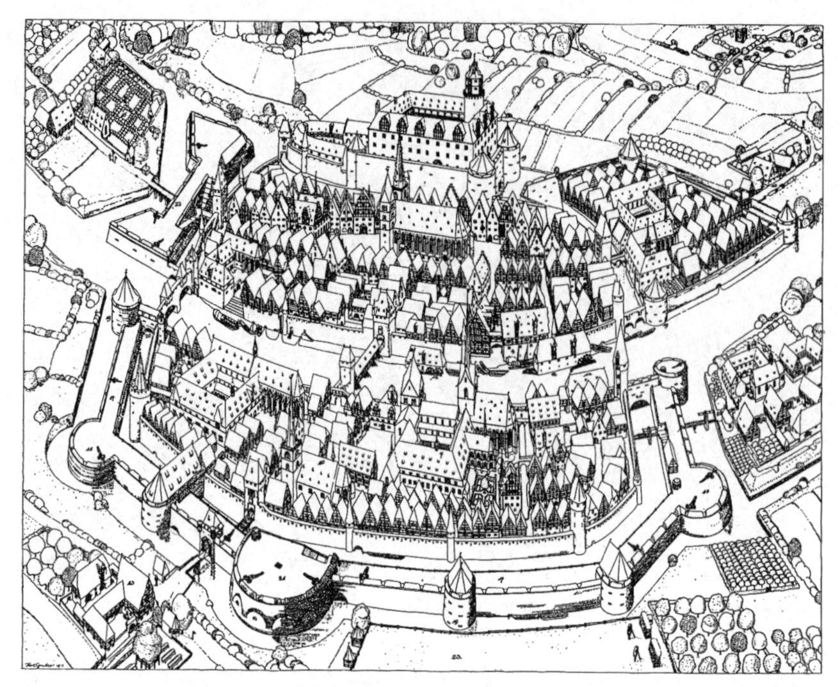

그림 4.7 카를 그루버의 세 번째 그림은 도시의 상대적으로 느린 성장을 보여준다. 400년이 지나면서 도시는 남쪽 강둑이성장하고, 성벽은 강화되었으며, 성과 성당은 재건되었으나, 여전히 외관상 동일하다.

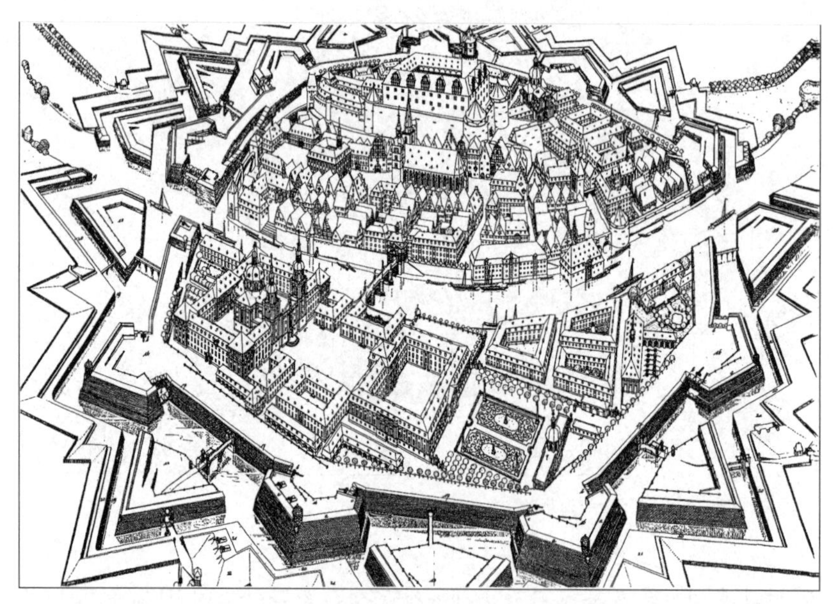

그림 4.8 카를 그루버의 네 번째 그림은 같은 도시의 1750년 모습으로, 30년 전쟁이 도시의 성벽에 미친 영향과 도시를 재구성하고 변화시키기 시작한 도시설계의 새로운 르네상스 개념들을 보여준다. 그러나 도시는 여전히 산업도시 이전의 모습을 가지고 있으며, 6세기 이전에 가졌던 동일한 시스템을 지니고 있다.

함께 더욱 산업화되었다. 요새는 더욱 정교하게 조성되었으며, 그루버에 의해 가톨릭 프란체스코회 성당이라고 밝혀진 또 다른 수도원이 동쪽에 방어체계 없이 조성되었다. 여행자들을 위한 숙소는 이제 성벽의 남문 바로 바깥에 역시 방어체계 없이 조성되었다. 농지가 좀 더 조성되었고, 이에 숲은 그림의 가장자리로 후퇴했다. 그러나 170년의 차이가 있는 두 그림에서 도시의 기본 구성은 변하지 않았다. 여전히 이전과 같은 성벽과 가로 체계를 가지고 있다. 요새와 시장, 시청, 성당은 여전히 같은 자리에 위치한다(그림 4.6).

첫 단계의 그림에서 400년 후인 1580년으로 이동한다. 가장 큰 변화는 외곽 성벽으로, 이는 대포의 발명에 대응한 결과이다. 원래 도시를 둘러싸는 성벽은 대포 발사에 무력했다. 그러나 새로운 성벽은 그 충격을 흡수할 수 있다. 성벽으로 인해 제한된 개발은 밀도가 더 높아지고, 요새는 궁전이 되었는데, 이는 방어에 대한 필요가 새로운 사회 시스템을 만들어냈음을 알려준다. 성당은 네이브nave가 후기 고딕양식으로 재건축되었고, 농지가 더 나타났으며, 숲이 거의 없다. 그럼에도 도시의 기본구조는 여전히 처음과 같다(그림 4.7).

그러나 170년 더 나아가 1750년이 되면 놀라운 변화를 볼 수 있다. 도시의 대부분을 파괴했던 30년 전쟁(1618~1648)과 이후 지속적인 갈등은 결국 도시의 방어 기술에 아주 많은 투자를 유도했다. 완벽한 별 모양의 성곽 체계가 도시와 인근 시골 지역을 둘러싸고 있다. 성벽 안에서도 성벽의 변화와 똑같이 중요한 변화가 있었다. 특히 도시 남쪽의 둑은 질서와 대칭의 르네상스 원칙에 따라 다시 설계되었다. 두 개의 수도원이 없어지고 여기에는 대칭 형태를 가진 광장이 배치되어 한쪽에는 가톨릭 예수회 성당이, 다른 한쪽에는 새로운 궁전이 배치되었다. 강 건너에는 마켓 스퀘어에 있는 시청이 대칭적인 구조를 갖게 되었으며 그 뒤에 새로운 광장을 두고 있다. 다른 곳에서는 뾰족한 지붕을 가졌던 도시의 많은 중세 시대 주택들이 르네상스 중정형 건물의 균형 있는 건물들로 대체되었다. 새로운 사회 시스템과 설계 시스템이 오래된 도시 배치 위에 덮어 씌워졌으나, 1180년의 기본적인 시스템은 아직 남아 있다. 아직까지 같은 도시라는 것을 알아볼 수 있고, 성벽의 방어시설로 둘러싸여 있으며, 도시 중심에 마켓 스퀘어와 중요한 종교 건물들, 요새를 가지고 있다는 점에서 산업혁명 이전의 다른 도시들과 강한 유사점을 가지고 있다(그림 4.8).

서인도(아메리카)의 토지개발법

도시의 필수 요소들이 법제화된 것은 16세기 스페인에서이다. 스페인 정부는 당시 서인도와 남북 아메리카의 식민지 관리 시스템을 구축하기 위해 성문법을 만들었다. 당시 성문법 중에서 도시 관련 내용은 총 148개 규제들 중 일부이며, 비트루비우스의 영향을 받았음이 확실하다. 예를 들어 중심 광장의 배치에 관한 사항들은 대부분 중심 공간이나 수변 공간의 배치에 대한 비트루비우스의 내용들을 사용했다. 도시의 적합한 입지조건, 개별 필지들의 크기, 비트루비우스의 풍향에 대한 조항을 반영한 중앙 광장과 연계된 가로 배치에 대해 다음의 구체적인 조항들이 있다.

> 광장에서부터 4개의 중심 가로들이 시작되어야 한다. 한 가로는 각 변의 중간에서, 그리고 2개의 가로들은 광장의 각 모서리에서 시작되어야 한다. 광장의 4개 모서리는 4개의 주요 바람들과 직접 마주하고 있어야 한다. 이러한 배치로 광장과 직접 연결된 가로들이 네 방향의 주요 바람들에 직접 면하지 않아 바람으로 인한 불편함을 제거할 수 있다.[15]

다른 조항은 중심 광장의 정면에 성당이나 통치자의 관저가 위치해야 한다고 명시한다. 스페인은 이러한 새로운 도시들의 통치에서 외세의 침략을 예측하거나 고려하지 않았기 때문에 성벽 방어체제에 대한 조항은 없다.

스페인의 신세계 식민지 도시를 계획하던 사람은, 종종 조항이 명확하지 않더라도 공식적 코드 조항(관례)이 추구하는 도시의 바람직한 이미지를 갖고 있었을 것이다. 메리다Merida와 사라고사Zaragoza를 비롯한 스페인의 몇몇 도시들은 로마제국에 의해 조성되었고, 그 도시 형태는 격자형의 가로 체계에 근거했다. 페르난도 2세Fernando II와 이사벨 1세Isabel I에 의해 1491년 조성된 그라

---

15 1573년 7월 13일에 반포된 인도제국법Laws of the Indies의 인용문은 도라 크라우치Dora P. Crouch, 다니엘 가르Daniel J. Garr, 액설 먼디고Axel I. Mundigo의 『북아메리카의 스페인식 도시계획Spanish City Panning in North America』(MIT Press, 1982), 14쪽에 있다.

나다Granada의 신도시인 산타페Santa Fe는 비트루비우스가 제안한 로마제국의 도시계획의 원형을 보여주는 좋은 사례이다. 여기서의 코드는 도시에서 격자형의 가로 체계를 상세히 설명하지 않았으나, 남북 아메리카에서 스페인인들이 조성한 도시들의 계획안에는 눈에 띄는 공통점이 있다. 특히 뉴올리언스는 18세기 초 프랑스인들에 의해 설립되었지만 사실 1763년 이후 스페인에 의해 개발되었으며, 하천 둑에 중심 광장이 있다.[16] 내륙 도시인 산타페는 중심부에 광장이 위치하며, 멕시코시티의 중심 광장에서는 아즈텍Aztec 의식이 치러졌다. 스페인인들이 조성한 모든 도시들은 격자형의 도시계획으로 형성되었다.

산업화 이전 도시 시스템의 요약

산업화 이전의 도시들은 대부분 강이나 항구 근처에 위치했다. 이는 산업화 이전의 시대에서 화물을 옮기는 가장 좋은 방법이 물을 이용한 것이었기 때문이다. 성공적으로 성장해온 도시들은 특히 공중보건에 유리한 위치에 조성되었다. 도시는 일반적으로 직사각형의 격자형 가로 체계로 시작되었으며, 오랜 시간에 걸쳐 불규칙한 패턴으로 변화되었다. 도시에는 중심 가로들이 있어 도시를 구역들로 나눠주고, 중앙 광장에서 만나게 되며, 여기에는 시장과 주요 종교 건물이나 정부 건물이 입지했다. 도시들은 대부분 성벽 방어시설로 둘러싸여 확장이 어려웠고, 성벽 내에 밀도 있는 개발이 유도되었다. 성벽을 가진 도시들은 일반적으로 군사 기지와 필수 요소의 공급을 위한 창고로서 요새를 가지고 있었다. 우리는 다른 나라와 다른 문화의 산업화 이전 도시의 지도들을 보면서 이러한 일반화의 가능성을 확인할 수 있다. 산업화 이전의 모든 도시들은 독특하지만, 그럼에도 공동의 이유들로 인해 많은 공통점을 보여준다.

---

16 프랑스인들은 북아메리카에 도시를 요새로 건설했다. 프랑스인들이 만든 뉴올리언스의 램파트 스트리트Rampart Street가 이에 해당한다. 나폴레옹은 1801년 스페인으로부터 뉴올리언스를 되찾은 지 2년 후 루이지애나 매입지(1803년 프랑스로부터 매입한 미국 중앙부의 광대한 지역 — 옮긴이)의 일부를 미국에 매각했다.

산업혁명 이후의 도시 시스템

산업혁명은 18세기 중반에 영국, 그리고 프랑스의 일부 지역에서 시작되었다. 그 첫 단계는 초기 산업화의 시기로서, 산업혁명 이전의 테크놀로지가 인구와 교역의 증가 요구에 반응하여 그 한계를 넓혔다. 선박은 국제교역이 늘어나면서 대형화되었다. 영국의 토지 소유주들은 여러 세대에 걸쳐 소작인에 의해 경작되던 농장들을 사유화했으며, 울로 만든 의류 수요가 증가하면서 경작지에는 농작물 대신에 양의 사육이 진행되었다. 초기의 직물 생산 공장은 도시가 아닌 공장 기계의 수력 작동이 가능한 입지에 조성되었다. 하천의 운하 체계는 더 많은 하천들을 연결했고, 새로운 화물 네트워크를 만들며 성장했다. 석탄은 철을 녹이는 데 사용되었다. 채광된 석탄은 운하를 따라 바지선으로 운송되었고 도시의 화로에서 연료로 사용되었다. 말이 끄는 마차는 첫 번째 대중교통 수단이었으며, 곧 빠른 우편 배달이 가능해졌다. 초기 산업혁명이 있었던 도시에서 나타난 가장 주요한 변화는 인구의 밀집, 대형 항구와 창고구역, 부자들의 저택과 고가품 상점들이었다.

석탄을 이용한 증기 엔진은 산업혁명의 다음 단계인 철도 엔진과 증기선의 동력을 제공했고, 이로 인해 공장들이 도시에 위치할 수 있게 되었다. 철도는 원래 석탄 광산의 갱도 안에 설 수 있는 아이들이 석탄 수레를 철로에서 밀어 광산 채광지 입구까지 옮기는 데 사용되었다.[17] 증기 엔진은 광산 채광지에서 물을 외부로 빼내는 데 사용되었다. 철도는 철로와 증기 엔진의 두 가지 테크놀로지가 합쳐져서 완성된 결과물이다.

증기 엔진이 최초로 교통수단에 쓰인 것은 1803년에 로버트 풀턴Robert Fulton이 시험한 증기 보트이다. 그는 1807년에 이를 이용해 허드슨 강Hudson River에서 항해했다. 철도가 기차 운송으로 처음 사용된 것은 1825년부터 영국에서 운행을 시작한 스톡턴-달링턴 노선Stockton and Darlington line으로 여겨진다. 이후 기차가 도시개발에서 강력한 힘으로 등장한 속도는 제2차 세계대전 이후 컴퓨

17 철도 시스템의 역사 전문가에 따르면, 고대 그리스는 코린트 지협을 가로질러 배를 운반할 때 나무로 된 철로를 사용했다고 한다.

터가 도시에 도입된 속도와 맞먹는다. 기차가 출현한 후 50년이 지나면서 새로운 도시의 조직체계가 탄생했다.

초기 기차는 한 시간에 15마일(24km)을 달릴 수 있었고, 1850년이 되서야 시속 60~70마일(97~113km)까지 달렸다.[18] 일반적 보행 속도는 시속 3마일(4.8km)이고, 짐을 적게 실은 마차가 빨리 달리면 시속 15마일(24km)까지 가능하다. 말이 걸어갈 경우 시속 6마일(9.7km) 정도이다. 초기 산업사회에서 화물운송 수단이었던 말이 끄는 운하용 보트는 시속 6마일(9.7km)로 움직였고, 게다가 그 운송은 수문이나 다리 아래에서 작업하는 운하 보트로 인해 지연되었다.

철도는 시간과 거리 간의 관계를 대폭 변화시켰으며, 도시 간의 이동시간은 철도를 따라 조성된 정거장만큼 훨씬 짧아졌다. 철도는 산업과 산업공해, 그리고 기차와 철로 자체의 부정적인 영향을 초래하며 도시 중심부의 개발 밀도를 증가시켰다. 또한 철도는 더 먼 입지로의 통근을 가능하게 했고 산업과 산업 간의 연결을 높여주며 결국 도시의 물리적 영향권을 넓게 퍼뜨렸다.

미국 대륙횡단철도가 1869년 완성되면서 미국 횡단여행 시간이 6개월에서 6일 이하로 축소되었다. 그러나 초기 철도 시대에는 기차에서 역에 하차한 후 다시 말이 끄는 수레와 마차를 이용해야 했다. 지역 교통에서 승객들의 이동수단도 점차 철도로 전환되기 시작했다. 먼저 초기 산업사회의 해결책으로 철도선로 위를 말이 끄는 철도마차가 사용되었고, 그다음에 케이블카, 그리고 지하철과 노면전차로 점차 전환되었다. 철도 네트워크는 20세기 초에 미국 대부분에 걸쳐 보급되었고, 도시 중심부에서 방사형으로 뻗어 나오는 지역 교통 시스템들과 연결되었다.

이러한 교통 네트워크 도입의 결과는 별 형태의 도시 시스템이었다. 도시개발은 기존의 대중교통 코리더transit corridor를 따라 조성된 전통적인 도시 중심부로부터 점차 외곽으로 퍼져 나갔다. 노면철도는 도시 중심부와 내부 교외지inner suburb들을 연결했고, 철도에 근거한 대중교통 시스템은 더 먼 목적지까지

---

18 디오니시우스 라드너Dionysius Lardner, 『철도 경제학: 새로운 수송수단, 관리, 상업적·재정적·사회적 전망과 관계에 대한 논문Railway Economy: A Treatise on the New Art of Transport, its Management, Prospects and Relations, Commercial, Financial, and Social』(Harper, 1850), 177쪽.

연결했다. 도시 중심부로부터 뻗어 나온 공장 부지들은 화물 철도선과 철도 측선siding으로 연결되었다. 도시 중심부의 토지 가치는 급격히 상승했으며, 이에 더 거대하고 더 높은 건물의 수요가 만들어졌다. 당시 뉴욕과 시카고에는 초고층 건물들이 경쟁적으로 건설된 두 곳이 있었다. 먼저 뉴욕에서는 모든 대중교통 노선의 연결점인 로워 맨해튼Lower Manhattan, 그리고 시카고에서는 장거리 철도의 종착역들을 연결하고 교외 대중교통 노선들의 배급 기능을 하는 고가형 도시 순환노선인 루프Loop가 지나가는 도시 내부 구역이었다.

시스템을 이용한 건물의 표준화

철도 여행을 가능하게 만든 주철cast iron(후에는 강철steel) 철로를 생산했던 건물 요소들의 표준화는 곧 기차역과 연계되어 새로운 고밀도 도시개발을 유도하는 건물 시스템을 만들어냈다.

프랑스 혁명으로 시작된 커다란 사회적 변화는 무게와 치수를 재는 표준화된 시스템인 미터법의 도입이었다. 이러한 치수의 표준화는 파리의 오래된 건축학교인 에콜 데 보자르École des Beaux-Arts의 공식적 지위 박탈과 관계되어 있다. 그럼에도 에콜 데 보자르는 격하된 지위를 가지고 그 기능을 계속 유지했다. 즉, 레콜 폴리테크니크L'ecole Polytechnique라는 새로운 학교가 세워졌으며, 1795년부터 1830년까지 장 니콜라 루이 뒤랑Jean-Nicolas-Louis Durand이 건축과 교수를 맡았다. 레콜 폴리테크니크는 기본적으로 엔지니어링 기술학교였다. 당시 적대적인 군주 가문들에 둘러싸여 있던 혁명정부는 많은 군사공학자들이 급히 필요했기 때문에 레콜 폴리테크니크를 서둘러 개교했다. 레콜 폴리테크니크에서 뒤랑의 교과과정과 1802년에서 1805년 사이에 초판으로 발행된 그의 교재 『건축에 대한 명확한 수업Précis des leçons d'architecture』은 건축의 본질을 단순화하고 성문화했다. 레오네 바티스타 알베르티Leone Battista Alberti는 15세기 후반에 건물의 구성과 비율을 우주의 근본적인 조화들을 형상화하는 절묘한 노력으로 간주했다. 한편 뒤랑은 이와 달리 건물의 종류에 따라 건물의 설계를 분류하고, 조적 시공, 아치, 볼트, 돔에서 넓은 폭의 공간 확보가 가능

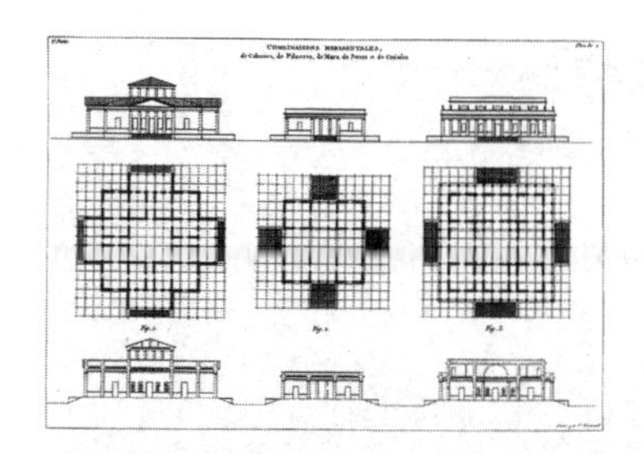

그림 4.9 석조 건물을 모듈러 시스템으로 재구성하는 방법을 보여주는 장 니콜라 루이 뒤랑의 그림들.

한 간단하고 모듈화된 그리드를 이용해 건물의 부분들을 조합하는 시스템을 만들었다.

아마도 뒤랑은 당시 학생들에게 가능한 한 많은 건축기술을 학습시키려는 의욕을 갖고 있었던 것으로 보인다. 이에 폴리테크니크 학교는 적어도 초반에는 기존 체제가 추구하던 건축적 설계에 혁명적인 대안을 제공하는 것으로 보였다. 논리적으로 명백한 일련의 규칙들과 쉽게 반복되는 패턴들로 이루어진 뒤랑의 수업은 18세기 후반에서 19세기 초반까지의 사회적 분위기와 잘 맞았다. 당시는 근대 과학과 엔지니어링의 발전에 중요한 시기였으며, 이전에 없었던 급속한 대규모의 도시 변화가 일어난 초기 산업혁명 시기였다(그림 4.9).

장 니콜라 루이 뒤랑이 이러한 교과과정을 편성할 즈음에 모듈식의 건물 생산물에는 주철이 사용되었다. 원래 철은 로마에서 석재를 함께 묶어주기 위해 돌과 돌 사이에서 사용되었으며, 철로 만든 요소들은 부식을 피하기 위해 외기外氣로부터 보호되었다. 쇠사슬은 석재 벽돌을 쌓아 만들어진 돔을 위한 보강 고리로 사용되었다. 이러한 철은 18세기 후반 영국에서 석탄을 이용한 새로운 제련기술이 나타나면서 단단한 외장재로 사용되기 시작했다. 주철로 만들어진 부품은 철로를 만드는 데 사용될 뿐 아니라 다리, 기관고의 구성요소, 온실의 골격, 심지어는 조립식 건물에도 사용된다.

주철과 유리는 1851년 런던 대박람회를 위해 하이드 파크에 지어진 크리스털 팰리스Crystal Palace의 주재료로 사용되었다. 이것은 온실, 기관고, 쇼핑 아케이드가 혼합되어 응용된 사례였으며, 당시 건축가인 조셉 팩스턴Joseph Paxton과 관련자들은 이를 미리 주철의 뼈대와 통판 유리를 이용해 설계했다. 크리스털 팰리스의 규모와 모듈 시공으로 인한 시공 속도는 매우 새로운 것이었다. 크리스털 팰리스는 1,848피트(563m)의 길이에 408피트(124m)의 폭을 가지고 있었으며, 중앙의 가로 뼈대인 트란셉트transept는 72피트(22m)의 폭에 108피트(33m)의 높이를 가지고 있다. 전체 구조물은 베르사유 궁전보다 컸으며, 반년 남짓 만에 완성되었다(그림 4.10). '크리스털 팰리스'라는 이름은 건축가에 의해서가 아니라 ≪펀치Punch≫라는 잡지에 의해 만들어졌다. ≪펀치≫가 이 건

그림 4.10 조셉 팩스턴이 설계한 크리스털 팰리스는 1851년 런던 대박람회를 위해 건설되었다. 이것은 주철과 유리로 만들어진 너비 408피트(124m), 길이 1,848피트(563m)의 모듈러 시스템이다. 중앙 뼈대(transept)는 너비 72피트(22m), 높이 108피트(33m)이다.

물이 궁전의 형태를 하고 있지 않았음에도 전통적인 궁전으로 인식했다는 사실은 중요하다. 구조물은 도시 가로와 양쪽 건물들을 둘러싼 규모로 길이가 1/3마일(536m)이었다. 단시간에 시공되었고, 하이드 파크에서의 전시가 종료된 후 모듈화된 부분들이 해체되어 런던의 남동쪽에 위치한 시드넘Sydenham으로 옮겨져 다시 시공되었다.

건물로 둘러싸인 도시에 대한 생각과 어떤 도시의 일부가 분해될 수 있다는 개념은 한 세기 이후 도시설계의 중요한 아이디어가 되었다. 크리스털 팰리스의 즉각적인 영향은 쇼핑 아케이드와 다른 전시 건물들에서 나타났다. 주세페 멩고니Giuseppe Mengoni가 설계하고 1865년 밀라노에 시공된 갤러리아 비토리오 에마누엘레Galleria Vittorio Emanuele는 유리 지붕으로 덮인 쇼핑 가로로서 시스템의 확장 개념을 제시한 유명한 사례이다. 이후 유사한 설계를 가진 쇼핑 아케이드들이 많은 주요 도시에 지어졌다.

크리스털 팰리스의 영향은 프랑스의 엔지니어인 앙리 쥘 보리Henry-Jules Borie가 1865년에 출간한 『소형비행장Aerodomes』 프로젝트에서도 나타난다. 유리로 만들어진 수천 피트 길이의 갤러리 시스템은, 건물의 중간 높이에 2차 보행 동선인 보행 다리로 연결된 건물들로 둘러싸여 있다. 당시 새로 고안된 안전

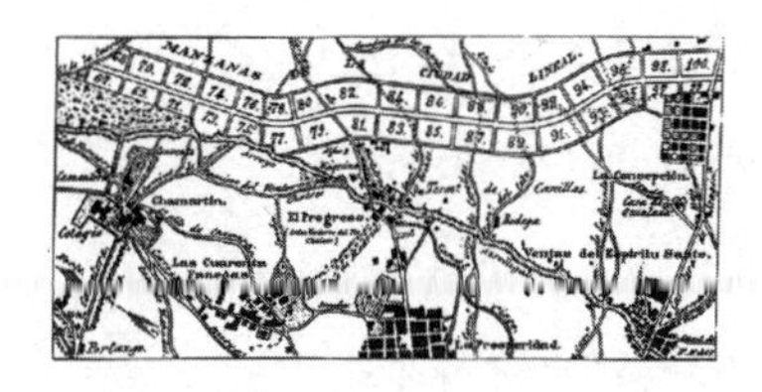

그림 4.11 아르투로 소리아 이 마타의 선형 도시 원칙에 근거한 마드리드의 도시구역 계획안.

한 엘리베이터는 보리에게 일반적인 구조물보다 2배가 높은 건물을 상정할 수 있게 했다. 이 제안은 높은 지가로 더욱 효율적인 고밀도의 토지 이용이 요구되는 주요 도시의 중심부를 위한 설계 원형으로서 의도되었다.

아르투로 소리아 이 마타Arturo Soria y Mata는 1882년 반복된 모듈러 시스템으로서 선형 도시의 조성을 주장했다. 아르투로 소리아 이 마타의 제안에서 가장 중요한 특성은 철도, 전차, 공공설비, 공공건물이 넉넉히 배치된 도시 중심부의 넓은 가로였다. 중심 가로의 양쪽 편의 개발지들은 좁은 가로를 통해 접근되며, 무한한 확장 가능성을 갖는 시스템이었다. 아르투로 소리아 이 마타는 선형의 도시개발이 기존의 도시와 순환형의 링 형태를 만들고 유럽을 관통해 심지어는 동양에까지 확장될 것으로 보았다. 아르투로 소리아 이 마타의 원칙에 따라 1894년 마드리드의 교외지에 실제로 선형의 주택구역이 조성되기 시작했다. 하지만 개발지의 규모와 밀도는 비교적 크지 않았다(그림 4.11). 이후 르코르뷔지에Le Corbusier는 이 선형 도시에 대한 아이디어를 받아 이용해 20세기 중반에 거대구조물mega-structure 설계를 진행했다.

선형 도시 개념과 유사한 개념은 조셉 팩스턴에 의해 제안되었다. 조셉 팩스턴이 1855년 제안한 '그레이트 빅토리안 웨이Great Victorian Way'는 일종의 순환도로로서 런던 중심부의 모든 기차역을 연결하는 것이었다. 사실 현재 런던의 지하철 순환선이 그 역할을 하고 있다. 조셉 팩스턴이 제안한 순환도로는 런던 시와 리젠트 스트리트 사이에 거대한 유리 아케이드로 에워싸져 조성된 선형의 쇼핑 중심부를 구성하는 것이었다. 이런한 크리스털 팰리스 개념의 응용은 40년 후 에베네저 하워드Ebenezer Howard가 전원도시garden city의 중심부에 제안한 곡선형 쇼핑센터 원형의 시초라고 할 수 있다.

모듈화 철재 시공과 고층 건물

모듈화된 건물 요소들 중의 대표적 사례는 강철 구조재였다. 이 강철 구조재는 공장에서 표준화된 크기로 생산된 후, 주문에 따라 건물의 시공 부지로 직접 배송되었다. 헨리 베세머Henry Bessemer는 1855년 양질의 강철을 대량 생산하는 과정의 특허를 받았으며, 이후 강철은 주철을 대체하기 시작했다. 지난 수세기 동안 강철은 갑옷, 검, 칼을 만드는 데 사용되었으나 건물의 자재로 사용하기에는 너무 고가였다. 또 하나의 중요한 건물 요소의 발명은 엘리베이터의 안전장치이다. 이것은 엘리베이터의 호이스트 시스템hoist system이 고장 난 경우 엘리베이터의 낙하를 막는 장치로서, 엘리샤 그레이브스 오티스Elisha Graves Otis가 발명했으며 1853년에 전시되었다.[19] 철과 강철의 건물 구조체에 외벽을 매다는 건물 시공은 모던 건축의 필수 요소이다. 이 시공 방법은 과거에는 불가능했던 건물 설계 방법으로, 특히 고층 건물에서 엘리베이터와 함께 적용되었다. 우리가 1장에서 보았듯이, 강철 구조의 건물은 모던 도시의 필수적인 구성요소였다. 하지만 모던 도시를 만드는 데 마찬가지로 중요했던 다른 시스템은, 도시와 도시를 연결하는 철도 시스템, 수원지로부터 외곽까지 식수를 공급하는 엔지니어링 시스템, 고밀도 주거를 가능하게 하는 필수 요소인 하수처리 시스템, 전화선과 전기선, 콘크리트와 아스팔트의 도로 포장, 노면전차, 통근교통 시스템 등이 있다.

발터 크리스탈러의 '중심지 이론'과 호머 호이트의 '섹터 이론'

독일의 지리학자 발터 크리스탈러Walter Christaller는 1933년 독일의 남부 지역에서 철도와 대중교통, 그리고 모던 엔지니어링 시스템에 의한 시스템적 연결을 관찰하여 도시의 시스템에 관한 이론을 발표했다.[20] 발터 크리스탈러는

19 지그프리트 기디온Sigfried Giedion의 『공간, 시간, 그리고 건축: 새로운 전통의 발달Space, Time and Architecture: the Growth of a New Tradition』(Harvard University Press, 1941)은 모던 건축 테크놀로지의 역사적인 발전 과정을 잘 서술하고 있다.

20 발터 크리스탈러Walter Christaller, 『남부 독일의 중심부Central Places in Southern Germany』(Prentice Hall, 1966). 이 책은 칼라일 W. 배스킨Carlisle W. Baskin이 원본인 *Die Zentralen Orte in Süddeutschland*(Gustav Fischer, 1933)을 번역한 것이다.

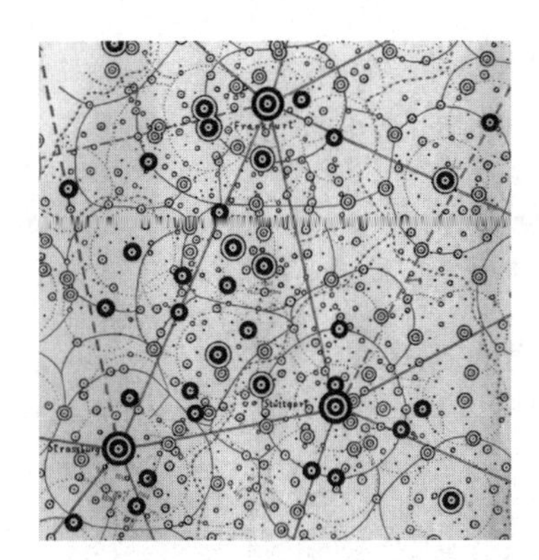

그림 4.12 발터 크리스탈러의 '중심지 이론'의 다이어그램은 철도 시스템에 의해 결정되는 도시들 간의 위계 조직을 보여준다.

주요 도시들의 주변에는 '영향권area of influence'이라는 것이 조성되며, 각 도시들은 마스터 네트워크를 통해 다른 도시들로 연결된다고 주장했다. 또한 마스터 네트워크에서 어떤 도시 중심부는 다른 도시 중심부보다 더 중요할 수 있으며, 이 경우 상대적으로 더 큰 영향권을 갖는다고 주장했다. 이를 설명하는 그의 다이어그램들에서 도시 중심부의 영향권은 도시들 간에 서로 잘 맞물리도록 원 대신에 정육각형으로 그려졌다. 또한 도시의 하부 공간들은 주요 도시에 방사형으로 연결되며, 이를 더 큰 정육각형에 맞춰 더 작은 정육각형으로 표현했다. 이 하부 공간들은 다시 더 작은 정육각형의 세부 공간들을 갖게 된다(그림 4.12). 이러한 도시 시스템의 해석은 철도가 도시의 주요한 교통수단일 경우, 통근과 화물유통의 공간 패턴을 잘 설명할 수 있다. 즉, 상품이 주요 중심부에서 다른 주요 중심부로 운송되며, 이후 상대적으로 덜 중요한 중심부들로 분기 선로로 따라 이동되며, 이후 다시 더 작은 목적지로 운송될 수 있다. 근로자들은 하부 공간에서 중심 도시로 대중교통을 이용하여 통근할 수 있으며, 필요하다면 세부 공간에서 좀 더 큰 하부 공간, 그리고 중심 도시까지 기차를 갈아타며 갈 수 있다.

발터 크리스탈러의 이러한 중심지 이론central place theory은 도시 체계에 대한 최초의 이론들 중 하나로서 수학적 모델로 설명되었기에 지속적인 관심을 받아왔다. 그러나 이 이론은 1933년부터 현실과 맞지 않으며 시대에 뒤떨어지게 되었다. 왜냐하면 자동차와 트럭은 철도로 구성된 도시의 위계 체계를 따를 필요가 없었고, 이론과 다르게 도시 중심부의 주변에 인접한 하부 공간들의 크기가 동일하지 않았기 때문이다.[21]

---

21 크리스탈러는 나치 당원이었으며, 당시 나치 정권의 지배 지역에 대한 계획을 다시 세우던 하인리히 힘러Heinrich Himmler를 위해 일했다. 이 때문에 일부에서는 중심지 이론을 권위주의적인 것으로 간주하기도 하지만, 그보다는 단순한 고전이론으로 이해하는 것이 더 적절할 듯하다.

미국의 연방 주택국Federal Housing Administration에서 일하던 경제학자 호머 호이트Homer Hoyt는 1939년에 중심 도시가 가지는 영향권은 다운타운으로부터 방사형으로 뻗어 나오는 섹터들로 나뉜다는 연구를 발표했다. 산업/생산을 위한 선형의 코리더 섹터들industrial corridors은 철도 노선을 따라 조성되고, 주거 섹터들residential sectors은 주요 교통도로나 대중교통을 따라 조성된다는 것이다. 예를 들면 시카고의 경우, 저소득층은 산업/생산 코리더들에 가깝게 살았고, 서로 다른 민족 공동체들도 서로 다른 섹터를 조성했으며, 고소득층은 물리적으로 쾌적한 시카고 호숫가를 따라 거주했다.[22] 호머 호이트가 제안한 섹터들은 발터 크리스탈러와 호머 호이트의 박사과정을 지도한 시카고대학교의 로버트 파크Robert E. Park, 어니스트 버제스Ernest W. Burgess 등의 교수들이 제시한 도시개발의 동심원 이론concentric zone theory of city development — 도시 중심부city center, 전이 영역zone of transition, 외곽의 교외지outer suburbs — 에 대한 보완 이론이다.[23] 호머 호이트가 연구한 섹터들은 지금도 도시에서 관찰된다. 호머 호이트의 섹터들은 주로 기차와 대중교통으로 만들어졌으며, 이것들은 현재 자동차와 트럭이 만드는 새로운 패턴으로 부분적으로 대체되고 있다.

모던 도시 시스템과 다핵의 도시

새롭게 발명된 자동차와 트럭은 시기적절하게도 기존 마차 중심의 근거리 교통 시스템의 붕괴로부터 도시를 구했다. 당시 새롭게 밀도를 높여가던 도시들은 감당할 수 없는 수의 말과 이들의 배설물의 축적 장소였다. 50년 안에 자동차는 부자들의 장난감에서 모든 사람들의 필수품으로 진화했다. 또한 트럭도 근거리 내 배달에서부터 철도와 겨루며 철도를 대체하는 운송 시스템으로

22 호머 호이트Homer Hoyt, 『미국 도시의 주거 네이버후드의 구조와 성장The Structure and Growth of Residential Neighbourhoods in American Cities』(Federal Housing Administration/US Government Printing Office, 1939).

23 로버트 파크Robert E. Park · 어니스트 버제스Ernest W. Burgess · 로더릭 매켄지Roderick D. McKenzie, 『도시The City』(University of Chicago Press, 1928).

지속적으로 변화했다.

새로운 길과 도로를 위한 자본투자의 비용은 철도의 경우보다 훨씬 적게 들었다. 자동차와 트럭은 어느 곳이든 대부분 효과적으로 갈 수 있다. 이로 인해 철도 교통에 근거한 위계적인 도시구조를 가진 방사형의 도시 성장의 패턴보다는, 도시개발이 중심으로부터 외곽으로 넓게 확산되는 도시 성장의 패턴을 보여주기 시작했다. 이러한 도시 성장의 과도한 확산 패턴을 스프롤sprawl이라 부른다. 이 스프롤은 종종 낭비적이거나 비효율적이지만, 역시 하나의 시스템이라고 할 수 있다.[24] 새로운 도시의 중심부는 기존 교외지의 다운타운이나 산업생산에 적합했던 입지로부터 벗어나 성장했다. 지리학자인 촌시 해리스Chauncy D. Harris와 에드워드 얼먼Edward L. Ullman은 1945년 「도시의 본성The Nature of Cities」이라는 논문에서 다수의 도시 중심부들을 가진 새로운 도시 패턴을 설명했다.[25] 해리스와 얼먼의 이 연구는 당시 도시 성장을 설명하는 주된 방법으로 이용되었다.

고속도로는 차량의 일반적인 접근을 제한하며, 따라서 차량이 고속도로를 타고 내리는 분기점이나 인터체인지의 위치가 쇼핑, 식당, 오피스, 그리고 아파트와 타운하우스 등 도시 기능의 개발을 유도하는 입지가 되었다. 1991년 조엘 가로Joel Garreau는 그의 저서에서 이러한 입지들의 도시개발을 '경계 도시edge city'라고 칭했다.[26] 이러한 경계 도시들은 실제 많은 전통적 도시 중심들보다 더 커지거나 더 중요해졌다.

미국의 도시화 현상을 설명하는 지도를 보면, 도시개발은 1956년부터 조성되기 시작된 주간 고속도로interstate highway 시스템에 의해 새로운 개발 형태를 보여준다. 즉, 하나의 주간 고속도로를 가진 아이오와 주의 수시티Sioux City 같은 도시들은 2개의 주간 고속도로가 만나는 사우스다코타 주의 수폴스Sioux Falls 같은 도시에 비해 매우 불리하다(그림 4.13).

---

24 230~232쪽을 참고하라.

25 ≪미국 정치·사회과학회보Annals of the American Academy of Political and Social Science≫, 242(1), 1945, 7~17쪽.

26 조엘 가로Joel Garreau, 『경계 도시: 신개척지의 삶Edge City: Life on the New Frontier』(Doubleday, 1991).

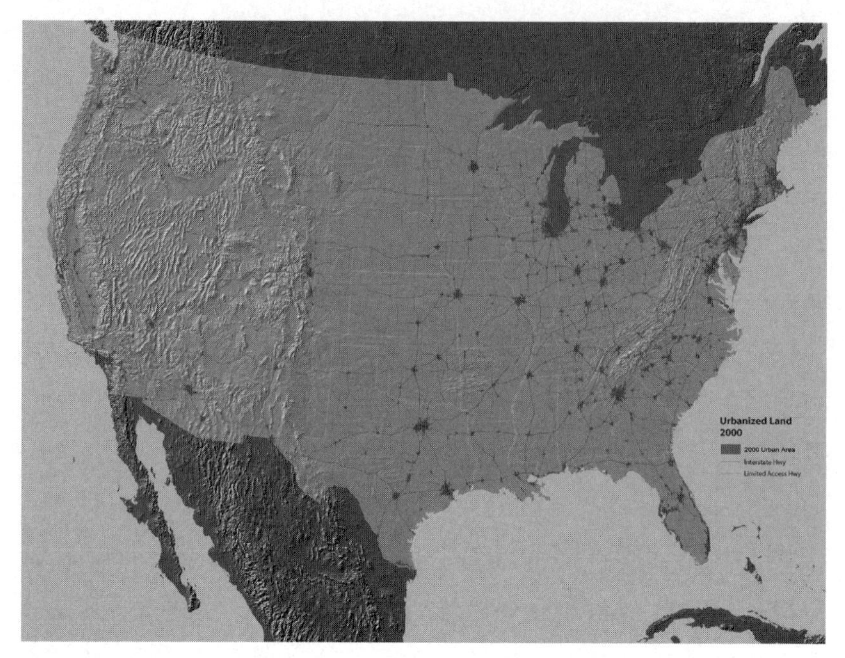

그림 4.13 주간 고속도로 시스템을 따라 펼쳐진 2000년 미국 도시화 지역들의 지도.

고속도로가 도시 중심부의 분산화를 초래한 반면, 공항은 공항 자체가 도시의 중심부가 되었다. 초기의 공항은 기존의 다운타운에 인접해 지어졌다. 그러나 이착륙 횟수가 증가하고 항공기가 더 긴 활주로를 필요로 하면서, 공항은 장애물을 최소화할 수 있는 외곽지에 조성되었다. 곧 공항은 호텔과 컨퍼런스 센터를 개발했고, 물건을 항공기로 실어 나르는 중요한 비즈니스의 입지가 되었으며, 대형 공항은 오피스 파크의 입지가 되었다.

20세기 후반부에 많은 도시들은 공항에 인접하며 주요 고속도로 교차로에 위치한 다수의 도시 중심부들을 가진 도시지역city region으로 성장했으며, 자동차와 트럭은 지배적인 교통 시스템이 되었다.

거대구조물: 건물 시스템으로서의 도시와 도시구역

도시에서 도시 중심부의 다핵화 과정은 1950년대 후반부터 1970년에 이르기까지 진행되었다. 이즈음 도시설계는 도시를 고밀도 건물들 간의 상호 연결체로 여기는 아이디어를 중심으로 했다. 즉, 도시는 구조적이며 기계적인 시스템으로 구성될 수 있으며, 이러한 시스템은 과거 건물 안에 숨겨진 구조체였으나, 이제 건물의 형태를 결정하게 되었다. 가로는 외기로부터 보행자를 보호하는 코리더나 다리가 될 수도 있고, 플라자는 실내 아트리움으로, 건물은 거대한 체계 안에서 하나의 대상이 될 수 있다. 특히 영국과 일본의 설계자들은 이러한 개념들에 주목했다. 곧 이러한 개념들은 유럽과 북아메리카에서 다양한 형태로 실현되었으며, 세계 여러 도시의 대부분 건축학교에서 연구되었다. 도시를 거대구조체로 본 이러한 비전은 주로 모던 도시의 문제점이 새로운 테크놀로지로 해결될 것이라는 미래상과 연결되었다.

이러한 도시 아이디어들은 다양한 관점에서 그림으로 구체화되었다. 하나는 안토니오 산텔리아Antonio Sant'Elia가 1914년 밀라노에서 전시한 그의 '시타 누오바Città Nuova' 프로젝트의 도면들이었다. 여기에서 고층의 유선 형태는 고속의 이동과 테크놀로지의 순수성으로 완성된 도시를 정의한다. 가장 잘 알려진 도면은 거대한 댐처럼 보이는 철도역으로, 철도역 아래에는 기차가 이동하며, 그 양쪽에는 벼랑을 연상시키는 건물들이 줄지어 서 있다. 이러한 그림은 기존의 가로와 건물의 도시가 아닌 하나의 긴 선형 구조로서 도시를 보여준다(그림 4.14).

다른 예는 르코르뷔지에의 리우데자네이루Rio de Janeiro, 상파울루Sao Paulo, 몬테비데오Montevideo의 스케치들로, 각 도시들을 관통하는 고가 도로들과 고가 도로 밑에 건설된 건물들을 보여준다. 르코르뷔지에는 1930년에 잘 알려진 알제Alger 도시계획안에서 이 아이디어를 더욱 구체화했다. 당시 알제 도시계획안에서 고가 도로를 지탱하는 구조물은 18만 호의 주거 유닛 체계였다. 또한 버크민스터 풀러Buckminster Fuller와 레이먼드 로위Raymond Loewy는 산업 디자이너들로부터 강하게 영향을 받아 미래의 도시 형상을 상상했다. 이러한 모습은 우주의 식민지나 외계 행성의 '진보한 문명advanced civilizations'의 우주도시 삽화를 보여주는 공상과학 서적이나 만화에서 소개되었다. 또 다른 이미지들은 넓은 부지에 복잡한 파이프를 가진 원유 정제공장, 연안의 플랫폼, 전체 풍경을 변화시키는 거대한 댐, 그리고 우주여행을 위한 로켓 등이었다.

일본 건축가인 단게 겐조丹下健三의 첫 번째 거대구조물megastructure 프로젝트

그림 4.14 밀라노에서 1914년에 전시된 안토니오 산텔리아의 '시타 누오바' 프로젝트 그림.

는 1959년의 보스턴 항구Boston Harbor 프로젝트로 MIT의 학생들과 함께 진행되었다. 이듬해 단게 겐조는 이와 유사한 도쿄 베이Tokyo Bay의 도시계획안을 발표했다. 이 도시계획안은 해수 위의 거대한 현수교 위에 2개의 고속도로를 중심으로 도시를 구성했다. 2개의 고속도로 사이에는 신도시의 상업 중심부를 포함할 선형의 고밀도 도시섬이 배치되었으며, 고속도로와 직각으로 배치된 둑길은 주거 구조물로 연결되었다. 이 주거 구조물은 기울어진 거대한 건물들이 등을 맞대고 있어 마치 일본 사찰의 지붕을 연상시켰다.

한편 『메타볼리즘 1960 — 새로운 어바니즘의 제안Metabolism 1960 — A proposal for a New Urbanism』이 1960년 도쿄에서 열린 국제 디자인 컨퍼런스와 연계되어 발표되었다. 참여 작가들은 건축가인 기쿠타케 기요노리菊竹清訓, 오타카 마사

토大高正人, 마키 후미히코槇文彦, 구로카와 기쇼黑川紀章와 그래픽 디자이너인 아와즈 기요시粟津潔였다. 메타볼리스트Metabolist의 이론은 도시가 시간과 다른 조건에서 성장하고 변화하도록 설계되어야 한다는 주장이었다. 이들은 도시의 기본적인 구조가 영구적일 수 있으나, 도시의 유닛(구성단위)은 나무의 줄기나 잎처럼 구조에 부착될 수 있다고 생각했다.

기쿠타케 기요노리는 1958년부터 1962년까지 수면 위에 조성된 원통형 주거 타워 프로젝트들을 연이어 완성했으며, 이 중 그의 '오션 시티Ocean City'는 콘크리트로 만들어진 원통형의 샤프트shaft를 둘러싼 벌레의 눈 형태를 가진 아파트 유닛들collars을 보여주며 가장 인상 깊은 이미지로 소개되었다.

구로카와 기쇼는 농업도시를 위한 개념을 뉴욕 현대미술관MoMA의 초청으로 1961년에 전시했다. 이 도시는 격자형으로, 타워들로 지탱되어 지면에서 한 층 떠 있어서 이론적으로는 지상에 귀중한 농지를 남기려는 의도가 있었다.

이와 유사한 이소자키 아라타磯崎新의 '하늘의 도시A City in the Sky' 설계안은 1960년에서 1962년에 개발되었다. 그의 하늘의 도시 중 가장 잘 알려진 도면은 원통형 콘크리트 타워들과 다리처럼 보이는 건물들이었다. 이 개념은 폐허가 된 그리스 신전의 사진 위에 100피트(약 30m) 정도 높이의 원통형 타워들이 마치 사진 위의 버려진 기둥들처럼 보이도록 작업한 콜라주로 보인다. 특히 이 그림의 전경에는 고가 고속도로와, 콘크리트 지지대들 중 한쪽이 부서진(또는 공사 중으로 아직 제자리를 잡지 못한) 다리 구조물이 있다. 이소자키 아라타가 이 그림에서 의도한 것이 무엇인지는 아직도 모호하게 가려져 있다. 이것이 동시대에 프랑스에서 요나 프리드먼Yona Friedman이 제안한 공간 프레임 트러스space-frame truss의 도시와 비교할 만큼 중요한 제안일까? 그 외의 도면들과 정교한 모델은 이소자키 아라타가 진지하게 이 개념을 발전시켰다는 것을 증언한다. 이 그림은 고대 문명에 맞선 모던 테크놀로지의 승리를 설명하는가? 아니면 모든 구조물과 도시들은 유사한 운명을 맞이할 것이라는 것을 암시하는가?

어떤 경우든 새로운 도시가 기존 도시 위에 건설될 수 있다는 것, 그리고 새로운 도시는 보수가 가능하고 일시적 유닛을 포함하는 영구적 시스템이라는 아이디어는 도시가 건물처럼 설계될 수 있다는 도시개발의 이론이 되었다.

아키그램 그룹Archigram Group의 작업물들 중 하나는 영구적인 기초 구조에

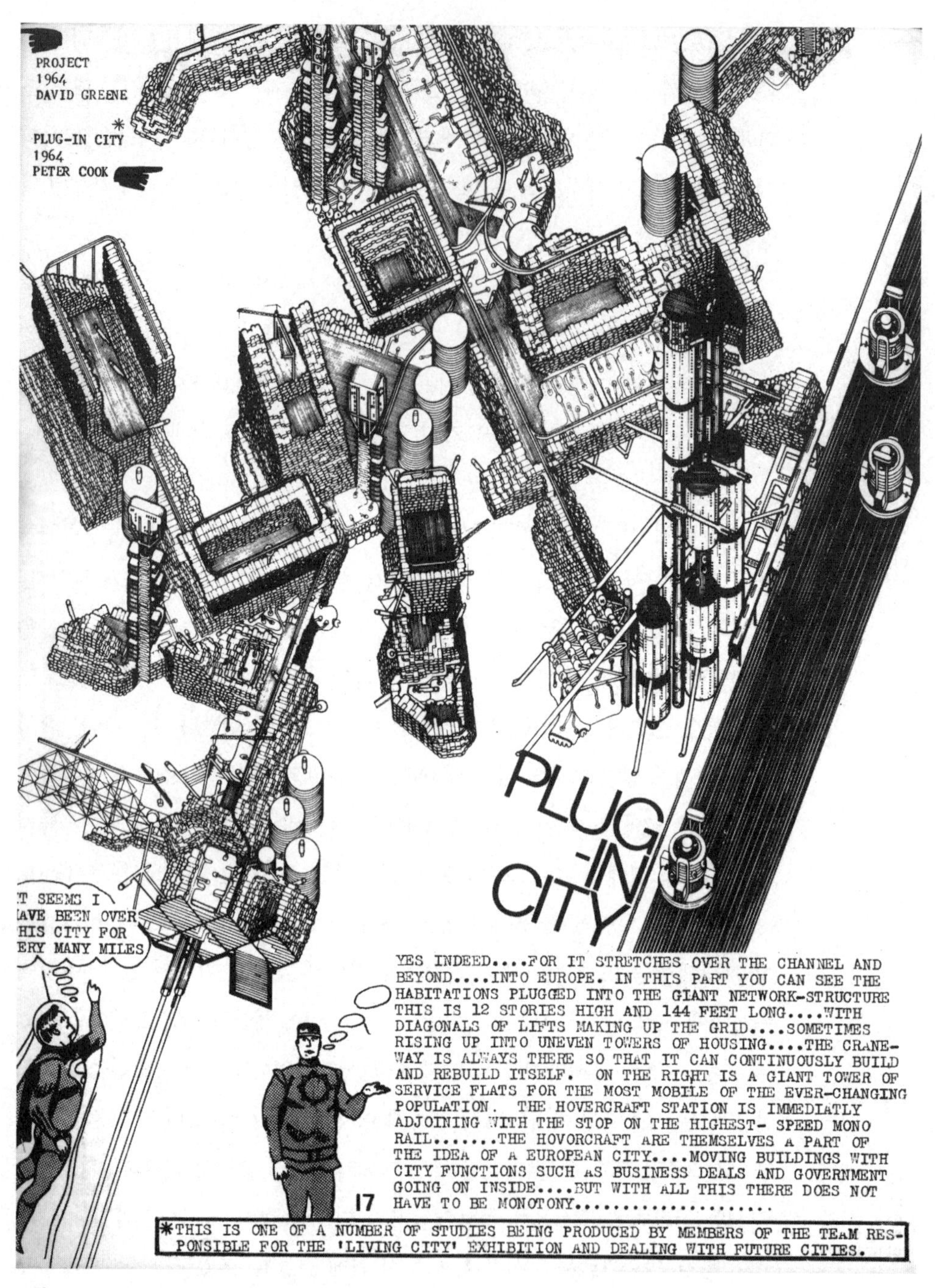

그림 4.15 ≪아키그램 4≫에 있는 '플러그인 시티'.

접합이 가능한 임시 캡슐이 결합된 사례이다. 아키그램은 런던의 건축연합학교Architectural Association School에서 시작되었고, 아키그램의 구성원들은 1961년 모두가 당시 학생으로서 잡지 발행을 시작했다. 아키그램은 미래의 도시를 만들기보다는 기존 영국 건축의 기득권 구조를 개편하려고 했다. 그들은 사람들이 브루노 타우트Bruno Taut의 표현주의적인 알프스의 건축, 버크민스터 풀러Buckminster Fuller의 돔과 캡슐, 버크민스터 풀러 사무소의 설계자인 제임스 피츠기번James Fitzgibbon이 구상한 1960년의 원형 수상도시, 그리고 우주 만화와 공상과학소설 삽화에 등장하는 상상의 도시에 관심을 갖기를 원했다(그림 4.15).

≪아키그램 4Archigram 4≫는 우주 만화에서 보이는 도시 여행에 독자들을 데리고 간다. "로이 리히텐슈타인Roy Lichtenstein의 지휘에 존경의 인사를 전하며 우리는 출발A respectful salute in the general direction of Roy Lichtenstein and we're off." 한편 지금까지 잘 알려진 도시 그림들은 아키그램 멤버들이 직접 완성한 것으로, 론 헤론Ron Herron과 워런 초크Warren Chalk의 1963년 '인터체인지 프로젝트Interchange Project', 피터 쿡Peter Cook의 1964년 '플러그인 시티Plug-In City', 론 헤론의 '워킹 시티Walking City' 등이 있다. 론 헤론과 워런 초크의 '도시 인터체인지Urban Interchange'는 모노레일과 고속도로를 따라 철로가 만나 완성된 납작한 구형의 건물이다. 인터체인지는 원통형의 망원경 같은 원형 관으로 연결되었으며, 여기에는 주변의 원통형 타워들을 연결하는 보행로가 있다. 원통형 타워는 과거 라디오에 사용되던 진공관과 비슷한 형태이다.

'플러그인 시티'의 대표적인 도면은 엑소노메트릭axonometric 투시도로서 역피라미드 모양의 모듈러식 주택들과 나란하게 한 걸음씩 후퇴되어 조성된 테라스 주택들이 튜브로 연결된 원통형 타워들을 보여준다. 이들은 호버크래프트hovercraft로서 도시 가장자리에 위치하며 거대한 지역권의 교통 연계를 유도한다. 전체 조합은 의도적으로 불규칙한데, 이는 대형 건물이 항상 엄격한 환경을 의미할 필요는 없다는 것을 암시해준다.

이러한 플러그인 개념은 무한수열의 조합이 만드는 무한히 다양한 도시 안에 개인의 필요에 맞추어 형성되는 가변형 구조의 가능성과 방법을 보여준다. 그림에서 보이듯 고밀도의 복잡한 상호 의존적 구조체들은 역시 복잡한 사회조직을 의미한다.

'플러그인 시티'는 구조 프레임의 꼭대기에 있는 크레인이 어떻게 캡슐을 딱 맞게 들어 올리는지, 어떻게 서비스가 이루어지는지, 풍선이 나쁜 날씨를 해

그림 4.16 론 헤론의 '뉴욕의 보행 도시'.

결하기 위해 어떻게 부풀려질 수 있는지를 보여주기 위해 작업되었다. 기상도와 유사한 도면은 영국을 일련의 고압력 개발존과 저압력 개발존의 연속체로 표현한 것으로, 플러그인 시티가 결국 고압력 개발존을 메울 것이라 제안했다.

'워킹 시티'는 거대한 망원경 같은 다단의 다리들을 가진 타원형 거대구조체의 이미지로 표현되었다. 거대구조체의 각 부분은 건축적 특성을 보여주지만 전체는 거대한 곤충처럼 보인다. 아키그램의 제안은 그들이 만드는 주제의 심각성에도 불구하고 항상 유머를 담아 보여주었다. 론 헤론의 워킹시티 제안으로 잘 알려진 '뉴욕의 보행 도시The Walking City in New York'는 다른 것들보다도 더 많은 유머적 요소를 가지고 있다. 이 그림은 워킹 시티 건물이 맨해튼 스카이라인을 배경으로 뉴욕의 항구에 도착하는 것을 보여준다. 아마도 당신은 이러한 거대한 다리를 가지고 움직이는 60층 건물들의 아이디어를 받아들일 수는 있겠지만, 그들이 물 위를 걷는다는 것은 믿기 어려울 것이다(그림 4.16).

아키그램 그룹의 1960년대 작업은 약 10년 동안 점차 생태적 특성을 띠게 되었다. 또한 이들은 지하도시에도 관심을 가졌으며, 오락을 위한 분해 가능한 구조와 환경에 관심을 보였다.

생태환경에 대한 관심은 파올로 솔레리Paolo Soleri가 1959년부터 1960년대 동안 환경보호를 목적으로 인구와 도시 활동의 집중을 유도하고자 했던 거대한 구형의 지하공간이나 타워형 도시 프로젝트들의 원동력이었을 것이다. 파올로 솔레리는 프랭크 로이드 라이트Frank Lloyd Wright의 사망 전, 그의 탤리에신Taliesin 사무소에서 마지막 몇 달 동안 공부했던 에콜 데 보자르의 마지막 세대의 졸업생이었다. 그는 불레Etienne Louis Boullee의 전통에서 비롯된 웅장한 건축적 구성과, 라이트가 존슨 건물S. C. Johnson and Son Administration Building에 사용한 일종의 '유기적organic' 엔지니어링을 결합하며 강화 콘크리트를 이용해 식물 형태의 설계물을 완성했다.

파올로 솔레리는 거대한 구조물 도시의 원형인 아르코산티Arcosanti의 공사를 1970년 애리조나 사막에서 시작했다. 이 공사는 대부분 자발적인 학생들의 노동과 장인적 방식으로 천천히 진행되었다. 이에 오랜 기간 동안 작은 마을 이상을 조성하지 못했다. 파올로 솔레리는 1960년대에 이 거대구조물의 옹호자들megastructuralists 중 한 명이었으며, 그의 상상과 실제화된 것 사이의 차이에도 불구하고 변하지 않은 관심을 보여주었다. 또 다른 강력한 거대구조물의 도시 이미지는 '공간 프레임space-frame'으로 요나 프리드먼에 의한 그림이다. 이 개념은 1960년부터 연구되어 기존 도시로 퍼지면서 보급되었다. 기존의 도시 활동urban activity이 입체적인 프레임 안에 배치되며, 현재 사용되지 않는 지상층의 구조들은 후에 철거될 수 있다.

한스 홀레인Hans Hollein의 1964년 항공모함 프로젝트는 건축의 공학적 형상화를 지지하는 르코르뷔지에의 논쟁과 도시설계를 위한 프로그램을 연계한 마지막 진일보로 보인다. 한스 홀레인은 르코르뷔지에가 원양 정기선을 새롭게 완성된 건축의 예라고 설득한 장소에서, 마른 땅이나 조경환경 속에 묻힌 항공모함의 콜라주를 통해 도시 규모의 거대한 주거 구조물들이 이미 존재한다는 것을 보여주었다.

실제로 조성된 거대구조물

몬트리올에서 열린 1967년 국제박람회는 거대구조물을 이용한 도시설계 개념이 실제로 시공되어 대중에게 소개된 첫 번째 행사였으며, 버크민스터 풀러의 거대한 돔은 미국 전시관을 수용했다. 모노레일 열차는 박람회 행사장을 가로질러서 우주 시대를 연상시키는 방식으로 돔 내부의 정거장에 도착했다. 아마 이 전시에서 가장 잘 알려진 것은 모세 사프디Moshe Safdie가 설계한 주거 프로젝트인 해비태트Habitat일 것이다. 해비태트는 조립식 콘크리트로 시공된

그림 4.17 모세 사프디가 설계한 몬트리올의 해비태트는 1967년 몬트리올 국제박람회의 일부로 지어졌다. 이 건물은 마치 최근 몇 년 전의 거대구조물 프로젝트처럼 보이나 모듈러 설계의 시공은 전통적인 것이다.

아파트 캡슐들로, 이들은 강화 콘크리트 구조체에 연결되어 장치되었다. 해비태트의 아파트 캡슐들은 표준화되어 있지 않았고 고정되어 움직이지도 않았다. 아파트 캡슐들은 구조적으로 상호 지지하고 있어, 지상층에 가까운 아파트는 11층 규모의 콤플렉스 상부의 아파트와는 상당히 다른 벽 구조를 필요로 했다. 그 결과, 건물은 지중해의 언덕에 있는 마을과 같은 아름다운 자연경관과 신기술의 결합을 보여주었다. 해비태트는 시공 비용과 독특한 모습으로 사프디가 기대했던 정도의 모범적인 영향력을 갖지는 못했다. 하지만 렘 쿨하스Rem Koolhaas의 최근 싱가포르 프로젝트는 해비태트와 비교할 만한 작업물로, 아파트 건물들이 전체 구조물을 완성하는 유사한 형태를 갖고 있다(그림 4.17).

플라스 보나방튀르Place Bonaventure 콤플렉스는 몬트리올 엑스포가 있던 해에 몬트리올의 도시 중심부에 완공되었고, 외관상으로는 거대한 단일 건물처럼 보이나 거대구조물의 특성을 갖고 있다. 철로와 지하철 연결부 위에 시공된 이 건물에는 쇼핑 홀, 20만 제곱피트(18,580m^2)가 넘는 컨벤션 회의장, 6개 층의 종합도매센터가 있으며, 구조체 상부에 조성된 코트야드 주변으로 호텔이 건설되었다. 플라스 보나방튀르의 외관은, 폴 루돌프Paul Rudolph가 설계하여 1964년에 완공된 예일대학교의 건축아트 스튜디오 건물로부터 영향을 받았음을 보여준다. 또한 이 건물은 단게 겐조의 도쿄 베이 프로젝트의 중앙부 거대구조물과 유사한 모습을 보여준다. 폴 루돌프의 각 타워는 실제로 작은 교실만 한 크기를 갖고 있는데, 이는 도쿄 베이 프로젝트에서 다리로 연결된 도시 중심부 규모의 독립된 거대 건물의 축소물로 해석될 수 있다.

폴 루돌프는 거대구조물의 개념을 1963년에 설계한 고가 다리형의 건축요소를 가진 보스턴 시청사Boston Government Center에 사용했다. 그리고 같은 해에 설계된 매사추세츠대학교의 다트머스 캠퍼스 역시 비슷한 건물의 그룹들이 선형으로 배치된 효과적인 거대구조물의 도시설계 사례이다. 이후 폴 루돌프는 더 큰 규모의 거대구조물 프로젝트를 설계했다. 예를 들면 그는 1967년에 이동식 주택과 유사한 조립식 주택으로 계획된 로워 맨해튼Lower Manhattan의 그래픽 아트센터와 주거, 그리고 같은 해에 로워 맨해튼 고속도로Lower Manhattan Expressway 부지에 선형의 주거 구조를 제안했다. 실제로 그 시대의 몇몇 대규모 주택들은 거대구조물로 지어졌다. 영국 북부의 뉴캐슬에 위치한 바이커 에스테이트Byker Estate는 스웨덴계 영국인 건축가 랄프 어스킨Ralph Erskine이 설계했다. 이곳의 건물들은 건물 한쪽 입면이 거의 비어 있고 나머지 건물 면은 창문과 발코니가 여유 있게 배치된 몇 개의 거대구조물 중에서 규모가 가장 크다. 원래 북풍을 막기 위해 고안된 이 설계안은 인접한 고속도로로부터 주거를 보호한다. 전체 건물은 거의 1마일(1.6km) 길이로 설계되었다.

런던의 브런즈윅 센터Brunswick Center는 산텔리아 양식의 고층 타워군이다. 이 건물들은 캠든 버로우 의회Camden Borough Council의 주거 프로젝트로서 레슬리 마틴Leslie Martin과 패트릭 하지킨슨Patrick Hodgkinson이 설계했다. 브런즈윅 센터는 무한 확장이 가능한 건축 배치로 역시 거대구조물이라 할 수 있다. 건물들이 평행하게 두 줄로 배치되어 있으며, 중간에는 쇼핑 홀과 차고가 있는 테라스나 스타디움이 있다.

1960년대와 1970년대 초반은 북아메리카의 대학들이 거대하게 확장한 시기였기 때문에 캠퍼스 전체나 커다란 대학 건물군을 새롭게 설계할 기회가 많았다. 이런 새로운 대학들 중에서 일부는 거대구조물의 방식을 따랐고, 그 예로는 존 앤드루스John Andrews가 산업 건물의 형태로 설계한 토론토 근처의 스카버러 칼리지Scarborough College, 아서 에릭슨Arthur Erickson이 공간 프레임의 개념으로 내부 가로를 설계한 브리티시컬럼비아의 사이먼프레이저대학교Simon Fraser University 등이 있다. 많은 대형 쇼핑센터들이 사실은 거대구조물 프로젝트라고 할 수 있다. 이들은 크리스털 팰리스Crystal Palace의 도시 아케이드 전통과 거대구조물 프로젝트의 내부 제어 환경으로부터 발전되었고, 아키그램이 제안했던 교체 가능한 플러그인 방식의 상점 전면부를 가지고 있다.

파이프처럼 보이는 다리 구조의 아키그램의 미학과 캡슐을 이용한 공간의 정의는 렌조 피아노Renzo Piano와 리처드 로저스Richard Rogers의 1970년 설계 당선안으로 실제 지어진 파리의 퐁피두 센터Centre Pompidou에서도 관찰된다. 공간 프레임, 캡슐, 로봇의 축제의 장이었던 1970년 오사카 국제박람회는 거대구조물 사조의 정점이 되었다. 또한 1970년에 단게 겐조는 일본 열도 전체를 거대구조물로서 제안한 계획안을 발표했다. 1972년에는 구로카와 기쇼의 나카진 캡슐 타워Nakagin Capsule Tower가 도쿄에서 완공되었다. 길쭉한 빨래 건조대 형태의 조밀한 조립식 주거 유닛이 콘크리트 지지대에 붙여졌다. 이것이 실제로 완성된 플러그인 구조였다. 그러나 나카진 타워는 플러그인 도시들의 선구자가 아니었으며, 독특하고 소외된 건물이었다.

1960년대부터 건설된 국제공항들은 자립적이며 다소 제한적인 대규모의 커뮤니티로서 종종 거대구조물의 성격을 가졌다. 때때로 건축가들은 유사성을 강조하는데, 기울어진 튜브들이 중앙의 원형 공간을 가로질러 연결되는 파리의 샤를 드골Charles de Gaulle 공항의 터미널 건물은, 론 헤론과 워런 초크의 아키그램 인터체인지 프로젝트로부터 영감을 받은 것으로 보인다. 홍콩의 신공항은 어떤 정의로든 거대구조물이다(그림 4.18).

현재 중국은 오피스 건물과 주거 건물을 거대구조물로 시공할 수 있는 경제력을 가진 유일한 곳으로 보인다. 중국 CCTV 타워는 OMAOffice of Metropolitan Architecture의 렘 쿨하스Rem Koolhaas와 올레 쉬렌Ole Scheeren이 설계했으며, 비스듬히 기대어진 2개의 타워들이 지상층과 꼭대기에서 거대한 건축요소들로 결합되어 있다(87~88쪽 참조). 이 건물은 다수의 독특한 건물들을 가능하게 했던 구조 엔지니어인 아럽Ove Arup의 자문을 통해 기존의 구조 문제와 경제 논리를 벗어났다. 또 다른 최근 중국의 거대구조물은 베이징에 있는 8개의 아파트 타워들과 호텔의 그룹으로, 스티븐 홀Steven Holl이 설계했다. 고층 건물들을 연결하는 다리들은 거대구조물을 완성하며 공중의 상업 가로로 형성되었으나, 실제로는 명확한 경제적 목적이 없다(그림 4.19).

그림 4.18 포스터 + 파트너스가 설계한 홍콩의 신공항.

그림 4.19 스티븐 홀이 설계한 베이징의 아파트 건물군이다. 건물들이 서로 연결되어 하나의 거대구조체가 완성되었다.

거대구조물은 왜 실패하는가

미래 도시의 대안적 비전이었던 거대구조물은 도시의 현실적인 문제들을 해결하지 못했다. 도시개발은 일반적으로 시간이 지나면서 점진적으로 재정을 확보하며 진행되어왔다. 수십만 명의 사람들을 위한 구조물을 단지 몇 년 안에 건설하는 것은 실제로 불가능하다. 만약 어떤 도시개발 프로젝트가 민간 투자에 의해 재정을 확보한다면, 그 부동산 시장은 이러한 투자개발로 발생된 거대한 규모의 주택상품들을 단기간에 흡수하지 못할 것이다. 만약 정부가 이러한 대규모 개발 프로젝트를 지원한다면, 재정을 확보해야 하는 지방자치정부의 힘은 오랜 시간을 거치면서 분산될 것이며, 정치적 문제는 기하급수적으로 증가할 것이다.

거대구조물의 구조도 기존 건물의 그것과는 다른 새로운 요소이다. 이에 거대구조물은 기존 건물과 미래에 지어질 건물 간의 평형을 유지하기를 기대한다. 부동산 시장은 임대가 잘 이루어지지 않을 것 같은 원통형 타워나 미래에나 가능할 수 있는 개인의 캡슐형 주거 유닛을 담고 있는 1제곱마일(약 2.5km^2)의 거대한 공간 프레임space-frame에 대한 투자를 꺼린다. 뉴욕을 거점으로 활동하는 단체인 RPARegional Plan Association에 의해 1969년에 발표된 라이 오카모토Rai Okamoto의 맨해튼 미드타운을 위한 도시설계안은 이런 문제로 좌초되었다. 당시 설계안은 미래 건물들을 클러스터 형태로 조합하고 엘리베이터, 소방 계단, 수직 배관, 기타 서비스 요소들을 배치하는 것이었다. 그러나 누가 이러한 프로젝트에 투자를 할 것인가에 관한 질문에는 해답이 없었다(그림 4.20).

많은 거대구조물의 개념은 사람들이 주거지와 업무지를 통째로 한 지역에서 다른 지역으로 옮길 수 있다는 가정에서 시작되었다. 그러나 일반적으로 사람들은 간단한 소유물을 현재 수요에 적합한 입지와 규모를 갖고 있는 다른 공간으로 옮기는 것에 더 익숙할 뿐이다.

거대 건축물 형태를 가진 미래 도시의 모델에 대한 주장은 거대한 건축물의 미래 도시가 질서 있고 효율적인 도시의 성장 방법이라는 것이다. 그러나 사실 도시만 한 크기의 건축에서 질서와 효율성을 유지하려는 노력은 심각한 비효율성을 만들어낸다. 미국 세인트루이스에 개발된 프루이트 이고에Pruitt-Igoe

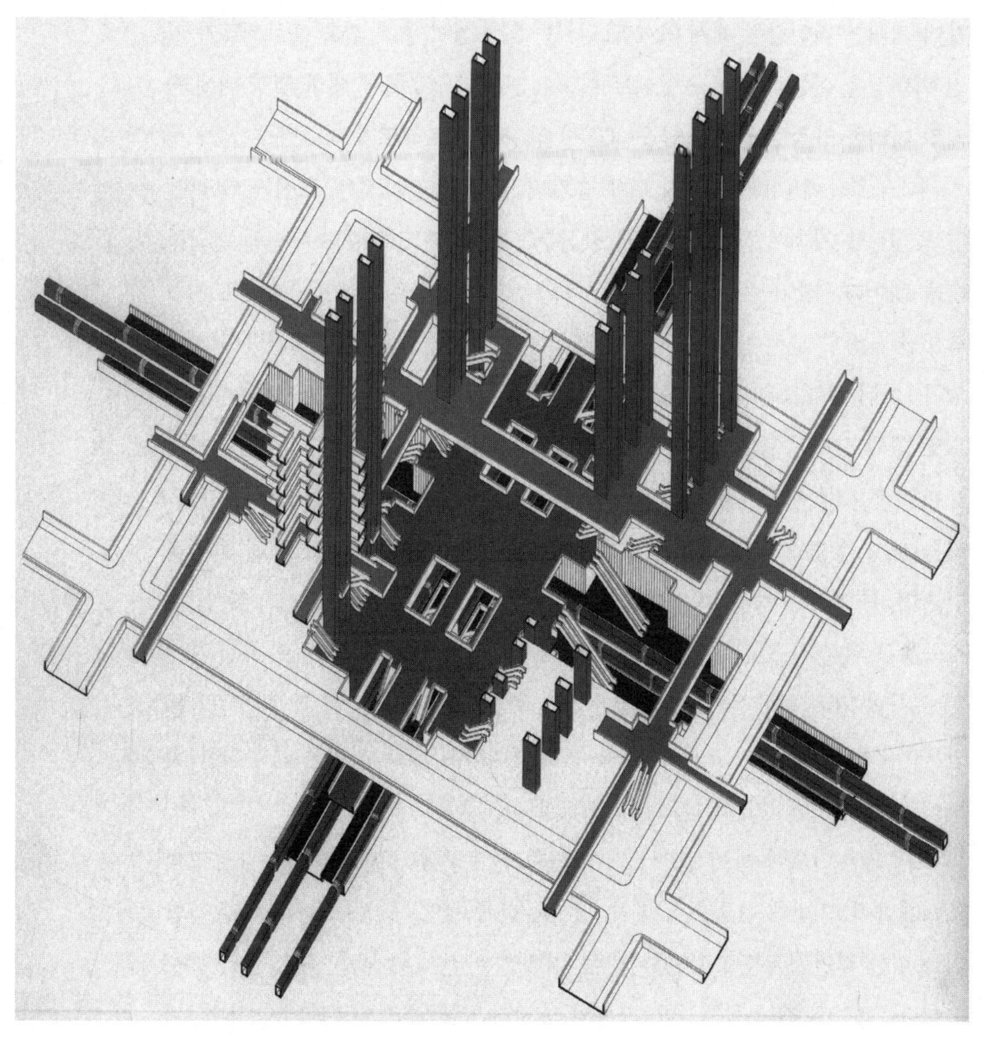

그림 4.20 RPA를 위해 라이 오카모토(Rai Okamoto)와 프랭크 윌리엄스(Frank Williams)가 뉴욕 시 맨해튼 미드타운의 수평·수직형 교통 시스템으로 설계한 거대 건물의 체계.

의 주거 개발은 매우 성공적이지 못했으며, 결국 그중 일부가 파괴된 프로젝트였다. 프루이트 이고에 프로젝트는 1955년에 2,764세대 아파트를 수용한 거대구조물의 규모로서, 르코르뷔지에의 공중보행로의 한 형태인 아파트의 접근 통로를 가지고 조성되었다.

유사한 규모의 설계 프로젝트들이 다른 도시에서 조금 더 성공적이었음을 고려하면, 프루이트 이고에는 아마도 기능적인 문제뿐만 아니라 설계적인 문제도 갖고 있었다고 판단된다. 하지만 거대구조물 프로젝트는 개인의 주거 공간이 거대한 비인간적 체계 안에 담겨지는 익명성의 주거 캡슐 프로젝트가 가진 위험성을 실증해준다. 프루이트 이고에는 거대구조물에 대한 열정 뒤에 숨겨진 이러한 가정들에 대한 답을 제공한 상징적 프로젝트가 되었다.

거대구조물에 대한 큰 열정 뒤에 숨겨진 또 하나의 가정은, 도시는 그 본질상 중심부를 가져야 하나, 이 도시 중심부는 결국 과도한 밀도로 인해 번잡하다는 것이다. 1960~1970년대는 자동차, 트럭, 고속도로, 공항을 통해 도시의 엄청난 확장과 도시 중심부를 구성했던 많은 기능들의 분산이 일어났던 시기였다. 이런 경향들은 제2차 세계대전 이전에 시작되었지만, 경제 침체와 전쟁으로 인해 잠시 중단되었다. 새로운 양식은 유럽이나 일본보다 북아메리카와 오스트레일리아에서 더 빠르게 발생했으나 어느 곳에서도 관찰되었다. 자동차는 도시 집중을 위해 필요했던 기존의 많은 필수사항들을 불필요하게 만들었으며, 특히 도시 중심부는 산업들이 이전되어 나오면서 비즈니스, 관광, 고소득층을 위한 장소로 새롭게 재탄생되고 있다. 거대구조물의 주요 목적은 기존 도시의 범위 내에서, 또는 새로운 도시의 체계로서 밀도의 막대한 증가를 만들어내는 것이었다. 그러나 1960~1970년대까지 많은 사람들은 이러한 밀도에서 살 필요도 없었고 살고 싶지도 않았다.

또한 1970년대에 들어서면서 기존 사회가 추구했던 고속성장과 대규모의 도시개발이 그 반대 관점으로 대체되었다. 먼저 제인 제이콥스는 다니엘 번함의 유명한 격언을 뒤집고, 커뮤니티에 '거대한 비전big idea'을 만들지 말라고 충고했다. 역사 보전 운동가들은 기존의 도시가 보호되고 회복되어야 하며, 이들이 주상복합 또는 시간의 흐름이 보이지 않는 공간 프레임식 개발로 대체되어서는 안 된다고 설득력 있게 주장했다. 건축가들은 한때 구식이고 뒤떨어진다고 경시되었던 역사적인 건물들을 재발견했다. 에너지의 위기는 전체 건물을 새로 짓는 것보다 기존 건물을 보존하거나 도시를 보수하는 것이 더 합리적이라는 것을 시사했다. 특히 캡슐이나 대규모의 통제된 환경으로서 에너지 손실을 유도했던 구조물에 대한 개조를 제시했다. 또한 급격한 인플레이션은 신축보다는 개축이 경제성이 높은 방법임을 확인해주었다. 1970년대 후반의 이러한 사회적 경향들은 당시 몇 년 전까지만 해도 합리적으로 여겼던 도시의 거대구조물에 관한 비전과 전제들을 강하게 비판했다.

크리스토퍼 알렉산더와 조금씩 완성되는 도시설계 시스템

크리스토퍼 알렉산더Christopher Alexander는 1950년대에 케임브리지대학교에서 건축을 공부했다. 그는 건축을 이해하고 가르치는 데에 더욱 체계적이고 지적인 설명 방법이 있어야 한다고 생각했다. 하버드대학교에서 완성한 알렉산더의 박사 학위논문은 이후 1964년 『형태의 통합에 관한 고찰Notes on the Synthesis of Form』[27]이라는 저서로 발전되었다. 저서는 당시의 컴퓨터 기술을 응용해 건물과 도시의 기능을 분류하고 그 상호관계를 체계화한 작업이었다. 이렇게 건물과 도시의 상호관계를 체계화시킨 클러스터는 이론적으로 다시 기능적인 관계를 가진 설계물로 합성될 수 있어야 한다. 당시 알렉산더의 문제점은 형태분석의 방법만을 창안했고, 형태통합의 방법은 제안하지 않았다는 것이었다. 즉, 그는 기능적인 클러스터들을 건물로 통합하는 방법을 찾지 못했다. 흥미롭게도 『형태의 통합에 관한 고찰』에 제시된 '작업 사례'에 대한 설명들은 건물에 대한 것이 아니라 인도의 한 마을에 관한 것이었다. 크리스토퍼 알렉산더는 저서 연구를 위해 인도의 아마다바드Ahmadabad에 있던 건축학교 동창생인 카멜 만갈다스Kamal Mangaldas의 집에 머물렀다. 선사시대에 기원한 이 마을은 이미 하나의 설계 시스템과 같은 형태로 진화해온 사례였다.

『형태의 통합에 관한 고찰』은 출판된 후 설계가들 사이에서 대단한 관심을 모았다.[28] DMGDesign Methods Group는 크리스토퍼 알렉산더의 접근방법을 좀 더 발전시켰다. 이에 DMG는 뉴스레터를 발행했고 연례 컨퍼런스를 개최했다. 미국건축사협회는 알렉산더에게 이러한 연구 업적을 기리는 메달을 수여했다. 한편 알렉산더는 1967년 미국건축사협회 연례회의에서의 메달 수락을 거절했으며, 그 대신 편지로 건축가가 이 연구의 가치가 무엇인지 실제로 아는가라는 질문을 전달했다.[29] 알렉산더는 또 다른 저서에서 자신의 연구방법

27 크리스토퍼 알렉산더Christopher Alexander, 『형태의 통합에 관한 고찰Notes on the Synthesis of Form』(Harvard University Press, 1964).

28 필자는 책의 요약본을 준비해서 알렉산더의 검토와 승인 후에 1965년 ≪아키텍처럴 레코드Architectural Record≫에 게재한 바 있다.

29 필자는 1967년 뉴욕 시에서 열린 미국건축사협회 컨퍼런스에 참가했으며, 이 회의에서

론이 막다른 길에 다다랐음을 알았다. 이에 그는 대부분 산업혁명 이전에 건설된 건물에서 관찰되는 기능들의 클러스터 사례를 연구했다. 1977년 그는 이러한 새로운 연구 결과를 언어학의 용어를 빌려 『형태언어A Pattern Language』라는 저서로 그가 설립한 캘리포니아 버클리대학교 연구센터에서 출간했다.[30] 『형태언어』도 곧 폭넓은 영향력을 미쳤다. 『형태언어』에서 알렉산더의 통찰력은 흥미롭고 유용했으나, 이는 하나의 사전dictionary이며 단어vocabulary일 뿐, 언어language는 아니었다. 『형태언어』도 알렉산더의 이전 연구의 문제점과 마찬가지로 단어들을 문장으로 배열하는 신택스syntax를 설명하지 못했다. 알렉산더가 출간한 다양한 사례연구들은 실제 건물을 통해 형태언어를 이용한 설계방법을 설명했으나 그 일부분만을 보여준다. 또한 그는 형태언어를 다른 건축가들처럼 매우 직관적인 방법으로 활용했다.

『린츠 카페Linz Café』는 크리스토퍼 알렉산더가 1980년 여름에 린츠에서 개최된 포럼 디자인Forum Design 전시의 일부였던 작은 레스토랑의 설계작업 과정을 기록한 해설이다. 재료는 대부분 나무로서 규모가 그리 크지 않았음에도 이 건물의 형태는 전통적인 바실리카basilica나 성당과 비슷했다. 레스토랑의 부스는 부속된 예배당인 것처럼 구성되었고, 중앙부의 높은 천장과 클리어스토리clerestory 창을 가진 네이브nave에 테이블들이 배치되었다. 크리스토퍼 알렉산더는 다른 건축가들처럼 이런 설계의 통합 과정을 단순화된 문제로 축소했고, 이후 도출된 형태에 프로그램을 맞추었다.[31] 알렉산더의 린츠 카페 설계와 시공 작업은 그의 방법에서 주요 문제점을 부각시켰다. 즉, 모든 기능과 모든 패턴의 중요도가 모두 같을 수 없다는 사실이다. 결국 설계 과정에서 모든 이

알렉산더의 편지가 낭독되었다. 알렉산더는 그의 이력에서 이 수상 경력을 부각시키고 있다.

30 크리스토퍼 알렉산더Christopher Alexander · 사라 이시카와Sara Ishikawa · 머레이 실버스테인Murray Silverstein · 막스 제이콥슨Max Jacobson · 잉그리드 픽스달-킹Ingrid Fiksdahl-King · 슬로모 엥겔Shlomo Angel, 『형태언어: 타운, 건물, 건설A Pattern Language: Town, Buildings, Construction』(Oxford, 1977).

31 크리스토퍼 알렉산더Christopher Alexander, 『린츠 카페, 린츠 카페The Linz Café, Das Linz Café』(Oxford University Press / Locker Verlag, 1981).

슈들을 동일하게 해결하려는 노력은 세부 디테일에 세심한 설계를 유도하지만, 이로 인해 일관성 있는 하나의 통일된 콘셉트를 가진 설계를 어렵게 한다.

크리스토퍼 알렉산더의 새로운 도시설계 이론

『형태언어』는 산업사회 이전의 시공 작업과 건물 형태에 상대적으로 명확하게 적용이 가능했다. 이러한 특성은 시공 작업과 건물 형태가 보편화된 사회적 배경에서 몇 세기 동안 진행된 점진적인 건물의 개선 과정에 따른 결과로 이해될 수 있다. 또한 이것이 건물들이 일정한 패턴을 가져왔던 이유이며, 특히 과거에는 제한된 시공 작업하에서 완성된 결과이기 때문이다. 전통적인 설계 시스템에 대한 크리스토퍼 알렉산더의 관심은 캘리포니아 주립대학교 버클리 캠퍼스에서 그가 지도한 스튜디오에 대한 해설 『도시설계의 새로운 이론A New Theory of Urban Design』에서 뚜렷하게 나타난다.[32] 알렉산더는 18명의 학생들과의 공동 작업을 통해 샌프란시스코 수변 구역의 물리적인 형태를 설계하려고 했다. 알렉산더는 스튜디오의 목표를 산업사회 이전의 도시에서 관찰되는 전체성wholeness과 일관성coherence을 만들어내는 것으로 설정했다.

당시 알렉산더는 학생들의 교육과정에 신택스를 활용했다. 그는 전체성을 완성하는 다음 7개의 규칙들을 정의했다.

1. 건물의 증축은 대규모일 수 없으며, 건물들의 크기는 다양해야 한다.
2. 개별 건물은 더 큰 전체의 성장에 기여해야 한다.
3. 개별 건물은 사람들이 생각하는 '건물은 어떠해야 한다'는 비전에 어느 정도 일치해야 한다.

32 크리스토퍼 알렉산더Christopher Alexander · 하조 나이스Hajo Neis · 아르테미스 아니누Artemis Anninou · 잉그리드 킹Ingrid King, 『도시설계의 새로운 이론A New Theory of Urban Design』(Oxford University Press, 1987). 1978년 캘리포니아 주립대학교 버클리 캠퍼스에서 진행된 스튜디오가 이 책의 기반이 되었다.

4. 개별 건물은 그 옆에 일관된 양질의 형태를 가진 공공공간을 두어야 한다.
5. 대형 건물의 실내 공간 배치는 건물 주변의 외부 공간과 일관성 있게 연결되어야 한다.
6. 건물은 일관성 있는 하부구조물들의 시스템으로 완성되어야 한다.
7. 개발로 인한 확장은 개별적으로 대칭적인 하부 시스템의 중심부를 구성하되 융통성을 가져야 한다.

이러한 7개의 규칙들은 산업시대 이전의 도시 규범에 기인한다. 산업사회 이전의 구조 시스템은 대부분 먼저 건물의 최대 크기를 결정했으며, 목재와 석재로 완성된 지붕 구조는 서로 다른 규모의 건물 크기를 제한했다. 방어용 성벽시설로 둘러싸인 도시는 입지가 제한되었고, 도시의 보수와 확장은 언제나 도시 전체를 고려하여 진행되었다. 산업시대 이전 사회에서 제한된 건물의 유형과 선택은 대다수 사람들이 보편적으로 설계 아이디어에 친숙했다는 것을 의미했다. 서부 유럽의 전통인 공공공간의 일관성은 르네상스 시대의 발명품으로 270쪽에서처럼 산업사회 이전의 독일 도시를 기술한 카를 그루버의 도면에서 특히 마지막 단계에 나타난다. 외부 공간과 내부 공간의 연결 또한 르네상스 시대의 발명품으로, 도시의 구성부와 건물 내부 공간의 대칭을 달성하려는 노력과 유사하다. 구조의 모듈 체계는 르네상스 건축에 내포되어 있으나 프랑스 혁명 동안 뒤랑의 교육을 통해 더욱 체계화되었다고 할 수 있다.

크리스토퍼 알렉산더는 책의 마지막 장의 스튜디오 평가에서, 규칙의 설명에 대해서는 좀 더 보완과 개선이 필요하나, 큰 문제는 "우리가 요약한 과정이 현재의 도시계획, 조닝 규제, 도시 부동산, 도시경제, 도시법규와 상호 양립할 수 없다"는 것이라는 결론을 내렸다. 이는 알렉산더의 도시설계 이론이 널리 수용되지 못한 이유를 명확히 설명해준다.

크리스토퍼 알렉산더의 질서를 만드는 방법과 본질

크리스토퍼 알렉산더는 형태언어의 문법과 설계 이론의 결론을 좀 더 깊게 고찰하며 사회가 수용할 수 있도록 노력했다. 이러한 노력으로 완성된 『영원한 건축의 방법The Timeless Way of Building』은 『형태언어』보다 2년 늦게 출간되었지만 오히려 『형태언어』의 서론처럼 여겨진다.[33] 영원한 방법은 얻을 수 없으나 "우리가 그냥 놓아둔다면 그것은 스스로 나타날 것이다". "그것은 이미 우리 곁에 있어온 지 수천 년이 되었고, 언제나 그랬던 것처럼 오늘도 변함이 있다." 물리적 환경의 조성 목표가 언제나 동일해야 한다고 말하는 것은, 모던 생활의 특징인 산업혁명과 의사소통의 혁명, 글로벌화, 이외의 다른 요소가 현재의 바람직한 건물이나 도시에 어떠한 영향도 주어서는 안 된다고 말하는 것과 같다. 반대로 이런 모든 혁신들은 인간이 가져야 하는 자연과 커뮤니티의 연결을 막는 방해물이 되어왔다. 그러나 크리스토퍼 알렉산더는 책의 삽화가 담은 아름다운 건물이나 풍경을 만들어낸 당시의 경제와 사회 상태로의 회귀를 지지하지 않는다.

영원한 방법은 좋은 건물과 좋은 장소를 완성하는 필수적 요소로서 "한 사람의 작업물이라 할 수 없는 환경의 질"을 만들어냈다. 영원한 방법으로 가는 관문은 패턴을 이해하는 것이다. 패턴은 상호 연결되어 있어 언어처럼 구조를 가지고 있다. 이러한 상호 연결이 해결되었을 때, 완벽한 결과와 한 사람의 이름을 넘는 환경의 질을 획득할 수 있다. 크리스토퍼 알렉산더는 건물의 구성방식과 건물군의 구성방식을 패턴을 통해 단계별로 설명했다. 알렉산더가 하지 않을 것은 설계 과정의 구성이며, 따라서 독자들은 그의 단계별 작업 뒤의 모든 논리를 재구축할 수 있다. 알렉산더에게 설계는 질서와 일관성을 서서히 드러내는 신비로운 과정이다.

이러한 질서와 일관성은 어디에서 나오는가? 크리스토퍼 알렉산더는 27년 동안 찾아온 이 질문의 해답을 네 권으로 구성된 저서 『질서의 본질The Nature of Order』을 통해 고민했다.[34] 그는 '완전wholeness'과 '생명aliveness'이라 부르는

---

33 크리스토퍼 알렉산더Christopher Alexander, 『영원한 건축의 방법The Timeless Way of Building』(Oxford University Press, 1979).

34 크리스토퍼 알렉산더Christopher Alexander, 『삶의 현상: 질서의 본질 1권The Phenomenon of Life: Nature of Order, Book 1』(Center for Environmental Structure, 2001); 『생명창조의 과정: 질서의 본질 2권The Process of Creating Life: Nature of Order, Book 2』(Center for Environmental

특성에 관한 과학적 기초가 있다고 확신했다. 그는 『형태언어』에서 설명하는 패턴이 다음 15개의 요소로 완성된다고 생각했으며, 이 요소들이 모여 하나의 의미 있는 언어로서 일관성 있는 패턴을 만들어낸다고 결론지었다. 목록은 다음과 같다.

1. 단계적인 규모(스케일)Levels of scale
2. 강력한 중심부Strong centers
3. 경계Boundaries
4. 교차 반복Alternating repetition
5. 긍정적 공간Positive space
6. 좋은 형태Good shape
7. 부분에서의 균형Local Symmetries
8. 깊은 연계와 모호함Deep interlock and ambiguity
9. 대조Contrast
10. 점진적 변화Gradients
11. 거침Roughness
12. 울림Echoes
13. 빈 공간The void
14. 단순함과 내부의 평온Simplicity and inner calm
15. 분리되지 않음Non-separateness

크리스토퍼 알렉산더는 이러한 특성들이 건축이나 도시를 이해하는 방법 이상의 가치를 갖고 있다고 주장한다. 알렉산더는 그것들이 모든 자연의 기초를 구성하는 질서의 지표라고 확신했다. 그도 마이클 배티Michael Batty처럼 "형

Structure, 2003); 『살아 있는 세계의 비전: 질서의 본질 3권A Vision of a Living World: The Nature of Order, Book 3』(Center for Environmental Structure, 2004); 『어둠에서 빛나는 땅: 질서의 본질 4권The Luminous Ground: The Nature of Order, Book 4』(Center for Environmental Structure, 2003).

태와 구조의 발전에 관해 더 깊이 있는 이론이 밝혀져야 한다"고 믿는다. 하지만 알렉산더는 그러한 성취가 수학이 아닌 관찰과 추론으로 가능하다고 생각한다.

156~157쪽에서 설명했듯이 루돌프 비트코워Rudolph Wittkower는 그의 저서 『인본주의 시대의 건축 원리Architectural Principles in the Age of Humanism』에서 정수whole number의 비율에 따라 음정note을 만들어내는 현의 길이와 화성을 설명한 피타고라스의 발견에 대해 기술했다. 그리고 비트코워는 "이 믿을 수 없는 엄청난 발견이 사람들로 하여금 결국 우주를 지배하는 신비로운 조화로움을 이해하게 한다"라고 기술했다.[35] 아마도 우리에게 우주를 지배하는 조화로움이 존재할 수도 있다. 크리스토퍼 알렉산더와 마이클 배티는 서로 다른 방법으로 이러한 조화로움을 발견하려고 노력하고 있다. 확실히 그러한 조화로움이 존재한다면, 이를 모방하고 재생산하는 방법을 찾는 것이 건축과 도시계획의 열쇠가 될 것이다. 그러나 현재 그러한 열쇠는 아직 없다.

도시의 형태를 결정하는 코드

도시계획 코드planning code와 건물 코드building code는 19세기까지 진화해왔던 시스템 도시설계의 와해에 반응한 결과이다. 당시 도시는 철도와 산업, 산업오염과 산업 슬럼, 교통체증의 증가, 도시 기능의 공간적 분리, 자연환경을 침범한 도시개발 등으로 병들었다. 미국에서는 특히 상세한 코드가 발달되었다. 이는 연방정부의 헌법이 도시 성장관리에 관한 대부분의 결정을 주정부에 이양해왔으며, 주정부 역시 이에 관한 결정들을 지방자치정부에 이양하고 있기 때문이다. 연방정부는 도시 성장관리에 관한 결정과 승인 관행을 위해 모델 코드를 마련했으며, 주정부들은 이양된 행정력 사용을 합법화하는 입법을 통과시켰다. 이러한 코드들은 일종의 시스템이며, 시스템은 재량에 의한 심의

35 크리스토퍼 알렉산더가 케임브리지대학교 건축학과에 재학하던 시절에 비트코워의 책은 영국 건축 출판계의 베스트셀러 중 하나였다.

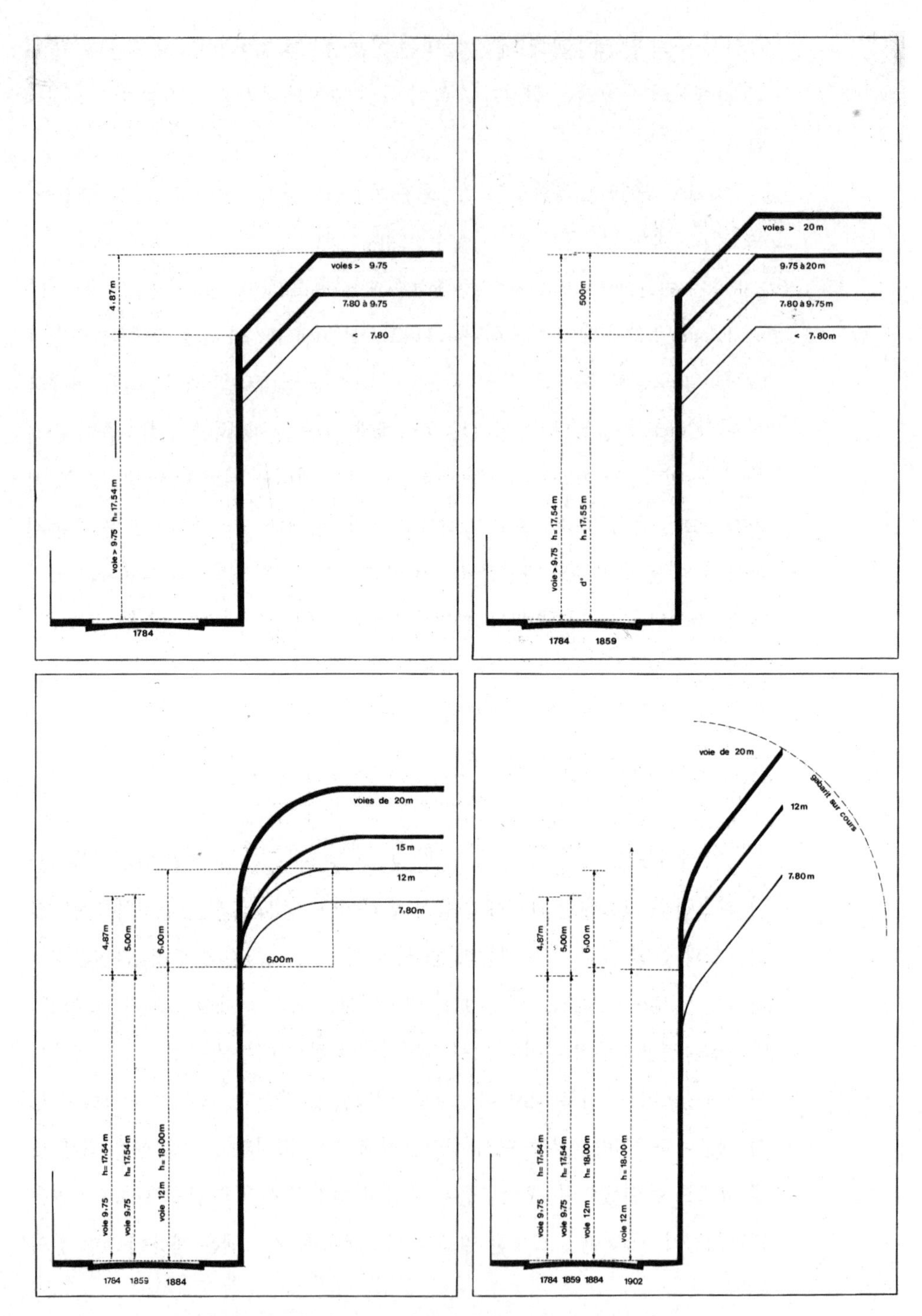

그림 4.21 다이어그램들은 건물 높이를 거리의 폭에 연계시킨 파리의 도시 규제의 진화를 보여준다.

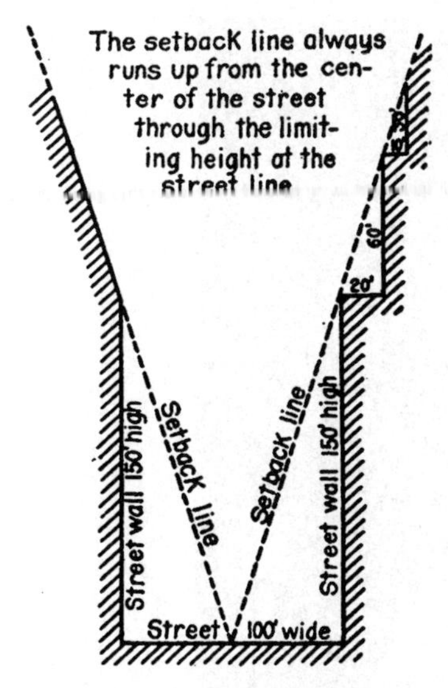

그림 4.22 뉴욕 시의 1916년 조닝 코드 다이어그램은 가로의 중앙으로부터 규칙이 정한 일정한 각도로 뻗어 나온 '하늘 개방면(sky exposure plane)'이 어떻게 건물 높이를 규제하는지 보여준다. 이와 유사한 방법이 파리에서 오랫동안 사용되었다.

보다는 명확한 규제조건을 갖고 있다. 당시 이러한 변화는 지방자치정부가 임의로 사용해온 재량권에 대한 뿌리 깊은 불신에서 비롯되었다.

건물 코드의 목적은 화재, 구조적 붕괴, 통풍이 나쁜 실내, 그리고 기타 공공의 안전을 위협하는 요소에 대한 방지이다. 건물 코드의 역사는 산업혁명 이전 사회로 거슬러 올라간다. 예를 들어 런던 대화재 이후, 인접한 주택들 사이에는 석조 벽이 시공되어야 했다. 19세기 이후 20세기 초반에는 새로운 건물의 화재 안전에 대한 새로운 건물 코드가 필요했으며, 환기와 위생, 그리고 새로운 건물 재료의 구조적 안정에 대한 규제도 시급했다. 오늘날 건물의 막대한 구성요소들이 공장에서 대량으로 생산되고 있으며, 이에 지속적으로 건물 코드의 표준화에 대한 노력이 있었다. 실제로 지방자치정부는 그들이 원하는 조항을 법제화할 수 있으나, 대부분은 배선, 배관, 소방, 단열, 승강기, 기타 건물요소에 관한 표준화 필요사항을 중심으로 법제화가 진행되었다. 또한 창문이나 문과 같은 건축요소들도 표준화되었다. 건축 관련 산업이 더욱더 체계화되면서, 건축가에게는 한 건물이 다른 건물들과 차별화되도록 보이게 하기 위해 많은 노력이 요구된다.

도시계획 코드도 산업도시 이전부터 시작되었다. 가장 강력한 도시계획 코드 중 하나는 파리의 건물 높이 규제이다. 건물 높이의 규제는 가로의 폭에 비례하며 18세기 중반부터 법으로 강제력을 발휘해오고 있다. 이 간단한 규제 조항은 왜, 그리고 어떻게 파리의 도시개발이 일관성을 가지는지를 설명해준다. 법이 허용하는 최대의 공간에 시공자는 반드시 전면 필지선까지 건설해야 하고, 건물 전면 벽이 도로 중심으로부터 그려진 강제적인 건물 후퇴면을 만나는 곳까지 수직으로 시공해야 한다(그림 4.21). 이 규제는 대체로 개별 건물의 건축보다 더 강력한 설계 요소로서 통일된 가로 전면을 만들어낸다. 1916년 뉴욕 시의 조닝 코드는 이러한 파리의 규제 시스템에 근거해 작성되었으며, 엘리베이터가 장치된 건물의 높이와 규모를 통제하는 수단이 되었다(그림 4.22).

그림 4.23 뉴욕 시의 조닝 코드가 개정된 1960년대 중반의 뉴욕 시 센트럴 파크 사진은 1916년 조닝 때부터 시작된 '하늘 개방면(sky exposure plane)'의 규제가 건물의 시공을 부지 전면으로 어떻게 유도하고, 균일한 건축 후퇴선(setback line)이 도시설계에 얼마나 큰 영향을 미치는가를 보여준다.

뉴욕 시의 이러한 규제는 파리의 경우만큼 통일되어 있지는 않지만, 역시 통일되고 균일한 모습의 가로 전면을 만들어냈다. 이러한 가로 전면은 뉴욕 시가 다른 조닝 코드를 입법화하기 직전인 1960년대 센트럴 파크에 면해 시공된 건물들의 경관에서 확인된다(그림 4.23). 워싱턴 디시도 건물 높이를 규제하기 위해 파리식 코드를 사용해오고 있다. 이 코드는 케이 스트리트K Street의 사진에서 보이듯이 다운타운의 업무구역 내 가로들의 통일된 가로 전면부를 만들어낸다(그림 4.24).

미국의 조닝 규제에서 건물 높이와 건물 후퇴의 규제는 이후 도시개발의 결과에 큰 영향을 준 규칙의 사례이다. 이러한 광범위한 결과를 초래하는 또 다른 간단한 규칙은 토지용도의 분리이다. 독일과 네덜란드에서는 19세기 후반 산업활동을 공간으로 분리하며 영역에 제한시키는 법안이 통과되기 시작했다. 뉴욕 시의 1916년 조닝 코드는 이러한 토지용도의 분리를 당시까지 미국에서 가장 포괄적으로 법제화시킨 사례이다. 당시 1916년 조닝 코드는 5번가Fifth Avenue의 부유층 지역으로 의류 공장이 침투해오는 것에 대한 대응책으로서 주거구역을 보호하려는 목적이었다.

그림 4.24 워싱턴 디시 다운타운의 케이 스트리트 사진은 컬럼비아 특별구의 도시설계에서 건물 높이 규제가 가진 영향력을 보여준다.

한편 20세기 초반부터 등장한 미국의 네이버후드들은 주로 다양한 크기의 주택과 아파트가 섞여 있다. 그리고 식료품점, 약국, 식당, 기타 일상의 서비스는 보행권 내의 쇼핑 가로에서 쉽게 찾아볼 수 있다. 그러나 지방자치정부가 조닝 코드를 법제화하면서, 주택을 아파트로부터 분리하기 시작했고, 필지의 크기에 따라 만들어진 영역으로 주택들 간의 분리도 시작되었다. 건설 산업은 주택의 크기와 가격이 동일한 주거구역을 선호하며 조성했고, 어떤 곳에서는 가든 아파트만을 가진 구역이 조성되기도 했다. 상업구역은 종종 주택을 전혀 수용할 수 없었다. 동네 상점들은 종종 새로운 주거구역이 아닌 보행권 밖의 주요 교통도로를 따라 형성되었다.

모던 코드가 도시에 미친 나쁜 영향

조닝 코드가 정의하는 중심 가로의 개념은 상점들이 입지한 중심 가로가 주요 고속도로를 따라 시골 지역까지 연장되어야 한다는 관점에서 비롯되었다. 놀랍게도 이것이 미국의 어디에서도 찾아볼 수 있는 자동차 중심의 쇼핑 도로를 만들어낸 주요 원인이다. 상업구역에 입지한 대형 주차장, 체인점, 프랜차이즈 가맹점은 모두가 비슷해 서로 구분하기도 어렵다.

이러한 주요 도로를 따라 조성된 상업지는 물론 효과적인 시스템 도시설계의 한 예이다. 그러나 불행하게도 그 시스템은 좋지 않은 시스템이다. 이러한 도시설계는 주요 도로를 관통하는 통과 교통과 상업시설로 출입하기 위해 회전하는 접근 교통과 섞여 제대로 기능을 발휘하지 못한다. 여기에 도로변의 주차장, 표지판, 머리 위의 전선줄은 눈에 거슬리는 시각적 인상을 남긴다. 대부분의 사람들은 이러한 환경을 시장의 기능에 의한 당연한 결과물로 간주한다. 그러나 실제로 이러한 환경은 결함을 가진 조닝 코드가 초래하는 예측 가능한 당연한 결과물이다.

도로를 따라 선형으로 입지하는 상업지는 조닝 규제의 토지용도 규제와 이와 연계된 필지구획 코드subdivision code의 규제를 받는다. 필지구획 코드는 어떻게 넓은 부지가 작은 필지들로 나뉘는가를 규제하며, 새로운 가로의 폭, 가로 배치의 기준, 안전한 가로 경사 확보를 위한 부지 경사의 완화 등의 규제조건을 설정한다.

대형 프로젝트에서 필지구획 코드들 사용하면서 발생되는 예상치 못한 결과물 중 대표 사례는, 경사지의 조성을 위해 식수를 제거하여, 이로 인해 폭우시 발생하는 심각한 홍수 피해이다. 3장에서 기술되었듯이, 환경보호 조닝 코드는 기존 생태계 보호가 목적으로, 자연환경을 생태 시스템으로 간주하지 않는 기존 필지구획 코드의 부작용을 중화시키려는 시도의 예이다.

예상치 못한 부작용을 초래한 기존 토지용도 규제의 또 다른 변화는, 파리 스타일의 건물 높이와 건물 후퇴 규제에 더해서 용적비FAR: floor area ratios에 따른 건물 규모를 추가로 규제하는 것이었다. 용적비는 부지 크기의 배수이다. 예를 들어 용적비가 10이면 1,000제곱미터의 필지에 1만 제곱미터의 개발을 허용한다. 또한 용적비에 기초한 규제는 고층 건물의 잠재적 높이를 상쇄하려는 건폐율의 제한 조항도 포함한다. 이러한 규제 변화의 이유는 건축면적이 단순히 건물의 높이나 규모를 제한하는 것 이상으로 주거활동을 규제할 수 있으며, 건물의 잠재 거주인구가 교통 시스템과 기타 도시 인프라에 비례해서 고려되어야 한다는 것이다. 하지만 이로부터 예상치 못했던 것은 이러한 건축면적에 근거한 용적비의 단순한 규제가 초래하는 분별력 없는 규제의 결과들이다. 현실에서의 개발 사례는 부지 크기, 건물 높이에 대한 개발 형태, 그리고 필지상의 건물의 배치방식 등이 모두 다양하기 때문이다.

조닝 코드가 용적비로 전환되었을 때, 시공된 건물에 대한 반응은 종종 실망스러웠다. 종종 저층의 주거 네이버후드들은 일반적으로 고층의 아파트 타워에 의해 휩싸였다. 특히 샌프란시스코 다운타운의 경우, 용적비 규제의 법안 통과는 결국 건물 높이의 제한으로 회귀하려는 엄청난 공공의 투쟁으로 이어졌다. 뉴욕과 보스턴을 비롯한 대다수 도시의 경우, 지배적인 개발통제 수단으로서 용적비의 도입은 결국 건물 크기와 건물 배치를 규제할 뿐만 아니라 역사성을 가진 구역을 보전하려는 추가적 규제의 제정을 유도했다.

형태 중심의 코드: 건축유도선과 최대 블록 둘레

2장에서 기술했듯이 형태 중심 코드form-based code는 모던 건물을 도시설계의 전통적인 콘셉트와 연계시키려는 방법으로 사용되어왔다. 하지만 형태 중심 코드의 사용방법은 그 이상이다. 형태 중심 코드는 건물 형태가 코드에 의해 결정된다고 가정한다. 과거 조닝 코드와 필지구획 코드의 법적 논리는 새로운 개발이 초래하는 오염, 소음, 교통체증, 그리고 채광, 공기, 경관의 차단 등의 부정적인 결과로부터 인접한 소유주와 투자자를 보호하는 것이었다. 이러한 새로운 개발의 부정적 효과를 방지하기 위해 건물과 도시의 형태를 규제하는 입법활동 이전에, 왜 바람직한 개발을 상상하고 이를 가능하게 하는 코드를 쓰지 못하는가?

초기의 형태 중심 코드는 1960년대에 뉴욕 시에서 제정되었으며, 용적비를 기본적인 건물 규모의 규제 도구로 사용한 1965년 조닝 규제가 만들어낸 임의적인 건물 설계의 문제점을 해결하고자 했다. 새로운 코드는 특별 극장 구역Special Theater District, 링컨센터Lincoln Center 주변의 개발 형태를 유도하기 위한 링컨스퀘어 특별구역Lincoln Square Special District, 상업 가로의 전면부를 보전하기 위한 5번가 특별구역Special Fifth Avenue District, 브루클린 하이츠Brooklyn Heights에 지정된 역사구역의 건물 높이 규제 등을 포함한다(그림 4.25). 이 특별구역에서 만들어진 가장 중요한 법규 조항은 건축유도선built-to line으로, 잘 알려진 건축후퇴선setback line의 반대 개념이다. 건축유도선은 건물 전면 파사드가 부지 전면의 필지선 또는 코드에 의해 지정된 통일된 건축선에 맞추어 시공되어야 함을 요구한다. 이러한 개념은, 동일한 경제적 인센티브가 없을 수도 있는 상황에서, 가로를 따라 통일된 가로 전면부를 조성한 파리의 건물 높이 규제의 효과를 공식화했다. 전통적인 건축후퇴선이 건축유도선에서 건물 높이 규제에 사용될 수도 있다.

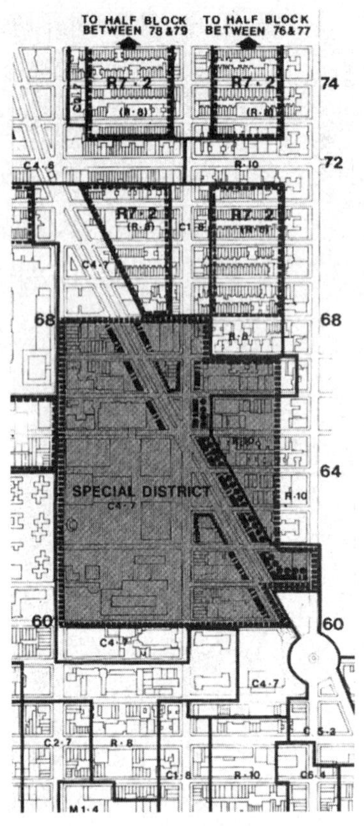

그림 4.25 뉴욕 시 링컨스퀘어 특별구역의 조닝 지도로서 초기 형태 중심 코드의 사례이다.

건축유도선은 1979년에 작성된 배터리 파크 시티Battery Park City 코드의 주요한 부분이었다. 배터리 파크 시티 코드는 가로 전면 벽을 조성하기 위해서뿐만 아니라 고층 타워의 배치를 규제하기 위해서 건축유도선을 사용했다. 이 코드는 기존의 조닝 규제나 부지구획에 포함되었던 코드와는 상당히 차별화되었다. 특히 초기에 배터리 파크 시티 개발국Battery Park City Authority이 부지를 모두 소유했으며, 이에 개발자는 토지 매입에 따른 동의로서 디자인 가이드라인을 준수해야 했다. 이러한 코드는 배터리 파크 시티를 가장 완벽하게 조성된 대규모의 도시설계 프로젝트 중 하나로 만드는 데 중요한 기능을 했다. 또한 171~172쪽에 언급된 시사이드Seaside의 코드와 켄틀랜즈Kentlands의 코드는 부동산 서약서를 통해 완성되었다. 이 부동산 서약서는 각 건물의 건축양식과 같은, 조닝 규제로 규제가 어려운 건물 설계에 대한 코드의 광범위한 규제를 허가했다.

스마트 코드Smart Code는 시사이드와 켄틀랜즈의 도시계획가였던 안드레 듀아니Andres Duany와 그의 파트너인 엘리자베스 플레이터-자이버크Elizabeth Plater-Zyberk에 의해 개발되었다. 이들은 과거의 경험을 바탕으로 단일 소유권하에서 계획된 개발을 위한 코드를 작성했으며, 또한 하나의 커뮤니티 내에 상이한 부동산 개발계획을 갖고 있는 경우 조닝에 스마트 코드를 추가로 활용하려고 노력하고 있다. 스마트 코드는 구체적으로 물리적인 형태를 유도하고 있으나,

그 방법은 미리 형태를 규정하는 것이다. 스마트 코드는 각각의 가능한 상황을 예상하고 그것을 위한 규칙을 쓰고 있다. 그리고 스마트 코드의 효과적인 활용을 원하는 커뮤니티는 스마트 코드 전부를 법제화할 필요가 있다. 기존의 조닝과 부지구획 규제는 일종의 시스템으로서 종종 바람직하지 못한 결과를 초래할 수 있다.

안드레 듀아니가 고안한 하나의 디자인 시스템인 '최대 블록 둘레Maximum Block Perimeter'의 개념은 높은 가능성을 보여준다. 최대 블록 둘레는 새로운 개발에서 보행 환경을 확보하는 간단한 방법이며 기존의 부지구획 규제에 쉽게 포함될 수 있다. 예를 들어 1,800피트(549m)의 최대 블록 둘레의 경우, 700×200피트(213×61m)의 블록으로 주택들을 배치할 수 있고, 450×450피트(137×137m)의 블록으로 대형 건물을 지을 수도 있으며, 다른 많은 치수들을 조합할 수도 있다. 이 간단한 규칙은 건물 보도와 가로 폭의 합리적인 필수조건과 함께, 보행에 적합한 가로와 연결된 격자 구조의 조성을 보장할 수 있다. 또한 이 규칙은 설계안을 미리 결정하지 않으면서도 건물 유형, 지형, 그리고 많은 다른 개발들의 경계에서 적용이 가능하다.

건축유도선과 최대 블록 둘레는 기존의 조닝 코드와 필지구획 코드보다 더 나은 시스템을 고안할 수 있으며, 규제 목표를 충족시키되 여전히 다양한 바람직한 환경을 조성할 수 있다는 것을 알려준다. 다른 종류의 조닝에 포함될 수 있는 스마트 코드의 중요한 특징은 토지용도들 간의 분리보다는 혼합을 촉진시킨다는 것이다. 근대의 인공적 환기와 단열은 코드가 처음으로 쓰였을 때보다 토지용도의 혼합을 훨씬 더 쉽게 만들고 있다. 물론 거대한 교통체증을 일으키는 중공업 공장과 활동은 예외로서 특별구역으로 분리되어야 한다. 건축유도선과 건축후퇴선을 사용해 다양한 주택 유형의 조성을 유도한다면, 보행이 용이한 네이버후드에서 다양한 규모의 주택 혼합을 이루어낼 수 있다.[36]

---

36 필자는 미국의 도시법규에 대한 논의를 스티븐 마셜Stephen Marshall이 엮은 『도시 법규Urban Coding』(Routledge, 2011)에 하나의 장(chapter)으로 게재했다. 그리고 필자가 엮은 『신세기를 위한 계획Planning for a New Century』(Island Press, 2001)에 수록되어 있는 「지역계획: 도시 스프롤의 원인과 치유로서의 지방법규Regional Design: Local Codes as Cause and Cure of Sprawl」도 참고할 만하다.

도시설계의 도구로서 GIS 공간분석

GIS 분야의 대표적인 소프트웨어인 ArcGIS에서 공간분석Spatial Analyst 프로그램은 이제 도시설계가들이 과거 워런 위버Warren Weaver를 따라 제인 제이콥스Jane Jacobs가 비조직화된 복잡성disorganized complexity의 문제로 정의한 여러 이슈들에 대해 연구할 수 있게 해준다. 이 프로그램은 과거 현실을 무시하고 공식에만 의존한다고 제이콥스가 비판했던 과정보다 훨씬 덜 추상적인 방법을 제공한다. 이 프로그램은 도시설계가가 도시 기능, 인구의 집중부, 보전구역, 그리고 지역계획과 도시설계의 여러 다른 요소들을 위한 적정 입지를 찾도록 도와준다. 이 프로그램은 지도 안에서 단위면적인 셀cell의 특성을 평가한다. 여기서 셀은 1헥타르가 될 수 있다. 컴퓨터 프로그램의 가중치를 적용한 오버레이 모델링weighted overlay modeling 프로세스를 이용해 좋고 나쁜 입지조건의 타당성을 그룹으로 순위를 정하며 평가한다. 여기서 데이터는 해결하려는 문제들의 그룹으로, 예를 들어 1에서 10까지의 단계로 분류할 수 있다. 각 데이터 세트의 그룹에는 가중치가 가장 바람직한 10점에서 가장 덜 바람직한 1점까지 부여될 수 있다. 컴퓨터 프로그램은 다른 이슈들의 데이터 세트에 응답할 수 있고, 다양한 평가기준에 근거해 최적의 입지를 찾을 수 있다. 그 기준은 주관적 판단에 근거할 수도 있다. 그 작업 과정은 대단히 다양하고 복잡한 변수들을 공식의 도움 없이 시스템으로 이해되도록 연계시켜주는 수단이다.

펜실베이니아대학교의 도시설계 스튜디오는 이런 공간분석 과정을 이용해서 7개 카운티로 구성된 올랜도 지역의 미래 도시개발을 예측했다. 이 예측은 현재의 개발 추세와 공공교통이 개선되고 더욱 종합적인 자연자원 보호를 가정한 대안적 시나리오 아래에서 새롭게 증가되는 인구들이 어떻게 기존의 개발 확산형 커뮤니티가 아닌 콤팩트 커뮤니티를 선택할 수 있는지를 보여주었다. 이런 대안을 설명하는 지도는 정부의 주요 결정 과정에 큰 도움을 주었다.[37]

---

37 필자가 엮은 『변화하는 세계의 스마트 성장Smart Growth in a Changing World』(Planners Press, 2007)에 수록되어 있는 필자의 「올랜도 지역 7개 카운티의 대안적 미래Alternate Futures for the Seven-County Orlando Region」를 참고하라.

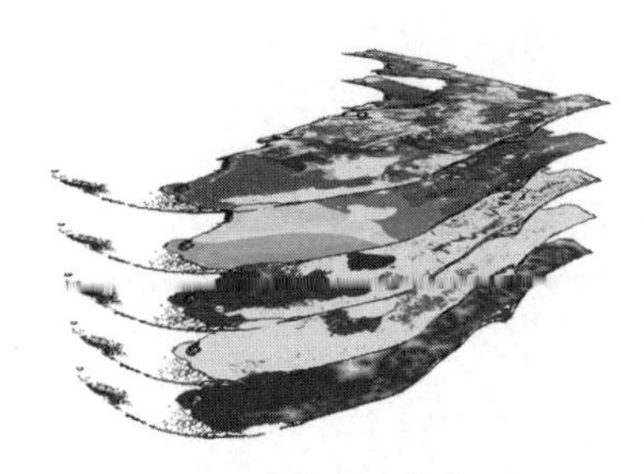

그림 4.26 플로리다 주의 이상적인 보존 네트워크 체계를 완성한 분석 레이어이다. 위에서부터 아래로 거주지/서식처(habitat), 수계(water), 습지(wetland), 농업(agriculture), 연결(contiguity)을 나타낸다.

다른 스튜디오는 유사한 GIS 테크놀로지를 사용해서 플로리다 주 전체에서 토지 보전지들 간의 네트워크를 제안했다. 제안안에서는 동식물 서식지 보전, 수자원 보존, 습지 보호, 농업 장려, 그리고 이미 자연 상태에서 보호되고 있는 토지와 연계 가능한 물리적 근접성이 고려되었다(그림 4.26, 4.27). 또 다른 펜실베이니아대학교 디자인대학원의 스튜디오는 공간분석을 이용해 해수면의 1미터 상승으로 인한 위험 가능성을 갖고 있는 델라웨어 강 하류지Delaware River Basin의 현재와 미래 거주자 및 사업체의 입지와 수를 예측했다.

그림 4.27 플로리다 주의 이상적인 보존 네트워크 지도는 컴퓨터를 이용해 이전의 그림에서 보인 보전기준의 우선사항들을 활용한다.

지역과 거대지역 시스템

패트릭 게디스Patrick Geddes는 약 70년 전에 그가 '거대도시군conurbation'이라고 정의한 도시 그룹이 형성되고 있는 것을 관찰했으며, 이에 따라 도시계획과 도시설계는 결국 지역의 문제가 되었다. 그리고 도시지리학자인 장 고트망Jean Gottmann은 1961년에 잘 알려진 『메갈로폴리스Megalopolis』 연구를 출간했다. 메갈로폴리스는 워싱턴 디시부터 매사추세츠 주의 보스턴까지 선형의 도시화 지역을 말한다. 아마도 현재에는 이 메갈로폴리스가 버지니아 주의 리치먼드부터 메인 주의 포틀랜드까지 더 연장되었다고 말할 수 있다. 이후 메갈로폴리스의 정의는 이와 유사하게 도시화된 다른 지역 코리더인, 네덜란드의 란드스타트Randstad, 도쿄, 요코하마, 오사카, 나고야, 고베를 포함하는 일본의 도카이도東海道, 그리고 피츠버그부터 시카고까지 미국 중부의 북쪽 지역 등에도 적용되었다.

메갈로폴리스 내의 시골은 겉으로 보이는 것과는 매우 다르다. 예를 들어, 코네티컷 주에는 평야와 한때 들판과 초원이었던 곳에 다시 조성된 산림지역이 광활하지만, 거의 모든 거주자들이 비농업 관련 직업에 종사한다. 메갈로폴리스 외곽의 시골 역시 종종 보이는 것과 다르다. 세련된 음식점이나 디자이너 부티크의 존재는 외관상의 전원적인 마을이 도시인의 여름철, 겨울철 휴가지로서 일종의 계절 식민지임을 보여준다. 심지어 현재 농촌 내에서 여행 경험이 많고 컴퓨터와 복잡한 농기계를 작동하는 농업 경영자를 촌사람이라고 부르기 어렵다. 전체 인구가 동일한 텔레비전 프로그램을 보고, 동일한 잡지와 신문을 읽고, 동일한 웹사이트를 보고, 소셜 네트워킹 사이트에 의해 연결되는 이 시대에서 개인의 편협한 생각을 갖고 살기는 어렵다.

펜실베이니아대학교의 2004년 연구는, 미국 인구 중 62%가 9개의 슈퍼 도시 지역super-city region에 거주하며 이 지역들은 2050년까지 미국 인구의 71%를 차지할 것으로 예상했다.[38] 이 연구는 알만도 카보넬Armando Carbonell과 로버트 야로Robert D. Yaro,[39] 로버트 랭Robert E. Lang과 아서 넬슨Arthur C. Nelson,[40] 그리

38 같은 책, 7~16쪽.

고 캐서린 로스Catherine L. Ross와 명제 우Myungje Woo[41]에 의해 진행되었다. 이런 현상을 다핵도시의 지역multi-city region, 메가 지역megaregion, 또는 메가폴리탄 지역megapolitan region 중 어떤 것으로 부를 것인가에 관해 여전히 논쟁이 있다. 그리고 이런 지역들이 9개인지 10개인지에 대해서도 논쟁이 있다. 만약 10개라면, 미국 인구의 80%가 이 지역들에서 거주하게 되는 것이다.

이러한 다핵도시의 지역이 무질서한 교외지의 개발 확산 시대에 함께 성장했다. 그러나 이제 슈퍼 도시 지역들은 과거의 자동차와 트럭으로 인한 탈도시화 문제를 해결하고자 새로운 도시개발을 도시 중심부에 집중시키며 그 영향력을 높여나가고 있다. 이러한 영향력은 다름 아닌 대형 원양 화물선으로 대규모의 지역 컨테이너 항구들을 운항하는 국제 컨테이너 운송, 범세계적인 제트 항공기 네트워크, 지역권 교통을 위한 고속철도 이용의 증가, 그리고 로컬 대중교통의 개선 등으로 진행되고 있다. 해상 컨테이너는 중앙집중적인 화물 창고를 만들어냈을 뿐만 아니라, 장거리의 컨테이너 운송에 효율적인 철도를 재활시켰다. 이와 연계된 공항이 지속적으로 성장하고 있으며, '공항 도시 airport city'라는 용어가 이제 자연스럽게 받아들여지고 있다. 고속철도는 지리적으로 인접한 지역들을 통합할 것이고, 현재 도시 중심부라 불리는 공항 주변 개발지, 경계 도시, 그리고 전통적인 다운타운의 기능을 한층 강화시킬 수 있다. 물론 고정된 철도노선을 가진 대중교통시설은 중심부인 철도역의 기능을 강화시킨다.

---

39 알만도 카보넬Armando Carbonell · 로버트 야로Robert D. Yaro, 「미국의 공간 개발과 새로운 거대도시American Spatial Development and th New Megalopolis」, ≪랜드 라인스Land Lines≫, 17(2), 2005.

40 로버트 랭Robert E. Lang · 아서 넬슨Arthur C. Nelson, 「대도시의 미국: 새로운 지리학의 정의와 적용Metropolitan America: Defining and Applying a New Geography」, 캐서린 로스Catherine L. Ross 엮음, 『거대지역: 세계경쟁을 위한 도시계획Megaregions: Planning for Global Competitiveness』 (Island Press, 2010).

41 캐서린 로스Catherine L. Ross · 명제 우Myungje Woo, 「미국의 거대지역Identifying Megaregions in the United States」, 캐서린 로스Catherine L. Ross 엮음, 『거대지역: 세계경쟁을 위한 도시계획 Megaregions: Planning for Global Competitiveness』(Island Press, 2010).

도시-지역 개발에 미치는 세계화의 영향력

말콤 맥린Malcolm McLean은 1956년에 최초로 해상 컨테이너 선박의 항해를 시작했다. 이 컨테이너 선박은 항해의 양단에서 트럭이나 화물열차로부터 직접 옮겨질 수 있는 표준화된 철재 컨테이너를 이용했다. 이는 기존의 항만 하역자가 화물을 개별적으로 손으로 하역하고, 이후 다시 손으로 트럭이나 화물열차로 옮기는 것을 대신하는 것이었다. 초기의 해상 컨테이너 수송은 제2차 세계대전에서 사용되었는데, 이전에는 트럭이 선박에 직접 실어졌다. 이후 모듈화된 컨테이너가 육상과 해상 수송 사이의 직접 이동을 가능하게 해주면서 국제 교역이 매우 용이해졌다. 중국 북부에 있는 공장은 미국 중부에 있는 제조사에 부품을 공급하거나 완성 제품을 미국의 창고로 공급할 수 있다. 예를 들면 중국의 해상 컨테이너가 중국의 어느 한 공장에서 적재되어, 철도나 트럭으로 톈진天津의 컨테이너 항구로 운송되며, 캘리포니아 주 산페드로San Pedro로 향하는 선박에 바로 선적된다. 이 컨테이너는 산페드로에서 댈러스로 가는 철도로 옮겨 실린다. 댈러스에서는 최종 목적지인 캔자스시티로 가기 위해 주간 이동 트럭inter-state truck으로 옮겨 실어진다. 이러한 운송 전체는 컨테이너 측면의 바코드를 통한 자동화로 더욱 용이해지고 있다. 한편 트럭을 이용한 컨테이너 운송에 드는 연료비의 인상은 컨테이너를 이용한 철도운송의 재활을 부르며, 2층의 컨테이너 적층을 허용하는 철도 개선을 부추기고 있다.

제트 항공기는 1950년대 후반부터 사용되기 시작했으며, 프로펠러 항공기보다 2~3배 정도 빠르고 더 멀리 이동이 가능해 대륙 간의 항공 이동을 더욱 경제적으로 만들었다. 예를 들면 MIT의 교수가 캘리포니아의 전자 회사에 자문을 해주기 위해 제트기로 이동할 수 있으며, 뉴욕에서 활동하는 국제은행가나 변호사가 매달 한 주를 상하이나 런던에서 보낼 수 있다. 파리에 거주하는 가족은 여름 내내 뉴욕의 이스트햄프턴에서 거주할 수 있다. 뉴욕에 거주하는 가족은 여름을 프랑스 남부나 이탈리아의 토스카나에서 지낼 수 있다. 그 결과, 시골 지역과 도시 지역의 구분이 더욱 어려워졌다. 또한 한 도시의 영향권이 어디서 끝나고 또 다른 영향권이 어디서 시작되는지도 불투명해졌다. 더 많은 사람들이 더 멀리 떨어진 나라에 대한 개인적 경험을 갖고자 하며, 국제적인 비즈니스, 교육, 직업 관계가 증가되고 있다. 이는 또한 질병이나 테러리즘의 경계도 부서지고 있다는 의미이다.

다핵도시의 지역과 고속철도

일본은 1959년에 고속철도인 신칸센을 조성하기 시작했다. 현재 신칸센은 홋카이도를 제외한 일본의 거의 모든 지역을 연결하고 있다. 일본은 철도교통 시스템과 로컬 대중교통, 그리고 통근 철도선이 하나로 통합·연계되어 도시들 간의 이동이 매우 일반화되어 있다. 이 시스템이 미래 도시의 원형이다. 프랑스의 TGV 고속철도 시스템은 1960년대에 시작되었다. 지도는 시속 200킬로미터 이상 속도의 열차로 연결된 유럽의 주요 도시들을 보여준다(그림 4.28). 결국 더 많은 유럽의 철도 네트워크가 이러한 고속철도로 대체되어 개선될 것이다.

중국은 북쪽의 하얼빈부터 남쪽의 선전深圳과 홍콩까지 주요 도시들을 고속

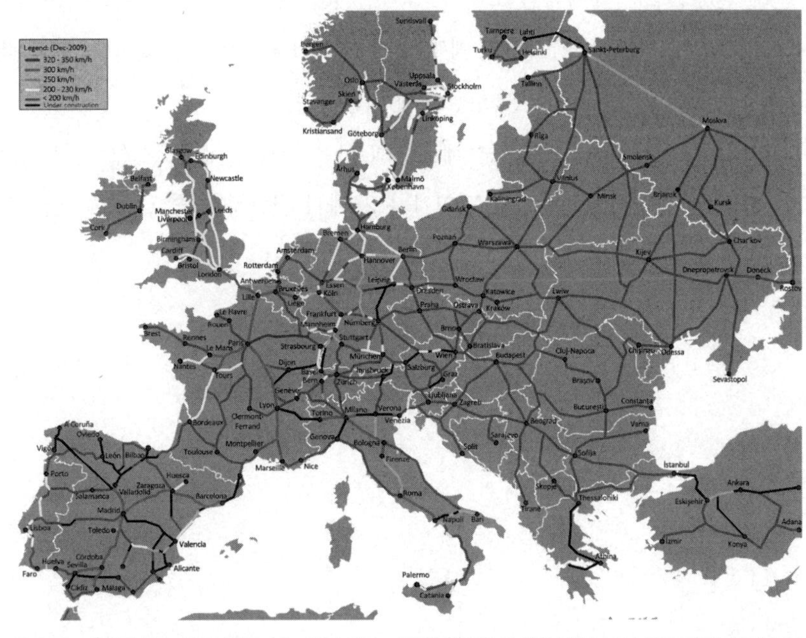

그림 4.28 유럽의 주요 중심지들을 잇는 철도 지도. 이러한 연결들 중 많은 부분이 고속철도 테크놀로지로 사용되고 있다.

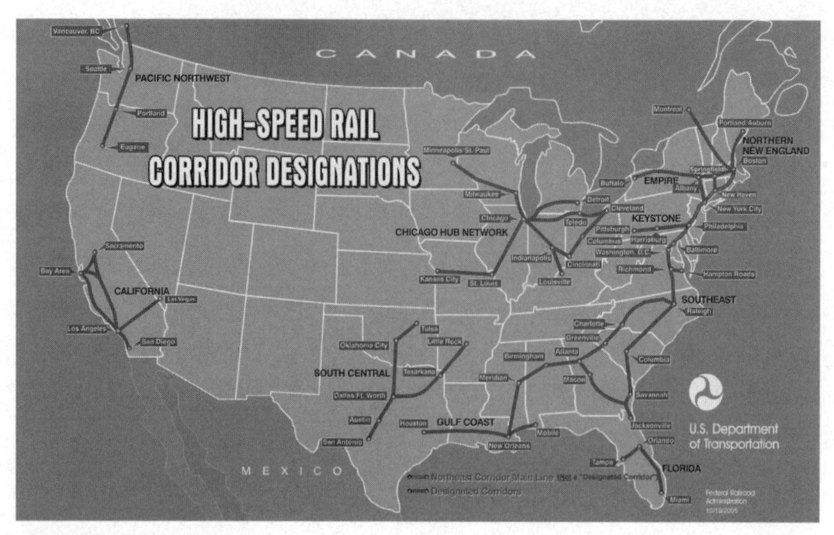

그림 4.29 미국 연방철도청(Federal Railroad Administration)의 고속철도 시스템 구상안. 어느 누구도 로스앤젤레스와 뉴욕을 잇는 초고속철도를 생각하지 못했지만, 도시지역 내에서 중심부 간의 이동은 자동차나 비행기보다 고속철도가 더욱 효율적이다.

철도 서비스로 연결하고 있다.

미국은 지역 교통수단으로서 고속철도의 중요성을 뒤늦게 인식하고 있다. 현재 연방정부는 잠재적인 고속철도의 입지를 찾고 있다(그림 4.29). 이러한 고속철도 시스템은 다핵도시의 지역 내의 목적지들을 연결할 것이다. 현재 대부분의 장거리 여행은 아직도 항공기에 의존한다.

다핵도시의 지역이 보여주는 새로운 도시 시스템을 국제도시들 간의 글로벌 시스템과 어떻게 연계시킬 것인가가 21세기 전반부의 중요한 도시설계의 문제이다.

결론

다섯 번째 도시설계 방법

Conclusion: The fifth way of city design

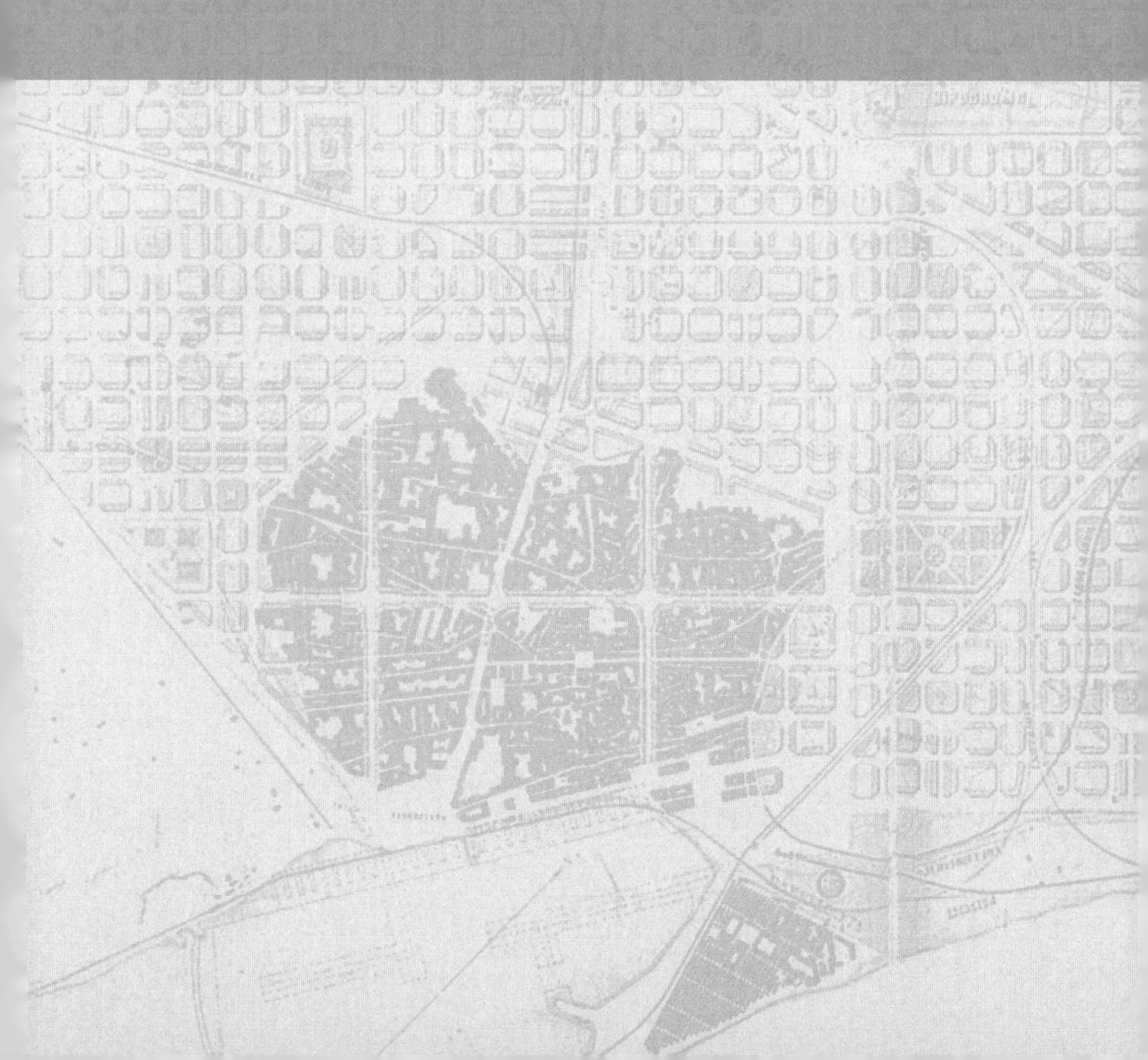

도시설계에 대한 모더니스트의 아이디어는 도시의 공공주택과 도시 재개발에 도움을 주었고, 고층의 오피스 건물, 저층의 오피스 파크, 그리고 대형 병원 콤플렉스의 설계를 도왔다. 또한 전통 도시설계는 시민과 문화 건물군의 형태를 만들었고, 공공의 공원과 블러바드를 조성했으며, 도시에 기념비성을 부여하는 오벨리스크, 개선문과 같은 도시 유물을 조성했다. 한편 전통 건물군은 주변의 대학 캠퍼스의 오래된 구역, 도시의 역사구역, 그리고 뉴어바니스트의 교외지 개발에서 다시 되살아나고 있다. 전원도시와 전원교외는 최근 녹색 도시설계의 초기 형태로서, 상류층 주거구역과 이후 좀 더 변형되어 교외지 부지구획의 새로운 유형을 만들어냈다. 그리고 도시 인프라와 엔지니어링에 기반을 둔 시스템적 도시설계는 모던 도시를 가능하게 했다. 이러한 구조적 시스템으로서의 도시설계는 지역권에서의 쇼핑센터, 공항, 실내 아트리움과 보행 네트워크로 연결된 오피스 빌딩, 호텔, 상가를 조성하는 데 도움을 주었다.

도시설계에서 나타나는 모든 문제는 이 네 가지 도시설계 방법으로 관찰되고 이해될 수 있다. 이 방법들은 서로 배타적이지 않으며, 명확히 구별될 수도 있다. 여기서의 결론은 도시설계가는 도시와 일상의 문제에 더욱 적합한 도시설계의 접근방법, 또는 접근방법의 조합을 선택하여 사용할 수 있다는 것이다. 그러나 이성과 논리가 결여된 감정과 열정에 따른 조합은 논리적 해결에 방해물이 될 수 있다. 모더니스트modernist는 전통 도시설계가 현대 생활에 맞지 않고 퇴보적이라고 주장해왔다. 그런가 하면 뉴어바니스트new urbanist는 현재 전통 도시설계의 열성적 지지자들로서, 모더니즘이 기계적이며 살기 좋은 도시환경에 반한다고 명시하고 있다. 녹색 어바니스트green urbanist는 현대 도시환경을 구성하는 블록 단위로서의 조경이 건축을 대신할 것이라고 주장하고 있고, 환경론자environmentalist는 개발이 자연의 균형에 대한 무책임한 조작이라고 주장하며 반대하고 있다. 시스템system의 중요성을 믿는 도시설계가는 현대 도시의 문제점과 비효율성으로부터 도시를 살려내고자 미래에 큰 기대를 두고 있다.

오래된 건물들과의 관계

디자인 결과물이 독특해야 한다는 생각은 모더니즘이 추구했던 하나의 가치이다. 이러한 생각이 도시설계의 문제에 적용되면, 과거의 부정은 주변의 도시 콘텍스트의 부정으로 이어진다. 모더니스트에게 과거의 건물은 역사적으로 중요한 사건의 '감상적인sentimental' 배경으로서 보전이 필요할 뿐이다. 반면 전통적인 어바니스트는 과거로부터 앞으로의 방향을 받고자 했다. 이에 그들에게 기존의 도시 콘텍스트를 보전하고 그 콘텍스트와의 관계를 정의하는 것이 중요했다. 만약 초기의 도시설계 개념이 가로와 건물의 배치에 관한 설계를 생각했다면, 전통적인 어바니스트는 그것을 존중했을 것이다. 만약 기대했던 패턴이 거기에 없다면, 전통적인 어바니스트는 그것을 만들고자 노력했을 것이다. 녹색 도시설계는 자연 풍경, 토지, 그리고 미기후의 우선적인 중요성을 고려하나, 기존 건물이 종종 새로운 건물보다 더욱 지속적인 대안이 된다고 생각한다. 과거의 건물과 새로운 건물은 더 큰 자연체계 속의 일부 요소일 뿐이다. 녹색 도시설계가는 개발 입지가 이미 대규모로 도시화되어 있더라도 자연환경적인 콘텍스트를 가장 먼저 고려한다. 시스템적 도시설계는 미래의 개발을 서비스 기능이나 일련의 작동에 근거한 구조적이고 기하학적인 종합적 시스템의 일부로서 구상한다. 그러나 시스템적 도시설계는 추상적이며 시스템의 일관성만을 추구한다. 과거 건물이 시스템에 포함될 수 있으나, 그 경우 시스템과 일관되게 만들어져야 한다. 그리고 새로운 개발도 시스템으로부터 만들어져야 한다.

도시설계와 공간 배치

새로운 도시개발의 기본적인 구성요소로서 가로 배치, 공공공간, 그리고 건물 형태는 이러한 도시설계의 접근방법에 따라 역시 다르게 결정된다. 모더니스트 배치는 균형은 잡혀 있으나 비대칭적이다. 여기서 대칭은 의식적으로 배제되며 건물은 도로로부터 분리되었다. 전통적인 어바니즘은 축을 따라 대칭적인 공간의 연속된 배치를 조성한다. 여기서 건물은 가로와 기타 공공장소의 공간을 정의하는 데 사용된다. 녹색 도시설계는 비정형적이되 불규칙적으로 자연스러우며, 시스템 도시설계는 건물과 조경이 모두 규제의 대상이다.

오픈 스페이스와 자연경관

모던 도시설계에서 오픈 스페이스는 추상적 그림에서처럼 평면에 건물이 배치되고 바닥은 평평하게 포장된다. 여기서 외부 공간은 건물 배치의 부산물이다. 전통 도시설계에서 건물은 연속된 공공공간을 정의하며 둘러싸고 있고, 이들의 기하학적 형태는 자연풍경까지 결정한다. 나무와 식물은 기하학적 이상에 따라 정형으로 개조된다. 녹색 도시설계에서는 자연조경이 지배적이며 건물 배치는 부지의 지형을 따르며 비정형적이다. 시스템 도시설계에서 건물과 오픈 스페이스는 통합된 동일한 시스템의 필수적 구성요소이다. 때때로 오픈 스페이스가 건물을 둘러싸는 구조적 체계에 포함될 수도 있다.

건물의 형태

모던 도시설계에서 건물의 형태는 일반적으로 추상적이며 장식이 없고, 대체로 평면적이고 강조되지 않는다. 종종 건물은 단순한 기하학적 형태를 취하며, 대체로 엔지니어링적 결과와 알고리즘에 근거해 상징적이고 종종 주요부의 형태를 갖기도 한다. 전통 도시설계는 건물 형태를 이용해 경관의 모서리와 중심점을 강조했으며, 비스타의 구성요소를 만들어냈다. 종종 전통적인 콜로네이드와 아케이드가 강조되기도 한다. 녹색 도시설계는 건물 구성이 격식에 얽매이지 않으며, 때로는 자연 재료를 이용해 조경에 맞게 설계된다. 시스템 도시설계의 경우, 시스템은 종종 구조적이거나 기계적으로 건물 형태를 결정하며, 도시설계 시스템을 만들어내는 알고리즘이나 출현을 통해 실험적 결과물을 만들어낸다.

가로

모던 도시설계에서 가로들 간의 간격은 상당히 넓다. 즉, 자동차를 위한 간격이 넓은 슈퍼 그리드이다. 가로는 슈퍼블록 내부에 있을 수도 있지만, 인접한 슈퍼블록의 보조 가로와의 연결을 막기 위해 배치되는 경향이 있다. 전통 도시설계에서 가로는 한 목적지에서 다른 목적지로 가는 복수의 경로를 가진 네트워크를 형성한다. 전통적인 가로는 보행 활동을 장려하기 위해 작은 도시 블록과 넓은 보도, 그리고 코너에서 가장 짧게 건널 수 있는 횡단보도를 갖고 있다. 녹색 도시설계의 가로는 조경환경의 중심으로 빗물 배수를 위한 자연 시스템을 구축한다. 가로 시스템은 부지의 물리적 지형을 따라 조성되며 종종 곡선의 형태를 가진다. 시스템 도시설계에서 가로는 모든 도시 인프라를 위한 채널로서 도시환경보다는 이동 시스템으로 간주된다.

누가 옳은가?

르코르뷔지에Le Corbusier와 렘 쿨하스Rem Koolhaas가 말한 '모던 건축의 시공 재료가 발명되기 이전의 건물 설계로 되돌아갈 수 없다'는 주장은 옳다. 고층의 건물, 추상적 형태, 독창적 구조물은 도시설계에서 영원히 중요한 부분이다. 한편 레온 크리에Leon Krier와 안드레 듀아니Andres Duany가 상기해주는 '가로, 공공공간, 건물군의 배치에 관해 전통 도시설계로부터 배울 것이 여전히 많다'는 주장도 옳다. 그리고 건축역사보전Historic Preservation 운동이 주장하는 도시의 오래된 부분들은 도시에 가치를 부여하는 것으로 제거되어서는 안 된다고 하는 것도 옳다. 에벤에저 하워드Ebenezer Howard, 이언 맥하그Ian McHarg, 그리고 찰스 왈드하임Charles Waldheim이 말한 것처럼 현재의 도시설계가 조용히 변화하는 자연환경으로부터 시작해야 한다는 주장도 옳다. 또한 현대의 도시설계는 대규모의 통합된 도시지역의 기능 수행을 위해 교통 네트워크, 도시 인프라, 법규 코드, 그리고 기타 시스템을 지속적으로 필요로 한다.

자하 하디드 건축사무소Zaha Hadid Architects의 파트너인 패트릭 슈마허Patrik

Schumacher는 모던 도시설계의 대안으로서 그가 '매개변수의 어바니즘Parametric Urbanism'이라 부르는 시스템적 디자인을 정의해왔다.

> 최근 파라메트리시즘Parametricism이라는 새로운 양식을 정당화해온 아방가르드 건축avant-garde architecture에서 국제적으로 수렴 현상이 있다. 파라메트리시즘은 디지털 애니메이션 테크놀로지에 뿌리를 두고 있으며, 고도의 디자인 시스템과 프로그래밍을 이용해 개발되었다. 이러한 파라메트리시즘은 지난 15년간 발전해왔으며, 현재는 아방가르드 건축설계에서 주도적인 영향력을 행사하고, 모더니즘의 뒤를 이으며 다음 세대의 체계적 혁신을 이끌고 있다. 파라메트리시즘은 모더니즘의 위기로 인한 불확실성uncertainty과 포스트모더니즘Postmodernism, 해체주의Deconstructivism, 미니멀리즘Minimalism을 포함하는 비교적 수명이 짧은 일련의 건축사조들로 이어져온 일련의 설계 단계들을 종결시키고 있다.[1]

자하 하디드 건축사무소에서 패트릭 슈마허가 진행하는 실무 작업의 도면을 살펴보면, 이러한 프로젝트는 시스템 도시설계에서의 지속적인 연구 주제인 조직화된 복잡성organized complexity이라는 문제의 해결책이라 할 수는 없다. 이것은 더욱 상징적인 형태를 만들어내려는 모더니스트 전략의 보편적인 예로서, 디지털 테크놀로지를 이용해 만들어지는 도시설계적 결과물이다. 패트릭 슈마허는 건축과 도시설계의 본질적인 문제가 큰 '영향력hegemony'을 행사할 물리적 양식을 만들어내는 것이며, 그의 결과물은 물리적 양식이 가지는 이러한 영향력을 보여주는 사례라고 주장한다. 이런 견해는 1932년 현대미술관MoMA 전시에서 있었던 모더니즘에 대한 헨리 러셀 히치콕Henry-Russell Hitchcock과 필립 존슨Philip Johnson의 토론을 통해 소개되었으며, 또한 니콜라우스 페브스너Nikolaus Pevsner와 지그프리트 기디온Sigfried Giedion 같은 일부 사학자들로부터 강력하게 주장되었다. 이러한 견해는 건축의 역사가 독특한 양식들의 연속으로 설명된다는 믿음에 근거했다.

---

1 패트릭 슈마허Patrik Schumacher, 「매개변수의 어바니즘Parametric Urbanism」, ≪아키텍처럴 디자인Architectural Design≫, 2009년 7/8월호.

만약 하나의 양식이 각 역사 시대의 특성을 정의한다면, 미래의 역사학자들은 현재에 무슨 일이 일어나는지 돌아보고 아직 일반인이 확인하지 못하는 지배적 양식을 감지할 수 있다. 만약 이러한 양식을 올바르게 선택한 설계자는 후세에 기억되고 명예를 얻을 것이나, 그렇지 못한 설계자는 비난과 함께 잊힐 것이다. 이런 예상은 결국 한편으로 그 우매함을 드러내는 것일 수 있다. 여전히 과거 시대를 르네상스Renaissance, 매너리즘Mannerism, 바로크Baroque, 로코코Rococo, 그리고 결국에는 모던Modern이라는 양식의 진보로 묘사할 수 있다. 대부분의 예술 역사학자는 이와 유사한 방법으로 포스트모던Post-modern, 네오모던Neo-modern, 합리주의Rationalism, 혹은 새로운 다른 것으로 정의하는 것에 관해 회의적이다. 이제 예술 역사학자는 다양한 문화와 즉각적인 소통의 세상에서 시간, 의도, 영향력의 본질에 관한 가정을 만드는 것이 쉬운 일이 아니라고 결론지었다. 그러나 구체적인 하나의 목표를 향해 달려가는 예술과 건축의 역사에 대한 설명은 건축과 조경 분야의 학생에 의해 여전히 교과서로 읽히고 있으며, 그러므로 이러한 서술은 역사가 설계자의 어깨 너머를 살펴보며 가치 없는 것을 제거한다는 믿음을 계속해서 향상시킬 것이다.

불확실한 기간 동안 서로 다른 소유주와 건축가가 건설하는 개별적인 모던 건물들을 묶어주는 도시설계적인 추상적 형태언어를 만들어냈다는 슈마허의 주장이 역사의 필연성이라고 받아들여질 필요는 없다. 이 문제의 해법은 세계무역센터의 재건을 두고 경쟁하는 건축가들을 혼돈스럽게 만들었다.

자하 하디드 건축사무소의 도시설계 전략의 초기 사례는 싱가포르의 원 노스One North 개발계획 현상설계의 당선안에서 엿볼 수 있다. 그 설계안은 '두 번째 조경second landscape'이라는 굽은 경사면으로 모든 건물들의 지붕을 표현한다. 이 '두 번째 조경'은 직선이나 직각이 없는 곡선만이 사용된 가로로 분절되어 있으며 느슨한 격자 형태를 가지고 있다. 싱가포르 정부 산하의 개발사인 주롱타운사JTC: Jurong Town Corporation는 이 계획 콘셉트를 실현하기 위해 일련의 디자인 가이드라인을 완성했다. 이 가이드라인은 비교적 소규모 블록을 정의하는 전통적인 가로계획에 의존해서 건축유도선build-to lines으로 각 건물의 파사드를 규제한다. 각 건물의 높이는 파리 양식인 가로 폭의 비례로 결정되지 않고, 각 블록에 수용된 '두 번째 조경'의 형태로 결정된다. 주롱타운사는 초기 설계안에서 보인 것보다 더 넓은 오픈 스페이스의 보전과 넓은 가로를 도입했다. 하지만 그들이 지속적으로 지붕면의 규제를 유지한다면, 계획안의 초기 콘셉트는 실현이 가능한 것이었다. 원 노스의 지붕면은 다니엘 리베스킨트Daniel Libeskind가 세계무역센터 부지를 위해 제안했던 건물의 뾰족한 최상부와는 개념적으로 다르다. 왜냐하면 원 노스의 지붕면은 건물 간의 연속성을 제공하기 때문이다. 이러한 원 노스 계획안은, 적어도 가이드라인에 의해 정의된 것처럼, 모더니스트의 건물, 전통적인 가로와 블록 설계, 녹색 도시설계의 자연 형태, 그리고 디지털로 생성된 시스템적 도시설계의 형태를 모두 보여준다.

몇몇 교외에 조성된 주거 커뮤니티는 전통적인 정형의 공공공간, 축을 중심으로 타운센터를 강조하는 건물 배치, 주거 네이버후드 내부에서 녹색 도시설계의 자연환경을 닮은 공원과 구불구불한 가로를 통합하고 있다. 여전히 모던 도시설계는 많은 장소에서 사용되는데, 이는 주차 수용을 무시할 수 없으며, 모던 건물의 유형인 유통배분센터, 공장, 병원, 고등학교, 쇼핑센터, 고층 건물이 전통 도시설계의 콘셉트로 수용하기 어렵기 때문이다. 지역권 고속도로, 대중교통, 상수도, 하수도, 전기, 정보 시스템은 지역권 및 로컬권의 도시설계를 결정한다.

지금까지 도시는 점점 거대해져 왔으며, 다양한 개발의 밀도, 매우 많은 다른 활동의 유형, 다양한 커뮤니티를 함께 수용하고 있다. 따라서 과거 르네상스 이론가가 이상적인 비트루비우스적Vitruvian 도시로 그렸던 다각형의 가로계획안의 방식으로 대도시의 형태를 결정하는 하나의 도시설계 콘셉트는 불가능하다. 심지어 르네상스 시대에도 고정된 패턴으로 도시를 재구성하려는 시도는 실패했는데, 이는 경제적 변화와 사회적 변화를 그 안에 수용하기에는 너무 빠르고 복잡하게 변화되었기 때문이다. 현재는 이와 같은 작업을 수행하기가 훨씬 더 어렵다. 지금 필요한 것은 하나의 다목적인 새로운 도시설계의 콘셉트가 아니며, 그 대신 경제적 변화와 사회적 변화의 과정, 그리고 자연과의 공생관계를 유도하고 통합시키는 도시설계의 방법이다.

자연환경과 함께 시작한다

이제 모든 도시설계는 자연 시스템과 함께 시작해야 하며, 심지어 이미 도시화된 지역 내의 부지의 경우에도 그러하다. 기후변화에 대한 적응은 결국 최근 100년 범람원flood plain 지도와, 해안지역에서는 최근 해수면 상승 예상치가 반드시 분석되고 고려되어야 함을 의미한다. 높아지는 폭풍 해일과 기후변화에 대한 적응은 아마 지역적 설계 해결책을 요구한다. 어떠한 도시설계라도 환경에 대한 악영향을 최소화함으로써 환경의 지속성을 향상시켜야 한다. 우수(빗물) 관리는 과거 개발 이전보다 개발 이후에 물이 더 많이 빠져나가서는 안 된다는 것을 말해준다. 건물과 조경 설계는 부지의 자연 시스템과 지형을 엔지니어링 방식으로 진압하려고 하기보다는 상호 조화롭게 맞물리게 해야 한다. 도시설계 과정에서 공기순환과 열섬heat island 같은 미기후 효과들은 부지 자체의 에너지 생성에 대한 잠재성과 함께 고려되어야 한다.

연결 교통체계를 개선한다

거의 모든 대중의 차량 소유는 도시의 다핵 중심화에 엄청난 영향을 주었다. 낮은 유가는 철도 중심의 화물운송의 대안으로 트럭 운송을 장려했다. 최근 고속도로와 주요 도로의 교통체증은 철도 시스템의 건설을 부각시키고 있고, 높은 연료비, 컨테이너 수송의 발명은 화물운송의 수단으로 철도를 다시 부활시키고 있다. 또한 다핵 중심화된 지역의 많은 목적지들은 고속도로와 공항의 혼잡을 줄이기 위한 방법으로서 고속철도의 수요를 만들어내고 있다. 공항은 중심화하는 강한 영향력을 지닌다. 공항 주위에는 호텔, 사무실, 창고가 건설되고, 공항은 고속철도와 운송 시스템의 목적지가 된다. 도시설계는 앞으로도 지속적으로 자동차의 접근과 주차 문제를 해결하면서, 철도운송과 항공교통이 조성하는 도시의 거점 구축에도 대응해야 한다. 이런 변화는 과거 다핵화된 접근방식과 주차공간으로 분리되었던 아파트와 소매점, 호텔, 그리고 오피스 빌딩 등을 대규모로 포함하는 앙상블 조성에 대한 사회적 요구이다.

새로운 경제 시스템의 디자인적 영향력을 이해한다

도시들 간의 새로운 기능적 패턴으로서 슈퍼-지역도시권super-regional urbanized area을 조성하고자 메트로폴리탄 영역metropolitan area과 지역권 도시regional city가 함께 성장하고 있다. 이들 도시권은 특히 세계 시장에 대응하여 가장 큰 경쟁력을 갖기 위한 경제권 특화를 목적으로 한다. 이에 과거 교외지로 둘러싸인 다기능의 다운타운으로서의 도시에 대한 선입견은 이제 다핵도시 지역multi-city region에서 중심부의 특화와 입지에 대한 이해로 대체되어야 한다. 아마 예전의 다운타운은 업무, 문화, 오락, 행정의 중심부로서 계속 중요한 기능을 가질 것이다. 그러나 이러한 다운타운과는 다른 주요 오피스나 상업 중심부, 공항 주변의 새로운 도시 중심부, 의학연구센터, 대학과 관련된 연구개발파크 등이 있을 수 있으며, 다양한 산업과 연관된 고용 집중부, 휴양지의 집중부, 그리고 특화된 농업 거점지 등도 있을 수 있다. 한편 사회적인 지리적 관점에서도, 한때 교외지이거나 시골이었던 지역도 고밀도의 주거지로 변화하고 있다. 이에 도시설계가는 미래의 도시란 무엇인지 이해해야 하며, 또한 현재의 경제 현실을 고려한 설계안을 제안해야 한다.

콤팩트 비즈니스 센터와 보행 중심의 네이버후드를 권장한다

보행은 단거리 교통의 가장 효율적인 형태이며, 가장 생산적인 즐거운 경험이다. 관광객을 끌어들이는 장소는 대부분이 걷기 쉬운 곳이다. 모던 도시설계의 가장 큰 결함 중 하나는 빠른 차량으로 목적지까지 신속하게 도달하려는 것에 관한 낭만적인 믿음이었다. 이런 생각은 차량 소유가 비교적 소규모 집단에 제한되었던 1920년대에는 그럴듯해 보였다. 그러나 모든 사람이 차량을 소유하게 되면서, 도시지역에서 빠른 속도의 차량 운행이란 사라졌다. 제인 제이콥스Jane Jacobs, 얀 겔Jan Gehl, 윌리엄 화이트William H. Whyte가 기록했듯이, 도시생활의 가장 큰 장점 중 하나인 사람과의 일상적 상호교류가 자동차가 장소 이동의 유일한 수단이 되면서 사라졌다. 자동차는 누구도 포기하려 하지 않는 대단한 이동성과 자유로움을 부여해왔다. 그러나 비즈니스 센터는 업무자가 다른 오피스, 다른 헬스클럽, 또는 다른 장소로 점심을 먹으러 걸어갈 수 있도록 설계되어야 한다. 또한 네이버후드는 거주자가 학교나 편의점까지 도보나 자전거로 갈 수 있고, 오가면서 쉽게 방문할 수 있도록 설계되어야 한다. 로컬권을 관할하는 대중교통의 재등장과 고속철도의 발명은 철도역 또는 터미널을 중심으로 한 밀도 있는 개발에 대한 접근수단으로서 역 주변에 보행할 수 있는 장소의 필요성을 강력히 부각시키고 있다.

모던 건물과 주차를 위한 설계

전통 도시설계의 지지자들은 때때로 1920년대 이후 좀처럼 건설되지 않던 건물 유형을 유도하는 상세 계획과 규제를 만들어내어 왔다. 대부분의 모던 건물 유형이 차량 중심의 교외지 개발의 배치 형태를 갖는 것은 사실이다. 그러나 이 문제를 해결하기 위해 개발자가 과거의 역사적·경제적·사회적 상황으로 돌아가기를 기대하는 것은 비생산적이다. 여기서 이슈는 모던 건물을 걷기 쉬운 공공의 오픈 스페이스 체계에 맞게 설계하는 것이다. 또 다른 이슈는 엔지니어링적 건축설계를 지양하고 모던 건물군을 부지 조건과 물리적인 부지 지형에 순응시키는 것이다. 또한 시스템 도시설계는 부동산 시장이 원하는 건물 유형을 받아들여야 한다. 여기서 도시 인프라는 가능하다면 수익을 만들어내는 요소들과 연계되어야 한다.

지상의 주차공간은 도시의 적이다. 도시설계가는 하루 중 각기 다른 시간대에 주차 수요의 절정을 이루는 서로 다른 용도의 건물과 주차공간을 공유하면서 주차공간을 줄일 수 있다. 1년에 단지 몇 번만, 주로 주말에 사용되는 미식축구장의 주차장은 상당한 업무활동을 위한 주차공간을 쉽게 제공할 수 있는 확실한 예이다. 쇼핑센터와 호텔도 일반 업무지와는 다른 시간대에 최고의 주차 수요를 가진다. 소규모 사업체는 만약 개인 사유지상의 주차장이 더 큰 접근 시스템의 일부라면 주차장을 공유할 수도 있다. 만약 개발이 충분히 집중적으로 밀도 있게 일어난다면 주차 건물도 가능하다. 쇼핑센터 부지에 조성되는 호텔, 오피스, 혹은 주거 건물의 부지 비용은 소매 기능의 주차장을 주차 건물로 조성하는 데 드는 비용일 수 있다.

도시설계가는 우수한 도시설계 배치안으로 수익을 만들어내면서 부동산 투자자들의 요구도 충족시켜야 한다.

중요한 공공설계의 결정은 공공 과정으로 만들어간다

도시계획의 주요 결정 도출을 위해 공청회를 갖고 여기에서 사람들이 투표를 하는 것은 효과적인 방법이 아니다. 공청회에서는 도시설계안에서 무엇이 잘못되어 있는지를 토의하는 것이 그 대안을 만들어내는 것보다 효과적이다. 또한 가장 관련성이 높은 몇몇 사람들, 즉 경쟁 부동산 투자자, 선출된 공무원, 미래의 고용을 우려하는 담당 행정공무원은 이들이 정말로 마음속에 생각하는 것들을 대규모의 공청회에서 말하지 않을 수 있다. 공청의 과정은 두 부분으로 구성되어야 한다. 하나는 운영위원회로서 30명 이하로 구성되어 대중과 언론사 없이 회의가 진행되어야 하며, 또 하나는 공청회로서 여기에서 운영위원회의 잠정적인 결론이 검토되고 채택되거나 배제된다.

운영위원회는 모든 관련 단체의 대표자들(종종 이해당사자들stakeholders)을 포함해야 하며, 도시설계의 실행을 위해 그들 간의 합의가 필요하다. 운영위원회는 설계에 따라 시공하는 개발자(들)의 대표자들, 설계 승인을 담당하는 정부기관의 대표자들, 시민단체들, 설계전문가들, 그리고 커뮤니티 리더들을 포함해야 한다. 서론에서 지적한 대로, 세계무역센터 부지의 재건을 위한 공공과정의 일부로서 운영위원회를 구성하지 않은 것이 그 과정이 왜 실패했는지를 설명하는 중요한 이유였다.

그러나 만약 운영위원회가 각 단계에서 대중의 검토를 받지 않고 결과를 도출해 진행한다면, 그 과정 역시 실패할 것이다. 따라서 운영위원회의 결정 과정상의 각 단계는 공청회를 통해 진행되어야 하며, 운영위원회 위원은 대중이 이야기해야 하는 것을 듣기 위해 공공 토론에 참석해야만 한다.

의사결정의 과정은 논리적 순서로 진행되어야 한다. 이 과정에서는 전문가가 토론 자료를 준비해야 하며, 운영위원회와 공청회의 위원장은 이해당사자를 존경하며 일관성이나 관련성을 따라 회의를 바른 방향으로 진행시키는 강력한 능력을 가져야 한다. 첫 번째 논리적 단계는 모든 사람이 수긍하고 지지할 만한 바람직한 결과에 대해 정의하는 것이다. 이러한 정의는 반드시 의견 합의를 도출하기 위해 보편적이어야 하며, 토론에서 나온 다양한 제안들의 가치를 측정하는 도구가 된다. 그다음 단계는 바람직한 결과물의 정의를 실현하는 데 어느 정도 도움이 되는 잠재적인 설계 콘셉트에 대한 체계적 조사이다. 특히 참여자들에게 다양한 범위의 설계 대안이 제시되고, 이것이 공공의 과정으로 진행되었음을 확인해주는 것은 중요하다. 이러한 대안은 다른 설계 접근 방법뿐만 아니라 다른 프로그램이나 목적을 포함할 수도 있다. 다음 단계는 대안들을 줄이고 발전시켜 좁혀가는 과정이다. 그다음 단계에서는 가장 선호되는 대안이 선택되며, 이후에 이러한 설계 제안이 어떻게 상세하게 실행될 수 있는가에 대한 토론이 필요하다.

이 과정은 실패할 수도 있다. 그러나 양심적으로 따라간다면 이것은 대부분 성공적이다. 만장일치는 거의 있을 수 없으며, 소수 의견자도 다른 사람의 입장에 동의하지는 못하지만 이해는 할 수 있다. 특히 처음 입장을 절대로 고수하는 참여자의 수는 결국에는 줄어들게 된다. 개정이 필요한 법규 코드, 가로나 대중교통의 새로운 배치, 새로운 비즈니스 센터의 시공, 혹은 도시 네이버후드의 재건 등의 중요한 도시설계의 결정들을 이런 방식으로 진행하면 보통 1년은 걸린다. 운영위원회의 위원과 대중이 이러한 이슈에 대해 깊고 넓게 이해하고, 이후 이야기를 그만하고 결정을 내리고 싶어질 때 성공은 이뤄진다. 그 결과는 더 빠르고 논쟁이 줄어든 공식적 승인을 도출할 수 있다. 이렇게 하면 모든 과정을 처음부터 다시 시작해야 하는 개발자의 설계안보다 대중의 더 높은 합의를 유도할 수 있다.

도시설계의 결정은 모든 사람들에게 영향을 준다. 대중은 이 과정에 참여해야 하고, 정보에 근거한 선택을 할 수 있어야 한다.

옮긴이 후기

세계는 기존의 도시설계city design가 감당할 수 없는 방식과 속도로 빠르고 넓게 도시화되고 있습니다. 기후변화climate change와 지속 가능성sustainability, 그리고 테크놀로지technology는 현재 도시설계에 또 하나의 큰 방향을 제시하고 있습니다.

기본적인 행정과 생활 단위로서의 도시는 오히려 국가보다 이러한 기후변화와 도시 관리에 더 효과적입니다. 이에 우리 사회는 능동적으로 대처할 수 있는 도시설계의 방법과 모델을 절실히 요구하고 있습니다. 하지만 과연 어떠한 도시설계의 방법과 모델이 적합한가에 관해서는 논쟁과 불확실성이 커지고 있습니다.

이 책은 '지속 가능한 도시sustainable city'가 우리 사회 각 분야의 화두임을 고려하여 실제로 시급한 도시설계, 도시계획, 도시행정 분야의 전문가에게 대책과 전략의 방향을 제시하고 있습니다.

이 책은 과거와 현재에 이런 문제들에 대처해온 네 가지 도시설계 방법을 '보행하기 좋은 가로환경과 공공환경 중심의 전통 도시설계', '1920년대에 탄생한 고층 타워 건물과 교통 인프라 중심의 기능적인 모던 도시설계', '자연환경에 순응한 친환경 녹색 도시설계', 그리고 '현대 도시의 복잡한 도시 인프라와 도시 관리를 위한 통합 시스템으로서의 도시설계'를 소개하고 있습니다.

기존 도시설계, 도시계획, 건축 분야의 관련 책들은 모더니즘, 뉴어바니즘,

친환경 등의 단편적인 관점에서 그 특징과 장점, 사례 등을 소개하는 것이 보편적인 접근방식이었습니다. 이 책은 위의 네 가지 도시설계의 원칙과 접근방법에 관한 좀 더 객관적인 평가와 비교를 통해 독자들의 깊은 이해와 적용 가능성을 확인해줄 것입니다.

이 책은 도시, 건축, 조경, 환경 분야의 전문가, 연구원, 교수, 학생, 광역지방자치단체의 정책 결정자, 행정가, 실무자, 그리고 사회단체의 지도자와 실무자 등을 위한 도시설계의 기법과 이로 인해 형성된 도시환경에 관한 지침서입니다.

마지막으로 이 책의 구상 작업부터 번역까지 항상 함께 해주신 저자 조너선 바넷 교수님께 감사를 전합니다. 이 책의 번역을 구상하며 첫 작업으로 진행된 번역 세미나에 열정적으로 참여하며 큰 도움을 주었던 연구실의 김현정, 박지예, 배영준, 황지성 학생들에게도 특별한 감사를 전합니다. 또한 이 책의 출판을 결정하고 진행해준 도서출판 한울의 김종수 대표님을 비롯한 편집부 관계자 여러분에게 깊은 감사를 전합니다.

한광야 · 여혜진

그림 자료

서론

I.1 2008 Model photo
Model photo by Joe Woolhead, courtesy of Silverstein Properties.

I.2 Memorial Plaza model photo
Memorial Plaza by Beyer Blinder Belle, Cooper Robertson, courtesy Lower Manhattan Development Corporation.

1장

1.1 Aerial perspective of Garnier's Cité Industrielle
From *Une Cité Industrielle* by Tony Garnier, A. Vincent, Paris, 1918.

1.2 Le Corbusier 1922
From *Towards a New Architecture* by Le Corbusier, translated by Frederick Etchells, Rodker, London, 1927.

1.3 Le Corbusier Plan Voisin Paris
From *Le Corbusier*, edited by Willy Boesiger, Praeger 1972, © 2010 Artists Rights Society (ARS), New York/ADAGP, Paris/FLC.

1.4 Le Corbusier Domino
From *Towards a New Architecture* by Le Corbusier, translated by Frederick Etchells, Rodker, London, 1927.

1.5 Original study for Weissenhof
From *Modern Architecture* by Bruno Taut, London, the Studio, 1929.

1.6 Weissenhof as built
From *Modern Architecture* by Bruno Taut, London, the Studio, 1929.

1.7 Mies Stuttgart proposal
From *Modern Architecture* by Bruno Taut, London, the Studio, 1929.

1.8 Mies 1928
From *Modern Architecture* by Bruno Taut, London, the Studio, 1929.

1.9 Otto Haesler Plan
From *Wohnbauten und Siedlungen*, Die Blauen Bucher, Leipzig, 1929.

1.10	*Rush City*, Neutra From *Wie Baut Amerika?* by Richard Neutra, Hoffmann, 1927.
1.11	Hilberseimer, east-west street From *Internationale neue Baukunst*, Stuttgart, 1927.
1.12	Bauhaus From *Modern Architecture* by Bruno Taut, London, the Studio, 1929.
1.13	Le Corbusier *La Ville Radieuse* From *Le Corbusier*, edited by Willy Boesiger, Praeger 1972, © 2010 Artists Rights Society (ARS), New York/ADAGP, Paris/FLC.
1.14	Gropius diagrams From CIAM, *Rationelle Bebauungsweisen*, Englert & Schlosser, 1931.
1.15	Van Eesteren, Amsterdam South From Wikipedia.
1.16	Le Corbusier NYC From *Le Corbusier*, edited by Willy Boesiger. Praeger. 1972, © 2010 Artists Rights Society (ARS), New York/ADAGP, Paris/FLC.
1.17	Le Corbusier Buenos Aires From *A Decade of New Architecture* edited by Sigfried Giedion, Zurich, 1951.
1.18	"The World of 1960" Courtesy General Motors.
1.19a	Parkchester A From *Techniques for Planning Complete Communities* by Albert Mayer, Architectural Forum, January, February, 1937.
1.19b	Parkchester B From *Techniques for Planning Complete Communities* by Albert Mayer, Architectural Forum, January, February, 1937.
1.20	Williamsburg Houses From *Techniques for Planning Complete Communities* by Albert Mayer, Architectural Forum, January, February, 1937.
1.21	Hotorget Andrew Eick, permission according to a GNU Free Documentation License.
1.22	Vallingby center Holger Ellgaard, permission according to a GNU Free Documentation License.
1.23 a & b	Abercrombie Plan From the 1944 plan for London.
1.24	Rotterdam Lijnbaan Released into the public domain by Wikifrits.

1.25 Saint-Die, Le Corbusier

From *Le Corbusier*, edited by Willy Boesiger, Praeger, 1972, © 2010 Artists Rights Society (ARS), New York/ADAGP, Paris/FLC.

1.26 Marseilles section

From *Le Corbusier*, edited by Willy Boesiger, Praeger. 1972, © 2010 Artists Rights Society (ARS), New York/ADAGP, Paris/FLC.

1.27 Gropius et al., Back Bay

From *Progressive Architecture*, January 1954.

1.28 Philadelphia perspective towers

Illustration from the 1963 Plan for Center City Philadelphia.

1.29 Constitution Plaza

Courtesy Jerry Dougherty at public.fotki.com.

1.30 Gruen, Fort Worth

Courtesy Gruen Associates.

1.31 Philadelphia perspective view

Illustration from the 1963 Plan for Center City Philadelphia.

1.32 Kresge Auditorium, MIT

Photo by Daderot, permission according to a GNU Free Documentation License.

1.33 Sydney Opera House

Photo by Shannon Hobbs, permission under a Creative Commons License.

1.34 Mies, lower Manhattan

Photomontage by Hedrich-Blessing, by permission of the Chicago History Museum.

1.35 CCTV Tower

Photo by Iamdavidtheking, permission according to a GNU Free Documentation License.

1.36 Government complex, Chandigarh

From *Le Corbusier*, edited by Willy Boesiger, Praeger, 1972, © 2010 Artists Rights Society (ARS), New York/ADAGP, Paris/FLC.

1.37 Brasilia

Photo by Li Mongi, permission according to GNU Free Documentation License.

1.38 Doha skyline

Photo by Amjra, permission according to a GNU Free Documentation License.

1.39 Dubai waterfront proposal

Courtesy Nakheel.

1.40 Agbar Tower

	Photo by Axelv, permission according to a GNU Free Documentation License.
1.41	Swiss Reinsurance Tower, London
	Photo released into the public domain by H005.

2장

2.1	Chelsea Barracks, Rogers
	From press release materials provided by Rogers Stirk Harbour + Partners.
2.2	Chelsea Barracks, Rogers
	From press release materials provided by Rogers Stirk Harbour + Partners.
2.3	Alternative sketch by Ouinlan Terry
	From press release material provided by Ouinlan and Francis Terry LLP.
2.4	Wren's Plan for London
	From *Civic Art* by Werner Hegemann and Elbert Peets, 1922.
2.5a	Teatro Olimpico plan by Bertotti Scamozzi 1776
	From *Le fabbriche e i disegni di Andrea Palladio* by Ottavio Bertotti Scamozzi.
2.5b	Part of permanent set
	Photo released into the public domain by Peter Geymeyer.
2.6	Fresco Vatican Library
	From the University of Pennsylvania Library Image Collection.
2.7a	Plan of the Piazza del Popolo
	Plan is from a drawing by Ernest Farnham Lewis in *Landscape Architecture*, April 1914.
2.7b	Piazza del Popolo today
	Photographer, WolfgangM, licensed under Creative Commons Attribution 2.0.
2.8	Serlio Comedy
	From *Sebastiano Serlio* Book II, University of Pennsylvania Library.
2.9	Serlio Tragic
	From *Sebastiano Serlio* Book II, University of Pennsylvania Library.
2.10	Serlio Satyric
	From *Sebastiano Serlio* Book II, University of Pennsylvania Library.
2.11	Michelangelo's Capitol at Rome
	Engraving by Letrouilly from *Civic Art* by Werner Hegemann and Elbert Peets, 1922.
2.12	Plan for Versailles
	Map by the Abbé Delagrive from 1746 from *Civic Art* by Werner Hegemann and Elbert Peets, 1922.
2.13	Leghorn, Peets

Sketch by Elbert Peets from *Civic Art* by Werner Hegemann and Elbert Peets, 1922.

2.14 Place des Vosges
Photo by AINo, permission granted under GNU Free Documentation License.

2.15 Covent Garden
From the image collection of the University of Pennsylvania Library.

2.16 Circus and Royal Crescent at Bath
Drawing from *Civic Art* by Werner Hegemann and Elbert Peets, 1922.

2.17 Royal Crescent at Bath
Photo by Christophe Finot, permission according to Creative Commons.

2.18 Edinburgh from Unwin
From Raymond Unwin, *Town Planning in Practice*, London, 1909.

2.19 Jefferson Washington Plan
From the image collection of the University of Pennsylvania Library.

2.20 L'Enfant Plan for Washington
From *Civic Art* by Werner Hegemann and Elbert Peets, 1922.

2.21 Peets, Geneology
From the *Journal of the American Institute of Architects*, April, May, June, 1927.

2.22 Nash, Regent Street
From *Civic Art* by Werner Hegemann and Elbert Peets, 1922.

2.23 Nash, Regent's Park as built by 1833
Photograph of 1833 map by User Pointalist, released into the public domain.

2.24 Original design guidelines, Rue de Rivoli
From *Civic Art* by Werner Hegemann and Elbert Peets, 1922.

2.25 Progress report of 1867
From *Civic Art* by Werner Hegemann and Elbert Peets, 1922.

2.26 Haussmann boulevard
From Shepp's *Photos of the World*, 1892, collection of the author.

2.27 Haussmann and Alphand, promenades
From *Les Promenades De Paris* by Adolphe Alphand, 1867-1873.

2.28 Ringstrasse
From *The Art of Town Planning* by H. V. Lanchester, 1925.

2.29 ldelfons Cerda 1859 map
From the image collection of the University of Pennsylvania library.

2.30 Paris street furniture
From *Les Promenades De Paris* by Adolphe Alphand, 1867-1873.

2.31 Court of Honor Chicago World's Fair

From the Goodyear Archival Collection, The Brooklyn Museum.

2.32 McMillan Plan for Washington

From *The Art of Town Planning* by H. V. Lanchester, 1925.

2.33 Burnham Plan for Chicago

From *The Plan for Chicago* by Daniel Burnham and Edward Bennett, Commercial Club of Chicago, 1909.

2.34 Burnham Plan height limits

From *The Plan for Chicago* by Daniel Burnham and Edward Bennett, Commercial Club of Chicago, 1909.

2.35 Chicago River

From *The Plan for Chicago* by Daniel Burnham and Edward Bennett, Commercial Club of Chicago, 1909.

2.36 Griffin and Mahony Griffin Plan for Canberra

From *Civic Art* by Werner Hegemann and Elbert Peets, 1922.

2.37 New Delhi

From *The Art of Town Planning* by H. V. Lanchester, 1925.

2.38 Votivkirche

From *Civic Art* by Werner Hegemann and Elbert Peets, 1922.

2.39 1932 sketch of Rockefeller Center

From the Bundes Archiv, permission according to Creative Commons.

2.40 Albert Speer Plan for Berlin

Permission from Commons Bundesarchiv.

2.41 Lincoln Center Twilight

Photo by Nils Olander, permission under GNU Free Documentation License.

2.42 Lincoln Square Zoning map

From the New York City Zoning Resolution, 1974.

2.43 Battery Park City Guidelines

Courtesy Battery Park City Authority.

2.44 Krier, Washington, DC

By permission of Leon Krier.

2.45 Bofill, Montpellier

Photo by Thierry Bezecourt, licensed under Creative Commons.

2.46 Seaside aerial view

Courtesy of Seaside.

2.47 "Normal" architecture, Krier

Courtesy Rob Krier, Christoph Kohl, Urbanism Architecture.

2.48 False Creek Plan

Image by James Cheng Architects, courtesy city of Vancouver.

2.49 Development at False Creek

NM Photo.

2.50 Development at Coal Harbour

NM Photo.

3장

3.1 Western Lake Hangzhou

Released into the public domain by Nat Krause.

3.2 Map of Stowe

From the image collection of the University of Pennsylvania Library.

3.3 Versailles, L'Hameau

Permission under GNU Free Documentation License.

3.4 Blaise Hamlet

Permission under GNU Free Documentation License.

3.5 Parc des Buttes Chaumant

From Alphand, *Les Promenades de Paris.*

3.6 Birkenhead Park from Guadet

From J. Guadet: *Eléments et théorie de l'architecture*, Vol. IV.

3.7 Llewellyn Park

From the image collection of the University of Pennsylvania Library.

3.8 Plan of Riverside

From the image collection of the University of Pennsylvania Library.

3.9 Port Sunlight

From the image collection of the University of Pennsylvania Library.

3.10 New Earswick, Unwin and Parker

Photo from *Town Planning in Practice* by Raymond Unwin, 1909.

3.11 Fleet Street in 1827

From an engraving in London in the nineteenth century, collection of the author.

3.12 Fleet Street, Doré

From *London: A Pilgrimage* by Gustave Doré and Blanchard Jerrold, 1872.

3.13 Garden City concept diagram

From Ebenezer Howard, *To-Morrow A Peaceful Path to Real Reform*, 1898.

3.14 Adelaide from Howard

From Ebenezer Howard, *To-Morrow A Peaceful Path to Real Reform*, 1898.

3.15 Letchworth

From *Regional Survey of NY and its Environs*, Volume VII, courtesy Regional Plan Association of NY and NJ.

3.16 Hampstead Garden Suburb

From *Regional Survey of NY and its Environs*, Volume VII, courtesy Regional Plan Association of NY and NJ.

3.17 Hampstead cul-de-sacs

From *Town Planning in Practice* by Raymond Unwin, 1909.

3.18 Marienberg, Sitte

From *Civic Art* by Werner Hegemann and Elbert Peets, 1922.

3.19 Canberra

From *Civic Art* by Werner Hegemann and Elbert Peets, 1922.

3.20 Forest Hills Gardens

From *Regional Survey of NY and its Environs*, Volume VII, courtesy Regional Plan Association of NY and NJ.

3.21 Eclipse Park

From *The Housing Book*, by William Phillips Comstock, 1919.

3.22 Beacontree

From *London Housing*, published by the London County Council in 1937.

3.23 Romerstadt

From *Modern Architecture* by Bruno Taut, London, the Studio, 1929.

3.24 Radburn

From *Regional Survey of NY and its Environs*, Volume VII, courtesy Regional Plan Association of NY and NJ.

3.25 Perry diagram

From *Regional Survey of NY and its Environs*, Volume VII, courtesy Regional Plan Association of NY and NJ.

3.26 Greenbelt under construction

Courtesy of Library of Congress, Prints & Photographs Division, FSA-OWI Collection.

3.27 Map of TVA jurisdiction major dams

Courtesy of the Tennessee Valley Authority.

3.28 Plan of Norris, TN

Courtesy of the Tennessee Valley Authority.

3.29 Broadacre City

From *When Democracy Builds* by Frank Lloyd Wright, © 2010 Frank Lloyd Wright Foundation/Artists Rights Society (ARS), New York.

3.30 Chatham Village

Released into the public domain by the photographer.

3.31 Levittown

Map from *The Suburban Environment* by David Popenoe, University of Chicago Press, 1977, used by permission.

3.32 Portland District

NM Photo.

3.33 Landscaped pedestrian connection Portland

NM Photo.

3.34 Potential urbanization 2050 central Florida

University of Pennsylvania 2005 Studio.

3.35 Alternative urbanization 2050 central Florida

University of Pennsylvania 2005 Studio.

3.36 Coastal protection barrier eastern Scheldt Estuary

Photo by Vladimir Siman, permission under GNU Free Documentation License.

3.37 Rotterdam Harbor gate

Permission under GNU Free Documentation License.

4장

4.1 Wolfram page 24

Illustrations from Stephen Wolfram, *A New Kind of Science*, Wolfram Media, 2002, used by permission.

4.2 Wolfram page 25

Pages from Stephen Wolfram, *A New Kind of Science*, Wolfram Media, 2002, used by permission.

4.3 Wolfram page 25

Pages from Stephen Wolfram, *A New Kind of Science*, Wolfram Media, 2002, used by permission.

4.4 Michael Batty image

Graphics by Michael Batty from M. Batty (2009) "A Digital Breeder for Generating Cities," *Architectural Design* 79(4), July-August, Profile No. 200, 46-49. Used by permission.

4.5 Gruber 1

From Karl Gruber, *Ein Deutscher Stadt*, collection of the author.

4.6 Gruber 2

From Karl Gruber, *Ein Deutscher Stadt*, collection of the author.

4.7 Gruber 3

From Karl Gruber, *Ein Deutscher Stadt*, collection of the author.

4.8 Gruber 4

From Karl Gruber, *Ein Deutscher Stadt*, collection of the author.

4.9 Durand, *Précis des lecons*

From J.-N.-L. Durand, *Précis des leçons d'architecture*, collection of the author.

4.10 Crystal Palace

From a contemporary engraving, collection of the author.

4.11 Soria y Mata Linear City

From *The Art of Town Planning* by H. V. Lanchester.

4.12 Christaller diagram

Diagram from Walter Christaller's *Die zentralen Orte in Süddeutschland.*

4.13 Map of urbanization on the Interstate

Map by Kyle Gradinger from a studio at the University of Pennsylvania, 2004.

4.14 Sant'Elia 1914

Drawing by Antonio Sant'Elia, from *Antonio Sant'Elia* [exhibition catalog] Como, 1962.

4.15 *Archigram 4*

From *Archigram 4*, collection of the author.

4.16 *Walking City*

From *Archigram 5*, collection of the author.

4.17 Habitat Montreal

From de Bild Habitat permission under GNU Free Documentation License.

4.18 Hong Kong Airport

From Maccess Corporation assigne of Alex Timbol permission under GNU Free Documentation License.

4.19 Steven Holl, linked hybrid

Lu Hou Photo.

4.20 RPA diagram

Courtesy Regional Plan Association.

4.21 Parisian height limits

From Paris Projet # 13-14.

4.22 New York zoning diagram

Diagram from New York City 191 6 zoning regulations.

4.23 Central Park

Jerry Spearman Photo.

4.24 K Street

NM Photo.

4.25 Zoning map for Lincoln Square

From the New York City Zoning Resolution in 1974.

4.26 Conservation analysis

From the CPLN 702 Studio, University of Pennsylvania, 2005.

4.27 Ideal conservation network

From the CPLN 702 Studio, University of Pennsylvania, 2007.

4.28 High-speed rail Europe

Map by Bernese Media, permission under Creative Commons license.

4.29 Designated high-speed rail corridors

Courtesy US Department of Transportation.

찾아보기

(ㄷ)

(ㄹ)

(ㅅ)

(ㅇ)

(ㅈ)

(ㅌ)

(ㅍ)

(ㅎ)

(숫자)

지은이

조너선 바넷(Jonathan Barnett)

펜실베이니아대학교의 도시설계 전공 명예교수이며, 도시설계 분야의 가장 존경받는 학자이자 전문가이다. 예일대학교와 케임브리지대학교에서 건축을 공부했고, 미국건축사협회(American Institute of Architects)와 도시계획가협회(American Institute of Certified Planners)의 펠로우이다. 현재까지 미국, 중국, 한국, 캄보디아, 멕시코 등 다수의 도시설계 프로젝트 자문가로 활동했으며, 『도시설계와 도시정책(Urban Design as Public Policy)』, 『도시설계의 역사(The Elusive City)』, 『도시설계의 이해(An Introduction to Urban Design)』, 『도시의 재생(Redesigning Cities)』 등 다수의 저서를 출판했다.

옮긴이

한광야

연세대학교에서 건축을 공부하고, 하버드대학교에서 도시설계 석사(MAUD), 펜실베이니아대학교에서 도시계획학 박사(Ph.D.) 학위를 받았으며, 현재 동국대학교 건축공학부 도시설계 전공 교수로 있다. 물리적인 도시설계의 학자이자 실무자로서 보스턴 Cecil & Rizvi 설계사무소와 필라델피아 Wallace Roberts and Todd 설계사무소에서 도시설계가로 근무했으며, 연세대 아트콘 계획, 통합된 동국대 캠퍼스 커뮤니티 계획, 서강대 남양주 캠퍼스 계획, 한반도의 물리적 국토계획, 역사도시 공주의 경관계획, 도시 재생 입체복합시설의 설계 매뉴얼 개발 등에 참여했다. 최근 서울시 은평구 산골마을의 주거지 재생과 서울시 남산 해방촌의 도시 재생의 총괄계획가로 활동하고 있다. 『미국 인터넷 산업의 지도』(한울, 2003), *Global Universities and Urban Development*(New York M. E. Sharpe Publishing, 2008), 『지속가능한 도시만들기』(한국환경건축연구원, 2013) 등의 저·역서를 출판했으며, '한국 중소 도시들의 형성과 성장', '대학과 도시: 미래의 생산체계' 등의 연구를 진행하고 있다.

여혜진

서울대학교에서 회화를 공부하고, 하버드대학교에서 건축학 석사(MARCH), 서울대학교에서 도시계획학 박사(Ph.D.) 학위를 받았으며, 서울연구원 도시설계팀 부연구위원을 거쳐 현재 국무조정실 산하 건축도시공간연구소(AURI) 부연구위원으로 있다. 보스턴 SBRA(Shepley Bulfinch Richardson & Abbott) 건축설계사무소에서 건축 실무를 익히고, 서울연구원에서 서울의 네이버후드와 보행 환경에 대한 연구를 주로 수행했으며, 현재 건축도시공간연구소에서 국토교통부 건축정책과가 추진하는 건축협정 시범사업의 운영 및 모니터링, 건축협정제도 관련 연구를 책임 진행하고 있으며, 국토교통부 건축문화경관과가 추진하는 지역경관향상사업, 국가건축정책위원회가 추진하는 건축법령 체계개편 관련 연구 등을 공동 수행하고 있다. 주요 연구로는 「생활환경개선 활성화를 위한 마을기업 지원제도 연구」(AURI, 2014), 「정책 여건변화에 대응하는 국가건축정책 및 전략 연구」(국가건축정책위원회, 2014), 「중소도시 쇠퇴지역 재생정책 합리화를 위한 근린단위 연구」(AURI, 2013), 「서울 네이버후드 공간패턴 연구」(서울연구원, 2010), 「보행밀집지역의 보행채널 다양화 방안」(서울연구원, 2010), 「도시 준공공공간의 보행활성화 방안」(서울연구원, 2010) 등이 있다.

한울아카데미 1762

도시설계

모던 도시, 전통 도시, 녹색 도시, 시스템 도시

지은이 | 조너선 바넷
옮긴이 | 한광야·여혜진
펴낸이 | 김종수
펴낸곳 | 도서출판 한울
편 집 | 이수동

초판 1쇄 인쇄 | 2015년 9월 18일
초판 1쇄 발행 | 2015년 9월 30일

주소 | 10881 경기도 파주시 광인사길 153 한울시소빌딩 3층
전화 | 031-955-0655
팩스 | 031-955-0656
홈페이지 | www.hanulbooks.co.kr
등록번호 | 제406-2003-000051호

Printed in Korea.
ISBN 978-89-460-5762-3 93530 (양장)
978-89-460-4947-5 93530 (학생판)

* 책값은 겉표지에 표시되어 있습니다.
* 이 책은 강의를 위한 학생판 교재를 따로 준비했습니다.
강의 교재로 사용하실 때에는 본사로 연락해주십시오.